U0344150

国家出版基金项目
NATIONAL PUBLICATION FOUNDATION

有色金属理论与技术前沿丛书

高性能粉末冶金制动摩擦材料

High – Performance Powder Metallurgy Friction Materials

姚萍屏 著

内容简介

Introduction

本书主要阐述了著者团队近20年来关于粉末冶金制动摩擦材料相关的研究成果，系统描述了航空制动粉末冶金摩擦材料、风电制动粉末冶金摩擦材料、空间制动粉末冶金摩擦材料以及高速列车制动粉末冶金摩擦材料等关于其材料设计、制备技术、摩擦试验、性能表征以及摩擦学规律分析等研究内容。

本书可供从事摩擦学研究的科研工作者使用，也可供高等工业院校与摩擦学相关专业的教师、研究生和高年级学生参考。

作者简介

About the Author

姚萍屏 博士，中南大学粉末冶金研究院研究员，博士生导师，长期从事高性能粉末冶金摩擦材料、减摩与耐磨材料等新材料的研究。现为湖南省摩擦学会理事长、中国机械工程学会摩擦学分会常务委员、中国机械工程学会摩擦与耐磨减摩材料与技术专业委员会主任委员、《润滑与密封》杂志编委。

主持和承担了国家 863 计划、国家自然科学基金面上项目、铁道部重大技术引进与吸收项目、中国民航总局航空制动材料项目、国防攻关项目和湖南省杰出青年基金等 20 余项课题。研究发明的空间对接机构摩擦副作为国家对接机构项目中的两项关键部件之一，成功应用在天宫一号和神舟系列飞船的对接中；发明的波音 737NG 系列飞机粉末冶金摩擦材料，解决了高能制动高耐磨性和可靠性难题，研制的粉末冶金制动材料性能优于进口材料，达到国际先进水平，全面实现了波音 737NG 飞机制动材料的国产化，保障了我国航空战略安全的需要；开发了国内最早提速列车的铁基闸瓦材料和结构，为国内目前 75% 粉末冶金闸瓦的生产提供技术支持。在粉末冶金摩擦材料方面发表论文 50 余篇，合作主编教材 1 部，申请国家发明专利 12 项，取得国家发明专利授权 8 项，获得湖南省科学进步一等奖 1 项（第一名），上海市科学进步奖三等奖 1 项，部级科技进步三等奖 2 项。

学术委员会

Academic Committee

国家出版基金项目
有色金属理论与技术前沿丛书

编辑出版委员会

Editorial and Publishing Committee

国家出版基金项目
有色金属理论与技术前沿丛书

总序 / Preface

当今有色金属已成为决定一个国家经济、科学技术、国防建设等发展的重要物质基础，是提升国家综合实力和保障国家安全的关键性战略资源。作为有色金属生产第一大国，我国在有色金属研究领域，特别是在复杂低品位有色金属资源的开发与利用上取得了长足进展。

我国有色金属工业近 30 年来发展迅速，产量连年来居世界首位，有色金属科技在国民经济建设和现代化国防建设中发挥着越来越重要的作用。与此同时，有色金属资源短缺与国民经济发展需求之间的矛盾也日益突出，对国外资源的依赖程度逐年增加，严重影响我国国民经济的健康发展。

随着经济的发展，已探明的优质矿产资源接近枯竭，不仅使我国面临有色金属材料总量供应严重短缺的危机，而且因为"难探、难采、难选、难冶"的复杂低品位矿石资源或二次资源逐步成为主体原料后，对传统的地质、采矿、选矿、冶金、材料、加工、环境等科学技术提出了巨大挑战。资源的低质化将会使我国有色金属工业及相关产业面临生存竞争的危机。我国有色金属工业的发展迫切需要适应我国资源特点的新理论、新技术。系统完整、水平领先和相互融合的有色金属科技图书的出版，对于提高我国有色金属工业的自主创新能力，促进高效、低耗、无污染、综合利用有色金属资源的新理论与新技术的应用，确保我国有色金属产业的可持续发展，具有重大的推动作用。

作为国家出版基金资助的国家重大出版项目，《有色金属理论与技术前沿丛书》计划出版 100 种图书，涵盖材料、冶金、矿业、地学和机电等学科。丛书的作者荟萃了有色金属研究领域的院士、国家重大科研计划项目的首席科学家、长江学者特聘教授、国家杰出青年科学基金获得者、全国优秀博士论文奖获得者、国家重大人才计划入选者、有色金属大型研究院所及骨干企业的顶尖专家。

国家出版基金由国家设立，用于鼓励和支持优秀公益性出版项目，代表我国学术出版的最高水平。《有色金属理论与技术前沿丛书》瞄准有色金属研究发展前沿，把握国内外有色金属学科的最新动态，全面、及时、准确地反映有色金属科学与工程技术方面的新理论、新技术和新应用，发掘与采集极富价值的研究成果，具有很高的学术价值。

中南大学出版社长期倾力服务有色金属的图书出版，在《有色金属理论与技术前沿丛书》的策划与出版过程中做了大量极富成效的工作，大力推动了我国有色金属行业优秀科技著作的出版，对高等院校、研究院所及大中型企业的有色金属学科人才培养具有直接而重大的促进作用。

王淀佐

2010 年 12 月

前言

Foreword

粉末冶金摩擦材料自20世纪20年代初发明以来，随着研究的不断深入，它的应用已涉及海洋中的舰船、陆地上的高铁、风电和工程机械、航空中的飞机以及航天中的宇航器等领域，已成为现代摩擦材料领域中应用最广泛的材料。

没有制动就没有高速。随着现代机器运转速度和负荷不断地增加，其制动对摩擦材料提出了更高、更苛刻的要求。粉末冶金制动摩擦材料已成为各行业广泛应用的现代摩擦材料。

著者长期从事高性能粉末冶金摩擦材料的研究与应用工作，本书主要内容为著者团队近20年研究工作的研究成果，主要阐述了粉末冶金制动摩擦材料的研究进展，系统描述了航空制动粉末冶金摩擦材料、风电制动粉末冶金摩擦材料、空间制动粉末冶金摩擦材料以及高速列车制动粉末冶金摩擦材料等方面的主要研究进展。

本书共分5章，包括绪论、航空制动粉末冶金摩擦材料、风电制动粉末冶金摩擦材料、空间制动粉末冶金摩擦材料以及高速列车制动粉末冶金摩擦材料等。

本书的研究成果得益于国家自然科学基金、国家“863”计划、国防攻关计划以及湖南省杰出青年基金等相关项目的支持，著者在此表示感谢。

书中所引用文献资料都尽量注明出处，便于读者检索与查阅，但为了达到全书整体的要求，部分做了取舍、补充和变动，而对于没有说明之处，望原作者或原资料引用者谅解，笔者在此表示感谢。

本书的出版，得到了20年来与笔者一起工作的同事们和研究生们的大力支持，在此表示衷心的感谢。

由于粉末冶金制动摩擦材料使用条件的多样性，著者虽力求全面阐述，但限于研究的深度和广度，书中还存在一些不妥之处和错误，恳请专家和读者批评指正。

本书可供从事粉末冶金制动摩擦材料设计与制造的研究人员、工程技术人员及管理人员参考，也可供大学和中专相关专业的师生参考。

姚萍屏
2015 年 10 月

目录

Contents

第1章 绪 论

摩擦材料是指积极利用其摩擦特性，以提高摩擦磨损性能为目的，用于摩擦离合器与摩擦制动器的摩擦部分，实现动力的传递、阻断，达到使运动物体减速、停止或协同运动等行为目的所用的材料[1,2]。

制动器是使运动中的机构或机器迅速减速、停止并保持停止状态的装置；有时也用于调节或限制机构或机器的运动速度。通常而言，在描述术语中将使用在制动器中的摩擦材料称为制动摩擦材料，如汽车制动摩擦材料、火车制动摩擦材料及航空制动摩擦材料等。制动摩擦材料所在部件和与它贴合的部件(以下简称为对偶材料)共同构成摩擦副，全部摩擦副构成刹车副总体，通过摩擦材料与对偶的摩擦，将动能转变为热能并将热量吸收或散发掉，从而逐步降低制动摩擦材料与对偶之间的相对运动速度，直至停止相对运动，达到制动目的[3,4]。其工作过程在力学上可简化为图1-1所示模型。

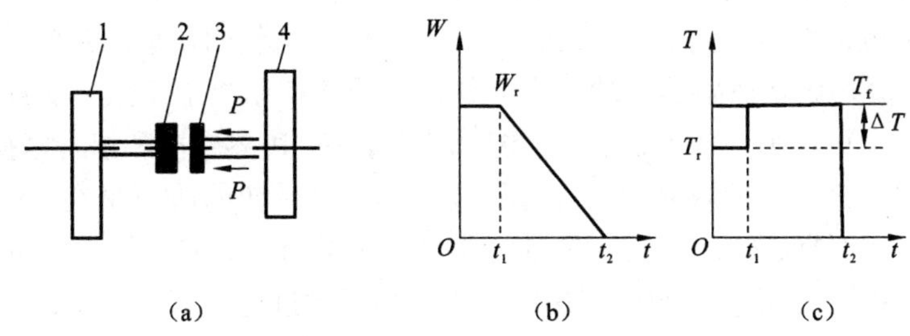

图1-1 制动摩擦材料工作模型

(a)力学模型；(b)制动过程；(c)力矩变化模型

1—主动件；2—对偶材料部件；3—制动摩擦材料部件；4—从动件；P—制动压力；W_r—主动件转速；T_f—制动力矩；T_r—阻力矩

制动过程可以简单描述为通过对制动摩擦材料部件施加压力 P 使之与对偶材料部件贴合，从而使主动件转速逐步降至零。在此过程中，假定制动力矩 T_f和阻力矩 T_r均为常数，为了达到制动目的，制动力矩 T_f除了应能克服主动件的惯性阻力矩 T_r以外，还应提供一减速力矩 ΔT 以降低主动件的惯性力矩：$\Delta T = T_f - T_r$。制动初期，由于刹车装置的接合力矩不足以克服主动件的阻力矩，因而，在这段时间内主动件仍保持原速，当 T_f等于 T_r时，主动件开始减速，并经过时间$t_2 - t_1$，速度降低至零。刹车装置所产生的摩擦力矩应等于或大于制动力矩，其大小取决于刹车副材料的摩擦因数、制动压力、几何形状与尺寸等。

要使刹车副完成上述制动过程，理想的制动摩擦材料应具有以下性能[5-8]：合适而稳定的摩擦因数、高的导热性与耐热性、高的耐磨性、良好的耐油、耐湿和耐腐蚀能力、足够的强度，在和对偶进行摩擦接触时不产生或产生很小的噪音，在工作中不发生咬合或黏结，原材料来源充裕，性能价格比高，工艺性能良好等。

制动摩擦材料要同时完全满足上述各点要求是困难的，但应依据工况条件，满足所需的摩擦因数及其变化范围和预定寿命的要求。

摩擦材料最早应用于制动，因此，摩擦材料的发展历程也揭示了制动摩擦材料发展的全过程。

1.1 摩擦学基础知识

两个相互接触的物体在外力的作用下发生相对运动或具有相对运动的趋势时，在接触面间产生切向的运动阻力，这一阻力称为摩擦力，这种现象称为摩擦。这种摩擦与两物体接触部分的表面相互作用有关，而与物体内部状态无关，所以又称为外摩擦。阻碍同一物体(如液体和气体)各部分间相对移动的摩擦称为内摩擦。摩擦可以按照不同的分类方式来分类，按照摩擦副的运动状态可分为静摩擦和动摩擦；按照摩擦副的运动形式可分为滑动摩擦和滚动摩擦；按照摩擦副表面的润滑状况可分为纯净摩擦、干摩擦、流体摩擦、边界摩擦和混合摩擦等。

人们对摩擦现象的研究比实际应用要晚得多，最初的研究是在 15 世纪意大利的文艺复兴时期，1508 年意大利的科学家达·芬奇首先对固体摩擦进行了研究并提出了摩擦力的概念。1699 年法国工程师阿蒙顿进行了摩擦实验，并建立了基本的公式。随后在 1785 年法国科学家库仑也进行了相同的实验，总结出了阿蒙顿 - 库仑摩擦定律[41]，一般称它为古典定律，综述如下：

1)摩擦力与作用在摩擦副间的法向载荷成正比，即

$$F = \mu P \tag{1-1}$$

式中：F——摩擦力；

μ——摩擦因数；

P——法向载荷。

摩擦因数是评定摩擦性能的重要参数。公式(1 - 1)通常称为库仑定律。

2)摩擦力的大小与名义接触面积无关。

3)静摩擦力大于动摩擦力。

4)摩擦力的大小与滑动速度无关。

5) 摩擦力的方向总是与接触面间的相对运动速度方向相反。

古典摩擦定律是实验中总结出的定律，它揭示了摩擦的理想性质，几百年来，它被认为是合理的，并广泛地应用于工程计算中。但是，近代对摩擦的深入研究，发现上述的古典定律与实际情况有许多不同的地方。比如在上述古典定律中，摩擦因数 μ 对一定的材料是一个常数。但实际试验表明，各种材料在不同环境条件下的摩擦因数都是变化的。如硬钢表面在正常大气条件下，摩擦因数的值为0.6，但在真空中高达2；石墨对石墨在正常大气条件下的摩擦因数为0.1，但在很干燥的空气中可超过0.5。可见摩擦因数并不是一个常数，而是随条件而变化的。

1.2 摩擦表面接触的力学和物理特征

由于粉末冶金制动摩擦材料中的金属与非金属组分形成带有孔隙的假合金，其摩擦磨损是一个极其复杂的过程，除了材料的复杂相及孔隙与填充物以及对偶材料等自身因素的影响外，材料经受诸如压力、温度、速度、运动形式、运动过程、制动时间和外界环境等因素的作用，发生一系列物理、化学、力学变化，表现为摩擦材料表层与次表层的弹塑性变形、相组织变化、以及材料成分变化，表面层的形成和材料成分选择性转移等[42]。因此，对于粉末冶金制动摩擦材料摩擦磨损过程的研究包括过程的宏观变化和微观变化研究。宏观变化包括相互作用的摩擦表面形貌的变化、大小磨粒的剥落、摩擦表面由于薄层的脱落产生或多或少的磨损等。微观变化包括组织和亚组织变化。这些变化或多或少地反映在摩擦副工作时的总行为上，并决定摩擦副的摩擦磨损性能。

摩擦材料工作的特点是在很薄的摩擦表面层中发生变形[41]，因此，研究摩擦磨损过程，最终归结于对摩擦表面相互作用的认识，这种相互作用是在不连续接触点即接触斑点的形成中出现的，在这种情况下发生的过程，往往是在很高的局部压力与很高的局部温度下进行的。

摩擦时发生的某些过程是不希望出现的，因为它们将引起摩擦表面破坏，如：硬度和强度同时降低、大的塑性变形、疲劳裂纹的出现以及黏结等。属于有利的因素有：加工硬化、出现强度较高的组织和相、产生在摩擦条件下稳定的新化合物、在工作表面出现所谓稳定的活性工作层等[43]。

如上所述，摩擦过程的变化主要发生在摩擦部件的接触表面，下面对表面接触的特性略加描述[43]：

1) 接触的不连续性。由于表面的不均匀磨损及本身固有的粗糙度与孔隙的存在，粉末冶金制动摩擦材料在与对偶材料接触时，总是不连续的。根据这种情况，接触面可分为三种不同的形式：名义的、轮廓的、实际的。实际接触面积的大小，对于评定应力和变形以及摩擦热源是很重要的，也就是说通过这些参数可以确定表面的变化与破坏。大量的研究人员通过计算机模拟技术，形象地描述了摩擦面接触点与温度分布的状况[44-46]。

2)接触点的尺寸。单个接触点的直径取决于材料内相与组成物以及接触面的几何形状。在较大载荷时，接触面积的增加是以接触点数量增加为条件的，而不是改变接触点的直径。

3)实际压力。由于外加载荷分布在真实接触面上，使这些点上的真实压力可能达到很大的值。

4)残余变形。在摩擦时由于受正应力和切应力的同时作用，使对偶材料的表面处于复杂的应力状态，在这些条件下，塑性变形可能达到很大的值，甚至脆性相也可表现出较大的塑性。由于有相当大的实际压力值，在极微小的名义载荷下，实际接触的地方就可能发生残余变形。

5)变形特征。摩擦接触作用的特征是摩擦元件的多次加载，在每经过一次作用后，每一个不平表面的微峰都是追赶在自己前面的变形材料的波浪，使前面的被压缩，后面的被拉伸。

1.3 摩擦过程中表面层的变化

研究表明[46,47]，摩擦过程中制动摩擦材料的工作层由表面层和中间层组成，其结构和化学成分不同于原来的摩擦材料。中间层和二次组织的相构成和化学成分是互相联系的，并取决于摩擦副材料原始结构的相组成和化学成分。对于表面层而言，无论是摩擦因数还是耐磨性均取决于表面层(膜)的物理力学性能和物理化学性能、膜的硬度、耐磨性、膜与基体表面的黏着程度等。摩擦过程的主要变化发生在刹车副材料表面层中，主要的变化包括以下几个方面：

1)氧化。氧化过程在100~200℃时已经开始，并且随着摩擦温度升高而加剧，铁基和铜基摩擦材料氧化膜位置的顺序符合普通铁和铜在空气中加热时氧化物的顺序。材料中其他合金元素也会氧化。对偶材料的摩擦表面也生成类似的氧化膜。

2)多元工作膜的形成。摩擦过程中，材料中各组元的磨损产物被带到表面上并在表面上形成工作层，其结构组成和化学成分不同于原来的摩擦材料。工作层的作用非常大，因为在摩擦过程中首先是膜在工作。研究指出，当铁基材料摩擦区加入含硫的物质时会形成由硫酸亚铁和一羟氢化亚铁组成的抗卡层。在现实的摩擦条件下膜由纯一羟氧化亚铁组成。

3)弹塑性变形。弹塑性变形的程度首先取决于所施的压力和摩擦时的温度。当应力超过屈服极限时，在摩擦表面的个别区域产生塑性变形，或者发生更强烈的变形，甚至表面层挤出一些金属到摩擦试样的周边。摩擦副表面层发生的塑性变形对材料的结构和性能影响很大。塑形变形过程进行的程度和特性取决于制动器的结构和具体工作条件。

4）黏结。摩擦表面氧化膜破坏后会产生金属直接接触区域，并随着压力、温度和变形程度的提高，最终导致摩擦表面毁坏性破坏，产生黏结。防止黏结的主要方法是减少塑性变形和防止产生金属直接接触区。

5）与加热和冷却（淬火、回火、再结晶）有关的金属组织变化。Fe－C合金加热和冷却时，在达到适当的温度时会激烈地发生淬火和回火。这些过程的临界温度和速度在摩擦条件（高压、高温、加热速度）的影响下可能大大改变。相变在摩擦材料中产生微裂纹，微裂纹逐渐扩展成裂纹网，从而导致材料破坏，但用钢背加固的摩擦片可以在一定程度上防止破坏产生。

所有这些过程对摩擦因数产生重大影响，且控制摩擦材料工作层的组织结构，对获取需要的摩擦性能至关重要。

1.4 摩擦性能参数及影响因素

一般用摩擦因数和磨损量来表征摩擦材料的摩擦性能。

在规定滑动速度时的摩擦因数为：

$$\mu = \frac{\sigma_0}{P_{接触}} + \alpha_{滞后} K \sqrt{\frac{h}{R}} \tag{1-2}$$

式中：$P_{接触}$——接触点的实际压力；

σ_0——极限剪切应力；

K——决定于接触几何形状的常数；

$\alpha_{滞后}$——滞后损失系数；

h——单位粗糙度沉陷于对偶体表面的深度；

R——单位粗糙度的圆角半径。

磨损强烈程度用下列公式表示：

$$I_{磨损} = \frac{0.15}{n} \sqrt{\frac{h}{R}} \cdot \frac{P_{名义}}{P_{接触}} \tag{1-3}$$

式中：$P_{名义}$——名义压力；

n——单位点蚀破坏前所经历的循环次数。

通过摩擦过程的外部参数和材料的物理力学性能来表示公式中的特征值，并不能预测在工作时的行为和控制摩擦过程。

因为摩擦因数是摩擦表面黏着和啮合大小及其性质的函数。在摩擦运动开始时，黏着力便表现出来，当材料表面的氧化膜发生局部破坏时，则出现金属接触区域，此时，机械啮合机制占主导地位，粗糙度大或在摩擦材料表面存在固相夹杂，可产生高的摩擦因数；进一步运动时发生黏着区域联结的破裂，这时摩擦因数提高，当黏着和黏着区域破坏这两个过程交替发生而总接触表面达到一定的平衡时，摩擦因数稳定下来，当摩擦是黏着机理控制时，如果黏着行为以比较大的频率发生，则可产生高的摩擦因数。选择调整摩擦因数机理时，选择材料结构中硬质点夹杂的啮合机理较容易控制。必须补充指出，摩擦因数是黏着机理还是力学机理在很大程度上取决于温度、压力、滑动速度和润滑剂等因素。

摩擦材料在工作时的磨损或破坏是产生应力、应变和进行一系列物理和物理化学过程的结果。两个表面摩擦时，由于施加的外压力或摩擦件因加热产生弯曲所引起的应力，引起材料变形和破坏。摩擦副摩擦过程的特点是应力状态的复合性——压应力、拉应力和剪切应力同时作用，大大影响到晶块的碎化和位错塞积。对于实际的摩擦材料，可以将磨损分为五种类型：氧化、疲劳、磨料磨损、低温和高温的表面损伤。

现在还没有形成有关摩擦材料摩擦和磨损机理的完整理论，只在小范围内做了一些定性[48]和定量[49, 50]的研究。

1.5 制动摩擦材料的发展趋势

人类最早使用的摩擦材料主要是诸如软木、木头和毛皮等天然材料，适用于干摩擦制动条件，直到20世纪才出现了较高级的摩擦材料，主要是有机摩擦材料和粉末冶金摩擦材料、炭-炭复合摩擦材料等[4, 9]。

最早使用柏油或橡胶浸渍织物构成的摩擦片是在1900年。1906年，为试图克服这种棉基材料固有的易燃性，在汽车制动系统中使用了石棉织物的刹车片——石棉摩擦材料。石棉摩擦材料是以酚醛树脂为基体，石棉为主要增强纤维，再配合各种填料的多组元摩擦材料。酚醛树脂的特点和作用是当处于一定加热温度下时先软化而后进入黏流态，产生流动并均匀分布在材料中形成材料的基体，通过酚醛树脂的固化作用，把纤维和填料黏结在一起，形成质地致密的、有相当强度的，并满足摩擦材料使用性能要求的摩擦材料；增强纤维赋予材料足够的机械强度，使其能承受生产过程中磨削和铆接加工的负荷力以及使用过程中由于制动和传动而产生的冲击力、剪切力和压力。石棉摩擦材料分为石棉纤维摩擦材料、石棉纸质摩擦材料、石棉布质摩擦材料和石棉编织摩擦材料等。与早期的其他摩擦材料相比，石棉摩擦材料具有高而平稳的摩擦因数、良好的耐磨损性能、制造工艺简单和成本低廉等显著优点，因而在相当长的一段时间内，被广泛地应用于各种运动部件的制动中[10, 11]。

20世纪70年代以来，由于国防工业、工程机械及交通运输等行业的飞速发展，大型军(民)用飞机、高速列车和重载汽车等工程机械对摩擦材料的高速与重载制动要求愈来愈高，摩擦材料吸收的能量也越来越大，摩擦材料工作表面温度迅速升高，而石棉纤维由于自身的成分和结构缺陷[12, 13]，在高的工作温度下分解，改变了材料的摩擦磨损特性，导致摩擦因数急剧下降，出现制动失灵或不可靠等现象。同时，随着研究的不断深入，国际医学界公认石棉粉尘和纤维有致癌作用，并严重污染环境，在欧美等发达国家相继出台禁止在制动摩擦材料中使用石棉成分的政策和法规[14, 15]。石棉有机摩擦材料已难于满足现代制动环境和生命质量的要求，因此，相继出现了无石棉有机摩擦材料、粉末冶金摩擦材料以及炭－炭复合摩擦材料等新型摩擦材料[16, 17]。

无石棉有机摩擦材料是指采用非石棉纤维增强的有机摩擦材料，由高分子化合物多元共混的黏结剂、非石棉耐热补强纤维、摩擦改进剂、减磨剂及填料混合压制而成。无石棉有机摩擦材料在发展过程中出现了半金属和少金属及无金属等多种组成的有机摩擦材料，所谓半金属是指摩擦材料中金属纤维和金属粉的用量达到摩擦材料的30%以上。顾名思义，少金属和无金属摩擦材料就是指使用金属组元的量少或无金属组元。

半金属摩擦材料的性能介于石棉摩擦材料和粉末冶金摩擦材料之间，一般可以短时间在500℃左右使用，在150～260℃温度范围内制动性能非常稳定，并具有较好的耐热性、导热性和耐磨性，制造工艺简单，价格较低，因而在低速低载制动条件下，不失为一种上选材料[18]。但由于半金属有机摩擦材料中金属含量大，金属组元和替代石棉纤维的钢纤维容易生锈，锈蚀后易黏着对偶或损伤对偶，使摩擦材料和对偶材料磨损加剧，摩擦因数稳定性变差。同时，半金属摩擦材料虽然消除了石棉摩擦材料容易产生的高频噪音，却易产生低速下的低频噪音；半金属摩擦材料热传导率高，当摩擦温度高于300℃时，一方面易使摩擦材料与基板间的黏结树脂分解，加之温度差引起热应力分布不均匀，甚至会出现剥落现象；另一方面，大量的摩擦热会迅速传递到活塞等液压施力机构上，导致密封圈软化和制动液发生气化，从而造成制动失灵。为了克服以上缺点，减少金属含量，在半金属有机摩擦材料基础上逐渐发展了少金属和无金属有机摩擦材料。该系列摩擦材料目前仍在进一步研究开发过程中[19, 20]，但有机基体的缺陷导致的高温不稳定等问题无法得到克服，无法满足高速大载荷条件的使用要求。

粉末冶金摩擦材料是指采用粉末冶金工艺制造的金属和非金属多组元复合的材料，由于该材料可以通过在相当大的范围内调整材料成分，以适应各种不同的制动要求，因而自1929年研制成功以后[5]，迅速在不同工况下得到应用，先后发展了船舶及工程机械用摩擦材料、列车制动用摩擦材料和航空用制动摩擦材料以及其他特殊条件如航天器用摩擦材料等[21－28]。粉末冶金摩擦材料满足了大部分高能制动对摩擦材料的性能要求，但仍存在极高温工作条件下制动摩擦因数下降、磨损增大和自体重量过大等问题，因此，在重量要求有限制的使用环境下，需发展新型摩擦材料，如具有较低密度的炭－炭复合摩擦材料等[29]。

炭－炭复合摩擦材料是基于满足航空航天结构需求的炭－炭复合材料基础上发展而成的，是碳纤维增强碳基体的复合材料。碳基体由液相浸渍或化学气相沉积（CVD）工艺制得。这种材料虽然具有较低的密度、优良的高温摩擦性能和热物理性能，但是其制造工艺复杂、工艺周期长、制造成本昂贵，因此，目前仅限于高速高能及对重量要求严格的条件下应用，如远程重载飞机和航天飞行器等[30－36]。为了解决炭－炭复合摩擦材料在湿态条件下摩擦性能下降和成本高等问题，在此基础上，发展了陶瓷基复合摩擦材料，并在坦克等制动机构中获得应用[37－40]。

综上所述，工程技术的发展对摩擦材料的性能要求越来越高，为适应新的发展需求，人们需不断开发新型高性能的摩擦材料。

参考文献

[1] （苏）费多尔钦科. 现代摩擦材料[M]. 徐润泽. 北京：冶金工业出版社，1983.

[2] 曾德麟. 粉末冶金材料[M]. 北京：机械工业出版社，1989.

[3] 任志俊. 粉末冶金摩擦材料的研究发展概况[J]. 机车车辆工艺，2001，6：1－5.

[4] 姚萍屏. 粉末冶金航空摩擦材料基体及钢对偶材料的研究[D]. 长沙：中南大学，2000.

[5] 熊翔，黄伯云. 现代航空粉末冶金刹车材料[J]. 粉末冶金材料科学与工程，1996，1(1)：1－6.

[6] 姚萍屏，熊翔，黄伯云. 航空刹车材料的现状与发展[J]. 粉末冶金工业，2000，10(6)：34－37.

[7] 杨永连. 烧结金属摩擦材料[J]. 机械工程材料，1995，19(1)：18－21.

[8] 鲁乃光. 烧结金属摩擦材料现状与发展动态[J]. 粉末冶金技术，2002，20(5)：294－298.

[9] Locier K D . Friction materials on overview[J]. Powder Metallurgy，1992，35(4)：253－255.

[10] 朱铁宏，高诚辉. 摩阻材料的发展与展望[J]. 福州大学学报，2001，29(6)：52－55.

[11] 李文荣，梁梓芳. 摩擦材料最新进展[C]. 1997年中国粉末冶金学术会议论文集. 北京，1997：232－239.

[12] 张元民. 石棉摩擦材料的结构与性能[M]. 北京：中国建筑工业出版社，1982.

[13] 葛中民. 耐磨损设计[M]. 北京：机械工业出版社，1995.

[14] 王媛，林有希，叶绍炎，高诚辉. 纤维增强树脂基摩阻材料研究进展[J]. 工程塑料应用，2008，11：79－82.

[15] 杨淑静，宋国君，赵云国，谷正，孙玉璞，王海庆. 混杂纤维增强树脂基摩阻材料的性能及应用[J]. 工程塑料应用，2007，4：41－45.

[16] 韩团辉，肖鹏，李专. 温压熔融渗硅法制备C/C－SiC摩擦材料及其摩擦磨损性能[J]. 中国有色金属学报，2010，7：1316－1320.

[17] 熊翔. 炭/炭复合材料制动性能研究[D]. 长沙：中南大学，2004.

[18] 杨波，向定汉，周芳. SACF纤维改性半金属摩擦材料的力学及摩擦学性能研究[J]. 润滑与密封，2009，2：21－24.

[19] 韩野，田晓峰，尹衍升. 硅氧铝陶瓷纤维含量对半金属摩擦材料摩擦磨损性能的影响[J]. 摩擦学学报，2008，1：63－67.

[20] 龙强，周元康. 湿法制备半金属摩擦材料中改性的热固性树脂含量对摩擦磨损性能的影响[J]. 非金属矿，2009，5：72－74.

[21] 谭明福. 飞机刹车材料的现状及其进展[J]. 粉末冶金材料科学与工程，1999，4(2)：126－131.

[22] Miller R A. Thermal barrier coating for aircraft engines：history and directions [J]. Thermal Spray Technology，1997，6(1)：35－42.

[23] Jenkins A，Powder－metal based friction material [J]. Powder Metallurgy，1969，12(4)：34－40.

[24] 徐润泽. 粉末冶金结构材料学[M]. 长沙：中南工业大学出版社，2002.

[25] 周宏军. 国内外摩擦制动材料的进展[J]. 铁道物资科学与管理，1997，15(3)：32－33.

[26] 孙福祥，杨伟君. 50年来我国铁路车辆闸瓦(闸片)的发展[J]. 铁道机车车辆，2007，27(1)：1－8.

[27] 姚萍屏，邓军旺，熊翔，袁国洲，张兆森，靳宗向. MoS_2 在空间对接摩擦材料烧结过程中的行为变化[J]. 中国有色金属学报，2007，17(4)：612－616.

[28] 邓军旺，姚萍屏，熊翔，袁国洲，张兆森. 压力对空间对接摩擦材料摩擦磨损性能的影响[J]. 非金属矿，2006，29(5)：59－62.

[29] 肖志超，薛宁娟，苏君明，彭志刚，金志浩，郝志彪. C/C复合刹车材料防氧化涂层的性能[J]. 新型炭材料，2010(2)：156－160.

[30] 葛毅成，易茂中，涂欣达，冉丽萍，彭可，杨琳. 结构类似的炭材料和C/C复合材料的滑动摩擦磨损行为[J]. 中国有色金属学报，2010(2)：267－273.

[31] 姜海，李东生，吴凤秋，邓海金. C/C刹车盘用短纤维预制体组成及工艺研究[J]. 材料工程，2009(8)：76－79.

[32] 薛宁娟，肖志超，苏君明，孟凡才，彭志刚. C/C刹车材料用抗氧化涂层性能[J]. 宇航材料工艺，2009(1)：49－52.

[33] 薛宁娟，苏君明，肖志超. 炭/炭复合材料CVI致密化技术的研究与发展[J]. 炭素技术，2008(4)：47－51.

[34] 崔鹏，陈志军，李树杰. C/C刹车盘快速致密化工艺及其性能[J]. 复合材料学报，2008(4)：101－105.

[35] 陈青华，邓红兵，肖志超，苏君明，彭志刚. 炭/炭复合材料摩擦性能与摩擦表面状态的关系[J]. 材料科学与工程学报，2008(3)：430－434.

[36] 秦明升，肖鹏，熊翔. C/C－SiC制动材料的研究进展[J]. 材料导报，2008(8)：36－38.

[37] 杨尚杰，范尚武，张立同，成来飞. 三维针刺C/SiC刹车材料的摩擦磨损性能[J]. 复合材料学报，2010(2)：50－57.

[38] 彭可，葛毅成，杨琳，易茂中. C/C坯体密度对熔融渗硅法制备的C/C－SiC复合材料摩

擦行为的影响[J]. 粉末冶金材料科学与工程, 2010(3): 252 - 257.

[39] 李专, 肖鹏, 熊翔, 朱苏华. 炭纤维增强双基体炭 - 炭化硅(C/C - SiC)制动材料的性能[J]. 摩擦学学报, 2010(3): 273 - 278.

[40] 葛毅成, 易茂中, 涂欣达, 彭可. 不同载荷下 C/C 复合材料往返式滑动摩擦行为[J]. 中南大学学报(自然科学版), 2010(1): 267 - 273.

[41] 温诗铸, 黄平. 摩擦学原理[M]. 北京: 清华大学出版社, 2002.

[42] Venkataraman B, Sundararajan G. Correlation between the characteri - stics of the mechanically mixed layer and wear behaviour of aluminum A - 7075 alloy and Al2MMCS[J]. Wear, 2000 (245): 22 - 38.

[43] 郑林庆. 摩擦学原理[M]. 北京: 高等教育出版社, 1994.

[44] SItefan K, Beata J, Jana M, Pavol S. Silicon carbide powder synthesis by chemical vapour depositionfrom silane/acetylene reaction system[J]. Journal of the European Ceramic, 2000 (20): 1939 - 1946.

[45] 杨晓云, 石广元, 黄和鸾. SiC 结构的多型性[J]. 辽宁大学学报(自然科学版), 1998, 25(4): 351 - 354.

[46] Chen C C, Li C L , Liao K Y. A cost - effective process for large - scale production of submicron SiC by combustionsynthesis[J]. Materials Chemistry and Physics, 2002, 73(2 - 3): 198 - 205.

[47] Fletcher L S, Barber S, Anderson A E, et al. Feasibility analysis of asbestos replacement in automobile and truck brake systems[J]. Mechanical Engineering, 1990, 112(3): 50.

[48] 魏建军, 薛群基. 陶瓷摩擦学研究的发展现状[J]. 摩擦学学报, 1993, 13(3): 268 - 275.

[49] 吴芳. 碳化硼陶瓷及其摩擦学研究[D]. 长沙: 中南大学, 2001.

[50] 邹世钦, 张长瑞, 周新贵, 等. 连续纤维增强陶瓷基复合材料在航空发动机上的应用[J]. 航空发动机, 2005, 31(3): 55 - 58.

第 2 章　航空制动粉末冶金摩擦材料

2.1　航空制动摩擦材料的发展

航空制动摩擦材料主要应用于三种不同的操作过程：①在飞机起飞前和着陆后的滑行过程中，制动摩擦材料遭受 1/3 的磨损(指飞机运行中，制动摩擦材料总磨损量的 1/3)，此过程负荷高，但速度慢、滑行时间长。②在着陆刹车过程中。负荷与着陆后滑行负荷相同，但起始刹车速度高，滑行时间相对长。③在飞机速度已达到起飞速度而不能起飞时，此为最严重的情况，采用刹车副来阻止飞机起飞，即中止起飞，要求制动摩擦材料在胜任这一职能的同时，不发生黏结，刹车后机轮能自由转动，这样才能保证飞机和旅客的安全[1]。

航空制动摩擦材料是随着飞机性能和结构的改变而发展的。根据飞机总体和刹车系统的设计，对其刹车副有具体的设计要求，如不同制动条件下的制动距离(减加速度)、刹车平稳性(振动评估)以及紧急条件下刹车副的极限性能(磨损限 RTO)和使用寿命(起落数)等，而对于制动摩擦材料而言，其性能要求主要和使用状况相关联，航空制动摩擦材料的使用环境对其提出了严格的要求：在吸收远比其他部件多得多的动能、表面温度高达 1000℃的情况下，要求材料保持稳定的或变化很少的摩擦因数，而且从经济的角度来考虑，耐磨损能力强，即使在高温高应力下反复使用，制动摩擦材料也不发生因断裂和热疲劳导致的结构破坏[2]。

20 世纪以来，随着现代飞机的发展，其制动摩擦材料也经历了三个阶段。各个时期的代表性飞机和使用的摩擦材料情况见表 2－1。

表 2－1　20 世纪典型飞机及其使用的制动摩擦材料[3]

研制年代	飞机型号	首飞年月	最大起飞重量/t	最大飞行速度/($km \cdot h^{-1}$)	制动摩擦材料
30 年代	DC－3	1937/12	11.4	310	石棉基
40 年代	DC－4	1942/02	33	362	石棉基
50 年代	B－707	1958/08	151	956	粉末冶金

续表 2 -1

研制年代	飞机型号	首飞年月	最大起飞重量/t	最大飞行速度/(km·h^{-1})	制动摩擦材料
60 年代	三叉戟	1961/12	71	960	粉末冶金
70 年代	图 -154	1974/04	90	971	粉末冶金
80 年代	B737 -300	1984/05	61	831	粉末冶金
90 年代	B737 -900	2000/08	85	852	粉末冶金
80 年代	B -757	1982/02	115	1000	炭 - 炭
90 年代	B -777	1994/06	230	1000	炭 - 炭

20 世纪 30—40 年代初的飞机，如 DC -3、DC -4，其重量不超过 40 t，飞行速度不超过 400 km/h，经减速进场后，由于刹车速度比较低，着陆制动时动能转换不高，采用软管式刹车装置，如图 2 -1 所示，制动摩擦材料的使用温度一般为 200 ~250℃，因此，这个时期使用的是石棉树脂基制动摩擦材料[4]。

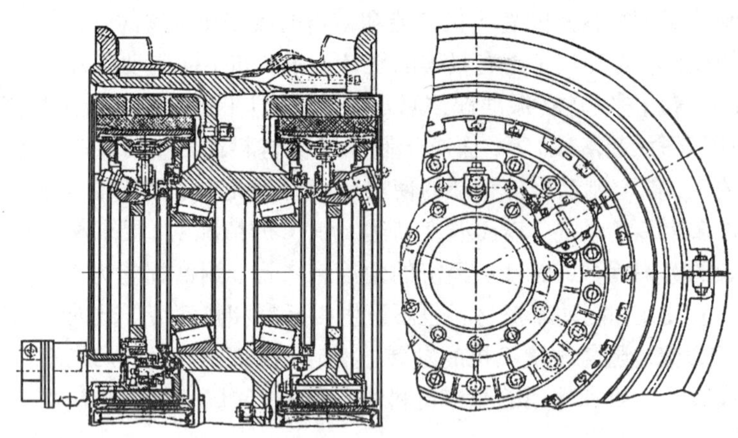

图 2 -1　软管式刹车示意图

20 世纪 40 年代末至 50 年代初，随着喷气式发动机的出现，飞机的重量和速度增加了一倍以上(见表 2 -1)，制动时的动能转换也大大增加，摩擦表面温度提高了 3 ~4倍，在这种情况下，石棉树脂基制动摩擦材料中的有机化合物发生热分解，导致材料变质，造成严重的热衰退现象，损坏对偶，增加磨损，因此石棉树脂基制动摩擦材料已无法满足使用要求。在制动摩擦材料方面，人们把注意力转向了粉末冶金制动摩擦材料。同时，为了降低制动摩擦材料表面的温度，刹车装置也采用了早期的盘式刹车，如图 2 –2 所示[4]。粉末冶金制动摩擦材料自 1929 年提出采用少量铅、锡和石墨的铜基烧结粉末冶金合金以来，航空工业成为第一个用户，而且装在当时世界上最先进的喷气式客机上使用，如图 –104 和波音 707 飞机上装的就是粉末冶金制动摩擦材料。几种典型的航空制动粉末冶金摩擦材料如表 2 –2 所示。

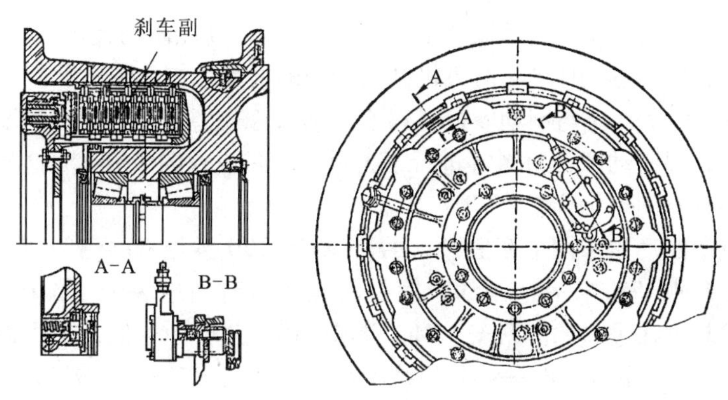

图 2 –2　早期盘式刹车示意图

表 2 –2　几种典型的航空制动粉末冶金摩擦材料成分及含量/%[5]

成分 机种	Fe	Cu	C	MoS_2	Pb	Sn	Mo	Sb	$BaSO_4$	SiO_2	SiC	Al_2O_3	石棉	备注
图 –104	64	15	9	—	—	—	—	—	6	3	—	—	3	铁基
波音 707	8	66	8	4	4	4	—	—	—	3	—	3	—	铜基
3B –2E	68.6	—	15	4	2	4	—	—	—	—	4	2	—	铁基
B –737	31.25	31.25	10	—	—	—	5	2.5	12	—	—	—	—	铁 –铜基

由于航空制动粉末冶金摩擦材料能在相当高的温度和压力下工作，有较高的耐磨性，在有油和水存在时性能稳定，抗冲击载荷能力强，受气候寒冷和炎热、大气湿度变化的影响小，因此，从第二次世界大战开始，军事上的需求刺激了航空工业的大发展，同时也促进了航空制动粉末冶金摩擦材料的飞速发展。

英国的邓录普公司(Dunlop)在发展粉末冶金制动摩擦材料方面一直是引人注目的。从 1956—1971 年的 16 年时间里，该公司在美国专利文摘上公布了 157 篇专利，比较成功的是装在 3B –2E 飞机上的铁基粉末冶金刹车片(见表 2 –2)，它取消了钢碗，缩短了制造工艺，降低了成本。苏联研制的航空制动粉末冶金摩擦材料以铁基材料为主，从 1935 年开始，由中央工艺与机器制造科研所研制出了 ФМК –11 材料，广泛地应用于安 –24、26、30、12、22；伊尔 –18、62；图 –154 等飞机，成为苏联各飞机设计局的通用型制动摩擦材料。

后来又发展了 MKB－50A 以及 CMK 系列材料。美国在 Fe－Cu 混合基制动摩擦材料方面做了大量的工作。1962 年奔迪克斯(Bendix)公司就发表了 Fe－Cu 基航空制动粉末冶金摩擦材料的成分，见表 2－2(B－737 飞机用)，这种 Fe－Cu 混合基材料经多次改进后目前仍广泛应用于 B－737、B－747 以及 DC－9 等先进民航客机上[5]。此外，20 世纪 70 年代初期，受美国宇航局资助，由赖恩西勒综合工程学院领头，组织了大批科学家和工程技术人员以“高能制动技术”为题，以航空制动摩擦材料的研制为中心，对飞机制动器中的材料结构、接触状态、表面温度、氧化膜、物理力学性能与制动摩擦材料之间的关系、磨损机理、试验设备以及新的更好的耐高温制动摩擦材料等进行了大量的颇具成效的研究，为这方面的研究提供了许多有益的启示[6]。

我国航空制动粉末冶金摩擦材料的研制始于 20 世纪 60 年代，发展速度快，研制的铁基和铜基粉末冶金制动摩擦材料在较短时间内装配于国产军用飞机；70—80年代装配在进口的苏联安－24、伊尔－18、伊尔－64 以及英国的三叉戟和美国的波音 707 飞机上，80—90年代装配在美国波音 737、MD－82 以及苏联的图－154M 飞机上，达到了国际航空制动粉末冶金摩擦材料的先进水平，有的还返销国外，同时也装备在国产运七、直八以及运 7－200A 等飞机[7~12]。

20 世纪 60 年代初期，英法开始联合研制超音速远程客机，飞机速度达到 2000 km/h 以上，安全起飞速度也达到了 380 km/h，与此同时，苏联也研制同类型的图－144 飞机。美国波音公司则开始研制巨型的远程客机 B－747，虽然在飞行速度上保持在亚音速的水平(935 km/h)，但是飞机的重量猛增至 350 t。因此制动器所吸收的能量又迅速提高。波音－747 飞机刚停稳后测得刹车组件最外层刹车片的温度为 500℃，钢盘的温度为 650℃，而摩擦层表面的温度却高达 1000℃。在新一代民航客机的激烈竞争中，又一次强烈刺激着制动摩擦材料的发展，出现了炭－炭复合制动摩擦材料。最早成功研制出炭－炭复合材料的是美国 B. F. Goodrich 公司。英国 Dunlop 公司采用了他们的工艺，于 1968 年开始研制炭－炭制动摩擦材料及装置，英国 Dunlop、美国 Goodyear 及法国 SEP 等公司的炭－炭复合制动摩擦材料主要应用于高速远程重载客机如 B－777 以及幻影 1200 等战斗机上[13~15]。

20 世纪 80 年代，我国开始研制炭－炭复合制动摩擦材料，经过大量的实验攻克了许多技术壁垒，成功研制出炭－炭复合材料，并装备在军民用飞机上。中南大学和湖南博云新材料股份有限公司所研制的炭－炭复合材料成功应用在波音 757 飞机上，于 2003 年 12 月取得正式的零部件制造人批准书，使中国正式成为第四个能生产大型客机用炭－炭复合制动摩擦材料的国家，并获得 2004 年度国家科技发明一等奖[16~18]。

在炭－炭复合航空制动摩擦材料发展初期，几乎有一种共识，即炭－炭复合材料将很快完全占领航空制动摩擦材料市场，因其具有较高的强度和比强度，其密度小，而且其结构强度随温度升高而增大，耐高温度可达 2000℃左右。但是，炭-炭复合制动摩擦材料也存在拉伸强度低、冲击韧性差、体积大、各向异性和价格昂贵等缺点，经过近 30 年的发展实践证明，由于粉末冶金制动摩擦材料制造工艺成熟、安全可靠，同时在工艺和设计上的改进，使得航空制动粉末冶金摩擦材料的产品价格不断降低，刹车效率提高，使用寿命不断增长，加之飞机的起降频繁，因此，在单次起降成本上，粉末冶金制动摩擦材料具有很大的优势，如波音 737-600/700型飞机进口粉末冶金刹车副使用寿命最高可达到 2000 次起落，使单位起落成本和维护成本大大降低，航空制动粉末冶金摩擦材料又焕发了生机，使其在航空制动摩擦材料的应用中，形成与炭-炭复合材料共同发展的格局。

典型的航空制动粉末冶金摩擦材料刹车装置与炭-炭复合航空制动摩擦材料刹车装置如图 2-3 所示。

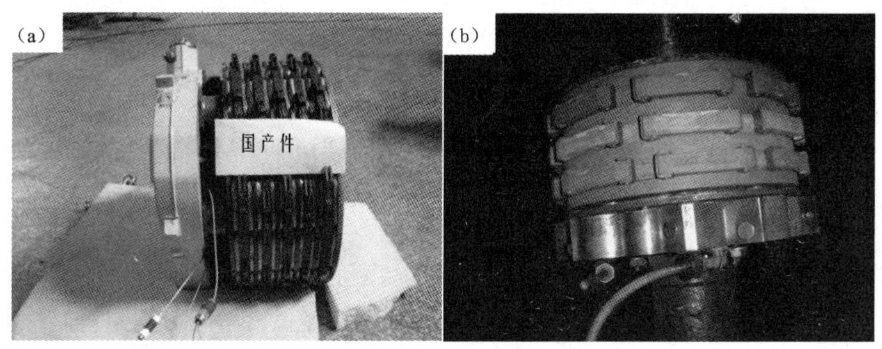

图 2-3　典型航空刹车装置

(a)粉末冶金材料；(b)炭-炭复合材料

2.2　航空制动摩擦材料的特点

粉末冶金摩擦材料虽具有类似于金属的物理力学性能，但因含有较多的非金属颗粒，其量值要远低于致密金属。尽管如此，和其他摩擦材料相比，它具有一系列优异的使用特性：

1)高的机械强度。在工作温度和复杂工况下能适应拉、挤、弯、剪等不同性质载荷，其他材料无法同时具备这一特性，特别是在重载和冲击载荷条件下。

2)高的使用温度。基体金属熔点高，使材料在较高的温度下仍能保持稳定的强度和摩擦磨损性能。

3)大的热容量。材料的比热容和密度大，单位体积内能吸收较多的摩擦热量，这对于易产生"尖峰负荷"的运行工况来说是相当重要的。因为尖峰负荷产生的巨大热量不可能在短时间内导出、散发，如果材料自身能较多地吸收摩擦表面的热量，则表面温度将迅速降低，且不会导致摩擦面的材质和性能变坏、甚至烧损失效。

4)优良的导热性能。铜、铁等金属具有良好的导热能力，一方面使摩擦表面的热量快速向外传导至对偶材料，被其吸收和散发；另一方面使摩擦表面的热量向内传导进入摩擦层和钢质芯板并被其吸收、散发，保证摩擦面温度始终保持在允许的范围内，使材料长期稳定地工作，这对重载工况尤其重要。

5)高的抗腐蚀能力。在油和水中不易破坏，这种对环境介质的强适应能力，使得粉末冶金摩擦材料是少数能够在湿、干及二者混合型工况下工作的摩擦材料。

6)优良的抗磨损性能。

7)稳定的摩擦特性。由于材料的稳定性好，当摩擦面的温度升高时，摩擦因数和耐磨性能不会明显下降，冷却后再使用时的回复能力强。

8)可以制成薄型摩擦材料，减小材料体积[19~21]。

2.3 航空制动粉末冶金摩擦材料的发展概况

航空制动粉末冶金摩擦材料是由金属与非金属粉末经粉末冶金工艺制备而成的复合材料，又称为金属陶瓷摩擦材料或烧结摩擦材料等。目前常用的粉末冶金航空刹车副有三种组合方式：一种是粉末冶金制动摩擦材料配对钢制对偶材料的刹车副；另一种是粉末冶金制动摩擦材料配对合金铸铁对偶材料的刹车副；第三种是粉末冶金制动摩擦材料配对粉末冶金对偶材料的刹车副。在欧、美飞机中主要采用第一种组合方式，后两种方式多为苏联采用。

2.3.1 航空制动粉末冶金摩擦材料的成分设计

航空制动粉末冶金摩擦材料的组成大致可分为三部分:①基体组元，作用是提供材料必要的力学性能和物理化学性能；②润滑组元，作用是改善抗卡滞性能，保证制动平稳性并提高材料的耐磨性能；③摩擦组元，作用是保证与对偶材料工作表面的良好啮合，提高摩擦因数和耐磨性[22]。因此，制动摩擦材料设计的研究也主要围绕这三种组元的选择及其对材料性能的影响而开展。

(1)基体组元

航空制动粉末冶金摩擦材料的强度、耐磨性和耐热性在很大程度上取决于基体的组织结构和物理、化学性质。航空制动粉末冶金摩擦材料中广泛采用的基体主要有铁基、铜基及铁－铜复合基三种。

由于铁熔点高，它的强度、硬度、塑性、耐热性和抗氧化性可通过各种元素使其合金化而加以调整；铁粉及铁粉为基的混合料易于压制和烧结，而成本又不太高，因此，以铁为基体，在经济上是合算的。但是，它与对偶(铸铁或钢)具有亲和性，容易产生黏附，因此，需要添加合金元素以降低铁的塑性，提高强度和硬度，减小与对偶的亲和性。

合金化还可以提高材料的耐热强度和抗氧化性，而铜粉或铜纤维的添加可提高其导热性[22]。

有研究表明[23~25]：在铁基制动摩擦材料中，加入 Ni、Cr、Mo 的主要目的在于提高材料的物理－力学性能、耐热及耐腐蚀性能；加入 P 的目的是提高材料的强度和耐磨性；添加 Mn、Al 等合金元素使铁基制动摩擦材料中珠光体数量明显增加，改善了摩擦磨损性能，同时，在使用过程中，合金元素的添加抑制了马氏体和网状渗碳体的析出，使制动性能明显改善[26]。合金元素对铁基制动摩擦材料摩擦性能的影响见表 2－3[27]。

表 2－3 合金元素对铁基制动摩擦材料摩擦性能的影响

合金元素	摩擦因数		单次制动线磨损/(μm·次$^{-1}$·面$^{-1}$)	
	$f_{平均}$	$f_{最大}$	摩擦材料	对偶
无	0.28	0.39	12.0	5.5
Cu	0.29	0.37	12.0	2.5
Mn	0.30	0.37	10.0	4.0
Al	0.24	0.36	3.5	4.5
Co	0.25	0.31	8.5	3.0
Mo	0.27	0.33	11.5	3.0

可以看出，加入合金元素后，最大摩擦因数(最大摩擦因数在一定程度上表征黏结)有所降低。

航空制动粉末冶金摩擦材料很少采用纯铜粉末作为基体，因为铜粉强度较低，为了强化基体，往往需要在铜中添加其他金属粉末，使其与铜粉在烧结时充分合金化，应用最广泛的合金元素是锡。铜粉中加入锡后，压坯及烧结制品的强度得到显著提高[22]，然而，由于锡价格较高，同时，在高温工作时会向黏结摩擦层的钢背扩散，引起钢背因晶间腐蚀而破裂。因此，又进一步发展了 Al、Zn、Ni、Fe、Ti、Mo、W、V 等合金元素。研究表明[22]：铜基制动摩擦材料中加入 W、Mo，除强化铜外，还有吸收摩擦过程产生的热量的作用。材料中添加1%～10%的Mo或W可降低工作表面温度，保证制动平稳。

为了充分利用铜基制动摩擦材料的高导热性、耐磨性及铁基制动摩擦材料可承受重负荷、高速与高温的特性，又研制了铁-铜比例约为1∶1的铁-铜复合基摩擦材料。在铁-铜复合基材料中，可以选择添加0.5%～1.0%的Sn来强化Cu，同时，还可采用Al元素内氧化弥散强化铜基的方法以增强材料在苛刻条件下的耐热性，使之在高温高压下仍保持合适的摩擦因数[27]。

为了寻求新的金属或合金作为制动摩擦材料基体，必须着重解决以下问题[22]：强化和提高基体耐磨性及耐热性；改善摩擦表面的导热性；采用价廉易得的金属代替贵重稀缺金属；或用极少贵重金属来强化基体，设法达到具有与贵重金属作基体时同等的摩擦性能。

从目前的发展情况分析，航空制动粉末冶金摩擦材料有从铁基或铁-铜复合基转化为铜基的趋势，在新型飞机如美制波音737-600/700/800/900型飞机到其他型号飞机都采用了铜基刹车副（见表2-4），在大幅度提高制动所吸收能量的同时，刹车副的平均使用寿命也从500～800次提到800～1700次，取得了较好的经济效益和社会效益。这是因为：铜基制动摩擦材料具有较好的热传导性能、制动平稳性和良好的耐磨损性能，同时，通过对摩擦组元和润滑组元的合理配置以及结构重新设计，使得铜基制动摩擦材料还具有较好的高能制动性能，这为越来越高的制动速度、制动载荷所形成的高能制动要求及激烈的市场竞争提供了有利的驱动力。

表2-4　20世纪典型飞机粉末冶金制动摩擦材料基体的变迁

研制年代	飞机型号	俄罗斯	B. F. Goodrich 公司	Bendix 公司
70年代	图154	铁基	—	—
70年代	波音737-300/500	—	铜基	铁-铜基
90年代	波音737-600/700	—	铜基	铜基
90年代	波音737-800/900	—	铜基	铜基

（2）润滑组元

这类组元应用最广泛的是具有层状结晶构造的固体润滑剂，首先是石墨及MoS_2，其次是氮化硼。石墨可降低材料的磨损，促使摩擦平稳，由于石墨具有较好的润滑性，可改善材料的摩擦性能。青铜基摩擦材料中最佳石墨含量为5%～10%，同时，石墨的粒度组成和颗粒形状对摩擦材料性能有显著影响。一般认为具有较宽粒度组成的石墨性能好[22]，并且细片状石墨比其他形状的石墨性能好。MoS_2适用于摩擦温度低于 400℃的摩擦材料。单独加入 MoS_2时会降低材料的冲击韧性，但如果将 MoS_2 与其他组分结合使用时，将会使摩擦材料的冲击韧性提高。

在制动摩擦材料中，还采用易熔金属作为润滑添加剂[22]。在摩擦过程中，表面温度超过易熔金属熔点时，金属熔化，并在摩擦表面上形成润滑薄膜，以平稳摩擦过程，降低表面温度。如铅常与石墨或其他非金属润滑物共同使用，铅作为金属润滑剂，能大大改善混合料的压缩性能，但由于铅与锡在铜铝合金中溶解有限，因此，多以单质形式存在，随着 Pb 含量的增加，摩擦材料的耐磨性增加。

(3)摩擦组元

为了使摩擦因数达到设计要求的水平，制动摩擦材料中需添加摩擦组元，通常称它们为摩擦剂。它们的作用在于补偿固体润滑组元的影响及在不损害摩擦表面的前提下增加滑动阻力，即提高摩擦因数并使之达到要求的水平，另外，摩擦组元还应当消除配对零件表面上从摩擦材料转移过来的金属，并使对偶表面擦伤和磨损变小[22]，因此，摩擦组元的基本任务不是对配对零件材料起一种磨料磨损的作用，而是保证与对偶工作表面适当的啮合，并使对偶表面保持良好的状态。

摩擦组元通常具有非金属性质，能减少摩擦表面黏结和卡滞的发生。属于这类组元的有 Si、Al 的氧化物，碳化硅和碳化硼以及矿物性的复杂化合物(石棉、莫来石、蓝晶石、硅灰石)[22]等。

2.3.2　航空制动粉末冶金摩擦材料的制造工艺

俄罗斯及欧美的航空制动粉末冶金摩擦材料的制造工艺略有不同，俄罗斯采用冷压成形结合加压烧结的工艺，而英国、美国则采用加压烧结或无压烧结及复压等方式生产航空制动摩擦材料。

国内航空制动粉末冶金摩擦材料常采用冷压成形和加压烧结相结合的制造工艺。其常规制造工艺主要包括以下几个方面:①粉末原材料处理；②配料；③混合；④压制；⑤加压烧结；⑥后续处理。

但总体而言，由于材料成分的差异，对于航空制动摩擦材料制造工艺的研究通常具有较强的针对性，在基本规律的指导下，均需进行特定要求的工艺研究。

某航空制动摩擦材料的基本制造工艺过程如图 2 - 4 所示。

(1)粉末原材料处理

航空制动粉末冶金摩擦材料的主要原材料是各种粉末，而原始粉末的状态对制品的性能是有影响的。如苏联针对 MK - 5 进行了原材料氧化程度对强度特性及摩擦性能影响的系统研究，结果表明：同一种摩擦片，保存时间长比刚生产时的硬度有所提高。

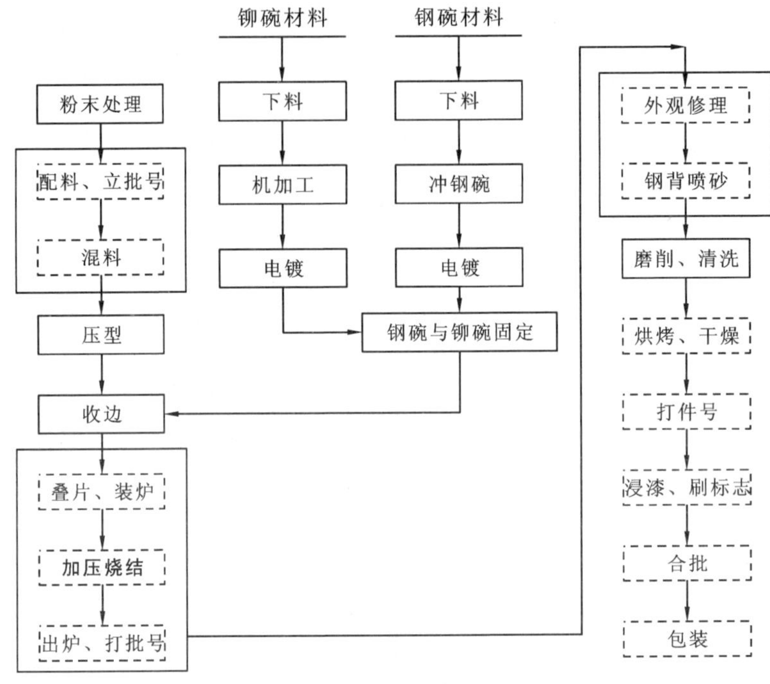

图 2-4　航空制动粉末冶金摩擦材料制造工艺流程示意图

为了减少石墨的比表面和提高其与金属基体的结合强度，可将石墨进行处理：细颗粒的石墨粉与软金属粉末铜、铅、锡、铝等混合，在2 ~2.5 t/cm^2压力下压制成坯，随后破碎成粗颗粒粉末，而后再进行混粉，可以提高石墨和其他组元之间的结合强度。

(2)混合

制动摩擦材料的性能在很大程度上取决于原始混合料的均匀性，因此必须重视混合工艺。根据摩擦材料组成的不同，混合工艺可采用 V 形、圆筒形和锥形等混料设备，混合时间及混合速度等工艺参数需根据不同的材料组成，并通过试验研究来获得。

(3)压制

国内外所采用的压制工艺主要是将混合料直接压制成压坯，然后放在钢背上加压烧结。但捷克采用将混合料直接压在钢芯板上的方式，此种方法我国在 20 世纪 60 年代也采用过。但此种方法主要用于压制面积较小的摩擦片，对钢芯板需进行处理，如镀铜然后再镀 4 ~6 μm 的锡，以保证其黏结力。

我国在摩擦片的压制工艺上主要采用模压法成形。

(4)烧结

在粉末冶金摩擦材料中，如果含有大量非金属组分，如石墨、氧化物、碳化物、硫化物、矿物质等会大大降低粉料的压缩性，从而使压坯易于出现分层和裂纹。由于这种原因，用普通压制法在室温下不可能制得孔隙度小于15% ~20%的粉末片，因此，加压烧结便成了广泛用来制造粉末冶金摩擦零件的方法。用这种方法可制得适当孔隙度的零件，从而使零件具有高强度和耐磨损性能。

烧结时必须加压，还因为在烧结过程中可能出现压件的膨胀，铜 - 锡合金，铜 - 铝合金在烧结时发生体积长大与形成固溶体的扩散过程有关，并取决于相互作用的偏扩散系数差，铁基摩擦材料在无压烧结时，由于铁与碳或其他组分间发生扩散，也可能发生体积的长大。烧结时给零件施加压力，不仅可以抑制压坯的体积膨胀，而且有助于制得给定孔隙度的材料。

此外，为了用比较粗的粉末制出密实的制品，在烧结过程中必须施加压力，这样烧结施加压力有助于制得孔隙度低的制品。

在同一温度下，随着烧结时所加压力的增大，试件的收缩也急剧增大。在压力不变的情况下，随着烧结温度的升高，收缩增大得不那么急剧。

2.4　航空制动粉末冶金摩擦材料的研究

2.4.1　材料设计的基本准则

材料设计是指在试验和理论基础上，采用现代综合分析技术来设计符合需求性能指标的新材料组成及制造工艺的科学。材料设计的思想提出于20世纪50年代，源于材料的开发和应用。传统材料的开发以“炒菜”、“抓中药”或“试行错误”的方式进行，而现代材料设计则从单纯选材过渡到应用材料的现代设计理论、现代计算技术，根据材料的用途、性能要求及制造方法与工艺，设计出所需要的材料。传统的“炒菜”、“抓中药”或“试行错误”等经验或半经验式的材料研究方法，造成了资源、人力和时间上极大的浪费，无法保证材料科学与科学技术的同步发展。

常规均质复合材料的设计主要包括单层材料的设计、铺层设计和结构设计：

1)单层材料的设计包括正确选择增强材料、基体材料及配比，该层次决定单层板的性能。

2)铺层设计包括对铺层材料的铺层方案做出合理安排，给层次决定层合板的性能。

3)结构设计的目的是确定产品结构的形状和尺寸。

均质复合材料的设计打破了材料研究和结构研究的传统界限，两者必须同时进行，并把它们统一在一个设计方案中。

如前所述，航空制动粉末冶金摩擦材料是由金属及高组分比非金属组元混合而成的总体非均质金属陶瓷复合材料，根据各组元功能主要分成三大类组元。长期以来，我国航空制动粉末冶金摩擦材料的研制主要立足于“抓中药”的尝试模式，而粉末冶金制动摩擦材料的一个主要特色也在于其成分和性能的可设计性强，同时材料的使用功能覆盖性强。因此，在“抓中药”模式下的材料研究常造成事倍功半或材料功能过剩及性价比低等问题的重复出现，造成人、财、物等资源的严重浪费和新材料开发周期的大大延长。

结合总体均质复合材料的设计准则和航空制动粉末冶金摩擦材料的复杂性和特殊性，航空制动粉末冶金摩擦材料的设计主要遵循以单层材料设计模型为主，结构设计和组合铺层设计为辅的设计原则，通俗描述为：依据积累的经验和归纳的实验规律及总结的科学原理，通过合理选择材料组分，并设法使材料在受控条件下组成预定的微观组织，从而制备出性能符合要求的航空制动粉末冶金摩擦材料。

在我国，民用航空器制造水平落后，对于航空制动摩擦材料这一特殊制动摩擦材料的基本数据积累是零碎的，而为此专门建立材料设计专家系统是不经济的，在计算机模拟方面也基本是空白的。此外，由于航空制动粉末冶金摩擦材料总体上是非均质复合材料，因此，要开展材料设计的难度更大。根据长期的研制经验，可以认为，航空制动粉末冶金摩擦材料性能的主要影响因素是材料的基本组元和制造工艺及其使用条件等。

2.4.2 温度场模拟

刹车副制动过程中产生的热量主要由刹车副本身的温升来吸收，摩擦温度对摩擦因数和磨损的影响是一重要因素，因为摩擦温度是影响摩擦副工作的参数，表面温度及体积温度、温度梯度与速度、压力、材料的热物理性能、元件的结构有直接的关系，并对摩擦副的摩擦因数和磨损有着直接的影响。制动摩擦材料表面的受热程度，在很大程度上决定于摩擦过程中产生的热量排出的速度，除了从结构设计方面采取措施，使得热量能够尽快地排出外，还应提高材料的导热性能。

铜的导热性能高于铁的导热性能，为了从理论上分析刹车副在使用铜基制动摩擦材料后的温度场分布较使用铁－铜基制动摩擦材料更为合理，采用大型分析设计软件对某飞机刹车副正常着陆刹车工作过程中温度场分布进行了模拟计算和分析，在刹车副动盘及外在结构不作改变的条件下，研究了仅改变基体组元中铜含量，某飞机刹车副采用铜基体制动摩擦材料和铁－铜基体制动摩擦材料对温度场分布和表面最高温度的影响状态。

2.4.2.1　飞机刹车副结构

图 2-5 为某飞机刹车副结构示意图，每套刹车副共有 9 个刹车盘：4 个动盘，3 个静盘，1 个压紧盘和 1 个铆接在扭力筒上的承压盘。该飞机用刹车副动、静盘交错布置，动盘通过外花键与轮毂连接，静盘则通过内花键装在与起落架相对固定的扭力筒上，刹车副不工作时，摩擦面间有一定间隙，处于“脱开”状态；制动时，动、静盘分别沿轮毂的花键套和扭力筒的花键轴滑动，刹车盘相互压紧而产生摩擦力矩。盘式刹车副只受轴向载荷，结构简单，工作可靠，机轮轴无附加弯矩。刹车盘是需要经常更换的易损消耗件。

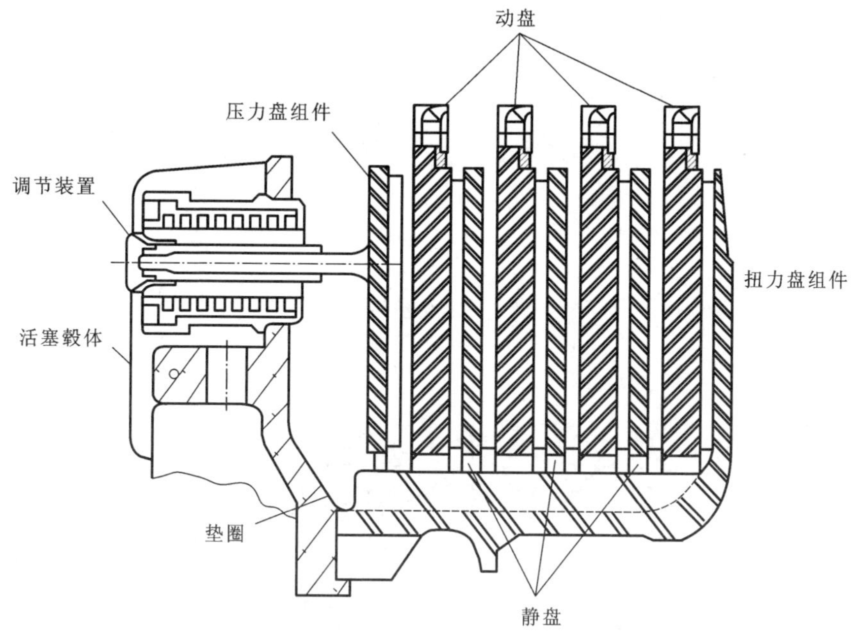

图 2-5　某飞机刹车副结构示意图

(1)动盘结构

动盘是将 8 块动片通过连接块铆接而成。动盘通过外花键槽与机轮轮毂的内花键连接，花键轴与孔之间留有较大的径向间隙，动盘沿轮毂的轴向可自由滑动，二者的径向间隙较小。动盘摩擦面高于铆接好的连接块及铆钉面，两个动片之间留有间隙，为排除磨屑和防振作用。图 2-6 为动盘的结构示意图。

(2)静盘结构

静盘是将 26 块摩擦静片铆接在静盘骨架的两面上制成，每相邻两块静片之间有一定排屑间隙，静片铆接在骨架上后不能松动，两面均为摩擦面。静盘内花键与扭力筒的外花键配合，当刹车副松开和压紧时，静盘可沿轴向自由滑动，沿径向不能自由转动，如图 2 -7 所示。

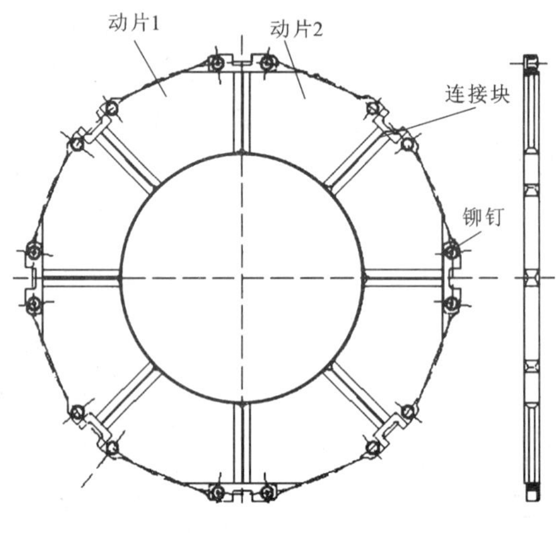

图 2 -6　动盘结构图

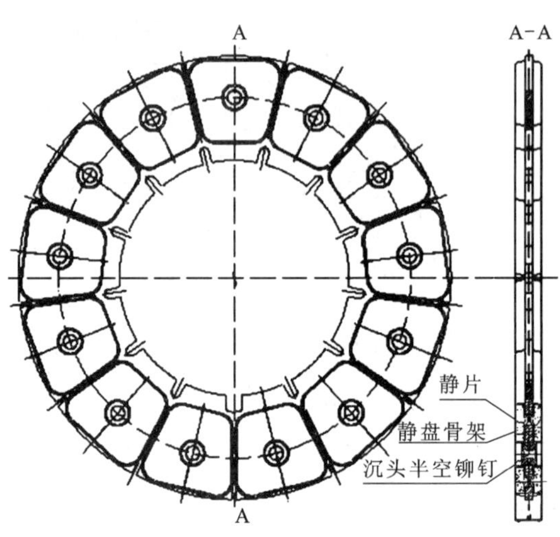

图 2 -7　静盘结构图

刹车副在工作时，由于动盘与静盘之间的相对运动而产生剧烈的摩擦作用，将飞机动能转变为热能，并通过刹车副本身及附属结构件温度升高、与相应的连接部件导热、刹车副边部与空气之间的对流换热和边部与周围环境之间存在的辐射换热等方式将热量吸收和散发到周围环境中，达到安全制动的目的。

2.4.2.2　数学物理模拟与定解条件

(1)物理模型

如图 2 -6、图 2 -7 所示，刹车副静盘摩擦面由 13 个摩擦片组成，考虑到刹车副具有一定的对称性，且刹车副测温点在中间静盘，因此取整个刹车副摩擦面的 1/13 作为研究对象，以测温点为中线，相邻两个摩擦片各取一半；沿轴线方向，刹车副由 8 个摩擦面组成，选取与静盘相邻的两个摩擦面，即将相邻两个动盘沿厚度方向的中心剖开，所得模型结构如图 2 -8 所示。

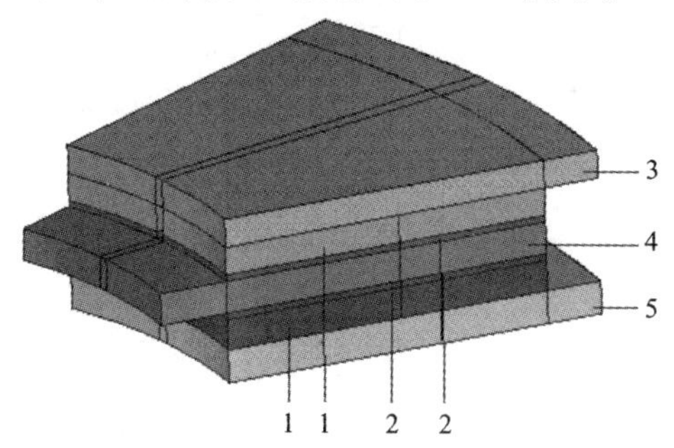

图 2 -8　刹车副物理模型示意图

1—摩擦片；2—钢碗；3—动盘 C(厚度为 13.2 mm)；4—骨架盘(测温点所在静盘骨架)；5—动盘 B(厚度为 15.3 mm)

(2)数学模型

根据前面的分析可以认为，刹车副工作过程为三维非稳态导热过程，其基本方程为：

$$\frac{\partial(\rho C_p T)}{\partial t} = \nabla \cdot (\lambda \nabla T) + Q \tag{2-1}$$

式中：ρ——密度，kg/m^3；

C_p——定压比热，J/(kg·K)；

T——温度，℃；

t——时间，s；

λ——热导热率，W/(m^2·K)

Q——热源项，摩擦盘与动盘之间的摩擦所生成的热，J/s。

(3)定解条件

边界条件：将模型中所有的剖面按对称面处理，即通过对称面的热流为 0，其余与外界相接的表面为第二类边界条件，即热流边界。但考虑到本问题的传热过程为非稳态传热过程，随着刹车副温度的升高，周围空气的温度上升速度相对较慢，故通过边界的热流量也是随着时间而变化的。

热源项：根据航空机轮刹车装置试验曲线可知，刹车副制动过程中力矩的作用时间约为 18 s，所以将试验中测得的能量（正常着陆总能量按 28.60 MJ 计算）均匀分配到 8 个摩擦面上，且认为作用时间为 18 s。

初始条件：将整个刹车副的初始温度设为环境温度。

物性参数：主要考虑两种不同基体材料的摩擦片对传热过程的影响，一种为铁－铜基材料，另一种为铜基材料。两种材料的热导率、比热与热扩散率列于表 2－5中。根据已有的数据，将物性参数随温度的变化进行拟合成，可得到温度高于 600℃时相应的物性参数，如表 2－6 所示。

表 2－5　不同温度下两种材料的热导率、比热与热扩散率（测量值）

参数	基体	25℃	100℃	200℃	300℃	400℃	500℃	600℃
热导率/ ($W \cdot m^{-2} \cdot K^{-1}$)	铁－铜基	33.5	29.7	28.7	26.8	27.4	26.2	25.6
	铜基	37.3	35.2	33.5	31.4	30.9	30.0	30.1
比热/ ($cal \cdot g^{-1} \cdot K^{-1}$)	铁－铜基	0.147	0.156	0.167	0.170	0.181	0.186	0.190
	铜基	0.119	0.126	0.136	0.138	0.144	0.148	0.155
热扩散率/ ($cm^2 \cdot s^{-1}$)	铁－铜基	0.103	0.092	0.083	0.076	0.073	0.068	0.065
	铜基	0.145	0.134	0.118	0.109	0.103	0.097	0.093

表 2－6　不同温度下两种材料的热导率、比热与热扩散率（计算值）

参数	基体	700℃	800℃	900℃	1000℃
热导率/ ($W \cdot m^{-2} \cdot K^{-1}$)	铁－铜基	25.071	24.640	24.211	23.872
	铜基	30.259	30.361	30.754	31.104
比热/ ($cal \cdot g^{-1} \cdot K^{-1}$)	铁－铜基	0.193	0.195	0.196	0.196
	铜基	0.157	0.160	0.162	0.163
热扩散率/ ($cm^2 \cdot s^{-1}$)	铁－铜基	0.063	0.061	0.060	0.059
	铜基	0.090	0.088	0.087	0.086

2.4.2.3　刹车副中温度场分析

由于热源项的作用时间为 18 s，当无热源项作用时，刹车副将原来积蓄的热量通过本体扩散和边部散发出去，因此分析认为刹车副中最高温度应该出现在刹车结束时（18 s）。为了考察刹车副中最高温度的变化情况，通过计算得出了 18 s 时刹车副中主要参与工作部分的温度分布。为了简化计算，认为动盘中最高温度应出现在动盘与摩擦片的接触面上，理论上可以认为接触面处两者的最高温度相同，因此为了便于图形处理，给出了动盘 C 上表面与上部摩擦片(反映了动盘 C 下表面)的温度分布。

(1)摩擦片为铜基材料时刹车副中温度分布

图 2－9～图 2－11 是摩擦片为铜基材料时刹车副中温度分布的主要结果。比较图 2－9 与图 2－10 可知：动盘 B 表面的最高温度为 873.363℃，动盘 C 的最高温度(即上部摩擦片表面的最高温度)达到了 899.456℃，从整体来看，动盘 C 的温度比动盘 B 的温度要高。这主要是因为动盘 C 的厚度(厚度为 13.2 mm)较动盘(为 15.3 mm)B 的厚度薄，本身所能接受的能量少，边界散热面积也相对较小，导致温度较高。

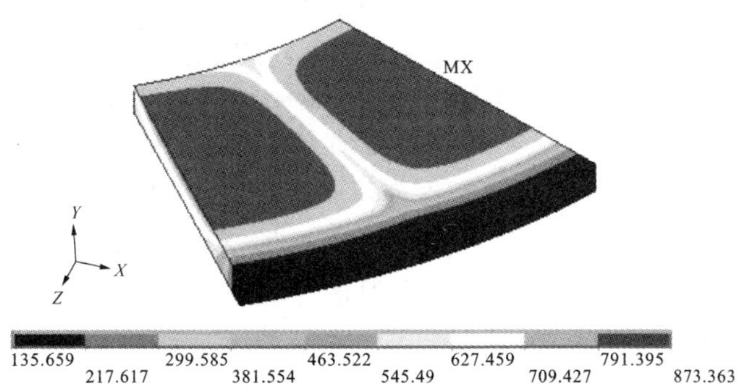

图 2－9　18 s 时动盘 B 上表面温度分布(铜基材料)

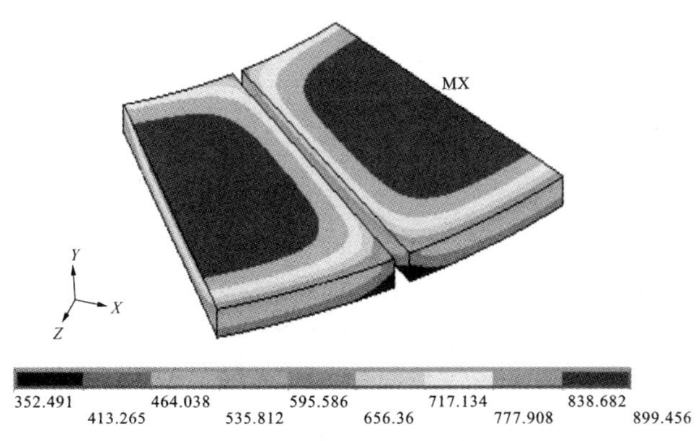

图 2－10　18 s 时上部摩擦片上表面(动盘 C 下表面)的温度分布(铜基材料)

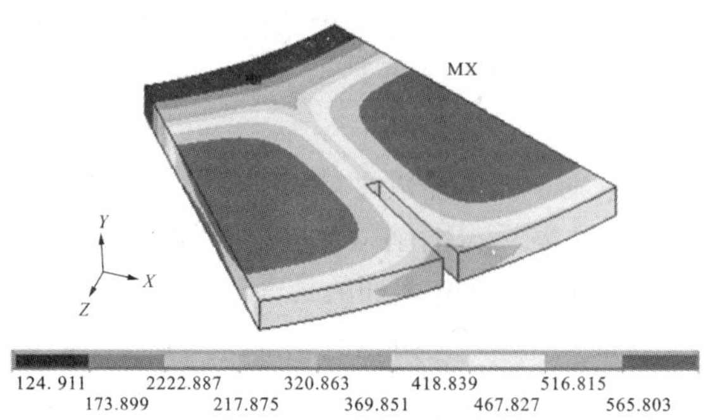

图 2－11　18 s 时骨架盘上表面温度分布（铜基材料）

由于刹车副结构的复杂，无法获得动盘中最高温度的变化情况，只能通过测量静盘骨架盘中某点的温度，来间接了解刹车副的温度变化情况。因此在航空机轮刹车试验装置中，温度测点布置在静盘骨架盘内，其具体位置是：沿径向方向离静盘骨架盘内环距离为 32.8 mm，沿轴线方向位于骨架盘厚度的正中间。

与测点相对应的位置及所在平面处的温度数值模拟结果如图 2－12 和图 2－14所示。计算结果表明该点温度随着制动过程进行而不断升高，当动盘停止转动后，由于摩擦产生的热量不能及时散发出来和刹车副组件之间的热传导，测点的温度继续升高，根据计算，在 35 s 时达到最大值 464.1℃，随后测点温度随着时间的推移不断降低。该测温点温度变化和实际检测温度场曲线，如图 2－13变化趋势基本一致。骨架盘中最高温度随时间的变化情况与测点温度的变化趋势相同，如图 2－15，其最高温度为 642.112℃。

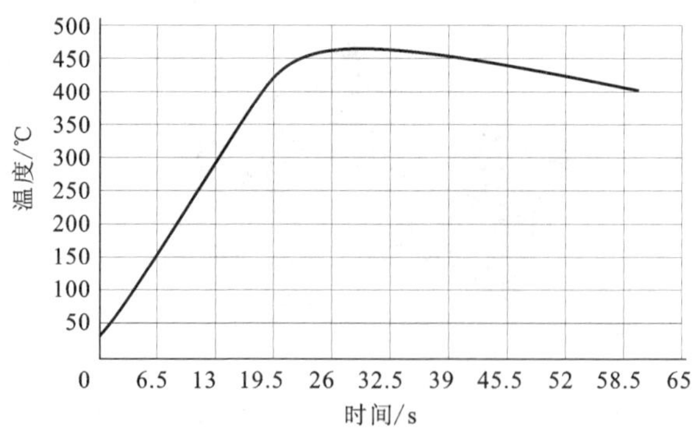

图 2－12　0～60 s 中监测点升温曲线（铜基材料）

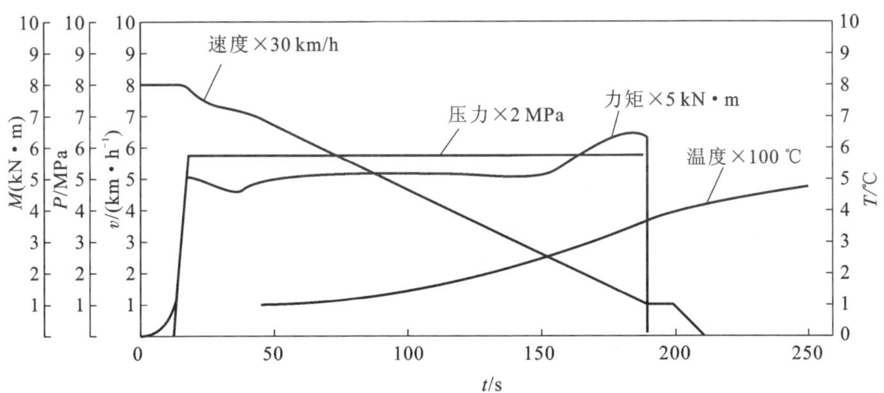

图 2－13　实际试验过程中监测点的升温曲线(铜基材料)

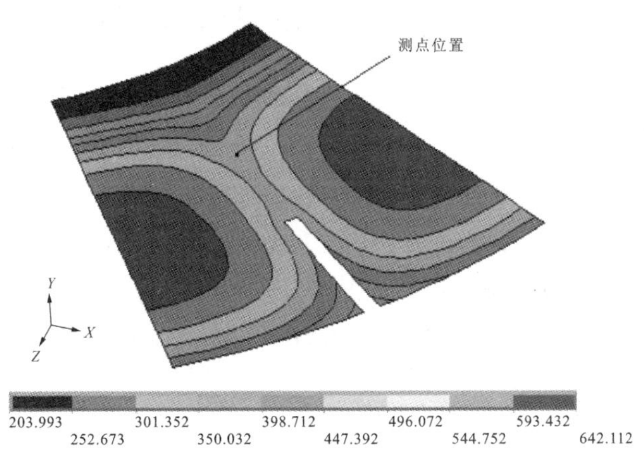

图 2－14　测温点平面的温度分布(铜基材料)

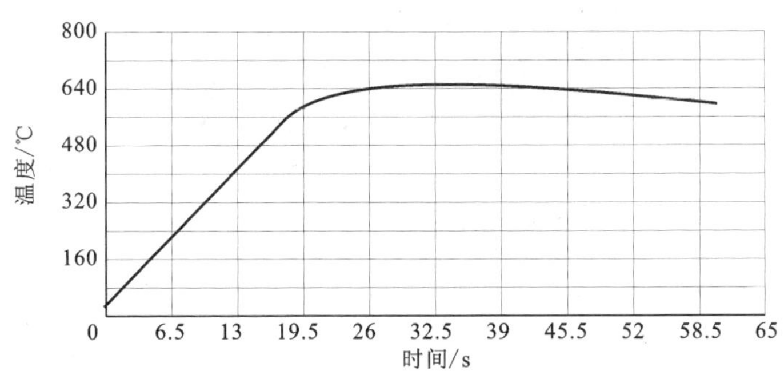

图 2－15　0～60 s 中骨架盘温度最高点的升温曲线(铜基材料)

图 2－16 是动盘的表面温度最大值随时间变化的数值模拟曲线。结果表明：动盘的表面温度最大值随着制动过程而急剧增大，当到 18 s 时，制动停止。此时动盘的表面温度出现一个峰值即最大值(899.5℃)。随后，动盘表面的温度迅速降低，热量一部分通过边界散失，另一部分通过刹车副将热传递到扭力筒等刹车组件上。

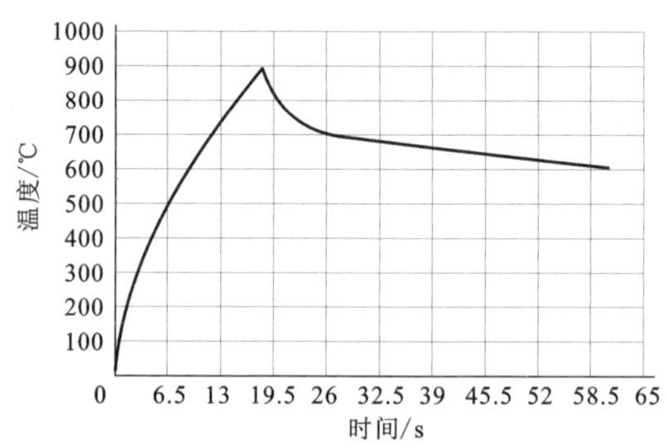

图 2－16　0～60 s 中动盘温度最高点的升温曲线(铜基材料)

(2)摩擦片为铁－铜基材料时刹车副中温度分布

图 2－17～图 2－24 是摩擦片为铁－铜基材料时刹车副中温度分布的主要结果。比较铜基材料和铁－铜基材料的温度分布和温度变化趋势可以看出，仅改变刹车副中摩擦片材料的基体成分，刹车副中各部分的温度分布规律基本一致，变化趋势相同，仅在数值上存在一定区别。

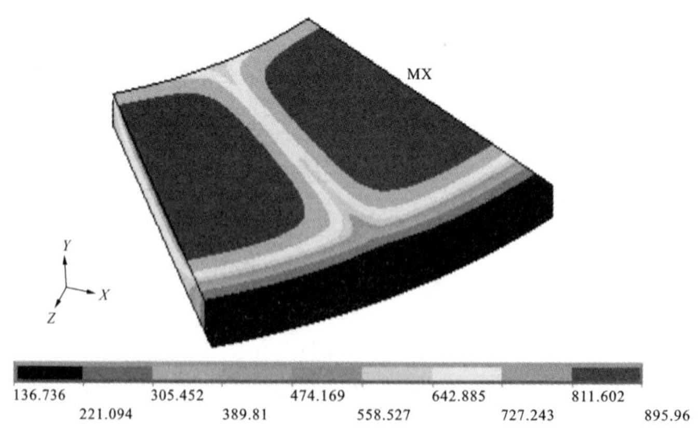

图 2－17　18 s 时动盘 B 上表面的温度分布(铁－铜基材料)

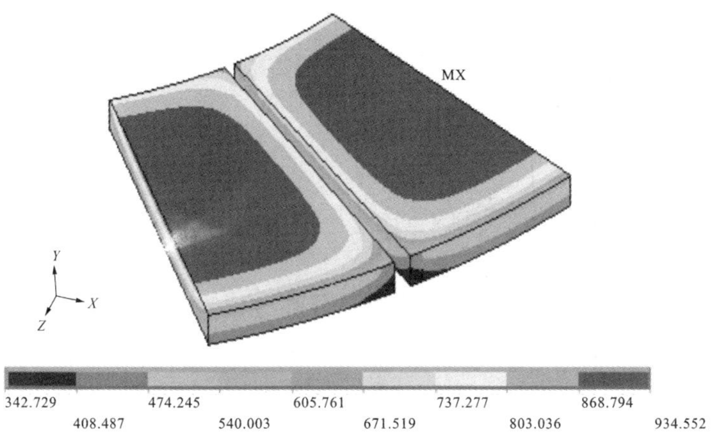

图 2－18　摩擦片上表面(动盘 C 下表面)温度分布(铁－铜基材料)

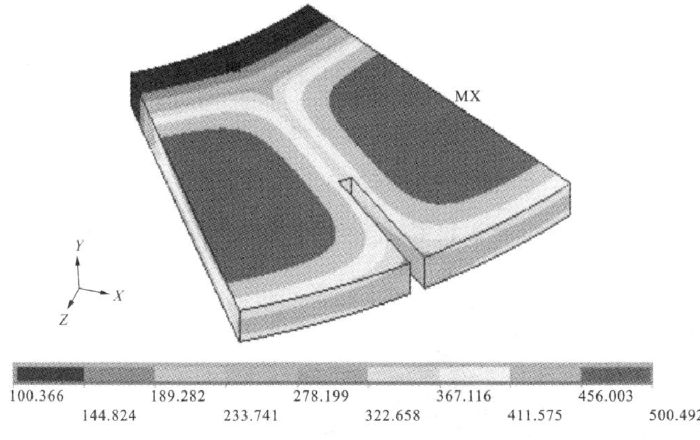

图 2－19　18 s 时骨架盘温度分布(铁－铜基材料)

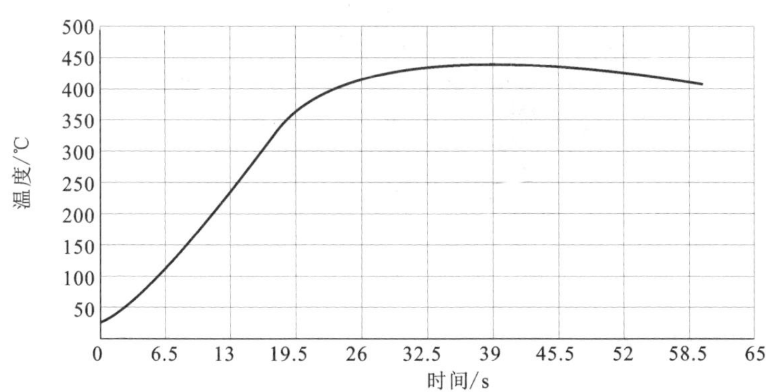

图 2－20　0～60 s 中监测点的升温曲线(铁－铜基材料)

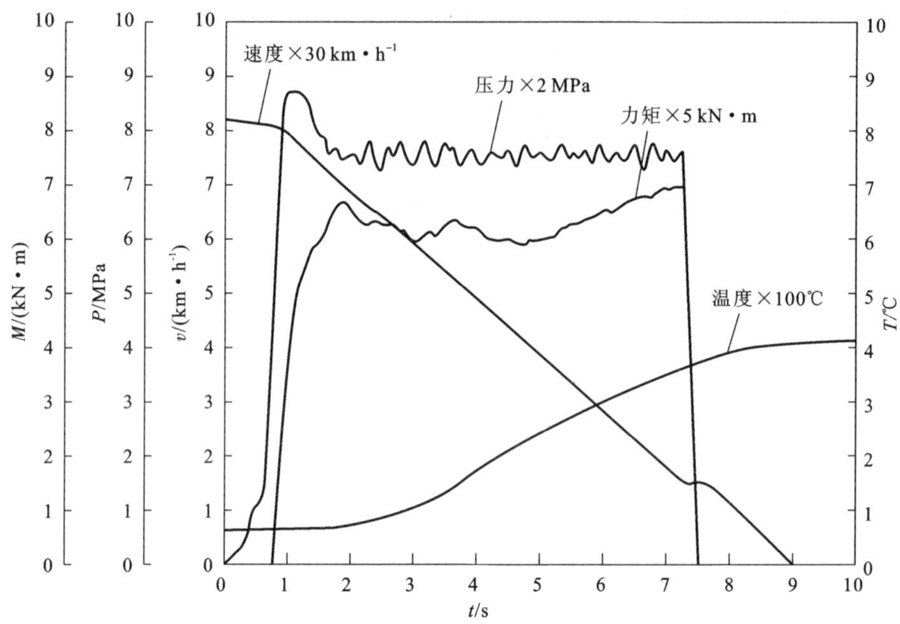

图 2-21 实际试验过程中监测点的升温曲线(铁-铜基材料)

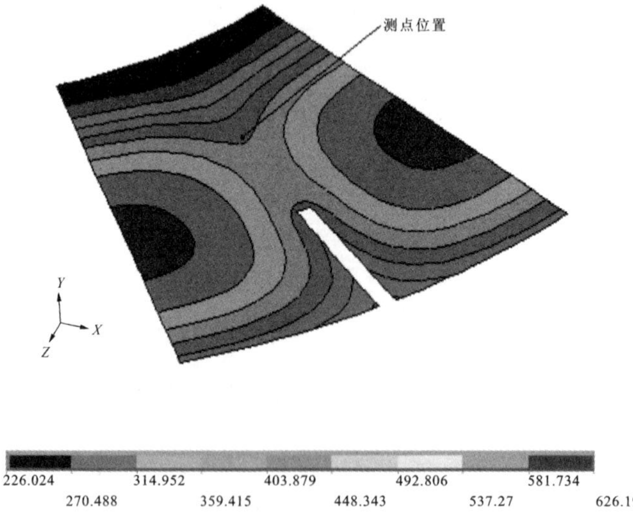

图 2-22 测温点平面的温度分布(铁-铜基材料)

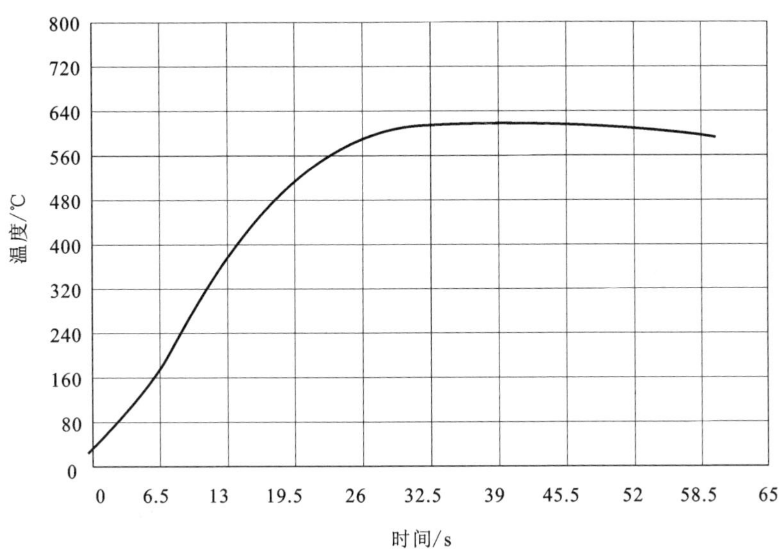

图 2－23　0～60 s 中骨架盘温度最高点的升温曲线(铁－铜基材料)

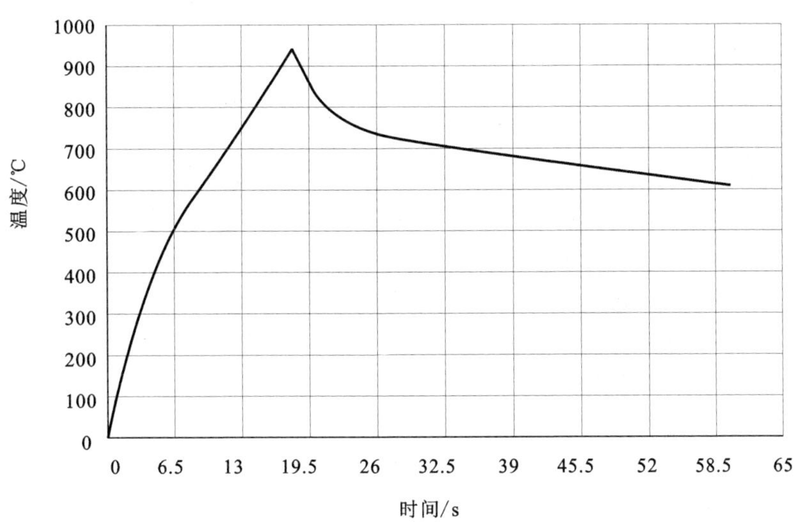

图 2－24　0～60 s 中动盘温度最高点的升温曲线(铁－铜基材料)

(3)使用不同基体材料的温度场分布对比

采用不同基体材料时的数值模拟和实际检测结果对比分析结果见表 2－7 和图 2－25、图 2－26 所示。

表 2－7　两种不同材料刹车副特征点处温度的比较

材料	动盘最高温度（计算值）/℃	监测点最高温度（计算值）/℃
铁－铜基	934.6	436.6
铜基	899.5	464.1
温度差	+35.1	－27.5

从表 2－7 和图 2－25、图 2－26 可以看出，当采用铜基摩擦片时，动盘表面最高温度较使用铁－铜基摩擦片时有所降低（降低 35.1℃），但测点位置的温度有所升高（升高 27.5℃），导致上述结果的主要原因是铜基材料的热导率增加，比热减小。不妨将式（2－1）变化为以下形式：

$$\frac{\partial(T)}{\partial t} = \nabla \cdot \left(\frac{\lambda}{\rho C_p}\nabla T\right) + \frac{Q}{\rho C_p} \qquad (2-2)$$

上式表明在导热过程中，热量的传递主要靠分子导热来完成，其热传递速率的大小主要取决于热扩散率的大小。由表 2－5 和表 2－6 可知，铜基材料的热扩散率比铁基材料大。正是由于热扩散率的增加，使热源项较快地向其他地方传递，致使产生热量处的表面温度下降，而使骨架盘中的温度升高。

此外，采用铜基摩擦片时，由于铜基制动摩擦材料良好的导热性能，刹车副的温度分布更趋于均匀化，而最高温度的降低，将使刹车过程中热分布对刹车副其他组件的热影响也相应得到改善。

从图 2－25 和图 2－26 还可以发现，采用铜基摩擦片时，测温点温度升温速度快，同时在刹车结束后温度下降也较快，在大约 50 s 后，采用铜基和铁－铜基摩擦片的温度接近，并且铜基摩擦片温度继续保持较高的下降速度，而铁－铜基摩擦片温度下降速度较慢。由于动盘采用的是一致的材料，动盘的最高温度下降与采用的材料基体影响不大。

综上所述，可以认为：

1）比较监测点最高温度的数值计算结果与测试结果可知，采用不同摩擦片材料时，刹车副温度场分布的规律相同。但采用铜基材料摩擦片时，监测点温度较高，而刹车盘的最高温度（动盘温度代表）有所降低。

2）采用铜基摩擦片可以降低刹车副的最高温度，同时使温度场分布更均匀。

3）铜基体在温度扩散和降低最高温度等方面优于铁－铜基体，铁基制动摩擦材料中铜含量低于铁－铜基，温度场性能更差。因此，建议待研制的高性能航空制动粉末冶金摩擦材料采用铜为基体。

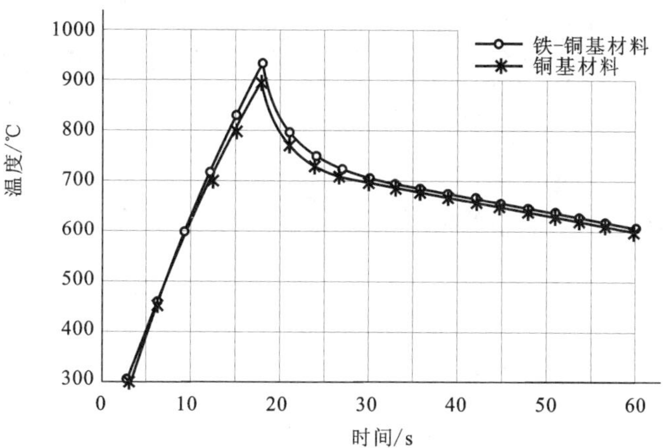

图 2-25　改变材料前后测点升温曲线对比图

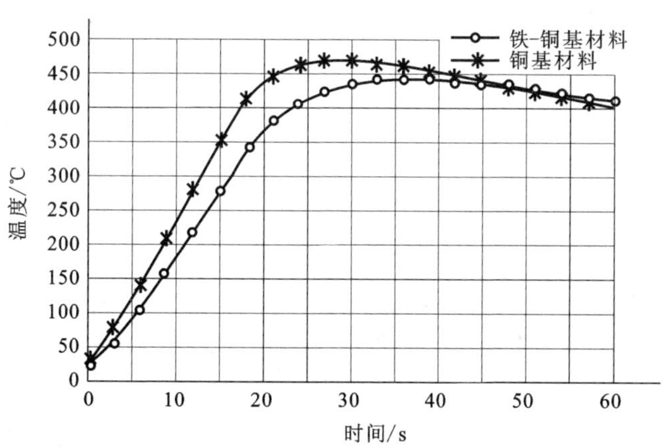

图 2-26　改变材料前后动盘最高温度处升温曲线

2.4.3　基体及其强化组元对摩擦材料组织与性能的影响

2.4.3.1　基体铜粉末

通常，铜基航空制动粉末冶金摩擦材料的基体主要由铜及铜合金组成，铜具有较高的导热率，在摩擦过程中保证了散热良好，此外，由于其良好的塑性，铜合金基粉末冶金制动摩擦材料易于压制成形和烧结。下面将讨论电解铜粉、雾化铜粉及粒度对铜基摩擦材料性能的影响规律。

1）两种铜粉末的基本性能。

电解铜粉形貌为树枝状，雾化铜粉形貌为球状或近球状，如图 2-27 所示。

两种工艺制得铜粉末的基本性能见表 2-8。

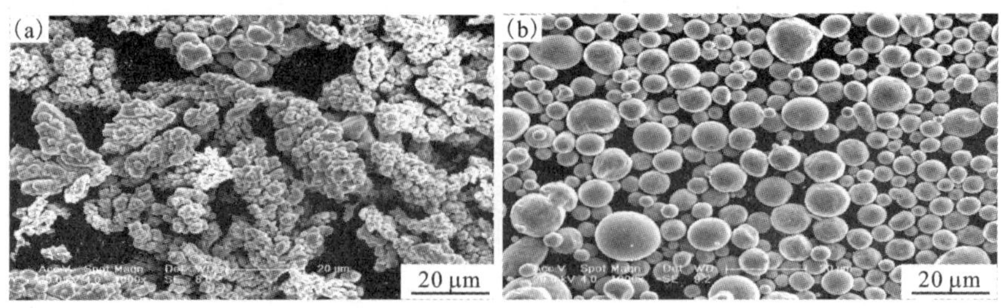

图 2－27 不同制备工艺条件下铜粉末 SEM 形貌

(a)电解铜粉(－200 目)；(b)雾化铜粉(－200 目)①

表 2－8 电解铜粉及雾化铜粉的基本性能比较

性能	压缩性/(g·cm^{-3})	松装密度/(g·cm^{-3})	流动性/(s/50 g)
电解铜粉(－200 目)	7.49	1.85	无流动性
雾化铜粉(－200 目)	7.75	4.85	14.0
雾化铜粉(－100 ~ +200 目)	7.87	4.75	14.5
雾化铜粉(－80 ~ +100 目)	7.95	4.42	17.0

从表 2－8 可以看出，不同工艺制备的铜粉末由于形状存在差异，各粉末基本性能也存在较大差别，总体而言，雾化铜粉末的压缩性、松装密度及流动性能均高于电解铜粉末，电解铜粉末在实际检测中基本不呈现流动性。由相同工艺生产的雾化铜粉末，随着粒度增大，粉末压缩性增大，松装密度下降，流动性也变差。这些性能方面的差异，也决定了不同粉末在铜基粉末冶金制动摩擦材料中的不同表现。

2)不同铜粉的混合性能比较。

改变铜基航空制动粉末冶金摩擦材料制备中所用铜粉末形貌，并进行粉末形貌分析，如图 2－28 所示，比较图 2－28(a)和图 2－28(b)可以看出，电解铜粉的粒度在混合后明显变小，树枝状铜粉末的枝状颗粒明显破碎，变成较小的树枝状粉末，此外，铜粉末的枝状末端也发生了显著的钝化或球化，如图 2－28(c)和图 2－28(d)所示；而雾化铜粉在混合前后未发生形貌和大小的变化，仅在球形粉末外表面黏附了部分其他组元的细颗粒粉末，球形度发生轻微的变化，如图 2－28(e) ~ 图 2－28(j)所示，由此可知，电解铜粉的实际粒度和形状对铜基粉末冶金制动摩擦材料后续工艺的影响主要体现在混料后形成的粉末粒度和形状上，而雾化铜粉的影响在于原始粉末的形状和粒度。

① “目的”单位换算见附表 1

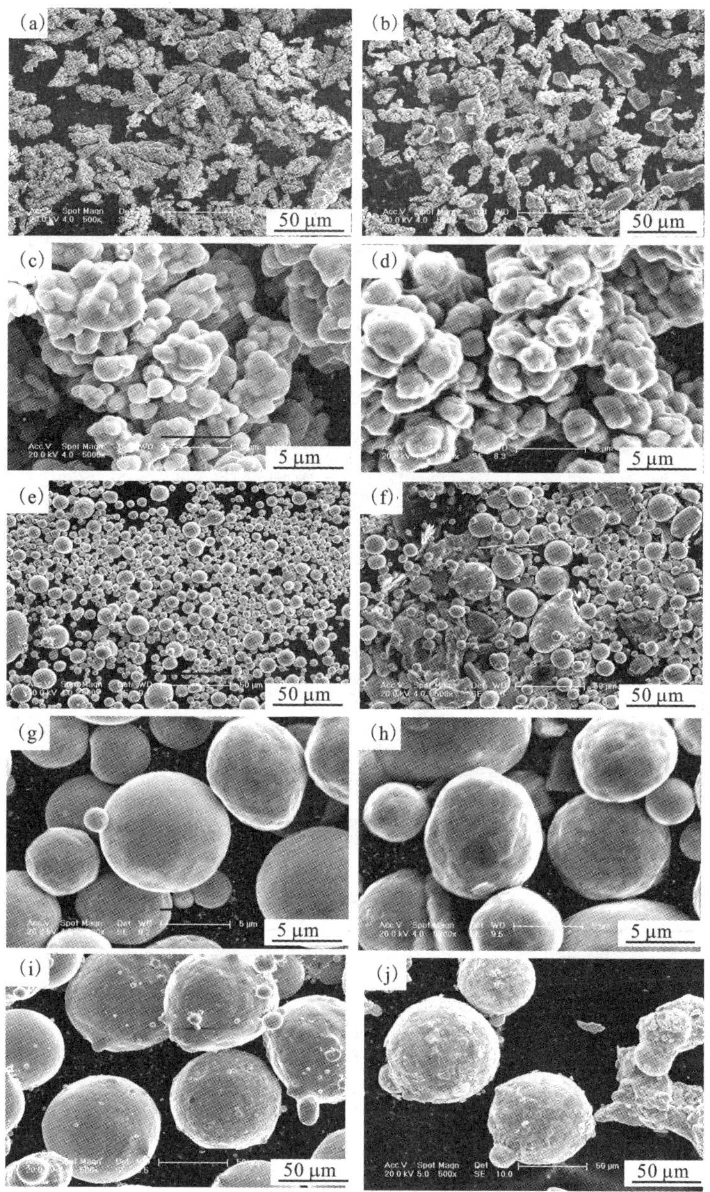

图 2－28　不同粉末混合前后的变化(SEM)

(a)混料前(电解铜粉－200 目)；(b)混料后(电解铜粉－200 目)；(c)混料前(电解铜粉－200 目)；(d)混料后(电解铜粉－200 目)；(e)混料前(雾化铜粉－200 目)；(f)混料后(雾化铜粉－200 目)；(g)混料前(雾化铜粉－200 目)；(h)混料后(雾化铜粉－200 目)；(i)混料前(雾化铜粉－100～＋200 目)；(j)混料后(雾化铜粉－100～＋200 目)

3）不同铜粉对压制性能的影响。

通过对压坯的金相分析可以发现，电解铜粉末[图2－29(a)～图2－29(c)]在压坯中分布均匀，基体铜基本呈现连续分布状态，由于鳞片石墨(图中呈灰色)在压制过程中会发生自动偏转，其薄片平面垂直于压制压力，呈平铺状态，因此，在平行压制方向，鳞片石墨会对铜基体的连贯性存在一定的破坏[图2－29(b)～图2－29(d)]；而雾化铜粉在材料中明显呈独立分布状态[图2－28(e)～图2－28(h)]，尤其在铜粉颗粒较粗及同一质量百分比条件下，铜粉颗粒数量少，其分布更是明显存在偏聚状态，铜基航空制动粉末冶金摩擦材料中包含的大量非金属组元(如石墨、二氧化硅等)对基体金属铜存在阻隔作用，这种状态将不利于烧结过程中强化组元与铜基体的互扩散及均匀化进程，从而在制动摩擦材料中形成明显的富铜区和贫铜区，造成基体的宏观不均匀性，同时，基体的不均匀，必然导致制动摩擦材料中非金属组元与基体的结合不紧密，在摩擦制动过程中容易脱落，造成制动摩擦材料摩擦因数不稳定和制动摩擦材料及对偶材料的不正常磨损状态。

表2－9为不同铜粉末混合料的松装密度和压坯密度。对比表2－8和表2－9可知，由于仅改变铜粉末的制造工艺或粒度分布，同时添加相同重量百分比的铜粉，因此，粉末松装密度和粉末的基本性能相似，电解铜粉的松装密度远低于雾化铜粉，而在电解铜粉中添加20%雾化铜粉时，粉末的松装密度和压坯密度略有增加，雾化铜粉随着粒度的增加，混合粉末的松装密度和压坯密度增大，这是因为：不同工艺粉末的原始形貌和表面性能存在差异以及在混合、压制和烧结过程中的不同作用机理。

表2－9　不同工艺铜粉混合性能及压坯密度

铜粉末	松装密度/($g \cdot cm^{-3}$)	压坯密度/($g \cdot cm^{-3}$)
电解铜粉(－200目)	1.50	5.20
雾化＋电解铜粉(－200目)	1.56	5.23
雾化铜粉(－200目)	1.88	5.33
雾化铜粉(－100～＋200目)	1.96	5.36
雾化铜粉(－80～＋100目)	1.99	5.46

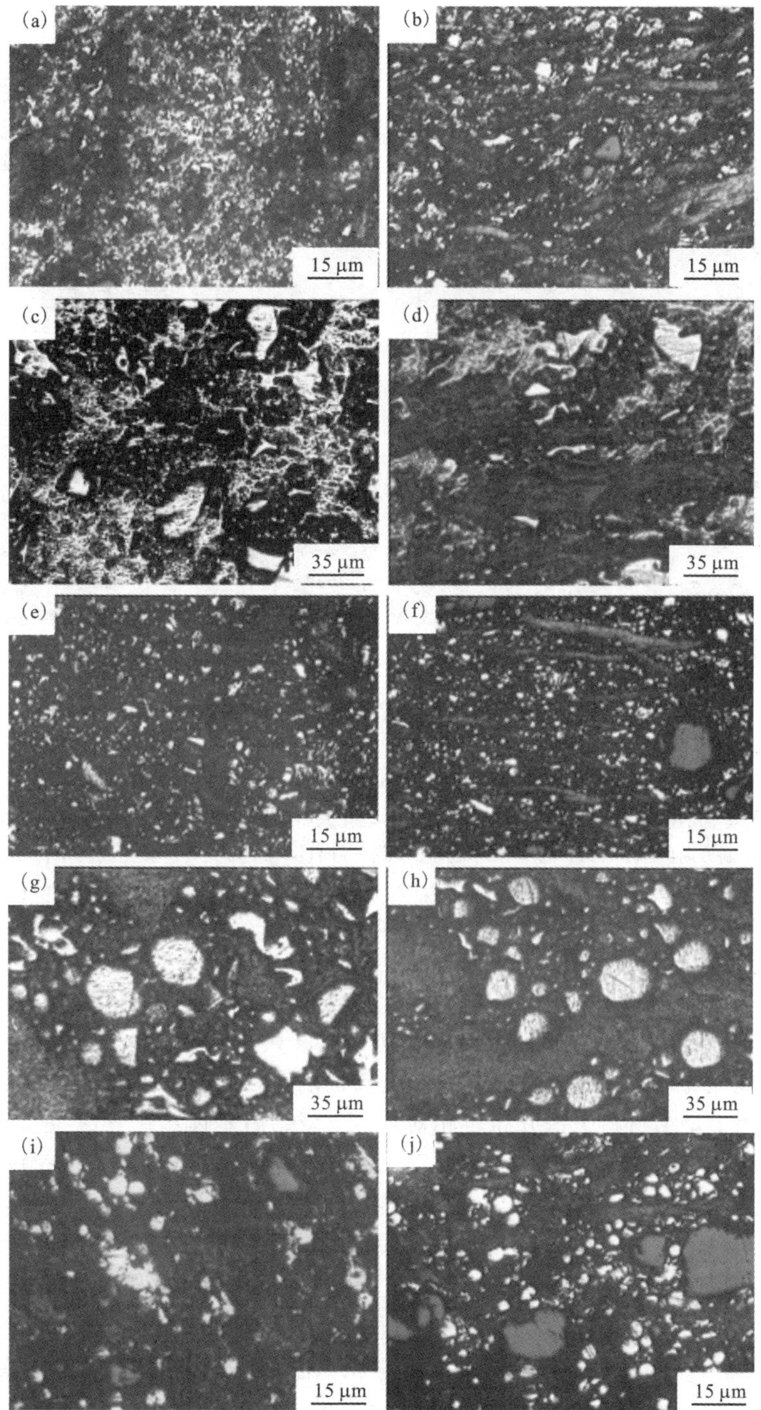
(a)
15 μm
(b)
15 μm
(c)
35 μm
(d)
35 μm
(e)
15 μm
(f)
15 μm
(g)
35 μm
(h)
35 μm
(i)
15 μm
(j)
15 μm

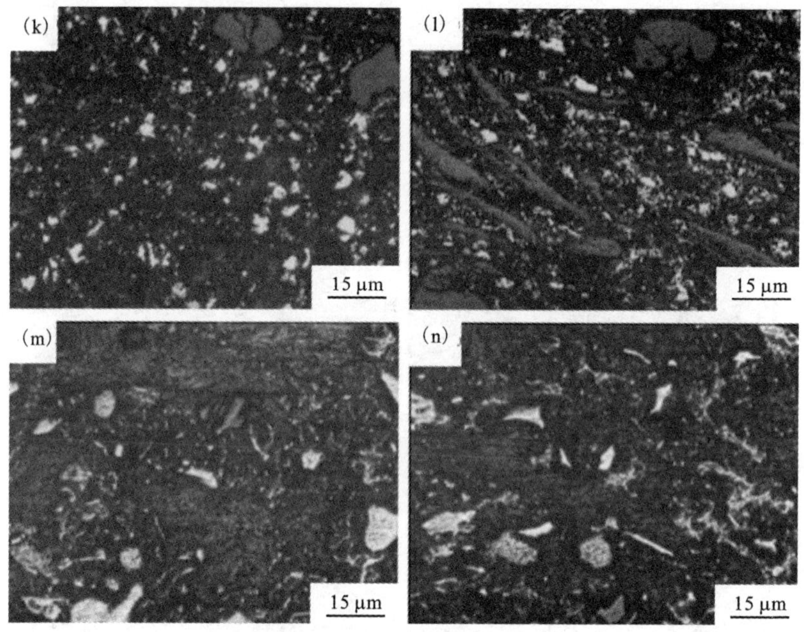

图 2－29　不同制备工艺下铜粉在压坯中的分布

(a)电解铜粉垂直压制方向(－200 目)；(b)电解铜粉平行压制方向(－200 目)；(c)电解铜粉垂直压制方向(－200 目)；(d)电解铜粉平行压制方向(－200 目)；(e)雾化铜粉垂直压制方向(－200 目)；(f)雾化铜粉平行压制方向(－200 目)；(g)雾化铜粉垂直压制方向(－200 目)；(h)雾化铜粉平行压制方向(－200 目)；(i)雾化铜粉垂直压制方向(－100 目)；(j)雾化铜粉平行压制方向(－100 目)；(k)雾化＋电解铜粉垂直压制方向；(l)雾化＋电解铜粉平行压制方向；(m)电解铜粉垂直压制方向；(n)雾化＋电解铜粉平行压制方向

4)不同铜粉对烧结材料组织的影响。

从采用不同工艺研制的铜基烧结摩擦材料的典型显微组织(图 2－30)可以看出，采用电解铜粉时，在混合过程中，树枝状铜粉粒度变小，且均匀分布在压制坯中，因此，烧结材料中铜分布也相对均匀，烧结后基体组织连续性贯通，其他增强组元也在铜基体中分布均匀[图 2－30(a)]；采用雾化铜粉时，铜基体分布不均匀且不连续，尤其是当雾化铜粉粒度较粗时，此现象尤为明显[图 2－30(c)～图 2－30(d)]；采用雾化铜粉和电解铜粉的混合粉末时，雾化铜粉存在的问题也不能得到好的解决[图 2－30(e)]。该状况与铜粉末的制造工艺所导致的不同形貌及其基本性能密切相关。为更好地了解铜颗粒烧结后的形态，对制动摩擦材料进行了腐蚀。两种铜粉腐蚀后的典型金相见图 2－31。由图 2－31 可知，采用雾化铜粉末时，铜在材料中仍然呈大颗粒分布，粉末晶粒粗大；采用电解铜粉时，粉末晶粒细小，与非金属(石墨或二氧化硅等)组元结合良好，此外，在雾化铜粉

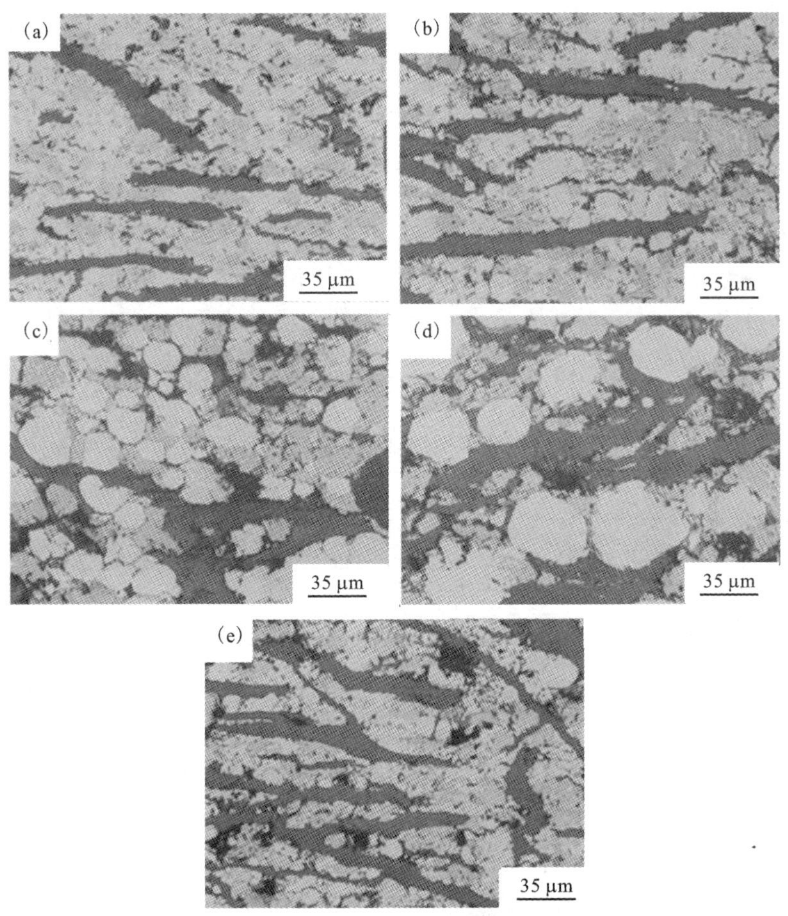

图 2－30　不同工艺研制的铜粉烧结摩擦材料腐蚀前显微组织

(a)雾化铜粉(－200 目)；(b)电解铜粉(－200 目)；
(c)电解铜粉(－100 目)；(d)电解铜粉(－80 目)；(e)电解加雾化铜粉(－200 目)

末的烧结坯中可以发现，基体铜颗粒及其聚合体之间存在明显的边界，也表明雾化铜粉末的烧结性能明显劣于电解铜粉末的烧结性能。

表 2－10 为采用不同工艺和粒度的铜粉制备的制动摩擦材料烧结坯的密度及孔隙度。孔隙度对烧结材料的表观硬度有重大影响，孔隙度升高，表观硬度降低，这是因为：基体材料被孔隙消弱，测量硬度时，压头同时压在金属基体和孔隙上，使得材料有效承载面积减少。

同理，由表 2－10 可知，虽然雾化铜粉末的压坯密度高于电解铜粉末，但是，采用电解铜粉的烧结密度明显高于雾化铜粉末的烧结密度，开孔隙度也较低；采用电解铜粉时，其宏观硬度也略高于雾化铜粉末的宏观硬度，说明电解铜粉末在混合过程中不断变小，可以充分填充到其他非金属组元及铜基体粉末之间的孔隙中，从而极大地降低烧结坯中的开孔孔隙度，而雾化铜粉末随着粉末粒度变大，由于拱桥效应的存在，导致烧结坯中存在的孔隙增加，如在电解铜粉末中添加雾化铜粉末时，开孔隙度也增加即是证明。同时，由于雾化铜粉末制造的烧结制动摩擦材料中存在大量的孔隙以及铜基体的不均匀、不连续分布，导致宏观硬度的分布范围随雾化粉末粒度的增加，分布区间增大近一倍，尤其是低硬度数值分布增加，说明：一方面，铜基体的合金化不均匀和不充分；另一方面，非金属组元与基体之间的结合，或者说基体对非金属组元的包裹能力下降，因此，导致材料宏观硬度下降和分布不均匀。

表 2 – 10　不同工艺生产的铜粉对烧结坯物理力学性能的影响

铜粉末	密度/($g \cdot cm^{-3}$)	开孔隙度/%	表观硬度/(HRF)*
电解铜粉(–200 目)	5.44	4.90	47～49(46.7)
雾化+电解铜粉(–200 目)	5.34	5.02	39～50(44.0)
雾化铜粉(–200 目)	5.38	5.34	40～51(42.3)
雾化铜粉(–100～+200 目)	5.37	6.64	35～56(42.0)
雾化铜粉(–80～+100 目)	5.30	6.97	30～59(40.3)

* 注：括弧中数值为硬度的数学平均值。

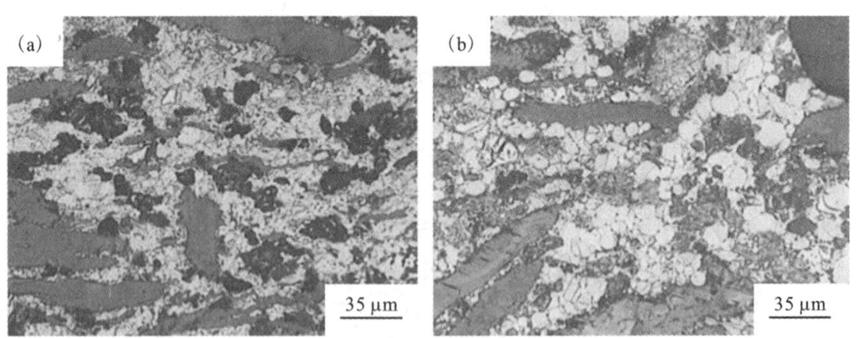

图 2 – 31　不同工艺铜粉烧结坯腐蚀后的金相组织

(a)电解铜粉(–200 目)；(b)雾化铜粉(–200 目)

5)不同铜粉对材料摩擦磨损性能的影响。

表 2 – 11 为采用不同工艺生产的铜粉末所制摩擦材料在某飞机制动条件下的摩擦磨损性能表。

表 2 - 11 不同工艺生产的铜粉研制的摩擦材料的摩擦磨损性能

铜粉 \ 性能	摩擦因数	材料磨损量（mm/每次·每面）	对偶磨损量（mm/每次·每面）	稳定系数*
电解铜粉(-200 目)	0.230	0.0017	0.0020	0.64
雾化 + 电解铜粉(-200 目)	0.225	0.0023	0.0020	0.59
雾化铜粉(-200 目)	0.220	0.0027	0.0027	0.62
雾化铜粉(-100 ~ +200 目)	0.200	0.0032	0.0027	0.50
雾化铜粉(-80 ~ +100 目)	0.200	0.0043	0.0025	0.49

注：* 稳定系数 = 平均摩擦因数/最大摩擦因数

由表 2 - 11 可知，采用电解铜粉末研制的制动摩擦材料摩擦因数高、稳定好且材料磨损量小。

从图 2 - 32 可以看出，采用电解铜粉末研制的制动摩擦材料在摩擦试验后表面形成了较均匀的摩擦膜，表面平整，磨痕相对均匀，同时，在边界保持完整形貌，如[图 2 - 32(a)]；而采用雾化铜粉末时，摩擦表面粗糙，磨痕粗大且不均匀，在摩擦材料试样边沿形成明显的崩块现象，如[图 2 - 32(b)]，摩擦表面存在较明显的颗粒组元脱落后形成的孔洞，如[图 2 - 32(c)]，这是因为：采用雾化铜粉末时，制动摩擦材料中基体铜分布不均匀，非金属组元在材料基体中的结合不紧密所致。

不同的制造工艺使得铜粉末形貌和基本性能存在差异，树枝状电解铜粉可与各种粉末组元混合均匀，减少了基体及各添加成分的偏析。缺点为流动性差，不易于进行全自动压制。雾化铜粉流动性好，但在生产过程中易出现成分偏析，导致制动摩擦材料中开孔孔隙度增加。通过摩擦磨损测试及摩擦表面的观察可知，采用电解铜粉末作为制动摩擦材料基体时，摩擦磨损性能稳定，摩擦表面完整，因此，航空制动粉末冶金摩擦材料通常采用电解铜粉作为基体原材料。

2.4.3.2　基体强化组元

通常，在铜基粉末冶金制动摩擦材料的材料设计中，很少采用纯铜粉末作为制动摩擦材料的基体，由烧结纯铜粉为基体的磨擦材料的试验结果可知[29]：与钢对偶摩擦时摩擦因数很高，但在极短时间内，钢对偶就覆盖上了铜层，从而导致摩擦表面黏结，因此，在铜基粉末冶金制动摩擦材料中，通常采用锡、镍、铁等元素作为基体强化组元，提高金属基体的强度和摩擦磨损性能。

图 2－32 不同工艺铜粉末摩擦表面的比较

(a)电解铜粉(－200 目)；(b)雾化铜粉(－200 目)；(c)雾化铜粉(－200 目)

1)锡元素的作用

锡是铜基粉末冶金摩擦材料的重要强化组元，为了排除其他组元相互作用的干扰，开展了在固定石墨含量的铜基体中添加不同含量的锡的研究，其成分和表观硬度如表 2－12 所示。

表 2－12 锡元素作用的材料设计和表观硬度结果表

w(铜)/%	w(石墨)/%	w(锡)/%	表观硬度(HRF)
95	5	0	12
94	5	1	30
93	5	2	35
91	5	4	42
89	5	6	43

从表2－12可以看出，纯铜基材料硬度较小，基体铜经锡元素合金强化后，基体材料的硬度显著增加，仅添加1%～2%(质量分数)的锡组元，铜基体硬度即增加了2～3倍，这是因为：在烧结过程中，锡原子和铜原子之间相互扩散，锡原子溶入铜晶格后形成了α－固溶体，由于锡的原子半径(1.58 nm)与铜原子半径(1.28 nm)不同，锡原子进入铜晶格后产生点阵畸变，增加了弹性能，阻碍位错运动，此外，由于添加锡后铜基体的晶粒变小，根据位错塞积理论，在外力一定的条件下，晶粒越细，位错塞积数目越小，造成的应力集中越小，这就不足以使相邻晶粒的位错源开动，材料硬度将得到提高，从而提高合金的强度和硬度[23,30]。

锡易在铜中扩散，如在750℃下烧结，其溶解过程15分钟内便可全部完成，在800℃下烧结即可得到均匀的固溶体[20]。另外从表2－12中还可看到，当锡含量从4%增加到6%后，材料硬度增加却并不明显，这是因为：合金元素在铜中溶解时存在溶解度极限，超过这一极限后晶体点阵畸变不再增加，因此，强度不会发生明显变化[30]。说明：在铜基制动摩擦材料中Sn含量不能太高，应保持在1%～4%之间。

研究表明，当锡含量达到一定数值时能保证铜基体的显微组织基本一致。图2－33(a)是锡含量为4%(质量分数)试样的显微组织，由图可知，深灰色长条状组织为石墨，垂直于压力方向呈层状分布，图中灰白色区域为铜锡合金形成的α－固溶体，其上分布少量孔隙。α－固溶体是以铜为基体，Sn原子取代了部分Cu原子而形成的置换固溶体，属面心立方点阵；当Sn含量较小时，在基体中不可能形成其他形式的固溶体或化合物。试验材料由于烧结温度高，铜、锡原子扩散充分，形成均匀的α－固溶体，因此，这几种材料的显微组织相似。基体因含有大量的铜，腐蚀后基体显微组织中可以看到有较多的孪晶，如图2－33(b)所示。

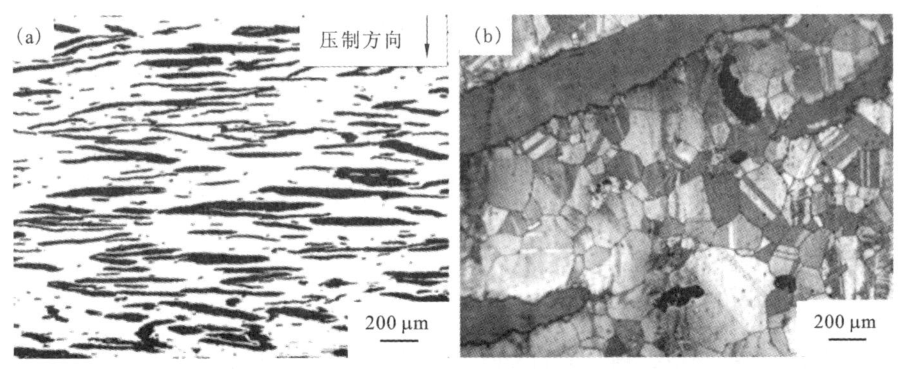

图2－33　含锡材料典型组织

(a)腐蚀前；(b)腐蚀后

为了研究不同锡含量对铜基体摩擦磨损性能的影响，采用定速摩擦，在MM－1000摩擦磨损实验机上进行了摩擦磨损检测，试验时间为30 s。试验结果见表2－13和图2－34所示。

表2－13　锡含量(质量分数)对铜基体摩擦磨损性能的影响

锡含量/%	性能指标	转速/($r \cdot min^{-1}$)			
		1000	3000	5000	7000
0	在摩擦时间内材料全部磨损				
2	摩擦因数	0.35	0.25	0.23	0.18
	材料磨损量	0.004	0.014	0.141	0.210
	对偶磨损量	0.003	0.003	0.085	0.005
4	摩擦因数	0.37	0.28	0.21	0.19
	材料磨损量	0.007	0.027	0.051	0.193
	对偶磨损量	0.003	0.003	0.003	0.003
6	摩擦因数	0.32	0.27	0.29	0.28
	材料磨损量	0.022	0.04	0.042	0.042
	对偶磨损量	0.005	－0.002	－0.002	0.005

注：材料和对偶的磨损量单位：mm/(次·面)。

从表2－13和图2－34中可以看出，锡含量为2%和4%的材料的摩擦因数随转速的升高而减小；在转速较低时，Sn含量为6%的材料的摩擦因数较高，但在其后各转速下，摩擦因数值相差较小且变化趋于平缓；锡含量为4%材料的摩擦因数略高于锡含量为2%的材料，锡含量继续增加，材料在低转速时的摩擦因数较前两者为低，而在高速条件下则明显高于前两种材料的摩擦因数值。如前所述，锡作为合金元素加入到材料中强化了基体，提高了材料硬度，且材料强度随着锡含量增加而增大。材料表面微凸体也因强度的提高，在与对偶面上微凸体相互作用时，变形和破坏的程度减小，从而导致材料的摩擦因数增加。试验结果表明：锡含量不同对材料的摩擦特性影响不同，对同一种材料，低速与高速下的摩擦特性也不相同。

从图2－34磨损量与锡含量的关系图中可看出，各材料的磨损量都随转速的增加而增大，锡含量较低时，材料在低转速时磨损量较小，而在高转速阶段的磨损量显著大于低转速阶段的磨损量，锡含量达到6%时，材料的磨损量在中、高转速阶段则无明显变化，磨损量基本相同，但在低转速阶段的磨损量比低锡含量材料的磨损量大。材料的磨损量与材料的强度和硬度及表面层的工作状态等因素有关。锡含量增加，材料的强度和硬度提高，耐磨性能增加。在较低转速条件下，磨损主要以黏着磨损及磨粒磨损为主，磨损表面粗糙，存在较多的黏着坑和犁沟。含锡 4% 的材料在 1000 r/min 和 3000 r/min 时的磨损表面，可看到较深的磨痕沟脊和数量较多的磨痕。这说明材料在低转速时的耐磨性能比中高转速时要好。

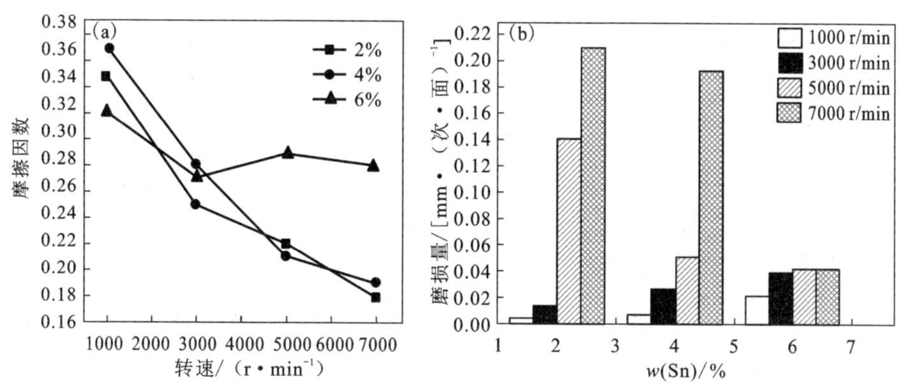

图 2－34　(a)摩擦因数与转速的关系；(b)磨损量与 Sn 含量的关系

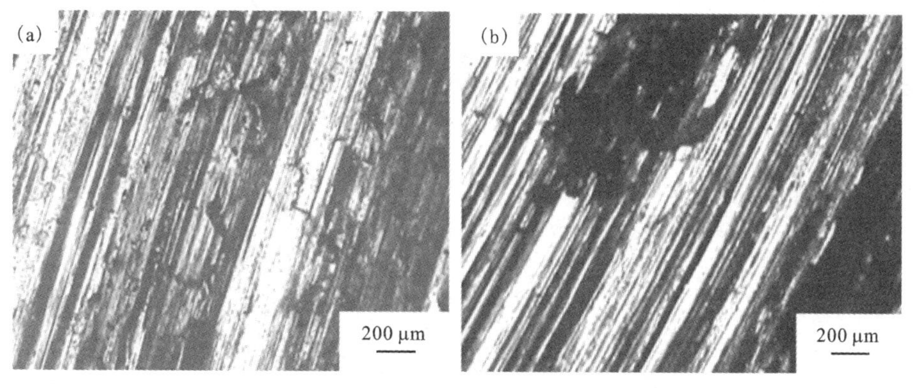

图 2－35　锡含量为 4%材料磨损表面形貌

(a)1000 r/min；(b)3000 r/min

当转速增加时，材料的磨损量增加。图 2－36 为材料在 7000 r/min 时扫描电镜下的磨损形貌，从中可看到摩擦表面较粗糙，其上覆盖一层深色的薄膜。从放大后的图片中可看到该表面膜与基底结合不牢固，容易脱落，因此，材料的磨损量较大。同时，对该摩擦表面进行 X 射线衍射分析(图 2－37)，从中可看到 Cu

的氧化物峰，并存在较强的石墨衍射峰，经分析可知：该表面膜主要为Cu_2O、铜锡合金变形层及石墨。但在中高转速时，摩擦副之间的作用加强，产生较多的摩擦热，产生的摩擦热一方面导致材料出现高温软化现象，另一方面会在材料表面形成一层氧化膜，这都将会影响材料的摩擦因数，从实验结果可知：材料的摩擦因数在中高转速下都减小，这与氧化膜的形成有关。

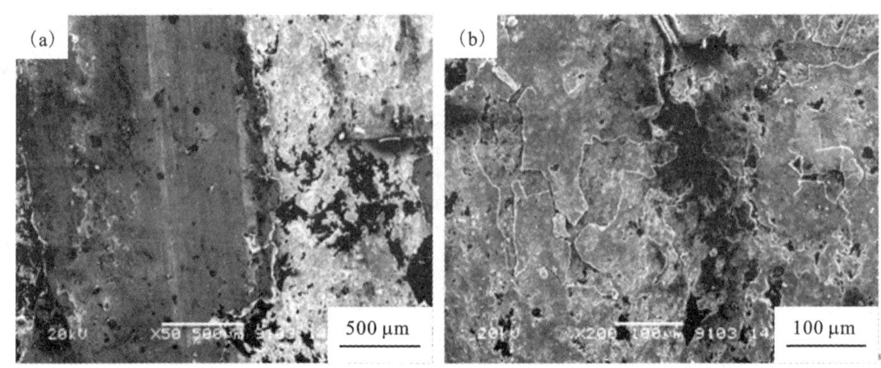

图 2－36 不同倍数下锡含量为 4%的材料在 7000 r/min 时的摩擦表面形貌

(a) ×50；(b) ×200

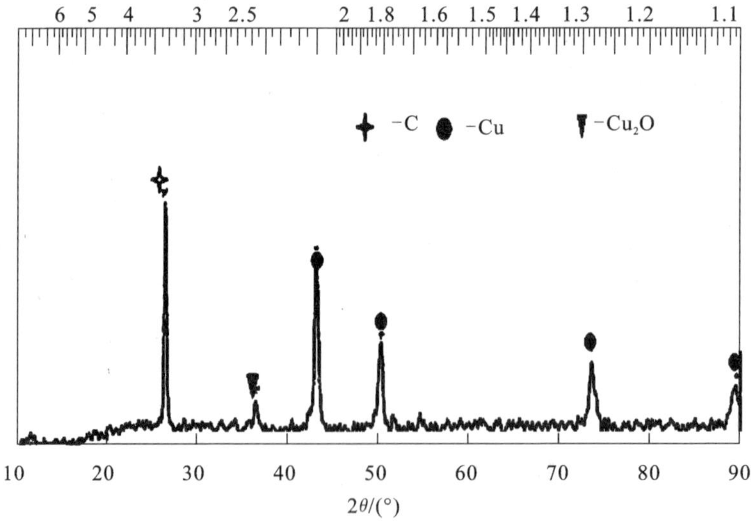

图 2－37 锡含量为 4%材料摩擦表面 X 射线衍射图

由此可知，在材料的摩擦表面形成了一层薄的氧化膜。我们知道，增加转速，两摩擦表面间的相互作用加强，会产生大量的摩擦热，导致摩擦表面温度升高，此时表层的铜合金易与空气中的氧发生氧化反应，形成一层较薄的氧化膜，这层薄膜起到了润滑作用，减小了摩擦因数，但由于氧化膜与基底结合不牢固，易剥落，增加了材料的磨损量。

另外，摩擦表层内的部分石墨在犁削作用下被带出表面，并在表面形成一层极薄的膜，在对摩擦表面的 X 射线衍射分析中也探测到较强的石墨峰存在，这层薄的石墨膜起润滑作用，降低了材料的摩擦因数及磨损。

锡含量继续增加(6%)，在摩擦表面也形成黑色的氧化膜，其与基体结合较紧密，很难脱落，因此材料的磨损量要小。图 2 – 38(a)和图 2 – 38(b)分别为该材料在 5000 r/min 和 7000 r/min 时的摩擦表面形貌，相对锡含量为 4% 的材料而言，其摩擦表面要光滑平整，磨痕也较少。

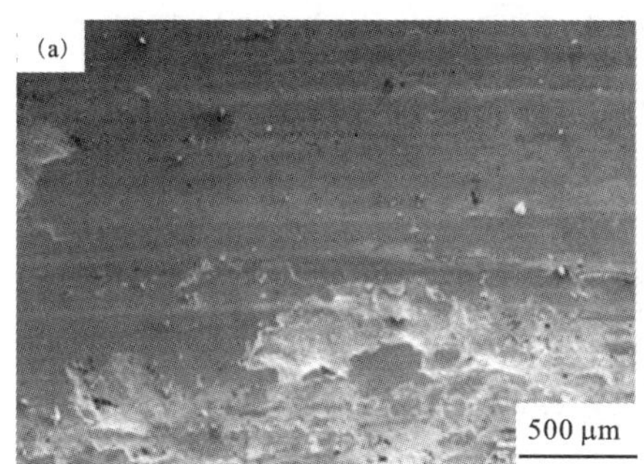

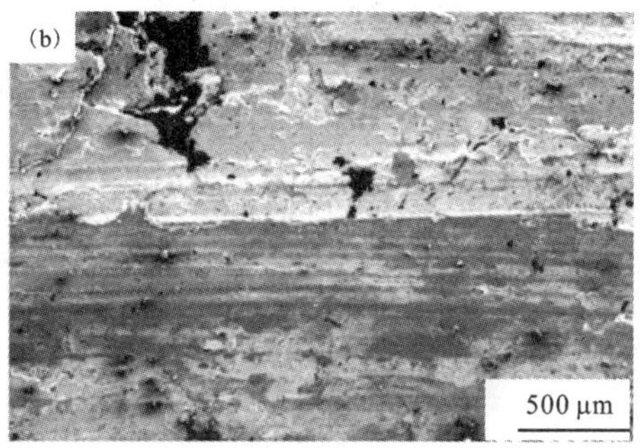

图 2 – 38　锡含量为 4% 材料在不同转速下的表面形貌

(a)5000r/min；(b)7000r/min

通过对磨屑形貌的观察可以发现：这几种材料的磨屑都呈片状，如图 2 – 39 所示。片状磨屑的形成与表面膜的脱落及次表层中摩擦应力有关，微凸体在两材料表面之间时会在次表层中产生剪切应力，因基体与石墨的结合处强度较弱，在此应力的作用下会在结合处产生微裂纹并进行扩展，导致材料剥落而成为片状磨屑[31, 32]。

总而言之，材料摩擦因数随着转速的升高而降低。在中、高转速时，锡含量高的材料摩擦因数大，磨损量随着转速的提高而增加，在高转速时的磨损量要远大于低转速时的磨损量。提高材料的 Sn 含量可以提高材料在中高转速阶段的耐磨性，但降低了低转速时的耐磨性。在高转速时摩擦表面出现氧化膜及铜锡合金变形层，减小了材料的摩擦因数，并由于表面工作层与基体结合不紧密，导致材料磨损量增加。在低转速下，材料磨损主要以黏着与犁削为主，转速提高时则表

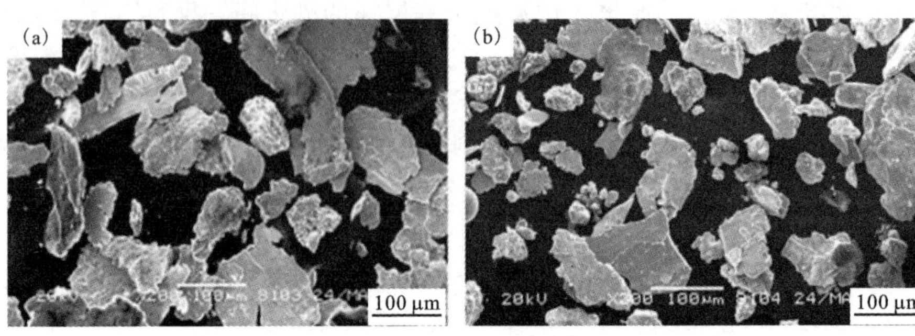

图 2－39 锡含量为 4%材料在不同转速下的磨屑形貌

(a)5000 r/min；(b)7000 r/min

现为剥层脱落与氧化磨损。

2)铁元素的作用

铜基材料中铁属于基体强化组元，主要作用在于积极参与了对铜基体的强化作用过程，因此，为了研究铁对铜基体的作用机理，设计了如下的制动摩擦材料配方(如表 2－14)，制动摩擦材料的物理力学性能见表 2－15 所示。

表 2－14　制动摩擦材料成分配比(质量分数)/%

试样号	基体组元		润滑组元			摩擦组元	
	Fe	Cu	石墨 80#	石墨 50#	MoS_2	硼铁粉	SiO_2
1	0	74	5	5	3	4	9
2	10	64	5	5	3	4	9
3	20	54	5	5	3	4	9
4	30	44	5	5	3	4	9

表 2－15　制动摩擦材料的物理力学性能

制动摩擦材料代号	1	2	3	4
铁含量/%	0	10	20	30
材料密度/($g \cdot cm^{-3}$)	5.39	5.32	5.28	5.24
铜基体显微硬度/(HV)	77.0	99.4	109.5	117.8
表观硬度/(HRF)	33	38	46	60
抗压强度/MPa	68.1	85.7	89.1	90.3

从表 2－15 可以发现，随材料中铁含量增加，铜基体的显微硬度、表观硬度及抗压强度显著增加。

图 2－40 是加入 Fe 粉后的材料中的基体显微组织形貌，其中，黑灰色组织为石墨片，白色基体组织上均匀分布的浅灰色小斑点为 Fe；图 2－40(b)为图 2－40(a)局部放大，其中黑色长条为片状石墨，灰黑色大斑块为 Fe 颗粒的放大形貌。从图中可看到 Fe 与基体组织结合紧密，在其上分布较多细微孔隙。

铁在铜中的溶解度极小，一般不超过 0.4% ~0.5%，合金强化作用不显著。铁虽不溶于铜合金固溶体，且与基体不发生反应，但铁与铜基体的润湿性良好，几乎全部以未溶解的夹杂物形式留下来，镶嵌于基体组织中，减小了材料基体内部应变区的扩展，使塑性变形趋势减小，提高基体材料的抗塑性流变能力，从而提高了材料的强度和硬度[24]。

由铁－铜相图可以发现，当铁添加到铜基体中时，在 1000℃温度下烧结，铜也能部分固溶于铁中，使铁粉末的 α－Fe 部分转化为 γ－Fe，当烧结保温结束时采用水急冷时，部分 γ－Fe 保留下来，硬度显著提高。

因此，在铜基体中添加铁组元，可以较大幅度提高基体铜的硬度和强度。

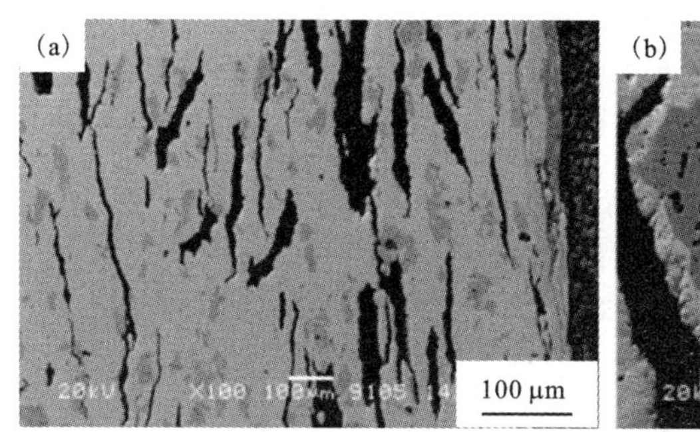

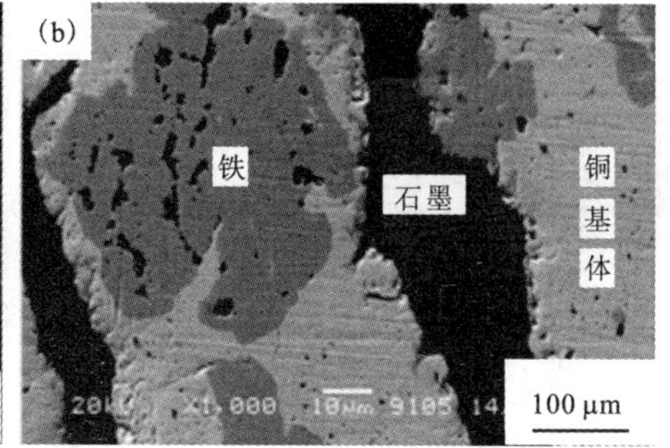

图 2－40　不同倍数下的典型的铜和铁显微组织

(a)×100；(b)×1000

3)钨、镍元素的作用

钨、镍在铁基及铁－铜基粉末冶金制动摩擦材料中得到广泛的应用，其主要作用是强化铁基体及提高材料基体的抗氧化能力，但对于铜基制动摩擦材料中钨、镍的作用研究少。本节系统研究了以铁为主要强化组元的铜基粉末冶金制动摩擦材料中钨、镍的作用及机理。为了探讨钨、镍在铜基航空制动摩擦材料中的强化作用机理，设计了表 2－16 所示的制动摩擦材料成分表，对典型的材料烧结坯进行金相组成分析和显微硬度及力学性能检测。含铁(1#)、铁＋钨(5#)及铁＋镍(9#)材料的典型显微结构见图 2－41 所示。

表 2－16　制动摩擦材料组分配料表/wt%

组元＼试样编号	1	2	3	4	5	6	7	8	9	10	11	12	13
钨	0	0.5	1	1.5	2	0	0	0	0	1.5	1.5	1.5	1.5
镍	0	0	0	0	0	0.5	1	1.5	2	0.5	1	1.5	2
铁	18	17.5	17	16.5	16	17.5	17	16.5	16	16	15.5	15	14.5
铜	56	56	56	56	56	56	56	56	56	56	56	56	56
石墨	10	10	10	10	10	10	10	10	10	10	10	10	10
其他	16	16	16	16	16	16	16	16	16	16	16	16	16

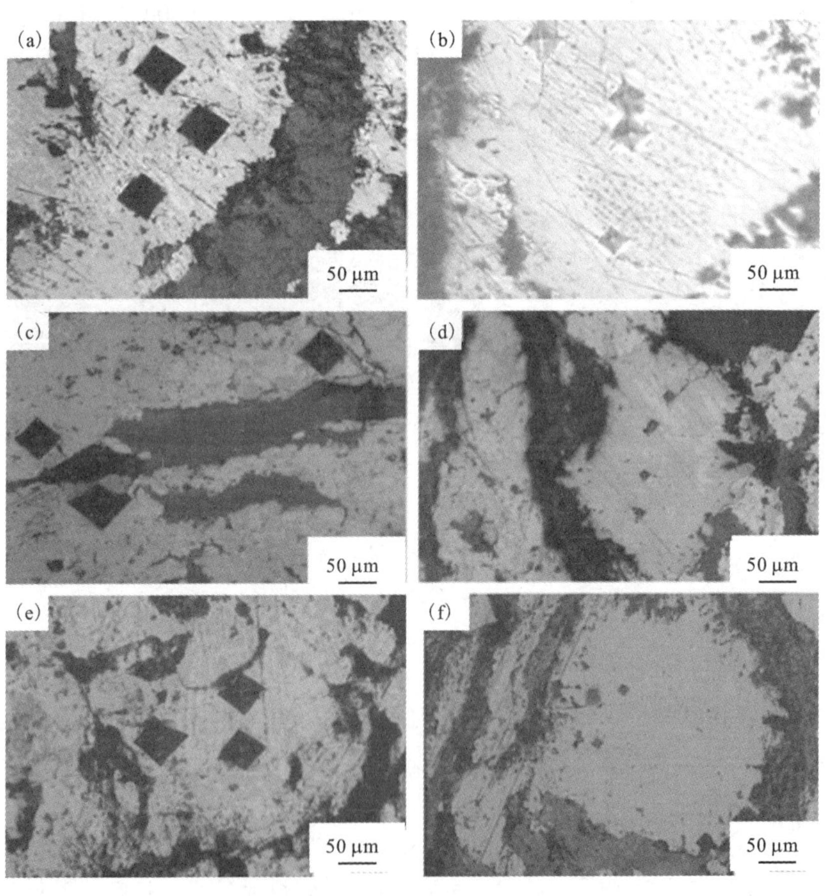

图 2－41　不同钨、镍含量材料典型金相

(a)1#铜基体；(b)1#铁组元；(c)5#铜基体；(d)5#铁组元；(e)9#铜基体；(f)9#铁组元

从图2－41 可以看出，黑色条状为石墨，白色状为铁，铜基体呈黄色。仅改变少量钨、镍的含量的条件下，未发现铜基体和铁组元有明显变化。

通过显微硬度测试(图2－41 和表2－17)后发现，添加钨、镍后，制动摩擦材料的铜基体和铁组元的显微硬度均有不同程度的增加，尤其是在增加镍元素时，铜基体和铁组元的显微硬度显著增加，说明钨、镍与基体铜及铁组元发生了固溶强化，使基体和铁组元强度提高。在材料表观硬度上(表2－18)，同样可以发现，随着钨镍含量的增加，制动摩擦材料表观硬度均有不同程度的增加，相对而言，镍对材料表观硬度的贡献大于钨。由于在添加钨、镍的同时减少了铁的含量，因此，材料的表观硬度在添加钨、镍时变化不显著。

表2－17　铜基体和铁组元显微硬度

编号	组元质量分数/%			铜基体(HV)	铁组元(HV)
	钨	镍	铁		
1	0	0	18	97.2	1289
5	2	0	16	102.7	1314
9	0	2	16	129.0	1394

表2－18　钨、镍(质量分数)含量对制动摩擦材料表观硬度的影响

编号	1	2	3	4	5	6	7	8	9	10	11	12	13
钨/%	0	0.5	1.0	1.5	2.0	0	0	0	0	1.5	1.5	1.5	1.5
镍/%	0	0	0	0	0	0.5	1.0	1.5	2.0	0.5	1.0	1.5	2.0
平均值(HRF)	34	36	36	38	41	38	39	41	41	40	40	41	41

表2－19 为试样的抗压强度。从表2－19 可以看出：钨、镍的加入均使制动摩擦材料的抗压强度提高，说明钨、镍对基体均具有增强作用，当钨、镍含量同为1.5%时，材料抗压强度达到最大值。

表2－19　抗压强度数值表

编 号	1	2	3	4	5	6	7	8	9
抗压强度/MPa	150	154	186	198	156	170	189	198	179
钨/%	0	0.5	1.0	1.5	2.0	0	0	0	0
镍/%	0	0	0	0	0	0.5	1.0	1.5	2.0

利用 MM－1000 试验机对材料进行了摩擦磨损性能检测，实验参数为：转速 $n=6500$ r/min，压强 $P=80$ N/cm^2，转动惯量 $J=2.5$ Kg·cm·s^2，结果见表 2－20。

表 2－20 摩擦试验数据列表

序号	1	2	3	4	5	6	7	8	9
钨/%	0	0.5	1.0	1.5	2.0	0	0	0	0
镍/%	0	0	0	0	0	0.5	1.0	1.5	2.0
摩擦因数	0.276	0.262	0.267	0.263	0.272	0.278	0.298	0.285	0.280
材料磨损/［10^{-3}mm·（次·面）$^{-1}$］	6.17	4.17	3.87	3.34	3.27	4.00	4.33	4.50	4.67

从表 2－20 可以发现，不添加钨镍组元时，摩擦材料的磨损量最大。单独添加钨时，摩擦因数略有下降，磨损则显著下降，这是因为：钨作为一种高熔点金属，热容大，能够吸收大量在摩擦过程中产生的热量导致摩擦温度的升高，而摩擦温度对制动摩擦材料的摩擦因数和磨损有直接影响，使制动摩擦材料的摩擦因数下降，同时，钨作为一种强化基体的元素，能提高材料的硬度，使磨损量下降。

镍的加入增加了材料的摩擦因数，在镍含量为 1.0% 时，摩擦因数达到最大。与钨对材料磨损影响相比，镍与铁基体形成固溶体增强了基体，镍的加入增加了材料与对偶的啮合力，摩擦因数增大，啮合力增大，磨损量增大。

综上所述，在铜基粉末冶金制动摩擦材料中，加入锡组元对材料基体强度和摩擦磨损性能均有显著影响；铁组元的加入将大幅度地提高材料硬度和强度。通过加入钨和镍对材料强化，使得材料基体和硬度及强度等方面均有所提高；钨的加入对材料的摩擦因数影响不显著，但能降低材料磨损；镍的加入，则对摩擦因数有提高功效，但会导致材料磨损量增加，因此，选择锡含量为 1% ～4%、铁 10% ～20%、钨 1% ～2% 和镍 1% ～2% 时，摩擦材料基体将得到充分的强化，保证材料具有良好摩擦磨损性能。

4）锌元素作用

锌是强化铜基体的主要合金元素，其在铜中的溶解度随温度的降低而增加[28]。在常用的铜基摩擦材料中，很少有以黄铜为基体的摩擦材料，这主要是因为黄铜基摩擦材料其性能很不稳定，摩擦因数小，波动范围较大，材料耐磨性较差。但加入 Zn 除提高材料强度外还能提高材料的耐热、耐蚀性，因此一般作为基体的辅助强化元素而加入到摩擦材料中[20]。在以锡青铜为基的摩擦材料中，Zn 能溶入铜锡 α－固溶体内，改善合金的机械性能和摩擦磨损性能。Zn 含量不同的 9#、10#、11# 和 12# 铜基摩擦材料的摩擦磨损性能实验数据见表 2－21。

表 2－21　9#、10#、11# 和 12# 材料摩擦磨损性能实验数据

试样号	Zn/%	性能指标	转速/($r \cdot min^{-1}$)			
			1000	3000	5000	7000
9#	0	摩擦因数	0.37	0.205	0.15	0.14
		材料磨损量/[mm·(次·面)$^{-1}$]	0.008	0.001	0.003	0.002
		对偶磨损量/[mm·(次·面)$^{-1}$]	0.002	0.002	0.005	0.017
10#	4	摩擦因数	0.465	0.34	0.2	0.125
		材料磨损量/[mm·(次·面)$^{-1}$]	0.012	0.003	0.002	0.003
		对偶磨损量/[mm·(次·面)$^{-1}$]	0	0.013	0.002	0.003
11#	8	摩擦因数	0.42	0.26	0.15	0.12
		材料磨损量/[mm·(次·面)$^{-1}$]	0.008	0.002	0.002	0.001
		对偶磨损量/[mm·(次·面)$^{-1}$]	0.002	0.003	0.007	0.005
12#	12	摩擦因数	0.38	0.23	0.12	0.12
		材料磨损量/[mm·(次·面)$^{-1}$]	0.01	0.001	0.002	0.002
		对偶磨损量/[mm·(次·面)$^{-1}$]	0.003	0.003	0.008	0.002

图 2－42 描述了这几种材料的摩擦因数与转速及 Zn 含量的关系。图中曲线表明：各材料的变化趋势基本相似，材料的摩擦因数都随转速的提高而减小，在低转速下材料的摩擦因数较高，各转速之间摩擦因数的差值较大，而在高转速下摩擦因数则几乎相同。铜锡合金基体中加入 4% Zn 后，材料的摩擦因数显著增加，但在 7000 r/min 时摩擦因数反而比不加 Zn 的 9# 材料要低。随着 Zn 含量继续增加，材料的摩擦因数不再增加，反而降低，在 7000 r/min 时摩擦因数基本上相同。这说明在铜锡合金基体中加入 Zn 元素，含量较小时能提高材料的摩擦因数；增加 Zn 含量，摩擦因数反而降低，在高转速条件下加 Zn 并不能提高材料的摩擦因数。

图 2－43 表明了材料的磨损量与转速和 Zn 含量的关系。由图可知，在 1000 r/min时材料的磨损量最大，其后的各个转速中材料的磨损量则要小得多。这说明加锌后材料在转速低的条件下耐磨性较差，磨损量大，但在高转速下材料则比较耐磨。当转速一定时，随着 Zn 含量的增加，材料的磨损量有高有低，总体上呈下降的趋势，这说明增加 Zn 含量很难确定材料耐磨性的好坏。

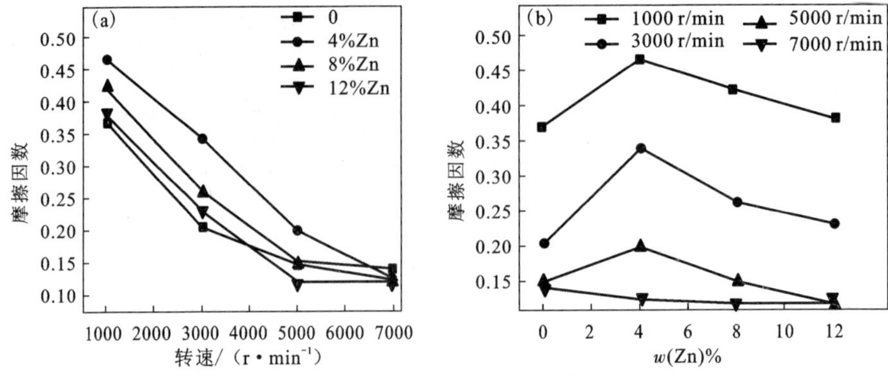

图 2-42　9#、10#、11#、12#材料摩擦因数与(a)转速及(b)Zn 含量的关系

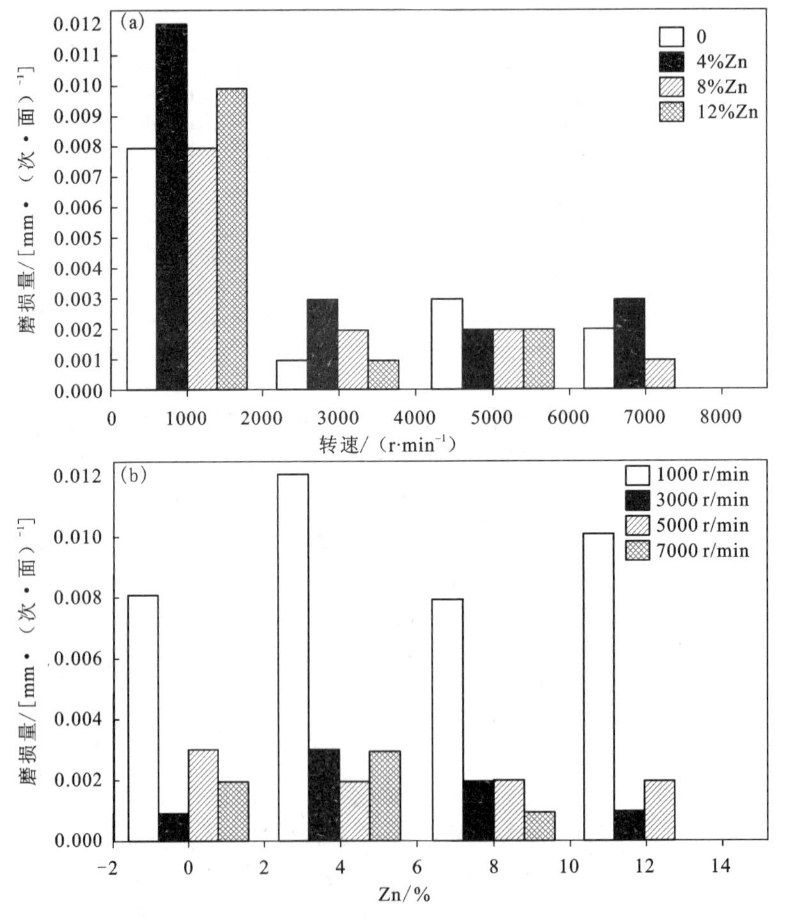

图 2-43　9#、10#、11#、12#材料磨损量与(a)转速及(b)Zn 含量的关系

在低转速下摩擦时，摩擦表面温度升高不大，黏着受转速的影响较小，摩擦阻力主要来源于表面微凸体的相互作用，这种作用与材料的强度有关，强度越高，这种阻力也就越大，因此摩擦因素较高。当转速增加后，摩擦表面温度升高引起表层金属基体的软化以及表面膜的形成，从而导致摩擦因数变小。合金基体中加入 Zn，多元合金强化效果大于 Sn 单一组元强化，因而材料强度提高，也提高了材料的摩擦因数。但摩擦因数与 Zn 的百分含量有关，相同的转速下，随着 Zn 含量增加，材料的摩擦因数减小。Zn 含量增加，材料的硬度增加，但增加的程度不大，当含量增加到 12% 后，材料的硬度不再提高，因此强度不再是决定摩擦因数的主要因素。材料摩擦因数随 Zn 含量增加而变小的原因与材料的显微组织有关。我们知道，Zn 能大量溶入铜锡 α - 固溶体中，加入少量的 Zn 能改善合金的机械性能[28]。但 Zn 含量增加后，由于 Zn 含量大于 Sn 含量，部分 Zn 可能与铜形成铜锌 α - 固溶体。这两种 α - 固溶体在微观结构上有所不同，很难从金相显微组织中加以区分，但通过显微硬度测试分析结果可知，铜锡 α - 固溶体的显微硬度值要比铜锌 α - 固溶体的显微硬度值高。由此可知，这种固溶体塑性良好，磨粒在其上磨削时易发生塑性变形，减小了摩擦阻力，因而摩擦因数变小。

2.4.4　摩擦组元对摩擦材料组织与性能的影响

材料摩擦磨损性能主要由基体决定，但摩擦组元在很大程度上可以起到调节材料摩擦因数的作用。加入摩擦组元，除调节材料的摩擦因数外，还将消除对偶表面上从摩擦材料表面转移过来的金属组分，并减少摩擦材料和对偶材料表面的损伤和磨损。

2.4.4.1　碳化硅

1）碳化硅粒度组成与摩擦材料组成

通常在粉末冶金摩擦材料中采用的碳化硅为绿碳化硅，基本粒度组成为 355 μm、212 μm、125 μm 和 9 μm，详细分布见表 2 - 22。所研究摩擦材料的组成见表 2 - 23。

表 2 - 22　碳化硅的标准粒度分布（GB/T 2481.1—1998）

牌号	μm	筛上物 ≤%	μm	筛上物 ≥%	μm	筛上物 ≥%	μm	筛上物 ≤%
F46	425	30	355	40	355 ~ 300	65	250	3
F70	250	25	212	40	212 ~ 180	65	150	3
F100	150	20	125	40	125 ~ 106	65	75	3
F600	平均粒度 9.3 ± 1.0 μm							

表 2-23 摩擦材料组成

序号	碳化硅				铁	锡	钨	镍	石墨	铜	其他
	F46	F70	F100	F600							
1	2	—	—	—	15	1.5	1.5	1	10	56	13
2	—	2	—	—	15	1.5	1.5	1	10	56	13
3	—	—	2	—	15	1.5	1.5	1	10	56	13
4	—	—	—	2	15	1.5	1.5	1	10	56	13
5	—	—	—	0.5	15	1.5	1.5	1	10	56	13
6	—	—	—	1.0	15	1.5	1.5	1	10	56	13
7	—	—	—	1.5	15	1.5	1.5	1	10	56	13
8	—	—	—	2.5	15	1.5	1.5	1	10	56	13

2)碳化硅粒度对铜基摩擦材料硬度的影响

材料的硬度结果见表 2-24。由表可见，SiC 粒度减小，材料硬度值增大，这是因为：碳化硅在铜基粉末冶金摩擦材料中为力学镶嵌，当采用同样质量百分比碳化硅时，粒度细的碳化硅的体积比大，在材料中的分布均匀，使材料硬度增加。SiC 粒度不变，增加其含量，材料的平均硬度值亦呈递增趋势。

表 2-24 铜基摩擦材料平均硬度值(HRF)

试样	1	2	3	4	5	6	7	8
平均硬度值	35.8	36.8	40.9	41.5	36.5	38.8	39.5	42.8

3)碳化硅粒度对铜基摩擦材料摩擦磨损性能的影响

表 2-25 为设定条件下材料的摩擦磨损性能。

表 2-25 SiC 粒度对摩擦磨损性能的影响

SiC 牌号	F46	F70	F100	F600
平均摩擦因数	0.208	0.230	0.236	0.268
平均磨损量	6.00	5.67	5.00	4.33

注：材料的磨损量单位为 $\times 10^{-3}$ mm/次·面。

从表 2-25 可以看出，SiC 粒度减小，材料摩擦因数明显提高，当 SiC 平均粒度由 355 μm 降至 9 μm 时，摩擦因数变化显著，材料的线磨损量也逐步减小。这是因为：相同重量百分比含量的 SiC 粒度减小，材料中所含的体积分数增大，即 SiC 颗粒明显增加，从而导致材料的摩擦因数提高[33]。此外，随着碳化硅颗粒的减少，摩擦材料表面分布的碳化硅体积比也显著增加，采用 F600 时，碳化硅的耐磨损性能远优于金属基体，因此，材料的磨损也逐步减少。

不同 SiC 粒度的材料摩擦表面的形貌如图 2－45 所示。从图 2－45 可以发现，随着 SiC 粒度减小，摩擦材料的摩擦表面磨痕逐渐减少，且表面越来越光滑，磨损量逐渐减小，此外，从图 2－46 可以看出，随着 SiC 粒度减小，铜基摩擦材料的摩擦表面的微裂纹数量逐渐增多，说明：由于碳化硅颗粒和基体组织之间为力学镶嵌，当摩擦磨损过程进行时，两者之间的热膨胀系数不一致，从而导致热裂纹的出现，热裂纹的出现将导致碳化硅颗粒的脱落，从而对摩擦对偶表面形成局部的犁削磨损，导致对偶材料磨损量的增加。

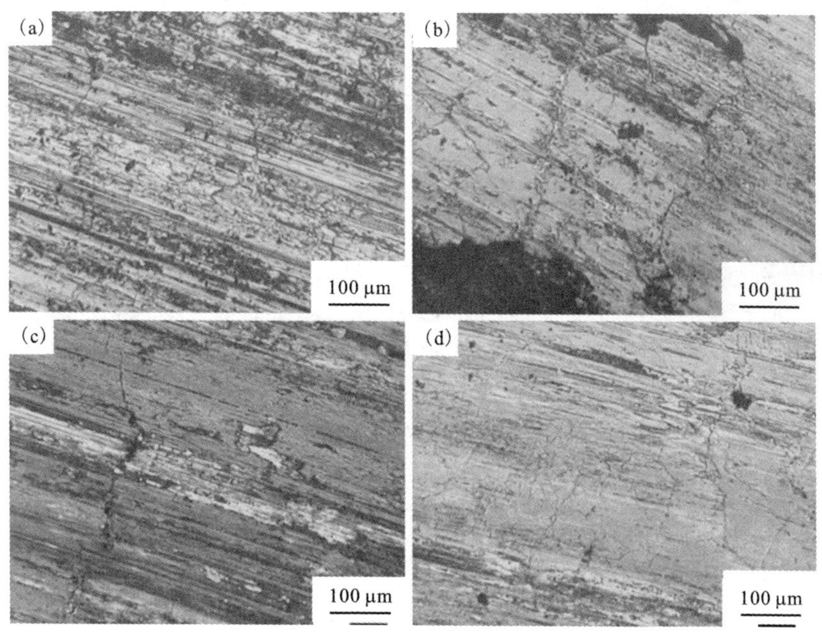

图 2－45　不同碳化硅粒度材料摩擦磨损表面形貌

(a)F46；(b)F70；(c)F100；(d)F600

4)碳化硅含量对材料摩擦磨损性能的影响

试验选择了 F600 碳化硅材料，其比例组成见表 2－23。

表 2－26 为不同碳化硅含量对材料摩擦磨损性能的影响。

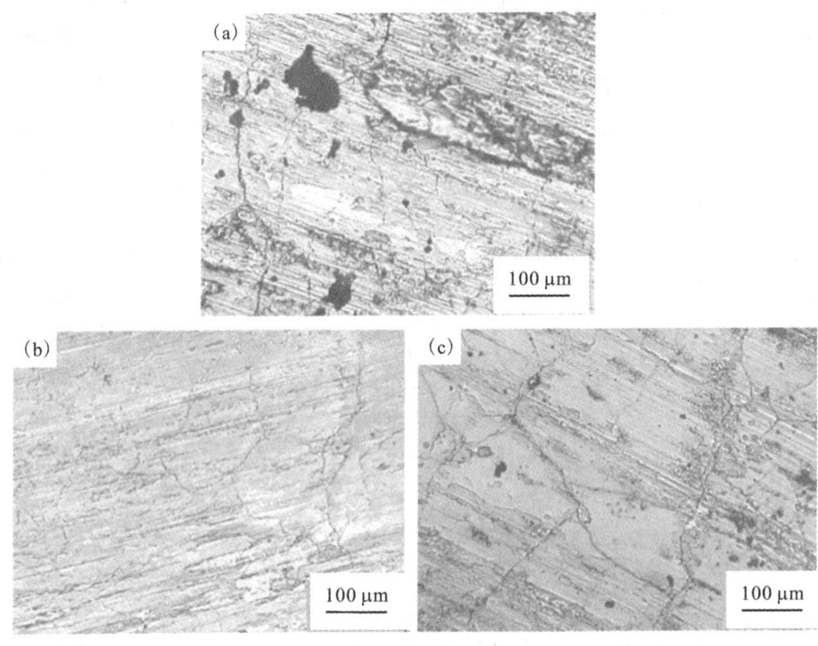

图 2-46　不同 SiC 粒度的铜基摩擦材料摩擦表面裂纹状况

(a)F70；(b)F100；(c)F600

由表 2-26 可以看出，SiC 的含量逐步增加，铜基摩擦材料的摩擦因数呈递增趋势，而材料的磨损缓慢降低，对偶磨损显著增加；对于摩擦副而言，碳化硅的添加量在 1～1.5 之间时具有较低的磨损量。

表 2-26　SiC 的含量对摩擦因数的影响

SiC/wt%	0.5	1	1.5	2	2.5
平均摩擦因数	0.247	0.255	0.262	0.268	0.280
材料平均磨损量	5.66	4.85	4.46	4.33	3.85
对偶平均磨损量	1.30	1.34	1.60	2.33	4.33
摩擦副磨损量	6.96	6.19	6.06	6.66	8.18

注：材料的磨损量单位为 $\times 10^{-3}$mm/次·面。

总而言之，在高性能铜基粉末冶金制动摩擦材料中，SiC 的最佳含量为 2%，粒度为 -600 目。

2.4.4.2　二氧化硅

二氧化硅是低载荷铜基粉末冶金摩擦材料中常采用的摩擦组元，本节选择了一种海砂型的二氧化硅作为高速重载航空制动用摩擦组元。与合成型二氧化硅对比而言，该种海砂型二氧化硅材料具有原材料便宜、易获得、材料硬度高、颗粒形貌为多角状等特点。因此将对选用的二氧化硅在含量方面进行试验并进行详细分析，表 2 -27 为较大含量范围二氧化硅的摩擦材料组成，表 2 -28 为不同含量二氧化硅对材料硬度的影响。

表 2 -27　摩擦材料组元及其质量分数/%

序号	二氧化硅	铁	锡	钨	镍	石墨	铜	其他
1	12	15	1.5	1.5	1	10	46	13
2	10	15	1.5	1.5	1	10	48	13
3	8	15	1.5	1.5	1	10	50	13
4	6	15	1.5	1.5	1	10	52	13
5	4	15	1.5	1.5	1	10	54	13
6	2	15	1.5	1.5	1	10	56	13
7	0	15	1.5	1.5	1	10	58	13

表 2 -28　摩擦材料的平均硬度值(HRF)

SiO_2/wt%	0	2	4	6	8	10	12
平均硬度值	39.0	41.6	40.9	40.7	36.6	34.3	32.0

图 2 -47(a)、图 2 -47(b)为二氧化硅含量为 8% 的材料摩擦前后的显微组织。图中黑色块状相为 SiO_2颗粒，其形状各异，分布均匀，颗粒周围石墨片排列方向较紊乱。白色基底是铜锡固溶体组织，其上孔隙分布较少。图 2 -47(c)、图 2 -47(d)是摩擦后表面层截面金相组织，黑色孔洞是表层的 SiO_2颗粒碎裂脱落后留下的空腔，其内还可看到少量碎裂后的颗粒。摩擦表层中出现的这种现象主要与摩擦制动压力有关，因为二氧化硅不与组元发生反应，以镶嵌方式存在于基体中，摩擦制动压力增大，二氧化硅会发生破碎，甚至脱落。与图 2 -47(a)中材料组织相比，SiO_2颗粒周围石墨片分布较紊乱，其主要原因是二氧化硅含量为 8% 的材料中加入了较多 SiO_2颗粒，粉末的压制性能明显变差，颗粒的存在改变了压制压力在压坯内部的分布，使得局部区域压力方向发生变化，从而导致材料中这种组织的出现。

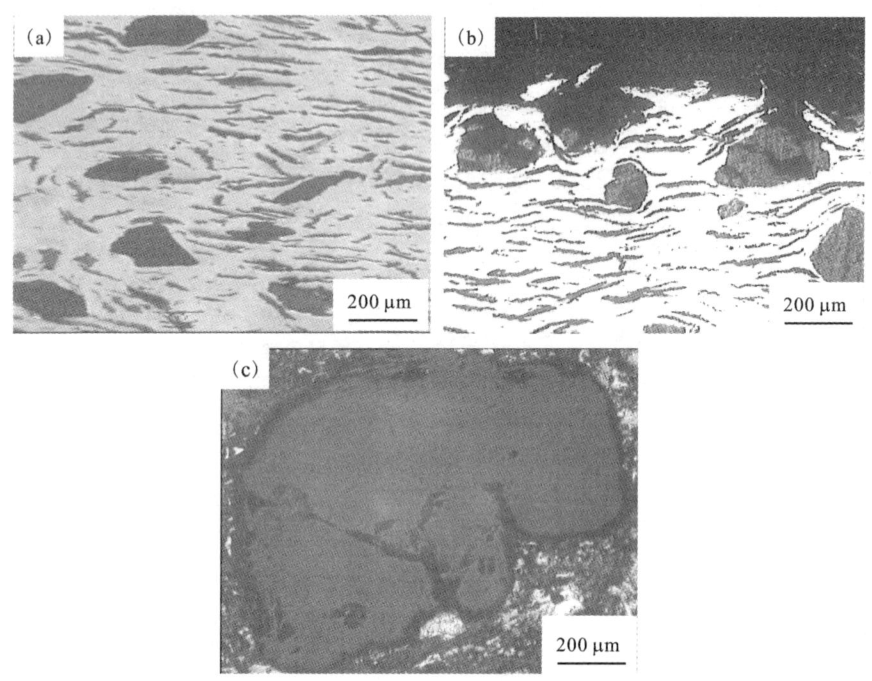

图 2-47　材料基体显微组织

(a)摩擦前；(b)摩擦后；(c)摩擦后 SiO_2

从表2-29和图2-48可以看出，当 SiO_2 含量由0%增至6%时材料的磨损量是迅速递减的；当 SiO_2 含量由6%增至12%时，材料的磨损量逐渐增大，另外，当材料中不含 SiO_2 时，材料磨损非常严重，表面脱落现象明显。作为摩擦组元，适当的 SiO_2 含量对材料的整体性能影响较显著。当 SiO_2 含量达到6%时，材料的摩擦磨损性能最佳，继续增加 SiO_2 含量，虽然摩擦因数明显上升，但磨损量增加更为迅速。

表 2-29　SiO_2 含量对材料摩擦因数和磨损量的影响

$w(SiO_2)/\%$	0	2	4	6	8	10	12
摩擦因数	0.270	0.302	0.314	0.325	0.330	0.348	0.360
磨损量	8.67	5.67	3.00	1.00	2.33	2.67	3.33

注：材料的磨损量单位为 $\times 10^{-3}$ mm/(次·面)。

从图2-49可以看出，当 SiO_2 含量为0时，磨损表面存在较多的犁沟且磨痕较深，表面剥落很严重，随着 SiO_2 含量的增加，材料表面逐渐光滑，但仍有大量的磨痕。当 SiO_2 含量由0%增至6%时，摩擦材料表面的结合强度有所提高，磨损

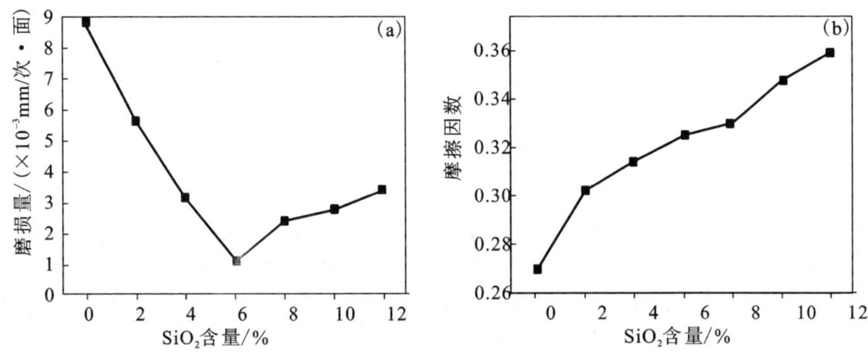

图2-48 SiO_2含量变化对铜基摩擦材料摩擦性能的影响

(a)磨损量;(b)摩擦因数

表面的磨屑减少，黏结磨损也减少，表面逐渐光滑，磨痕、剥落现象减少；当SiO_2含量从6%增至12%时，部分SiO_2颗粒会脱离摩擦表面，使材料表面形成明显的凹坑，如[图2-50(b)]，在摩擦制动过程中，剥落的SiO_2颗粒在摩擦表面磨过时会留下划痕，所以，材料的摩擦表面又变粗糙，磨损量增加。

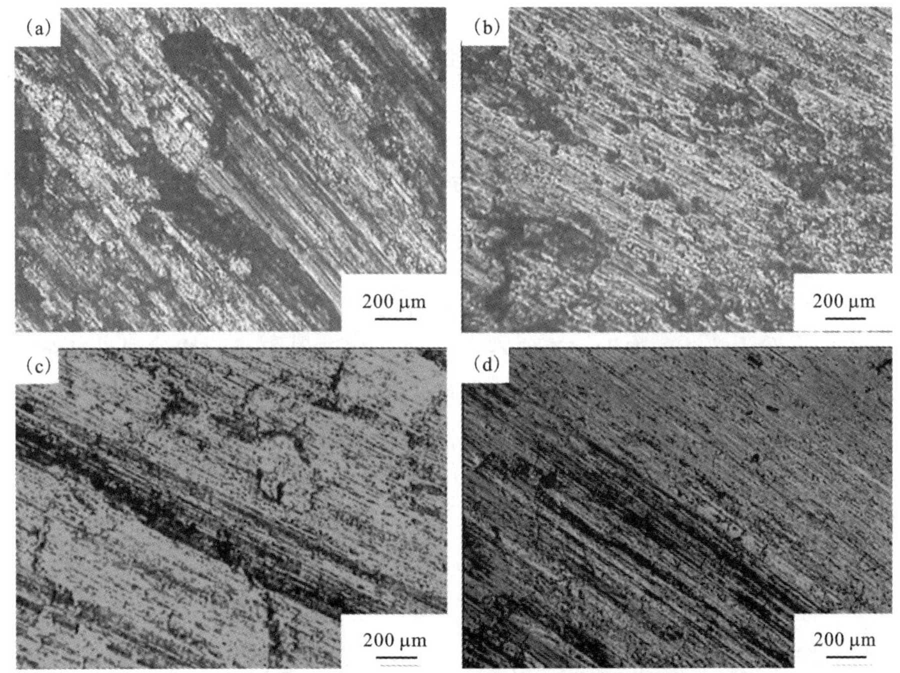

图2-49 不同SiO_2含量的铜基摩擦材料的磨损形貌表面

(a)0%;(b)2%;(c)6%;(d)10%

综上所述，SiO_2作为摩擦组元，对材料的摩擦性能有很大的影响。当材料中SiO_2含量由0%增至12%时，材料的摩擦因数明显提高，但是，SiO_2含量增加会使其易从材料表面脱离形成磨屑，加速材料磨损，导致磨损量先减少后增加。研究表明SiO_2含量为6%时，材料具有较好的摩擦磨损性能。

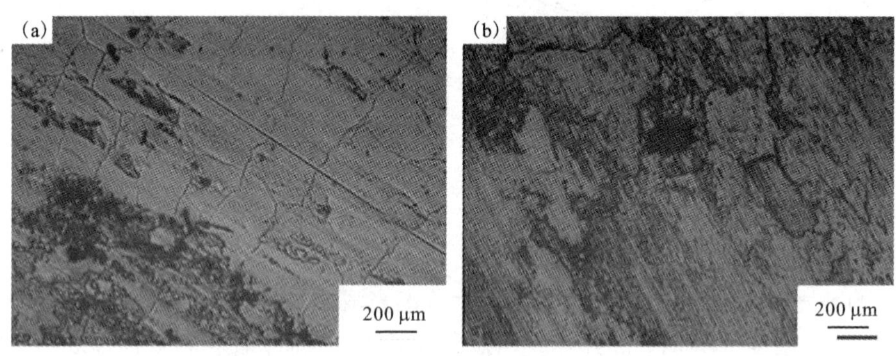

图2-50　SiO_2颗粒对材料表面磨损形貌的影响

(a)6% SiO_2；(b)8% SiO_2

2.4.5　润滑组元特性及其对摩擦材料性能的影响

2.4.5.1　炭和石墨

石墨具有耐高温、抗腐蚀、自润滑等特性，是良好的固体润滑剂及润滑添加剂，以各种形式应用于机械设备以及加工工艺的润滑，起到性能维护及节能降耗、提高生产效率的作用。

炭的不同形态如天然鳞片石墨、人造石墨、焦炭等被广泛应用在粉末冶金摩擦材料中[19, 20, 22, 29, 34]，人们就天然石墨含量和粒度组成对摩擦材料性能的影响进行了大量的研究[1, 35]，但有关炭的其他种类及粒度对粉末冶金铜基摩擦材料性能影响的对比研究报道较少。本书拟对比研究不同种类和粒度的炭(天然石墨、人造石墨和焦炭)对铜基粉末冶金摩擦材料性能的影响，为高性能粉末冶金摩擦材料的研制提供材料组元选择的依据。

石墨对烧结材料性能的影响不仅与石墨在材料组分中的数量有关，而且与其在合金中存在的状态有关[1]。石墨与形成基体的组分的铜不发生相互作用。加到材料组分中的石墨，在烧结过程中部分溶解于铁，强化了金属基体，如果组织中剩余游离石墨，材料强度和硬度将会降低[1]。但材料中大量的游离石墨在摩擦过程中不断覆盖摩擦表面，形成稳定的润滑工作层，防止了摩擦副的咬合，也起到了很好的减摩作用。

1)石墨形貌对铜基摩擦材料性能的影响

由于制备工艺的差异，不同炭粉末的形貌也千差万别。如图 2 - 51 所示，图 2 - 51(a)、图 2 - 51(b)分别代表在材料研发中使用的 50#和 80#天然鳞片石墨，石墨呈规则层片状堆积；图 2 - 51(c)、图 2 - 51(d)、图 2 - 51(e)均为采用人造石墨，在人造石墨中，图 2 - 51(c)中石墨微粒均匀细小，放大后可发现表面粗糙；而当粒度达到 KS - 150 即图 2 - 51(d)，微粒大小变得不均匀，形貌也不规则；图 2 - 51(e)所示的石墨，虽然粒度比较均匀，但表面粗糙；图 2 - 51(f)为焦炭 FC 系的形貌，明显区别于其他人工石墨，其尺寸大小比较均匀，表面光滑而有规则。

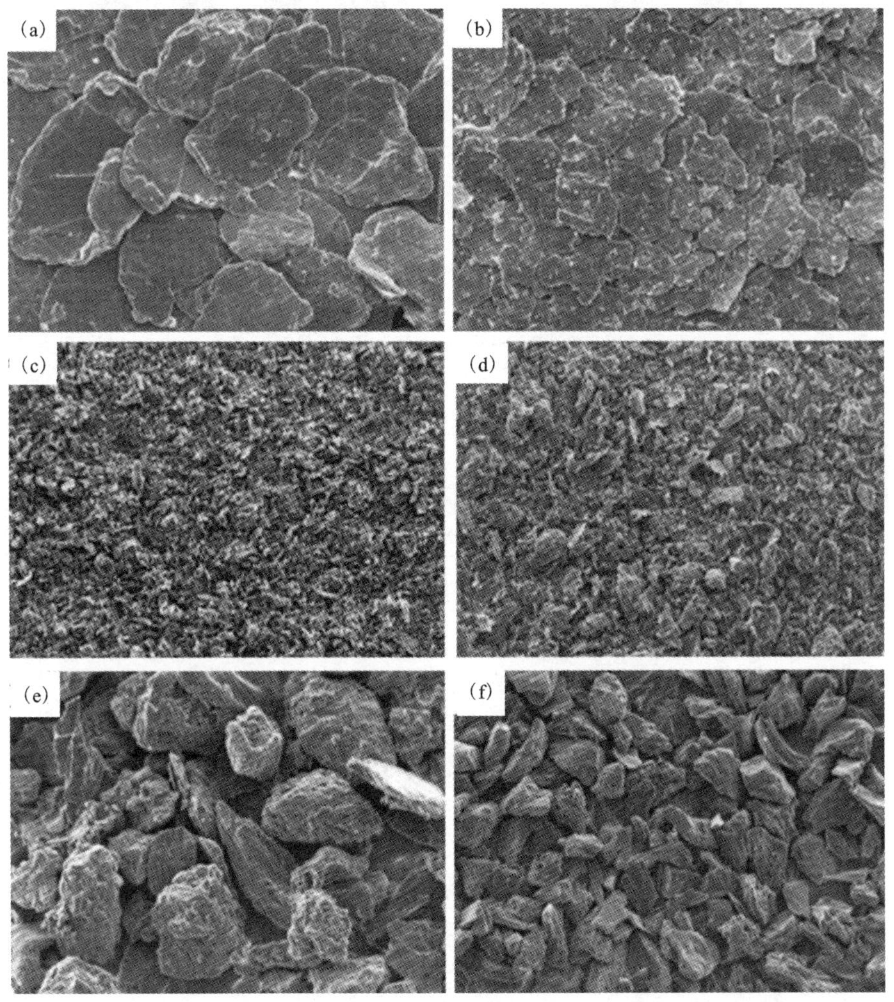

图 2 - 51　不同炭形态和粒度粉末的形貌

(a)天然石墨 $50^{\#}$；(b)天然石墨 $80^{\#}$；(c)人造石墨 KS - 75；(d)人造石墨 KS - 150；(e)人造石墨 KS150 - 600；(f)焦炭 FC - 250

松装密度是粉末自然堆积的密度，它取决于颗粒间的黏附力、相对滑移的阻力以及粉末体孔隙被小颗粒填充的程度。虽然敲击或振动会使粉末颗粒堆积得更紧密，但各粉末体内不同的孔隙同样会影响粉末松装密度的大小。不同形态炭－石墨粉末的松装密度如图2－52。

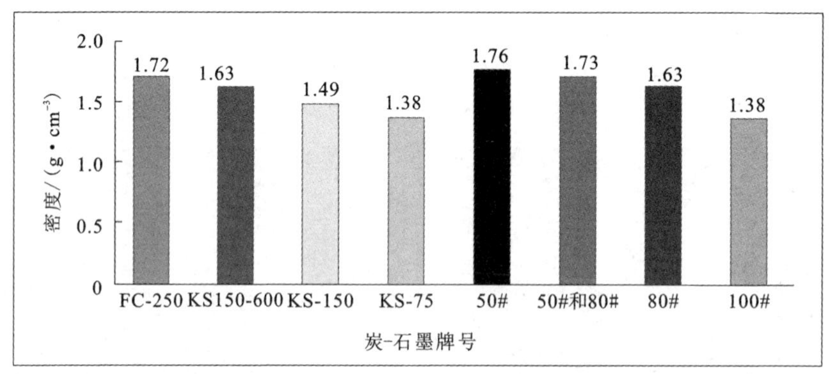

图2－52　炭－石墨粉末的松装密度

注：FC－250焦炭，KS－600人造石墨，KS－150人造石墨，KS－75人造石墨，50#天然石墨，80#天然石墨，100#天然石墨

由图2－52可以看出，在同一类型的炭（人造石墨和天然鳞片石墨）中，随粉末粒度的变小，其松装密度也随着变小。这是因为：虽然粒度变小，粉末自我填充增加，但粉末越细，流动性越差，颗粒间越容易形成拱桥和孔洞，"搭桥"和相互黏附阻碍了颗粒相互移动，故松装密度减少。

不同形态炭粉末所制造的摩擦材料混合料的压坯密度见图2－53。

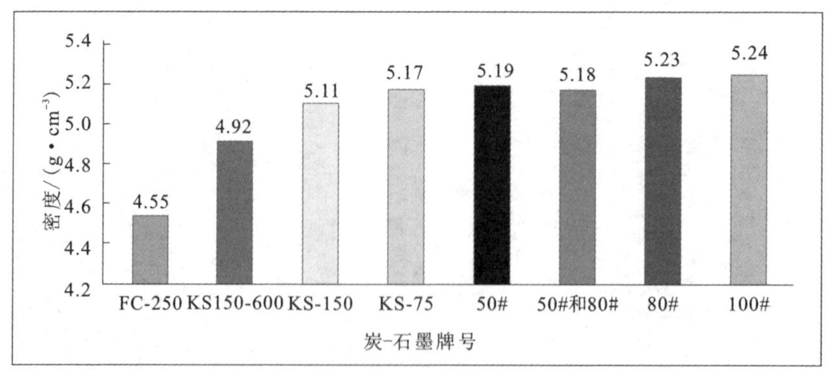

图2－53　含不同炭材料的摩擦材料的压坯密度

由上图可知，同一类型的石墨在相同的压制压力下，压坯密度随石墨粒度的减小而增加，由于粉末越细，在压力作用下，越容易填充粉末之间的堆积而成的孔隙，故压坯的密度越大。但由于其他含量没有变化，故压坯密度的变化不是很明显。而对于粒状石墨的 A 号试样，由于焦炭的表面比较有规则(从图 2－52 中可看出)，其压缩性能差，所得压坯致密性较低。

烧结粉末冶金摩擦材料是金属和非金属粉末烧结而成，密度是其固有属性。不同炭粉末摩擦材料密度见图 2－54。

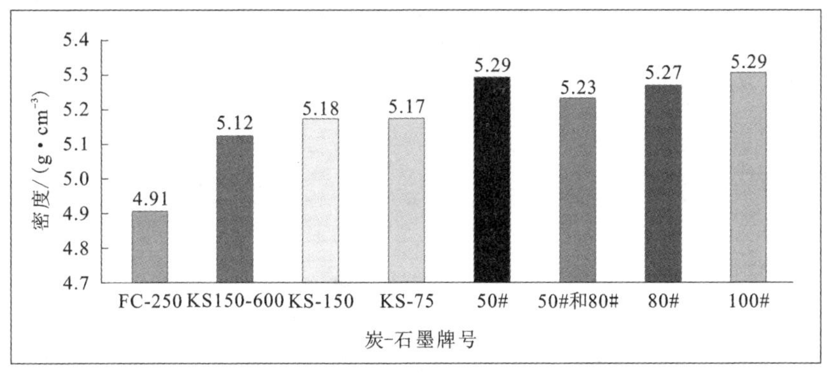

图 2－54　含不同炭材料的摩擦材料的烧结密度

由图 2－54 可知，在同类型的石墨中，材料的烧结密度随其粒度的减少而增加，其中 F 试样由于其不同粒度石墨的互相填充而出现一特殊值。另外，人工石墨的整体密度都比其相同配方的天然鳞片石墨小。

孔隙也是粉末冶金材料的固有特性，孔隙度显著地影响粉末冶金材料的力学、物理、化学和工艺性能。孔隙度分为总孔隙和开、闭孔隙。由于测试数据为开孔隙度，为了更好地分析材料孔隙度的变化，对总孔隙度进行计算。现以 ρ 代表粉末体松装密度，$\rho_{理}$ 代表颗粒真密度，那么它们与粉末体总孔隙度 $\theta = 1 - \rho/\rho_{理}$，其中 $\rho/\rho_{理}$ 为粉末体相对密度。根据 $\theta = \theta_{闭} + \theta_{开}$ 计算出其闭孔隙度。所求得的结果如表 2－30。由表 2－30 可发现，在含同类石墨试样中，粉末的孔隙度都随石墨的粒度减小而变小，人工石墨的孔隙度变化比较明显，这有两方面的原因：一是烧结过程中，部分石墨溶解于铁粉中留下孔隙；另一方面，人工石墨在刹车材料中易形成拱桥效应，留下大量闭孔隙。对于 A 试样，由于焦炭的压缩性能很差，故压坯孔隙度较高，因此，所得烧结材料的孔隙度很大，以至于它的孔隙度在整个图形中处于最高峰。就鳞片状石墨而言，石墨的粒度大小对孔隙度的影响不是很明显。

表 2－30　不同炭粉末材料的孔隙度

石墨	FC－250	KS150－600	KS－150	KS－75	50#	50#和 80#	80#	100#
总孔隙度/%	11.20	7.50	6.78	7.51	5.16	5.84	5.28	5.10
开孔隙度/%	9.22	6.125	6.435	7.23	4.755	5.685	5.175	5.080
闭孔隙度/%	1.980	1.375	0.345	0.280	0.305	0.175	0.130	0.020

不同形态的炭对摩擦材料磨损性能的影响如图 2－55 所示，其对摩擦性能的影响亦可以从材料的摩擦表面图 2－56 的对比研究中得到证明。

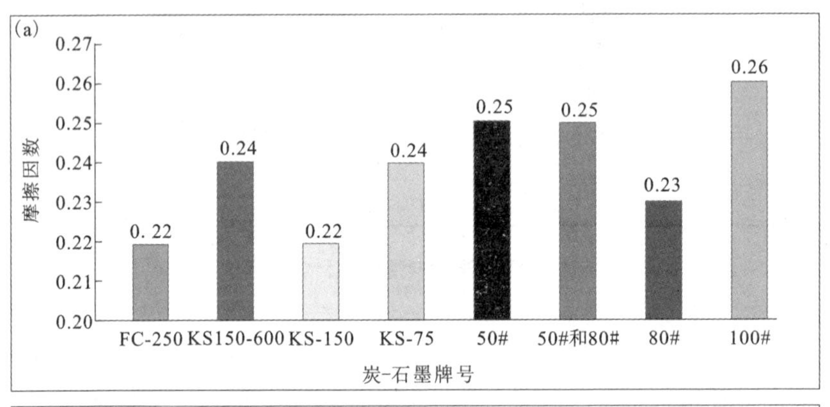

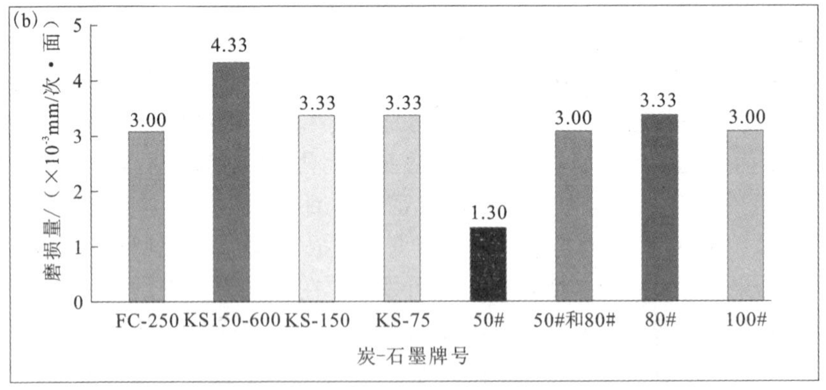

图 2－55　含不同炭材料的摩擦材料摩擦磨损性能

(a)摩擦因数；(b)磨损量

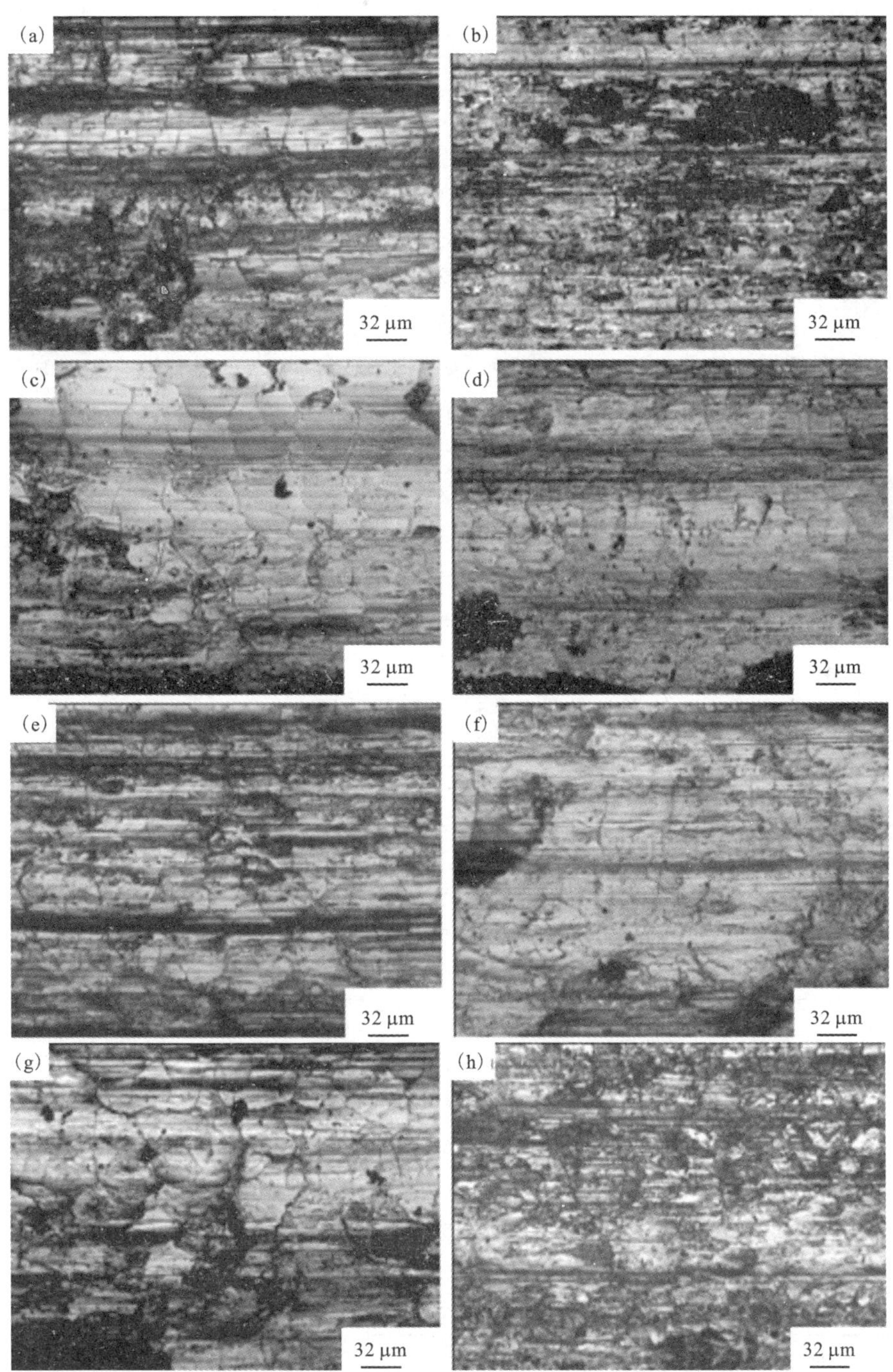

图 2－56　不同炭－石墨摩擦材料表面磨痕

(a)FC－250；(b)KS150－600；(c)KS－150；(d)KS－75；(e)50#；(f)50#和 80#；(g)80#；(h)100#

从图2-56可看出：采用人造石墨的摩擦材料表面裂纹明显多于天然鳞片状石墨的摩擦材料，并且磨痕明显深于天然鳞片状石墨。而对于同一类石墨，随着其粒度的减小，裂纹的数量及磨痕的深度也随着变小。这是由石墨的形状而决定的，天然鳞片状石墨在平行摩擦面是以片状而嵌入在材料中。而粒状石墨由于其本身具有一定的尺寸厚度，在摩擦试验过程中，对石墨的摩擦及撕裂而引起的裂纹及磨痕，人工石墨明显会多于天然的鳞片状石墨材料。

综上所述，可以认为：

1)采用不同方法制备的不同炭粉末在外观形态上存在显著区别，导致材料在松装密度等性能方面存在较大的区别，从而影响到铜基摩擦材料混合料的压制性能和烧结材料的综合力学性能，在同样的压制工艺条件下，天然鳞片石墨表现出较好的压制性能；

(2)摩擦材料中人造石墨以游离态存在，隔离了基体的连续性，同时在摩擦磨损过程中易在摩擦材料表面产生裂纹，导致采用人造石墨的铜基摩擦材料磨损量大于天然鳞片石墨的铜基磨擦材料；在铜基粉末冶金摩擦材料中，采用50#天然鳞片石墨能够保证材料具有较好的摩擦磨损性能。

2)鳞片石墨含量对铜基摩擦材料的影响

表2-31铜基粉末冶金制动摩擦材料成分配比表。

表2-31 铜基粉末冶金制动摩擦材料成分配比(质量分数)/%

试样号	Cu	Sn	石墨*	Fe	FeMn	SiC**	W	其他
1	59	1.5	5	15	1	1	1.5	16
2	58	1.5	6	15	1	1	1.5	16
3	57	1.5	7	15	1	1	1.5	16
4	56.5	1.5	7.5	15	1	1	1.5	16
5	56	1.5	8	15	1	1	1.5	16
6	55	1.5	9	15	1	1	1.5	16
7	54.5	1.5	9.5	15	1	1	1.5	16
8	54	1.5	10	15	1	1	1.5	16
9	53.5	1.5	10.5	15	1	1	1.5	16
10	53	1.5	11	15	1	1	1.5	16
11	52	1.5	12	15	1	1	1.5	16

注：*：粒度为50#；**：粒度为70目

材料中石墨含量依据所需求的摩擦因数、稳定度和耐磨性而定，为获得稳定的摩擦因数，石墨加入量必须达到一定数量，在某些情况下，材料中石墨含量变化虽然不大但可导致摩擦发生性能很大的改变。

松装密度是粉末自然堆积的密度，它取决于颗粒间的黏附力、相对滑移的阻力以及粉末体孔隙被小颗粒填充的程度。由表 2 - 32 可知，石墨在松装堆积时因表面不规则，彼此之间有摩擦，颗粒相互搭架而形成拱桥孔洞，“搭桥”和相互黏附，阻碍了颗粒相互移动，所以随石墨含量(质量分数)增加，铜含量减少，粉末的松装密度减少。

表 2 - 32　石墨含量对粉末的松装密度的影响

w(石墨)/%	5.0	6.0	7.0	7.5	10.5
松装密度/($g \cdot cm^{-3}$)	2.31	2.25	2.24	2.22	2.06

表 2 - 33 为不同石墨含量摩擦材料压制性能试验数据。

表 2 - 33　石墨含量(质量分数)下材料的压制性能试验数据*

压力/t w(石墨)/%		3	4	5	6	7
5	h *	15.52	14.90	14.45	14.42	14.16
	ρ *	5.09	5.30	5.46	5.47	5.57
6	h	15.74	15.20	14.70	14.51	14.26
	ρ	5.02	5.20	5.37	5.44	5.53
7	h	16.12	15.27	14.89	14.62	14.47
	ρ	4.91	5.18	5.30	5.40	5.45
7.5	h	16.15	14.98	14.50	14.29	14.11
	ρ	4.89	5.27	5.44	5.52	5.60
10.5	h	16.27	16.15	15.20	15.01	14.84
	ρ	4.86	4.89	5.19	5.26	5.32

*：h(压坯高度)：mm；ρ(压坯密度)：g/cm^3；压坯直径基本保持不变

由表 2 - 33 可看出：

1) 当石墨含量一定时，压制压力增大，压坯高度降低，粉末间接触面增大，压坯密度增大。

2) 粉末成形过程中，随成形压力增大，孔隙减少，压坯逐渐致密化，由于粉末颗粒间黏结力作用，压坯强度也逐渐增加。

3) 当压制压力一定时，随石墨含量增加，压坯高度总体上呈增加趋势，压坯密度减小。这是因为金属粉末内含有合金元素或非金属夹杂物时，会降低粉末压缩性，非金属夹杂物如石墨含量越高，材料压缩性越差。

制动摩擦材料烧结体的密度和孔隙度结果见表2－34。

表2－34　不同石墨（质量分数）下材料的密度和孔隙度数据

w(石墨)/%	9.0	9.5	10.0	11.0
密度/(g·cm^{-3})	5.44	5.42	5.34	5.28
总孔隙度/%	2.08	2.44	3.88	4.96
开孔隙度/%	1.45	1.42	1.43	1.04
闭孔隙度/%	0.63	1.02	2.45	3.92

由上表可看出，随石墨含量增加，铜含量减少，摩擦材料密度逐渐下降，开孔隙度的变化不大，但总孔隙度和闭孔隙度均迅速增加。这是因为：一方面，烧结过程中，部分石墨溶解于铁粉中留下孔隙；另一方面，鳞片状石墨在制动摩擦材料中易形成拱桥效应，留下大量闭孔隙，随着石墨含量增加，闭孔隙的数目增多。

有一点需要考虑的是，基体中铁－铜也可有限互溶，由于它们的互扩散系数不同，产生柯肯达尔效应[36]。随着石墨含量增加，铜数量的减少，具有较大互扩散系数铜原子的区域内形成过剩空位，聚集成微空隙，使孔隙度增加，尤其是闭孔隙度。

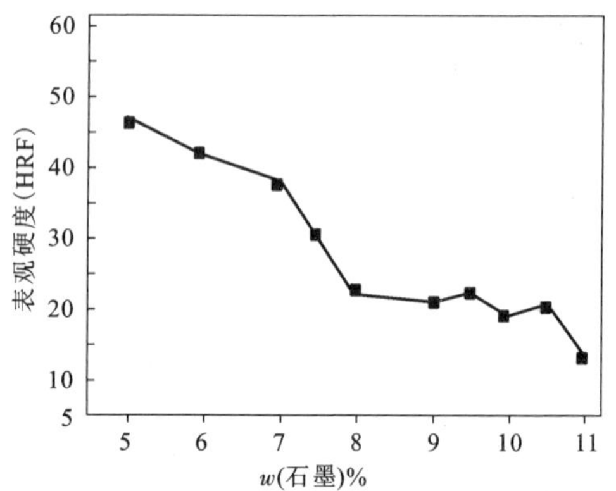

图2－57　石墨含量对Cu基摩擦材料表观改变的影响

硬度是衡量材料抵抗另一物体压入的能力，是材料抵抗表面局部塑性变形的能力，决定了摩擦面上微凸体的压入深度，影响到摩擦力的力学分量。同时，制动摩擦材料的耐磨性与材料的硬度有关。一般认为，有助于改善材料硬度的金属组织，同时也能提高材料的耐磨性[37]。石墨含量对Cu基摩擦材料的表观硬度的影响见图2－57。

由图2－57可看出，随着石墨含量的增加，材料的表观硬度逐渐降低。这是因为：加到配料组分中的石墨，在烧结过程中，虽部分溶解于铁，强化了金属基体，随着石墨含量增加，大多数石墨还以游离状态存在，导致材料硬度的降低。

另外，硬度主要取决于孔隙度，表观硬度随孔隙度的增大而降低。这是因为基体材料连续性被孔隙削弱，同时材料中存在体积百分数相当大的石墨这样的软质点，测量时，使得抵抗压头的基体的体积显著减少，从而使材料表层抵抗塑变能力减低。

由于航空制动摩擦材料在制动过程中承受巨大的正压力和高温(最高瞬时表面温度可达1000℃以上)的交互作用，因此，材料的抗压强度必将影响到材料在制动过程中的制动压力、承受能力、制动稳定性及可靠性。抗压强度测试结果见表2-35。

表2-35　不同石墨含量(质量分数)下Cu基摩擦材料的抗压强度

w(石墨)/%	9.0	9.5	10.0	11.0
抗压强度/MPa	209.3	194.3	183.7	177.0

由表2-35可以看出：材料的抗压强度随石墨含量增加而降低。非金属组元石墨的增加，使制动摩擦材料孔隙度增加，游离石墨和孔隙度阻断了基体的连续性，均使制动摩擦材料抗压强度下降。抗压强度与孔隙度的关系在一定条件下是线性的，孔隙度增大，抗压强度降低，其变化规律和表观硬度基本一致，由此可见，表观硬度在一定程度上也可以表征材料的抗压溃能力。

由图2-58及图2-59可以看出：当石墨含量由5%增加到6%时，平均摩擦因数变化较少，继续增加石墨含量，平均摩擦因数呈上升趋势。这是由于：当石墨含量较低时，石墨对基体和摩擦组元的分布影响较少，从而制动摩擦材料摩擦性能主要由基体和摩擦组元决定，同时，由于铜含量较多，材料的磨损量相对也较少；随着石墨含量的继续增加，制动摩擦材料中孔隙度迅速增加，同时游离石墨在制动摩擦材料中所占的体积比迅速增加，削弱了材料基体的连续性导致制动摩擦材料强度下降，对偶材料的微凸体对制动摩擦材料的啮合增加，从而使摩擦因数增加。由于材料孔隙度不断增加，制动摩擦材料破坏的可能性也增加，而游离石墨体积增加后使材料强度下降，也增大了材料的磨损量。

综上所述，可以认为：

(1)当石墨含量增加时，粉末的松装密度下降；同一压制压力下压坯密度下降。

(2)游离石墨在制动摩擦材料中形成明显的拱桥效应。孔隙度对材料的力学性能影响显著。材料的表观硬度和抗压强度均随孔隙度的增大而减小。

(3)石墨含量增加，导致材料孔隙度增加，抗压强度下降，从而导致摩擦因数与磨损量增加，石墨含量对稳定系数影响不大。

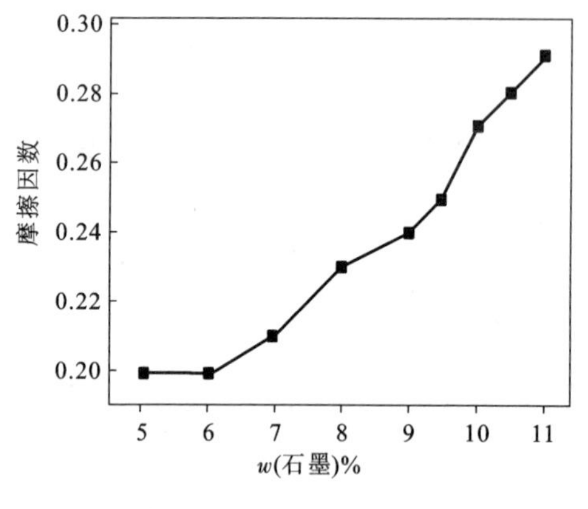

图2-58 石墨含量对Cu基摩擦材料摩擦因数的影响

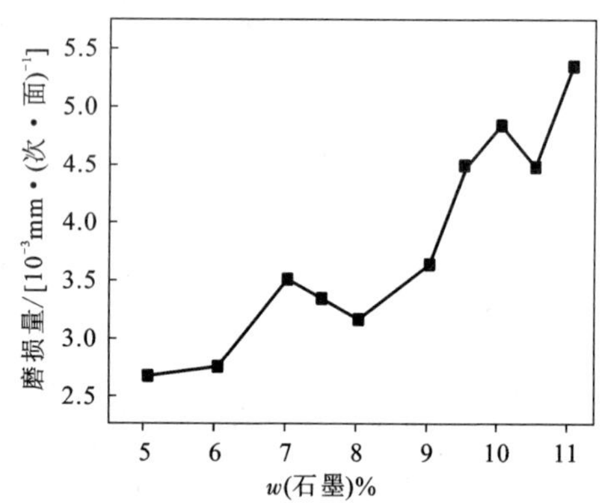

图2-59 石墨含量对Cu基摩擦材料磨损量的影响

(4)摩擦试验表明：在石墨含量为8%左右时，材料可达到较合适的综合性能。

2.4.5.2 二硫化钼

1)二硫化钼的基本物理性能

二硫化钼固体润滑材料具有低的摩擦因数和良好的润滑性能，它的这种良好的润滑性能与其本身内在的结构有着密切的关系。

二硫化钼是一种鳞片状晶体，它的晶体结构为六方晶系结构，如图2-60，每一个晶体是由很多的二硫化钼分子层组成的，每一个二硫化钼分子层又分为3个原子层，如图2-61，中间一层为钼原子层，上下两层为硫原子层。每个钼原子被6个硫原子所包围(6个硫原子分布在三棱柱体的各顶端)，只有硫原子暴露在分子层的表面，每个分子层的厚度为0.626 nm。

二硫化钼良好的润滑性能是由其晶体结构决定的。因为每个分子层的硫原子与钼原子之间的结合力很强，而分子层之间的硫原子与硫原子之间的结合力非常弱，因而在晶体中产生了一个低剪切力的水平面。当分子间受到很小的剪切力时，沿分子层很容易断裂，而形成滑移面，如图2-62所示。例如在厚度为0.5 μm的二硫化钼表面膜中，就有800个分子层和799个滑移面。如果金属表面覆盖这样一层二硫化钼表面膜，表面膜中存在的众多滑移面就使得原来直接接触的两金属表面间的相对滑移转化为二硫化钼分子层间的相对滑移，从而降低了摩擦因数，减少了材料的磨损。

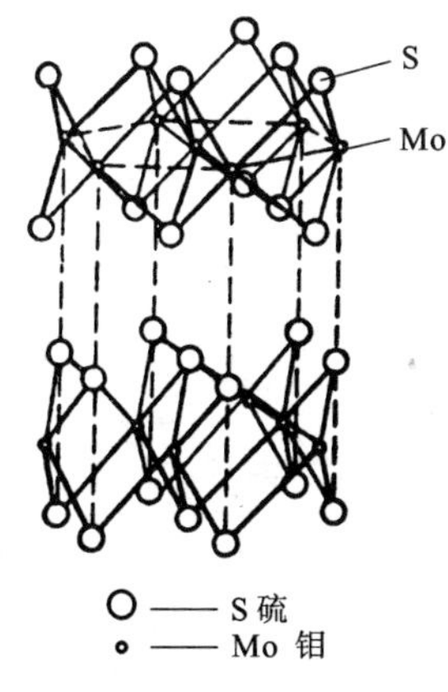

图 2 - 60　MoS_2的晶体结构[3]

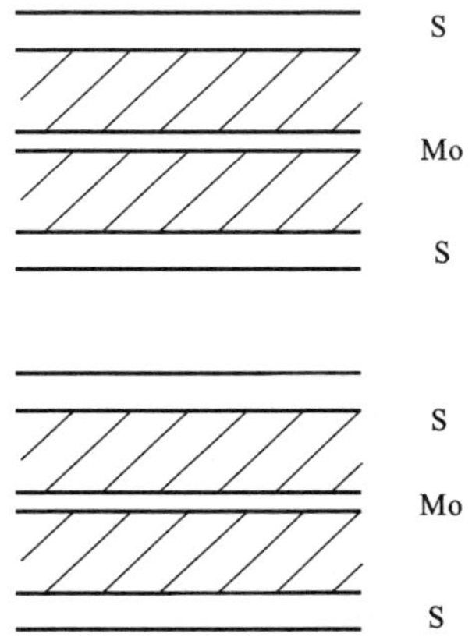

图 2 - 61　MoS_2分子层示意图[3]

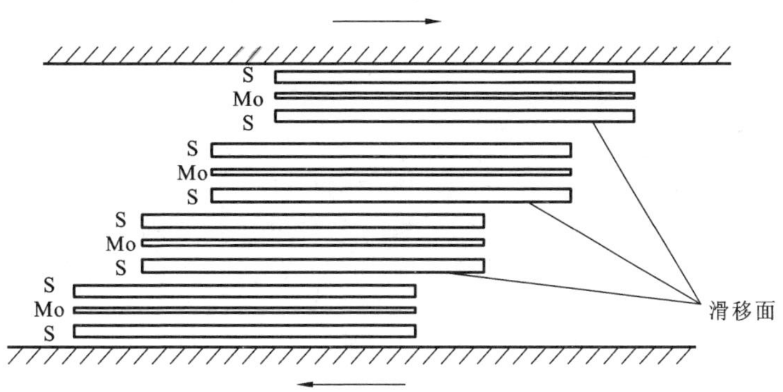

图 2 - 62　MoS_2晶体的滑移面[4]

经测定，S—Mo—S 层的层厚为 0.315 nm，层间距离为 0.349 nm。每层内，极强结合的 S—Mo—S 键可耐各类溶剂的渗入，而两层间极弱的 S—S 键极易滑动。二硫化钼分子为惰性，但对金属有强烈的亲和能力，具有成膜结构。二硫化钼的屈服强度高达 3450 MPa，在多数溶剂中稳定。

本节所研究的铁基摩擦材料组成见表 2 - 36。

表 2-36　铁基粉末冶金烧结摩擦材料成分配比(质量分数)/%

材料编号	基体组元		摩擦组元		润滑组元		辅助元素	
	Fe	Cu	FeB	SiO_2	石墨	MoS_2	Mo	S
X0	92	—	—	—	—	8	—	—
X1	82	—	—	—	10	8	—	—
X2	67	—	3	12	10	8	—	—
A0	65	10	3	12	10		—	—
A1	63	10	3	12	10	2	—	—
A2	62	10	3	12	10	3	—	—
A3	61	10	3	12	10	4	—	—
A4	59	10	3	12	10	6	—	—
A5	57	10	3	12	10	8	—	—
B	62.6	10	3	12	10	—	2.4	1.6

2)二硫化钼在铁基摩擦材料烧结过程中的作用机理

(1)MoS_2在烧结过程中的分解

采用对比的方法，分别对烧结前的X0材料和烧结后的X0、X1、X2材料进行了X射线衍射分析。图2-63和图2-64分别为材料烧结前后的X射线衍射图。烧结前，X0材料的X射线衍射谱中，存在MoS_2的强衍射峰。但经烧结后，X0、X1、X2三种材料的X射线衍射谱中已观测不到MoS_2的衍射峰，而是出现了新相FeS、(Fe, Mo)$_3$C、MoC等的衍射峰。由此可认为，作为润滑组元加入材料的

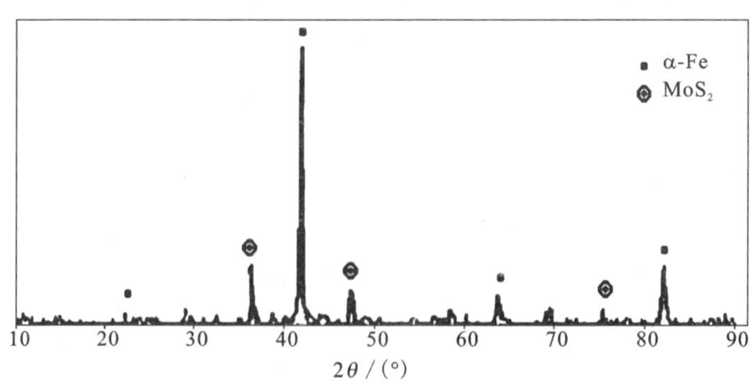

图2-63　X0材料烧结前的X射线衍射图

MoS_2，在 H_2 气氛保护下的加压烧结过程中发生了分解，分解后的 S、Mo 随后与基体中其他组分发生作用，生成了 S、Mo 的多种化合物。其中 FeS 等硫化物也具有类似 MoS_2 的层状结构[22]，MoS_2 对材料的润滑作用实际上转化为 FeS 等硫化物对材料的润滑作用。

图 2-64 中 Mo 以及 Mo 的化合物的特征衍射线不是很明显，这是因为：从 Mo—Fe 相图，如图 2-65，可以看出，当 Mo≤7%（质量分数）时，Mo 在高温时固溶于 Fe 中形成 α 固溶体，冷却时 α 固溶体保留了下来，从而导致 Mo 的衍射峰在烧结后的材料中无法明显观察到。

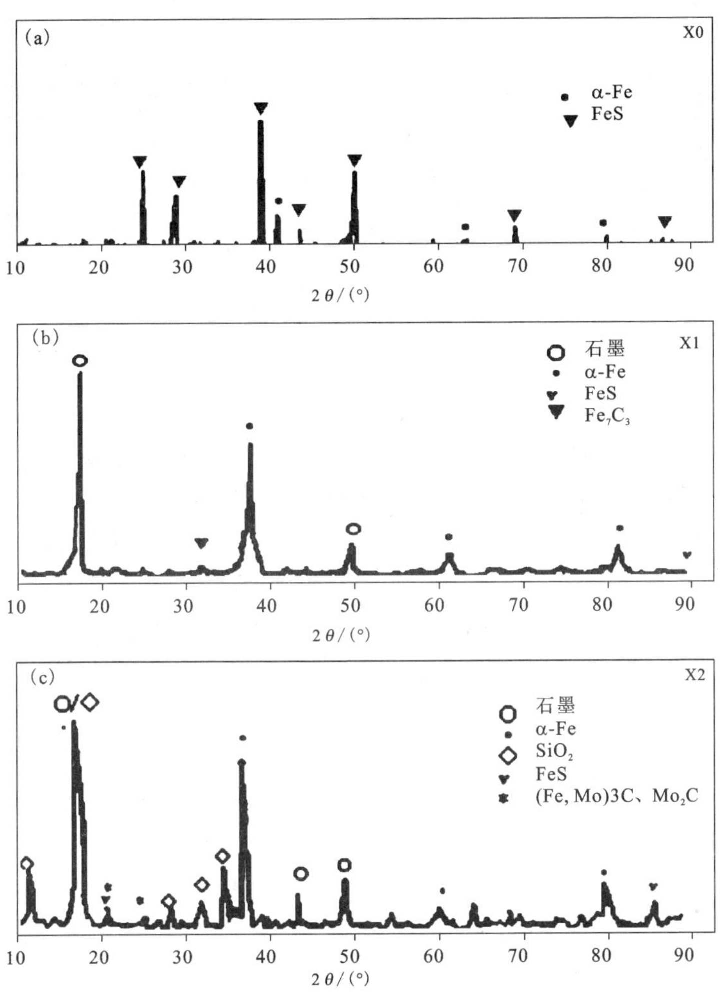

图 2-64 X0、X1、X2 材料烧结后 X 射线衍射图

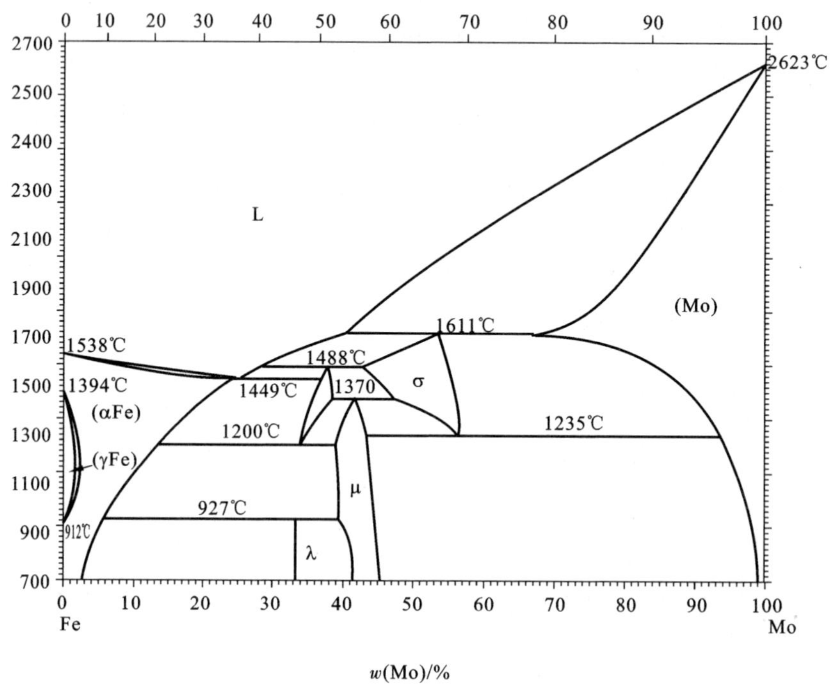

图 2－65　Mo－Fe 相图[62]

为了进一步确定 MoS_2 在烧结过程中所发生的分解反应，具体针对烧结坯块进行了 Mo、S 元素的化学分析。表 2－37 为烧结后三种材料中 Mo、S 元素的化学分析结果，以及分别由每种材料中所测得的 Mo、S 元素含量反推所得的烧结坯中 MoS_2 的含量。由表 2－37 可知，由化学分析测得的 Mo 元素含量所推算出的烧结坯中 MoS_2 含量与原压坯中 MoS_2 含量基本相当，这说明 Mo 元素在材料的烧结过程中基本没有损失；而以化学分析测得的 S 元素含量所推算出的烧结坯中 MoS_2 含量则比原压坯中 MoS_2 含量要少得多，这说明元素 S 在材料的烧结过程中部分发生了损失。

表 2－37　材料烧结后化学分析及反推结果

材料编号	原压坯中 MoS_2 含量/g	烧结坯化学分析		以 Mo 含量反推烧结坯中 MoS_2 的含量/g	以 S 含量反推烧结坯中 MoS_2 的含量/g
		Mo 含量/%	S 含量/%		
X0	6.4	4.8	2.33	6.42	4.63
X1	6.4	4.9	2.20	6.56	4.37
X2	6.4	4.75	2.25	6.36	4.47

由以上的X射线分析及化学分析结果可认为，作为润滑组元加入铁基粉末冶金摩擦材料中的MoS_2，在H_2气氛保护下的加压烧结过程中发生了分解反应，如下式：

$$MoS_2 \rightarrow Mo + 2S(\text{高温}) \tag{2-3}$$

经分析认为，分解后的S一部分将与烧结过程中的保护气氛H_2反应，生成H_2S气体排出体外，从而造成烧结过程中S元素的损失；另一部分则与基体中其他元素反应生成了新相。

(2)微观组织结构

图2-66为X0、X1、X2三种材料烧结块的金相照片。其中图2-66(a)、图2-66(c)、图2-66(e)为材料未腐蚀的金相照片，图2-66(b)、图2-66(d)、图2-66(f)为材料腐蚀后的金相照片。从图中可以看出，从X0材料到X2材料，烧结块的显微组织中相成分逐渐增多，究其原因，一方面来源于材料本身组元的增加；另一方面，烧结过程中MoS_2分解后的S、Mo元素与基体中其他组元发生反应，形成了各种新相。

(3)分解后的S、Mo在烧结过程中的行为机理

由后续能谱分析可知，图中浅灰白色为基体铁。黑色长条状物为石墨[X0材料中未加入石墨，所以[图2-66(a)、图2-66(b)中不存在黑色长条状物]，基体中嵌入的黑色和浅灰色细点状物即为Mo、S元素与基体及材料中其他组元在烧结过程发生反应所生成的新相。

图2-67为X2材料烧结后的组织SEM照片。图2-68(a)、图2-68(b)、图2-68(c)、图2-68(d)分别为图2-67 SEM照片上A、B、C、D处的能谱分析结果。结合X射线衍射图谱以及能谱分析中各点元素质量百分比进行分析发现，A点只含元素Fe、S，且Fe、S元素的质量比为1.6，这与FeS分子中的Fe、S质量比近似，再根据热力学条件[25]：

$$MoS_2 = Mo + 2S \tag{2-4}$$

$$2Fe + S_2 = 2FeS \tag{2-5}$$

结合反应(2-4)和(2-5)式得：

$$MoS_2 + 2Fe = 2FeS + Mo \tag{2-6}$$

其中$\Delta G^{\ominus} = -71500 + 25.25T$。

由反应式(2-6)标准状态下的$\Delta G^{\ominus}$可算出，烧结条件下，该反应的ΔG为$-45745 < 0$，这说明在烧结过程中，反应式(2-6)可以顺利进行，即由MoS_2分解出来的S与基体Fe在烧结过程中发生反应，生成了新相FeS，A点即为该新相FeS。

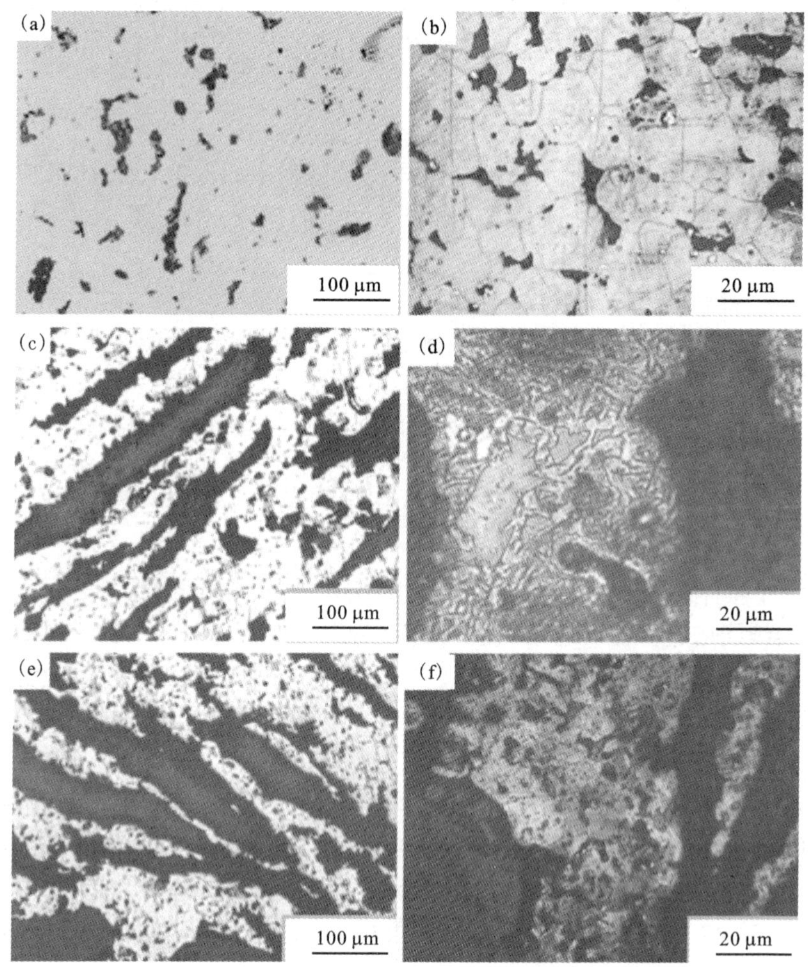

图 2－66　材料烧结后的金相照片

(a)X0 烧结后未腐蚀金相照片；(b)X0 烧结后腐蚀金相照片；(c)X1 烧结后未腐蚀金相照片；(d)X1 烧结后腐蚀金相照片；(e)X2 烧结后未腐蚀金相照片；(f)X2 烧结后腐蚀金相照片

根据图 2－68，B 点主要含有 Fe、Mo、C 三种元素，这应该是分解后的 Mo 溶入渗碳体中所形成的合金渗碳体$(Fe, Mo)_3C$。图中 C 点为摩擦剂二氧化硅颗粒。图中 D 点只含 Fe、Mo 两种元素，经分析，该点为由 MoS_2分解出来的 Mo 溶入基体 Fe 中所形成的 α－固溶体。

(4)二硫化钼在烧结过程中的作用机理

三种温度条件下烧结块的密度见表 2－38。

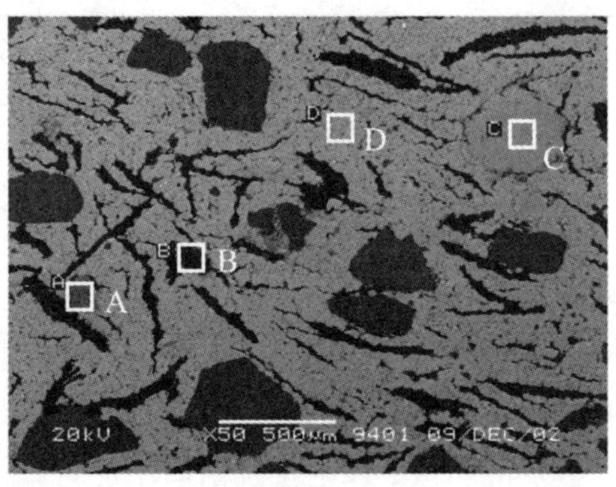

图 2-67　X2 材料的 SEM 照片

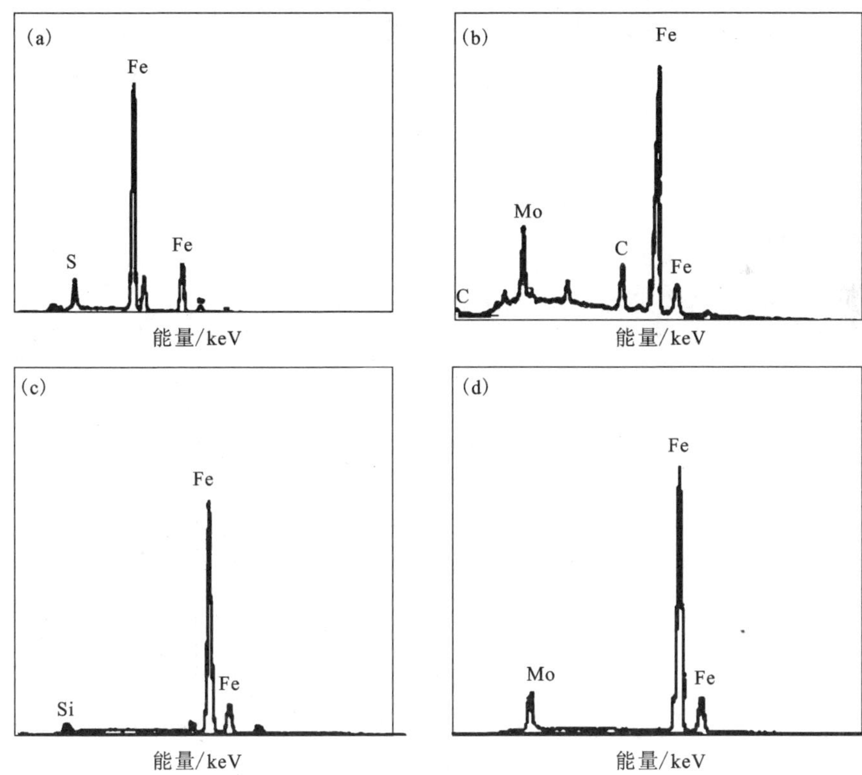

图 2-68　图中 A、B、C、D 处能谱分析结果

(a)A 点；(b)B 点；(c)C 点；(d)D 点

表 2-38　三种温度条件下烧结块的密度

材料编号	烧结块密度/(g·cm^{-2})		
	950℃	1000℃	1020℃
X0	6.00	6.10	6.24
X1	5.81	5.88	5.96
X2	4.52	4.60	4.68

由表 2-38 可知，随着烧结温度的升高，三种材料的烧结密度逐渐增大。从烧结理论可知，随烧结温度的提高，烧结体系中原子的自扩散、互扩散都将加快，从而材料烧结坯密度增大。但从表中还发现，烧结温度从 950℃ 升高到 1000℃ 增加 50℃ 和从 1000℃ 增加到 1020℃ 增加 20℃，材料烧结块密度的增加量基本一致。究其原因：当烧结温度从 950℃ 增加到 1000℃ 时，烧结温度的提高对材料烧结过程活化作用提高了材料烧结坯密度；但是当烧结温度从 1000℃ 增加到 1020℃ 的过程中，除了烧结温度对材料烧结密度的影响，另一方面还来自于由 MoS_2 分解出的 S、Mo 元素与材料中其他组元所生成的新相对烧结过程的影响。

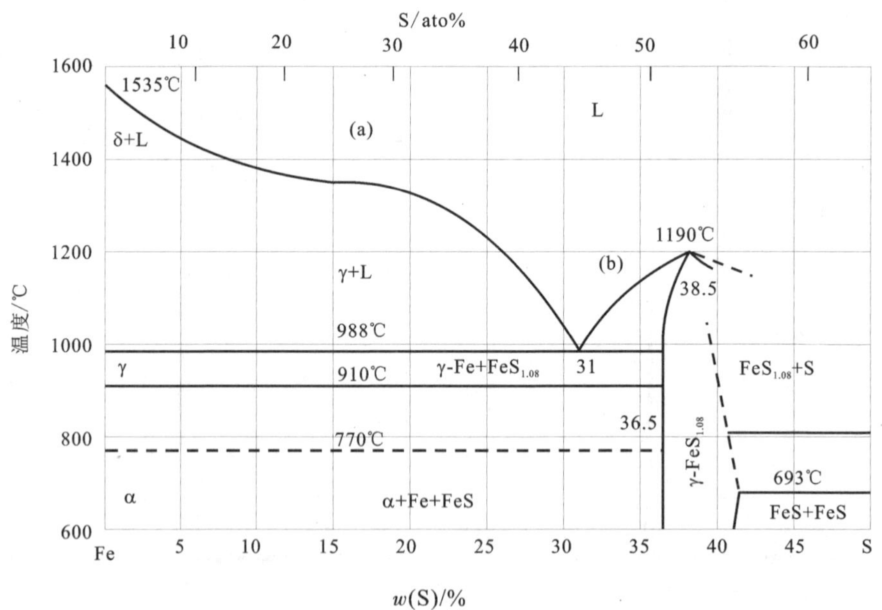

图 2-69　Fe-S 相图

根据 Fe－S 相，见图2－69[26]，当烧结温度升高到988℃时，新相 FeS 就会与基体 Fe 进一步发生熔晶反应，即：

$$\gamma-\mathrm{Fe}+\mathrm{FeS}\longrightarrow \mathrm{L} \tag{2-7}$$

使烧结过程中由于发生熔晶反应而出现液相。文献[27]指出：粉末压坯仅通过固相烧结难以获得很高的密度，如果在烧结温度下，低熔组元熔化或形成低熔共晶物，那么在烧结过程中由这些低熔液相引起的物质迁移要比固相扩散快，而且最终液相将填满烧结体内孔隙，因此可获得较固相烧结更高密度的烧结产品。另外，液相烧结能否顺利完成(致密化能否彻底进行)，取决于以下三个条件：液相对固相的润湿性、固相在液相中的溶解度以及液相的数量。本实验中新相 FeS 与基体 Fe 反应所生成的熔晶液相明显符合前两个条件，即该熔晶液相对基体固相有很好的润湿性以及基体固相在熔晶液相中有一定的溶解度。只是当 S 含量相同时，不同的烧结温度所产生的晶液相存在数量上的差别。实验中，烧结温度在 950℃时，未达到式(2－7)的反应温度，FeS 与基体 Fe 未发生熔晶反应，即此烧结温度下烧结体系中没有液相的存在，整个烧结过程属于固相烧结；当烧结温度为 1000℃时，刚刚达到了上述熔晶反应的温度，因此烧结过程中开始有熔晶液相生成，在该温度下，烧结过程进入部分液相烧结的范畴。但是由于烧结温度刚刚达到上述熔晶反应的温度，由图 2－69 可知，形成的液相数量不多且不稳定。而在正常的实验烧结温度下(1020℃)，1020℃超过了上述熔晶反应所需温度，因此在烧结过程中 FeS 与基体 Fe 将会充分发生熔晶反应，同时，由图 2－69 可知，当含硫量相同时，1020℃下生成的共晶液相比 1000℃生成的共晶液相多，这样在正常的烧结温度下，烧结过程中形成了大量稳定存在的熔晶液相，烧结过程进入稳定的液相烧结。因此，烧结温度为 950℃所对应的烧结块密度最低，烧结温度为 1000℃对应的烧结块密度其次，而正常烧结温度 1020℃对应的烧结块密度最大，并且两个温度段虽然温升不同，但对材料烧结密度的提高相同。综上所述，新相 FeS 的存在，使铁基粉末冶金摩擦材料在烧结过程中出现了液相，促进了材料烧结过程的进行，提高了材料烧结块的密度。

结合 SEM 和能谱分析，可以认为，烧结过程 MoS_2 分解形成的 Mo，首先可固溶于基体 Fe 中，对材料起到固溶强化的作用，并且 Mo 的固溶过程本身也起到了调节材料骨架结构的作用[28]，有助于材料在烧结中的致密化过程。其次，由于 Mo 是中强碳化物形成元素，在烧结过程中可溶入渗碳体中形成 $(Fe,Mo)_3C$ 等合金渗碳体，如果 Mo 含量较高，也可以形成特殊碳化物，如 MoC，Mo_2C 等，可参见不同温度下的铁－炭平衡相图，见图 2－70。再者，Mo 是 $\alpha-$Fe 的稳定元素，当烧结温度超过铁的 $\alpha-\gamma$ 相变温度时，材料基体仍然保持相当数量的 α 相。而 Fe 的自扩散速度在 α 相内比 γ 相内高得多，1020℃时，$D_{Fe\alpha}/D_{Fe\gamma}=3.9\times10^{-10}/1.8\times10^{-12}$，这就大大激化铁基体中的物质迁移过程，促进了压坯 Fe 基体的烧结收缩和 Fe 粉颗粒之间烧结颈的形成与长大，从而使材料的烧结过程得到强化。此外，在铁基粉末冶金摩擦材料中，烧结过程分解出的 Mo 可缩小 γ 相区[38]，使材料中的珠光体组织变得相对细小，从而提高材料烧结块的综合性能。

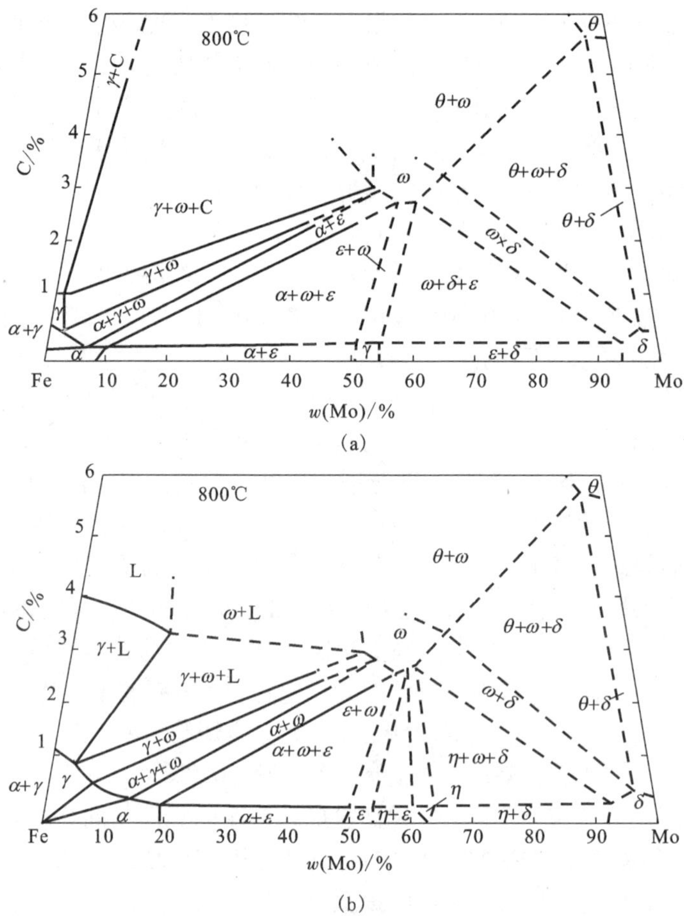

图 2-70 不同温度下钼铁-炭平衡相图

(a)800℃时钼铁-炭平衡相图；(b)1200℃时钼-铁-炭平衡相图

3)二硫化钼对铁基摩擦材料性能的影响

(1)二硫化钼含量对材料密度的影响

图 2-71 是铁基粉末冶金摩擦材料烧结块密度随 MoS_2 含量变化的线图。随着材料中 MoS_2 含量的增加，材料密度先增加后降低，即少量 MoS_2(0~4%)能提高材料的密度，但过多 MoS_2(4%~8%)则反而降低材料密度。

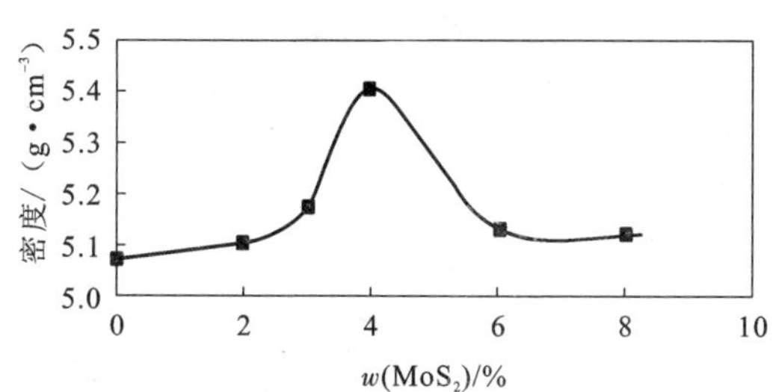

图 2－71　铁基粉末冶金摩擦材料烧结块密度随 MoS_2 含量变化的曲线图

铁基粉末冶金摩擦材料烧结块密度随 MoS_2 含量的这种变化趋势是因为：在加有铜的铁－石墨材料中，铜向铁中的溶解会引起材料体积的膨胀[40]，减少了铜在 γ－Fe 中溶解度，从而抑制了材料的体积膨胀程度；另一方面，随着材料中 MoS_2 含量的增加，新相 FeS 相应增加，这样烧结过程中所生成熔晶液相将不断增多，那么液相对烧结体系物质迁移的促进作用不断增强，从而提高了材料的烧结密度。由于上述两方面都有助于材料在烧结过程中致密化的进行，所以当 MoS_2 含量从 0 增加到 4% 时，材料密度相应提高。但材料的密度并不是随着 MoS_2 含量的增加而不断增大，当 MoS_2 含量大于 4% 时，随着 MoS_2 含量的继续增加，材料密度反而下降，MoS_2 含量为 4% 的 A3 材料密度达到最大值。这主要是因为，钼在 α－Fe 中的溶解度有限（<0.08），如果 MoS_2 含量不断增加，烧结时分解出来的钼也将不断增加，这样就会造成材料中的钼含量超过钼在 α－Fe 中的固溶极限，那么分解出来的钼不能全部固溶于基体 α－Fe 中，多余的钼便以游离的形式存在于基体中。在烧结过程中，游离的钼会和基体中的石墨反应，形成钼的多种碳化物；与此同时，在烧结过程中还存在有铁－铜与硫所形成的各种硫化物，如 FeS、CuS 等。由此可见，随着材料 MoS_2 含量不断增加，基体中将存在大量钼的碳化物、硫化物等，这些大量分布于金属基体中的非金属碳化物、硫化物阻碍了金属基体间的相互接触。此时，虽然随着 MoS_2 含量的继续增多，在烧结过程中形成的熔晶液相也将继续增加，但基体中大量存在的非金属成分对材料烧结密度的降低作用已大于熔晶液相的增多对材料烧结密度的提高作用。所以当 MoS_2 含量超过一定的限度，本实验为 4%，材料的密度反而随着 MoS_2 含量的增加而降低。

（2）二硫化钼含量对材料硬度和强度的影响

如图 2－72 所示，材料硬度随 MoS_2 含量的变化趋势与材料密度随 MoS_2 含量的变化趋势相似，当 MoS_2 含量小于 4% 时，材料的硬度随 MoS_2 含量的增加而增大，在 MoS_2 含量为 4% 时达到最大值，当 MoS_2 含量大于 4% 时，材料硬度随 MoS_2 含量的增加而下降。

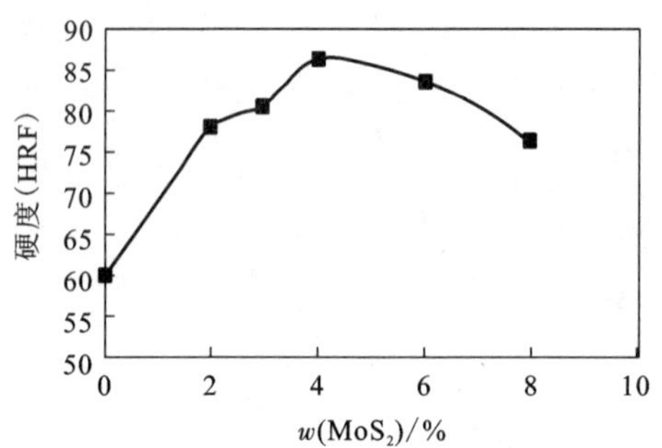

图 2-72　材料硬度随 MoS_2 含量变化的曲线图

少量 MoS_2 能提高材料硬度，主要是由于少量 MoS_2 的存在促进了烧结过程中材料的致密化，提高了材料的密度；其次，烧结时分解出的钼固溶于铁基体中形成了α固溶体，对材料基体起到了固溶强化的作用，从而提高材料硬度。少量 MoS_2 存在时，由 MoS_2 分解形成的 Mo 的固溶作用对材料基体显微硬度有明显的提高。另外，钼对材料中奥氏体向珠光体的转变过程起到了减缓的作用，钼的存在能使材料基体中形成的珠光体组织增多，并且细化。由于珠光体的硬度比铁素体的硬度高，且综合性能好，尤其是细片状珠光体，因此，这种显微组织结构进一步提高了材料的机械性能。图 2-73 为各种材料烧结块的显微结构金相照片，我们从图中可清楚看到 MoS_2 的加入对材料显微组织的影响，使材料基体中的珠光体细化、增多。当 MoS_2 含量进一步增加，如前所述，材料烧结组织中存在的碳化物、硫化物，及游离的 Mo 随之增加，一方面材料的密度降低，另一方面基体中非金属含量的增加造成金属间接触相应减少，所以当 MoS_2 含量超过 4% 后，材料的硬度反而随 MoS_2 含量的增加而下降了。

图 2-74 为材料抗弯抗压强度随 MoS_2 含量的变化情况，材料抗弯抗压强度随 MoS_2 含量的变化趋势与材料硬度随 MoS_2 含量的变化趋势基本一致，其形成原因也同样归结于上述 MoS_2 通过烧结过程的分解等一系列变化对材料基体组织结构的影响。

(3)二硫化钼对铁基摩擦材料摩擦磨损性能的影响

定速摩擦实验中，随着摩擦速度的增加，材料在摩擦过程中相继出现了发红、振动等现象，各材料在摩擦过程中的具体现象如下：A0 材料在摩擦速度达到中速(15 m/s)时就出现了发红现象，且振动得比较厉害；A1、A4、A5 材料在摩擦速度达到 20 m/s 时出现了发红现象，中速(15 m/s)摩擦时也有振动；A3 材料在摩擦速度达到 25 m/s 时才出现发红现象，且在中高速(20 m/s)摩擦时才有震动现象。另外，三种材料的摩擦表面均在 V = 25 m/s 的摩擦后出现光亮的表面。

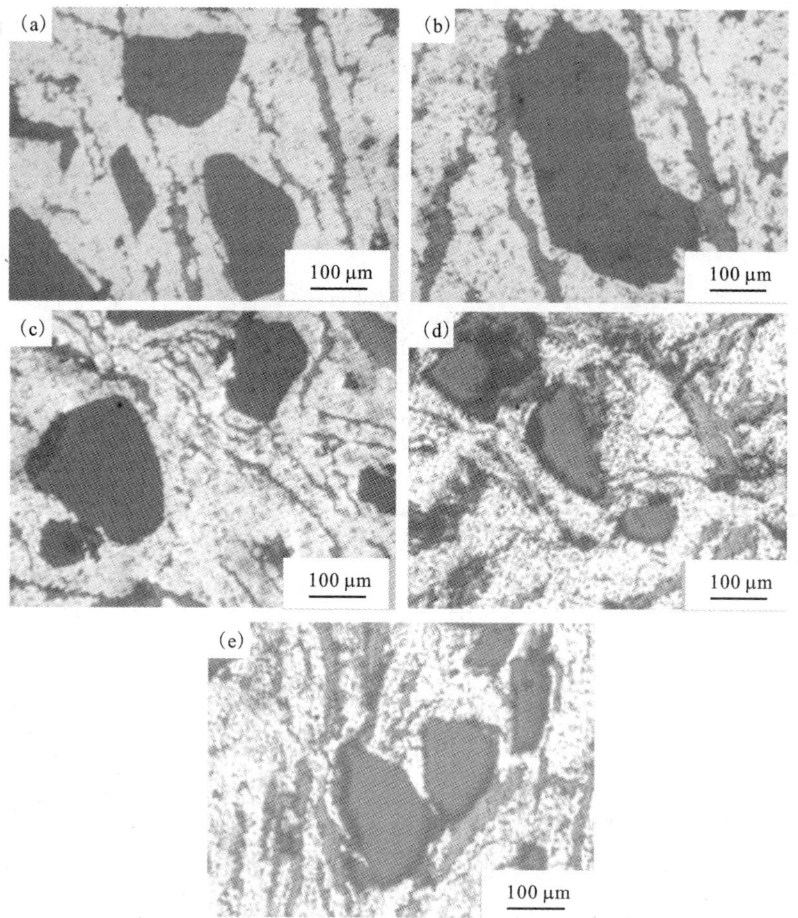

图 2－73　铁基摩擦材料烧结块的显微结构金相照片

(a) A0；(b) A1；(c) A3；(d) A4；(e) A5

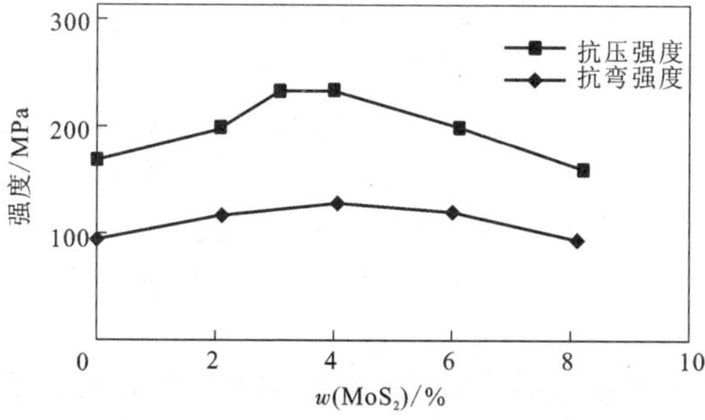

图 2－74　铁基摩擦材料抗弯抗压强度随 MoS_2 含量变化的曲线图

表2－39、表2－40分别为定速摩擦实验中五个速度点，A0至A5五种材料（材料中MoS_2质量百分含量依次为0、2%、4%、6%、8%的摩擦因数和磨损量。

表2－39 各条件下各材料摩擦因数

摩擦速度/($m \cdot s^{-1}$)		5	10	15	20	25
摩擦时间/s		30	30	30	10	10
材料编号	A0	0.311	0.262	0.169	0.189	0.220
	A1	0.28	0.257	0.214	0.228	0.242
	A3	0.243	0..236	0.216	0.235	0.245
	A4	0.234	0.219	0.157	0.204	0.243
	A5	0.224	0.207	0.153	0.198	0.205

表2－40 各条件下材料磨损量(μm)

摩擦速度/($m \cdot s^{-1}$)		5		10		15		20		25	
摩擦时间/s		30		30		30		10		10	
		材料	对偶	材料	对偶	材料	对偶	材料	对偶	材料	对偶
材料编号	A0	8	1	3.8	4	4.3	11	10	1.1	8	5
	A1	2.2	0	4.3	2.2	2.2	5.3	5.3	1.1	5	8
	A3	3.3	1.1	0.9	4.1	0.9	4.1	4	2.8	1.4	5.2
	A4	2.2	1.1	0.53	1.1	2.2	6.7	5	1.1	4	3.3
	A5	4.3	0.53	0.53	0.53	5	6.7	5	3.8	5	1.6

中、高速时MoS_2对材料摩擦磨损性能的影响原因分析：

含有MoS_2的材料，烧结时由MoS_2分解形成的S，与基体中的Fe、Cu发生反应，生成了FeS、CuS_2等新相，FeS等硫化物具有类似MoS_2的层状六方结构，同样具有良好的润滑性能，能在摩擦面起到良好的润滑作用，所以含有MoS_2的材料较不含MoS_2的A0材料具有更稳定的摩擦因数和低的磨损量。

由摩擦学中广泛应用的分子－机械理论可知，摩擦因数的定义为：

$$\mu = \beta + KA_{实} \tag{2-8}$$

其中β表示由范德华力引起的分子黏着对摩擦因数的贡献，K表示机械变形阻力所引起的摩擦因数部分，$A_{实}$为摩擦面的实际接触面积。由此可知当材质相同、压力恒定时，摩擦因数的变化是由摩擦的机械分量和分子分量共同作用的结果[19]。

即，摩擦因数是金属间的黏着作用和摩擦表面间凹凸不平引起的机械啮合大小及其性质的函数[41]。另外，由黏着磨损定律中的阿查得方程[11]：

可知，材料的体积磨损量与摩擦过程中的载荷、滑动距离成正比，与材料的硬度成反比。

烧结时 MoS_2 分解形成的 Mo，活性很大，在摩擦过程中高温、压力的作用下，可加速材料表面扩散、位移等过程的进行，且 Mo 的弹性模量大，与基体合金化以后，可显著提高材料的基体强度，硬度[31]。另外，随着材料中 MoS_2 含量从 0 增加到 4%，材料烧结密度、硬度，以及抗弯、抗压强度都相应提高。因此当 MoS_2 含量从 0 增加到 4%，材料强度、硬度等的提高，使摩擦时材料表面由凹凸不平所引起的机械啮合作用得到提高，从而相应提高了材料摩擦因数。

另外，如前所述，摩擦因数是金属间的黏着作用和微凸体之间的啮合作用及其性质的函数。但金属间的黏着作用较难控制，而且当黏着达到一定的程度会造成材料与偶件间的破坏性磨损，使得摩擦的稳定性急剧变差，因此材料摩擦因数的提高主要是材料微凸体之间的啮合作用的提高。所以本实验中高速摩擦条件下，少量 MoS_2 对材料摩擦因数的稳定及提高，就反映了少量 MoS_2 的加入对材料与对偶微凸体间啮合作用的提高。而材料与对偶微凸体间啮合作用一方面来源于啮合力的大小，另一方面来则源于摩擦副两种材料间微凸体间的硬度配合。前面已经讨论了 MoS_2 的加入对材料微凸体啮合力的提高，现在我们来看看 MoS_2 的加入对材料和对偶微凸体间配合作用的影响。由 MoS_2 分解的 S 与基体 Fe 发生反应生成的新相 FeS，分布于摩擦面上，而这些硫化物显微硬度(HV)较低(~HV70)，它们与材料基体中高硬度贝氏体、马氏体相构成了材料基体与偶件金属微凸体之间显微硬度的合理配合，即摩擦面间金属与金属间的啮合作用一方面来自于对偶金属微凸体与材料基体中低硬度相之间的啮合作用，另一方面来自于材料基体中高硬度相与偶件金属微凸体之间的啮合作用。通过摩擦副微凸体间显微硬度的合理配合便使得材料摩擦因数获得了稳定和提高。并且由于材料混合组织与对偶金属显微组织晶格结构的差异，也有效地抑制了金属黏结，从而进一步提高了材料的摩擦因数及稳定性[32]。所以随着 MoS_2 含量从 0 增加到 4%，材料摩擦因数不断增大。

另一方面，由阿查得方程可知，材料硬度的提高进一步降低了材料摩擦过程的磨损量。

所以在中、高速下，随着 MoS_2 含量从 0 增加到 4%，材料硬度提高，磨损量降低。

但是，材料摩擦磨损性能并不是随着 MoS_2 含量的增加而不断提高的，过量的 MoS_2 反而降低了材料的摩擦磨损性能，其原因笔者认为，如前所讨论的，过多 MoS_2 的存在会造成材料密度、硬度等机械物理性能的降低，同时基体中大量非金属成分的存在进一步阻隔基体金属间的联结作用，从而影响了材料的摩擦磨损性能。其中具有最优综合性能的 A3 材料，同时也具有最优的摩擦磨损性能。

同时，从图 2 -75 也可看出，经高速(25 m/s)摩擦后，A0 材料的摩擦面崩块相当严重，加入了 MoS_2的另外四种材料的摩擦面崩块现象相对较好，而且形成了比较好的摩擦层。这说明 MoS_2的存在对于铁基粉末冶金摩擦材料摩擦过程中摩擦层的形成起到了重要的作用。这是因为，一方面材料表面六方层状结构的 FeS 的存在，有利于摩擦过程中摩擦表面层的滑移，从而促进了摩擦层的形成；另一

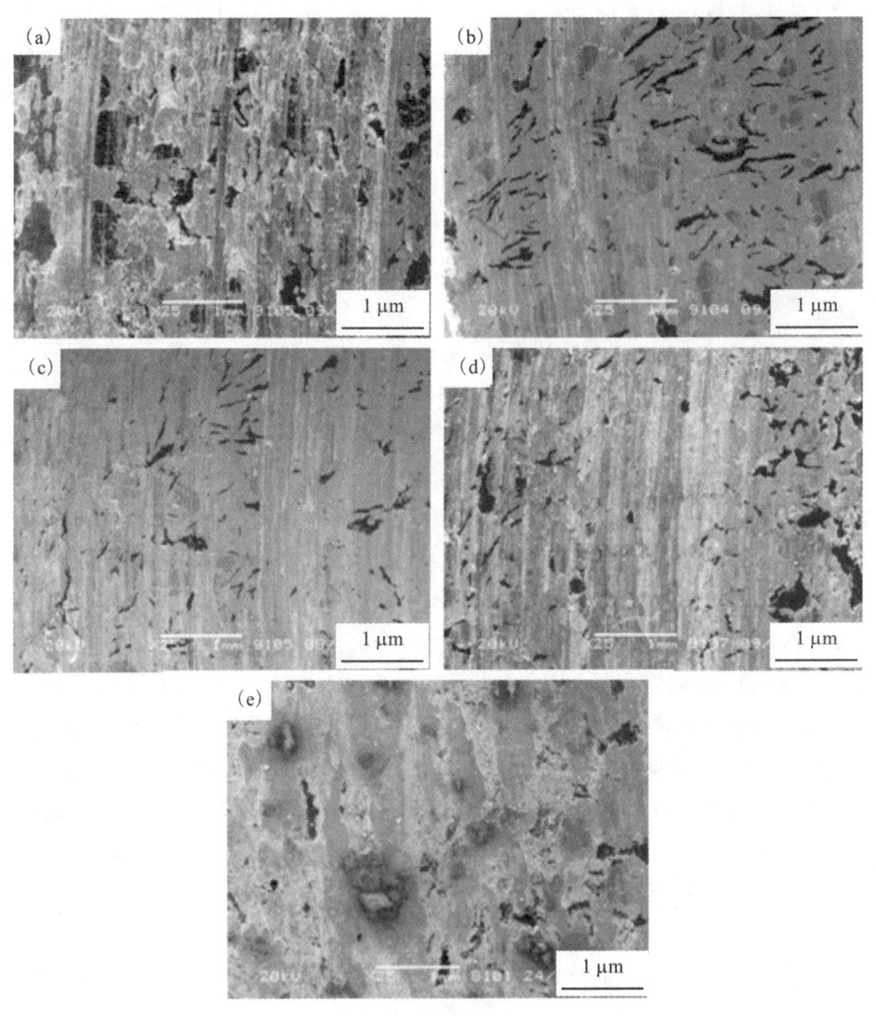

图 2 -75　材料经 25 m/s 摩擦后摩擦面 SEM

(a)A0；(b)A1；(c)A3；(d)A4；(e)A5

方面，在高转速的摩擦过程中，摩擦面最高瞬时温度可高达 1000℃以上，根据 S—Fe 相图，FeS 与 Fe 的共晶温度为 988℃，此时摩擦表层中的 FeS 与基体 Fe 便会

发生如烧结过程所发生的熔晶反应：γ - Fe + FeS→L，使摩擦表面出现液相。在摩擦过程中，该熔晶液相将附着在摩擦面上，形成连续的表面附着膜，有效阻隔了金属材料间的直接接触，起到了足够的润滑作用。同时该液相的存在还有利于摩擦过程中摩擦面表层物质的塑性流动，改善了摩擦面的物质分布，从而促进了材料摩擦层的形成，提高了材料的摩擦磨损性能，从图 2 - 75 可以看到：高速下，随着材料中 MoS_2 含量的增加，摩擦面覆盖的低熔附着层(熔晶液相)不断增加，MoS_2 含量为 8% 的 A5 材料尤为明显。所以在高速(25m/s)摩擦后，材料表面形成了比较理想的摩擦层。图 2 - 76 为 A0、A3 两种材料在 25m/s 摩擦后摩擦层的 SEM 照片，从图 2 - 76 可以看出，不含 MoS_2 的 A0 材料在材料摩擦表面未形成完整的摩擦层，而 MoS_2 含量为 4% 的 A3 材料，由于有 MoS_2 的存在，表面形成了相当理想的摩擦层。另外，有资料[42]显示，硫化物中的高空位浓度有利于氧的扩散和氧化膜的形成，而材料表面适当氧化膜的存在能进一步改善材料的摩擦磨损性能。

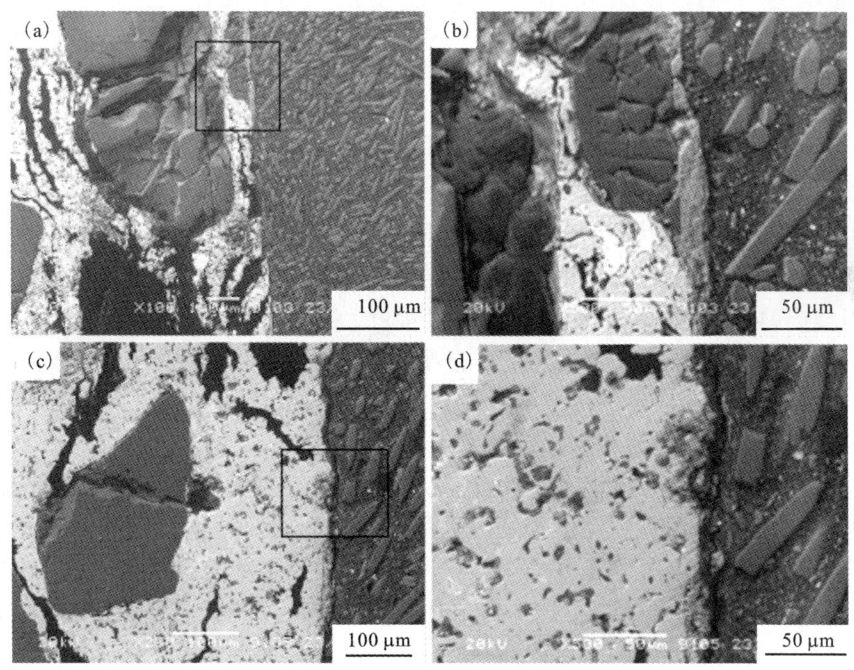

图 2 - 76　材料经 25 m/s 摩擦后摩擦层 SEM

(a)(b)A0；(c)(d)A3

2.5 航空制动粉末冶金摩擦材料的制备

材料性质并非仅依赖于材料的化学组分，在很大程度上还取决于材料的微观结构。材料的微观结构或组织及所决定的最终性能通常与制造工艺是密切相关的，而制造工艺涉及的面较广，综合影响因素众多。因此，本节将就制造工艺对航空制动粉末冶金摩擦材料性能影响进行系统而深入的研究。

根据前面的描述可以知道，航空制动粉末冶金摩擦材料的基本制备工艺包括：原材料选择和处理、混料、压制、加压烧结及后处理等，其中混料、压制和加压烧结是航空制动粉末冶金摩擦材料的重要工艺过程。

2.5.1 混料

由于粉末冶金工艺的特殊性，粉末冶金制动摩擦材料在制造过程中形成的某一缺陷，在后续工艺中是难以弥补的，具有不可逆性，如混合料的不均匀对材料性能造成的负面影响，在压制及加压烧结过程中是很难消除的。

混合是指通过机械的或流体的方法使不同物理性质（如粒度、密度等）和化学性质（如成分等）的颗粒在宏观上分布均匀的过程。粉末的混合是粉末冶金工艺的重要工序之一。粉末冶金制动摩擦材料的性能在材料设计完成后，原始混合料的均匀性成为最初始状态的主要决定因素，在航空制动粉末冶金摩擦材料的生产中，粉末的均匀混合是压制和烧结高性能制动摩擦材料的前提，混合的均匀性影响着压坯和烧结后产品的成分及密度、孔隙度、强度和塑性等性能。

如何选择混料工艺，将成为是否能够获得具有良好混合性能和经济效益的混料工艺的关键。

2.5.1.1 混料的基本过程和原理

粉末在混合过程中的运动是非常复杂的。粉末运动的复杂性根源于粉末的特殊物性。对于单个的颗粒，它具有一般固体的性质，然而大量这样的颗粒构成的粉末却超越了固体、液体、气体的界限，表现出了许多的特殊性，一般很难以固体、液体、气体的性质加以描述。粉末是固体中的一个特殊领域，相应地，粉末的运动也是物质运动中的一个特殊领域，而且其涵盖面非常广泛，涉及颗粒的粉碎、分散、混合、分级和运输等方面。

通常，粉末在旋转容器中的混合可以视为倾角不断变化的斜面流，斜面流是许多工业过程的重要组成部分。颗粒斜面流的实验研究始于 20 世纪六、七十年代，到目前为止，不少学者用不同的实验方法，从物性、斜槽倾角及壁面状况对流动的影响等方面报道了颗粒斜槽流的研究成果。Ridgway 和 Rupp 利用光电探测仪，测量了不同形状和尺寸的沙子在铜板上流动的表面速度分布。Augenstein

和 Hogg 分别研究了沙子在不锈钢表面和黏沙表面的流动情况，通过观测沙子从斜面出口抛落时的运动轨迹，得到了沙子在流层厚度方向上的速度分布。Hunger 和 Morgenstern 利用高速相机，定量研究了流层的厚度分布及表面速度。后来，Savage、Ishida 和 Ahn 等人用光导纤维测量了流层内部的速度分布。Drake 还从流层的微观结构方面研究了斜槽上的颗粒流动。

粉末的混合机理主要有扩散、对流和剪切运动三种。扩散指单个颗粒进入粉团的过程；对流指相邻的粉团从物料中的一处移到另一处；剪切指颗粒间存在相对运动，在物料面形成若干滑移面，而相互混合、掺和。实际的混合过程往往是几种混合机制的共同作用，不同的粉末在不同的混合器中，在不同的旋转和不同填充率下，粉末的混合运动形态不同，混合的效果也就不同。

粉末的混合大致经历三个阶段：①对流混合阶段，宏观混合很快；②对流与剪切共同作用阶段，混合速度有所减慢；③扩散混合阶段，粉末的混合与分离相平衡，混合均匀度上下波动，粉末处于微观混合状态。

研究结果表明，粉末的装载状况对第一阶段的混合效果影响很大。对于 V 形和双锥形这些对称面混合强度较弱的混合器应避免左右装粉，而采用上下装粉，这样能显著提高混合效率。在相同的工艺条件下，改变混合器的壁面粗糙度，将极大地影响粉末在混合过程的运动。目前，该类问题还未引起足够的重视，有待进一步研究。

不同的粉末，其物性存在巨大差异，这将导致粉末间的混合过程和混合效果不同，事实上，目前还没有一种通用的混合器能用于混合各种粉末，往往要根据粉末的物性选取合适的混合器和相应的工艺参数。粉末的物性、混合器的结构和性能、混合工艺参数和混合环境都对混合过程和效果有显著的影响。以往多采用实验方法研究单一因素对混合过程的影响，但粉末的实际混合过程却十分复杂。

对粉末进行高效的混合是非常重要的，混合的效果包括两个方面：一是最终混合度要高，即均匀性要好；二是混合效率要高，即混合时间要短。

对于航空制动摩擦材料而言，在材料设计中采用了占主要成分的金属组元，同时添加了大量的非金属组元，由于物性之间的巨大差异，其混合机理也和普通物料的混合存在较大的差异。根据前期对于航空制动粉末冶金摩擦材料的研究，本节的研究主要集中在混料方式和混料时间这两大关键因素的研究上。

2.5.1.2　混料方式和时间

按配方称取粉末，手工混合后，经 V 形混料器、锥形混料器及圆筒形混料器均匀混合，混料时间分别为：3 h、6 h、9 h、12 h、15 h，混合料在 400 ~ 600 MPa 压力下冷压成形后置于钟罩式烧结炉中进行加压烧结，烧结温度为 950 ~ 1000℃，烧结压力为 3.0 MPa，保温时间为 3 h。

三种混料装备见图 2 – 77。

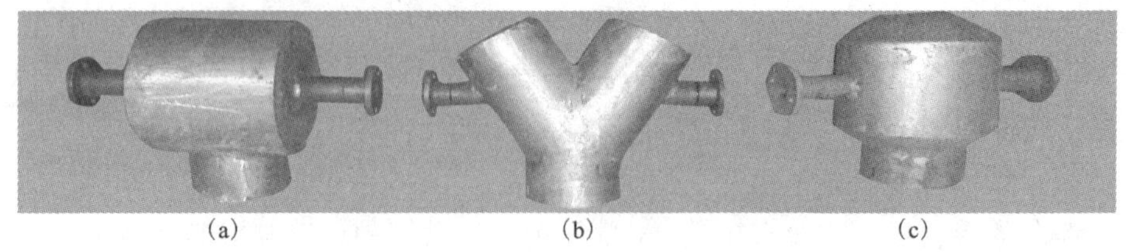

(a)　　(b)　　(c)

图 2－77　三种混料方式的装备图

(a)圆筒形；(b)V形；(c)锥形

2.5.1.3　混合料粉末颗粒的形貌变化

在高性能铜基航空制动粉末冶金摩擦材料中，铜粉为主体组元，因此，对于混料方式及时间的影响将主要围绕铜粉末形貌的变化来研究。

图2－78所列不同混合方式下混合3 h后铜粉的形貌变化。图左侧为宏观粉末状态，右边为放大1000倍时铜粉末的形态。比较不同混合方式下铜粉末形貌的变化来看，通过3 h的混合，所有铜粉末均有不同程度的变小趋势，手工混合由于外加力量小，混合时间短，对粉末形貌的影响程度最小，粉末的基本形貌和颗粒大小基本未改变如图2－78(c)、图2－78(d)。V形混料方式下的铜粉末细化趋势最显著如图2－78(e)、图2－78(f)，这主要是由于V形混料器在混合过程中，粉末在混合运动过程中的运动轨迹和抛落距离较长，所产生的粉末颗粒之间及与桶壁之间的碰撞能量较大而造成的。锥形和圆筒形相对要粗一些，对粉末形貌的破坏不是很严重。我们知道，粉末的流动分为自由抛落区和旋转区。在旋转过程中，底层粉末随着筒壁一起上升，达到一定高度时，粉末发生抛落，这时不仅靠物料之间的摩擦作用，而主要靠物料下落时的冲击作用而被粉碎，下落的粉末分散到不断展现的斜面上，与斜面上的物料颗粒发生碰撞互相掺和而形成混合料的均匀化。

继续对混合料进行延长混合时间的研究，从图2－79可以看出，混料9 h后，V形混料方式下粉末的分布较均匀，且粉末颗粒较其他两种混料方式下的粉末颗粒要小，而锥形混料方式下铜粉的球化颗粒较大，圆筒形混料方式下球化的现象更加明显。

图2－80为经过15 h的混合后粉末形貌图，所列图左侧为宏观粉末状态，右边为放大2000倍时铜粉末的形态。三种混料方式下的粉末都变得很细，且球化也很严重，圆筒形混料方式下铜粉的球化是最严重的，因为在混合时，圆筒形对粉末的破坏最小，故加剧其球化，而V形混料方式下粉末的破坏较严重，故其混合后的粉末较细，团聚较严重。混料15 h的粉末较3 h和9 h的粉末更加的细小，且更加的均匀，但球化现象也更加明显。

图 2－78　不同混料方式下铜粉的形貌(混料时间 3 h)

(a)(b)原始粉末；(c)(d)手混；(e)(f)V 形；(g)(h)锥形；(i)(j)圆筒形

图 2-79 不同混料方式下铜粉的形貌(混料时间 9 h)

(a)(b)V 形；(c)(d)锥形；(e)(f)圆筒形

综上所述，随着混料时间的增加，由于混料器对粉末的破碎作用，混合料变得越来越细，其中 V 形混料器对粉末的破碎作用最大，而圆筒形混料器的破碎作用是最小的。同时，在混合过程中，粉末颗粒产生了一定的球化，对于铜粉尤其明显，铜粉由原来的树枝状末梢趋向于球化。在三种混料器中，圆筒形混料器对铜粉的球化是最严重的，这与其对粉末的破碎作用有关。

2.5.1.4 混合料松装密度和均匀性的变化

根据测得粉末的松装密度值可作出松装密度与混料时间的关系图(图 2-81)。

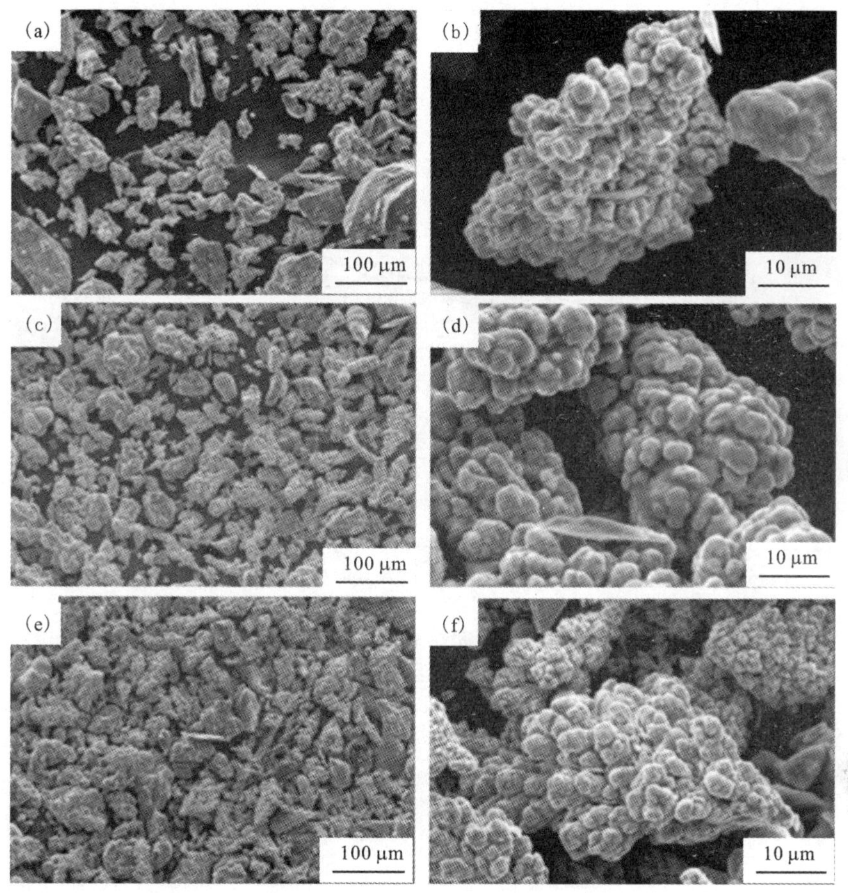

图 2 – 80　不同混料方式下铜粉的形貌(混料时间 15 h)

(a)(b)V 形；(c)(d)锥形；(e)(f)圆筒形

从图 2 – 81 可以看出，在三种混料方式下，随着混料时间的增加，粉末的松装密度呈递增趋势。因为随着混料时间的增加与混料器的转动，混合料在不断地相互碰撞和摩擦，结果使颗粒表面光滑，拱桥效应减弱，细小的粉末填充到孔隙中，从而使粉末的松装密度增加。

根据研究，铜基航空制动粉末冶金摩擦材料混合料均匀性，通过检测作为主要基体组元的铜和难以混合均匀的石墨含量来衡量。

分析结果见表 2 – 41 所示。由表 2 – 41 可知，石墨和 Cu 的成分含量在一定范围内波动，通过表 2 – 41 中的数据分别计算石墨和 Cu 的成分含量的改变量，即最大石墨成分含量与最小石墨成分含量的差值，最大 Cu 成分含量与最小 Cu 成分含量的差值，如表 2 – 42 所示。

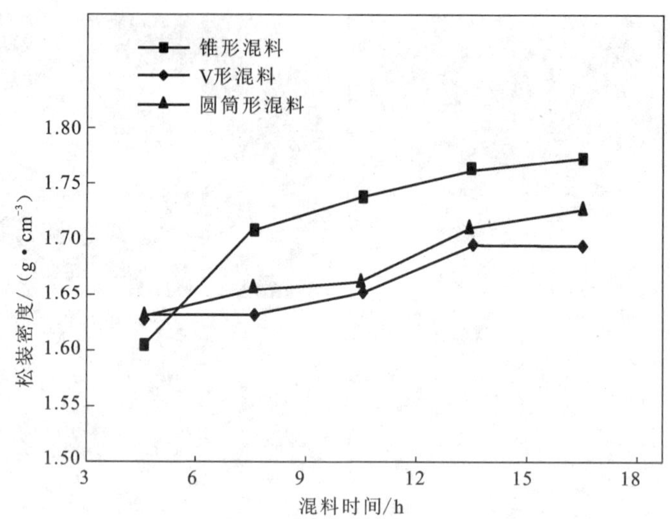

图 2-81　粉末松装密度与混料时间关系图

表 2-41　粉末成分分析结果(石墨和 Cu 的质量分数)

试样	1	2	3	4	5	6	7	8
混料方式	手工	V 形混料					锥形混料	
混料时间/h	0	3	6	9	12	15	3	6
Cu/%	49.96	52.04	51.04	50.22	50.10	49.95	51.40	49.96
C/%	9.43	10.57	10.59	10.47	10.37	10.54	10.98	10.25
试样	9	10	11	12	13	14	15	16
混料方式	锥形混料			圆筒形混料				
混料时间/h	9	12	15	3	6	9	12	15
Cu/%	49.06	49.18	51.28	52.34	51.21	51.72	48.77	49.52
C/%	10.80	9.74	9.72	9.96	9.86	10.35	10.50	11.39

表 2-42　石墨和 Cu 成分含量的改变量

混料方式	V 形	锥形	圆 筒 形
ΔC/%	0.22	1.26	1.43
ΔCu/%	2.09	2.34	3.57

根据表 2 - 42 的数据作出 ΔC 和 ΔCu 与混料方式的关系图。

由图 2 - 82 可以看出，三种混料方式中，V 形混料的 ΔC 和 ΔCu 都最小，而圆筒形混料方式下的 ΔC 和 ΔCu 是最大的，这主要是由于在三种混料方式中，V 形混料方式下，混料器对粉末颗粒的破坏程度是最大的，而圆筒形混料下，混料器对粉末颗粒的球化是最严重的，锥形混料则界于这两者之间。Cu 在 V 形混料器中由于受到混料器的破碎，其成分分布较均匀，故变化不是太大，而圆筒形混料方式对铜颗粒的球化较严重，故其改变量较大一些。

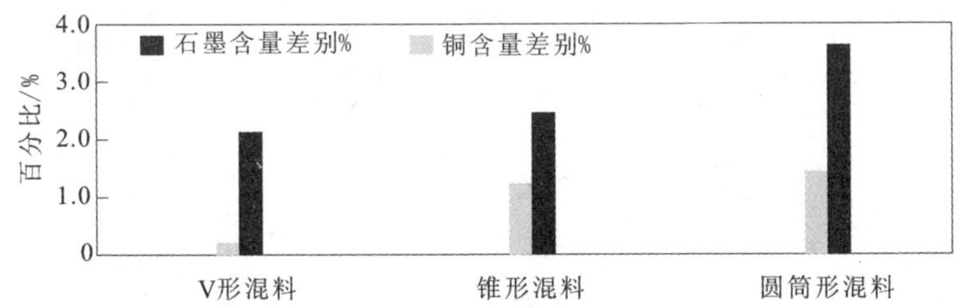

图 2 - 82　不同混料方式下的石墨含量差别和铜含量差别

2.5.1.5　混料时间对烧结坯密度和硬度的影响

由图 2 - 83 可以看出，随着混料时间的增加，V 形混料方式烧结坯的孔隙度开始逐渐变大，而其密度则与其相反，逐渐减小，但其变化不显著，主要是由于混合时间变长，粉末颗粒细化，拱桥效应形成，对于粉末的成形有一定影响，故造成该变化。

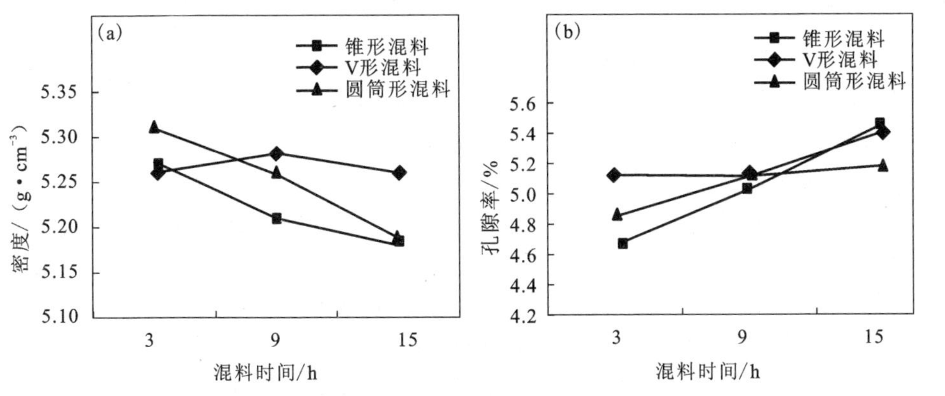

图 2 - 83　混料时间和方式对(a)烧结坯密度及(b)孔隙度的影响

V 形混料方式下其密度是先增加然后再减少，这与其他两种混料方式有所不同，其他两种混料方式下的密度都是随着混料时间的增加，其密度呈递减趋势。

而对于孔隙度，其变化趋势刚好与密度相反，这主要与混料方式和混料时间有关，V形混料对于粉末颗粒的破碎较严重，而圆筒形混料则对于粉末的球化较严重，锥形混料界于两者之间。

综合分析图2－84，可以看出，在三种混料方式下，随着混料时间的增加，烧结坯的平均硬度值虽然在一定范围内波动，但从总体上来说，其变化的总体趋势是向下的。

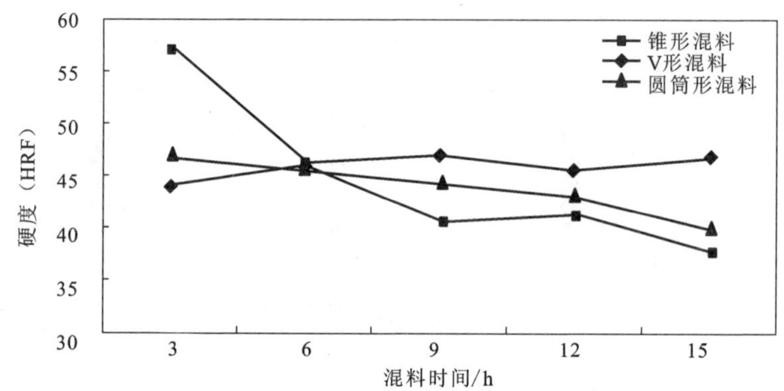

图2－84　混料时间和方式对烧结坯硬度的影响

这与粉末混合时混料方式有很大关系，圆筒形混料对于粉末的球化是很严重的。

2.5.2　压制成形

2.5.2.1　铜基摩擦材料压制成形

粉末成形是粉末冶金制动摩擦材料工艺过程的基本工序之一，是使原料粉末密实成具有一定形状、尺寸、孔隙度和强度坯块的工艺过程。根据现有航空制动粉末冶金摩擦材料的实际制造工艺，主要采用单向冷压成形，压制压力为冷压成形的关键参数。本节将通过组织观察和理论分析，详细探讨压制压力对铜基摩擦材料组织、力学性能和摩擦磨损性能的影响，在此基础上优化出最佳的压制压力。研究压制压力对材料影响的实验条件如下：粉末采用V形混料方式，混合时间为8 h；压制压力分别选取200 MPa、400 MPa、600 MPa、700 MPa。

图2－85是施加不同压制压力后坯体的金相组织。由图可见，与更高压制压力(400 MPa、600 MPa、700 MPa)相比，压制压力为200 MPa时，基体铜颗粒结合不紧密，颗粒的边界明显；当压制压力为400 MPa时，铜颗粒发生较明显的塑性变形，连接成一体，边界不明显，与200 MPa压力相比，总孔隙数目减少，部分孔隙由开孔隙变为闭孔隙；当压力继续增加时，与400 MPa相比，基体铜颗粒之间

结合程度变化不大。

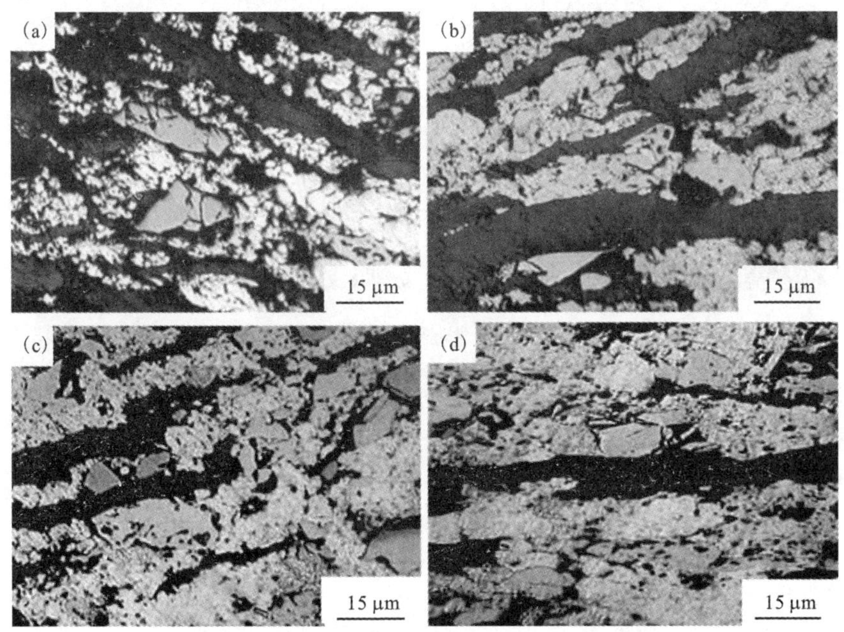

图 2－85　不同压制压力下坯体的金相组织图

(a)200 MPa；(b)400 MPa；(c)600 MPa；(d)700 MPa

但压制压力对摩擦材料中的脆性硬质颗粒有很大影响。在较高的压制压力条件下，脆性硬质颗粒容易断裂破碎。图 2－86(a)为压制压力为 600 MPa 时 SiO_2颗粒的形貌，从中可以清楚地观察到断裂的痕迹。硬质颗粒的破裂将对材料的摩擦磨损性能造成不利的影响。破裂的硬质相在摩擦过程中容易脱落，导致在摩擦材料与对偶之间形成磨粒磨损，从而加重材料和对偶的磨损。当压制压力较小时，材料中虽然也能观察到硬质相的断裂现象，但是数量较少，多数情况下，碎裂通常仅在硬质颗粒的边缘部位发生图 2－86(b)。

图 2－87 为密度随压制压力变化曲线图。由图可以看出，压制压力由 200 MPa 增加到 400 MPa 时，压坯密度增幅较大，这是因为：颗粒与颗粒之间孔隙较多，拱桥效应比较明显，只要压力稍微增加，就可有效地破坏拱桥，使压坯的密度显著增加；压制压力大于 400 MPa 时，压坯密度增长幅度相对平缓，这是由于当压制压力一旦大于基体铜的屈服极限(为 350～400 MPa)，金属颗粒就会发生显著塑性变形，使颗粒之间的接触面积显著增加，同时由于加工硬化的作用，压缩阻力增大，致密化程度进一步增加所需的压力大大增加。

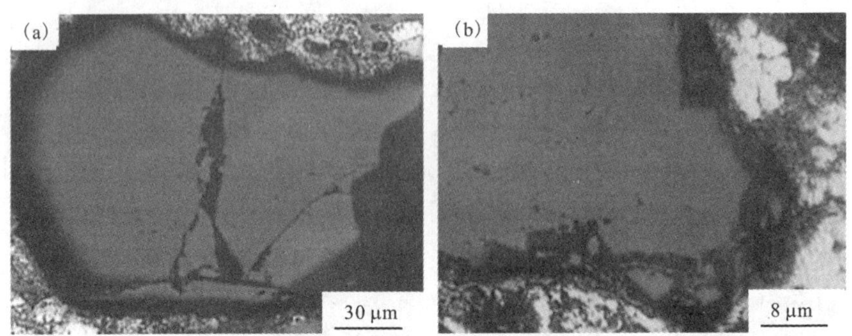

图 2－86　烧结体的金相照片

(a)600 MPa；(b)200 MPa

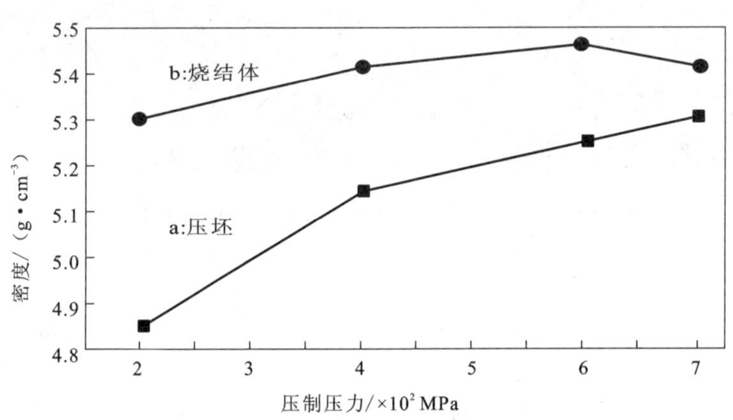

图 2－87　不同压制压力条件下密度变化曲线

压制压力由 200 MPa 增加到 600 MPa 时，烧结体密度有所增加，即总孔隙度下降，然而 SEM 分析显示随着压制压力由 400 MPa 增加到 600 MPa，基体中晶界处的孔隙数量增加明显，可见在该压力范围内虽然密度增加，总孔隙度下降，但是基体中的孔隙并未随之下降，反而呈现上升趋势，压制压力增大到 700 MPa 时，这种趋势更为明显，从图 2－87 中可以发现，此时烧结体密度甚至出现下降趋势。这种现象的产生同烧结过程基体铜中气体的析出有关。原始粉料中总是存在一定的金属氧化物，由于在还原气氛中进行烧结，这些金属氧化物在烧结过程中会被还原，从而产生气体还原物质，因此在烧结过程中存在气体析出的过程。压制压力越大，金属粉末颗粒之间封闭孔隙的数量就越多，气体物质也就越难以排出，因此基体中的孔隙数出现随压制压力的增大而增加的现象。

2.5.2.2　铁基摩擦材料压制成形

图 2－88 示出了不同压制压力下压坯的金相组织，垂直方向为压制压力方向。由图可见，与更高压制压力相比，压制压力在 35 kN 以下时，颗粒的边界明显、基体铁颗粒间间隙较大、孔隙较多；当压制压力增至 55 kN 时，颗粒发生较明显塑性变形，连接成一体，材料中的孔隙数量有所下降。

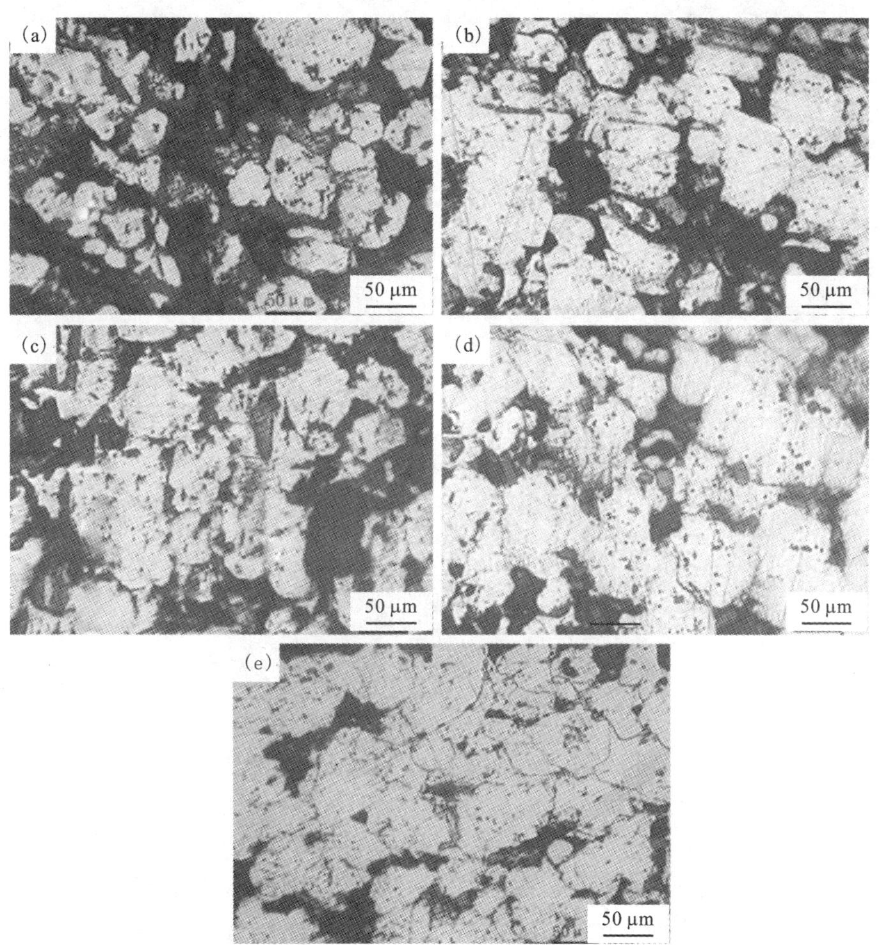

图 2－88　不同压制压力下压坯组织形貌

(a)15 kN；(b)25 kN；(c)35 kN；(d)45 kN；(e)55 kN

图 2－89 示出了不同压制压力下烧结体的组织形貌。由图可知，压力升高，基体中各组元的结合更加紧密，形成了统一的整体，说明增大压制压力，能够促进烧结。

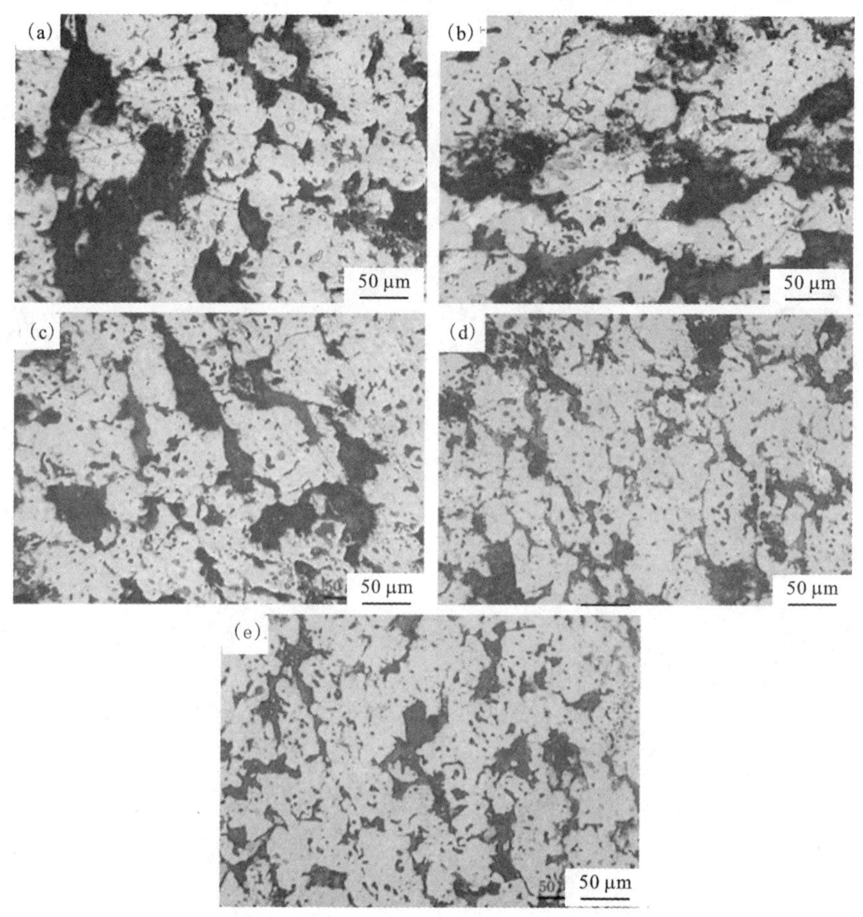

图 2-89　不同压制压力下烧结体组织形貌

(a)15 kN; (b)25 kN; (c)35 kN; (d)45 kN; (e)55 kN

从密度曲线图图 2-90 可以看出，当压制压力由 15 kN 增至 45 kN，烧结体的密度随着压力的增大而增加。这是因为：压制压力增大，促进粉末的重排，移动加速，塑性好的粉末发生局部塑性变形，塑性较差的铁粉及硬质颗粒逐渐碎化，各组元的接触面积增大，这些因素的综合作用，有效地减少了孔隙的数量及尺寸，使材料的密度升高。继续提高压制压力至 55 kN 时，材料密度基本不变，这是因为：当压制压力过大时，容易产生“过压”现象，当外力卸除后，发生弹性后效，使材料密度变化不显著，说明 45 kN 的压力已保证材料结合致密，进一步增大压力，材料密度无显著变化。

图 2-91 示出了不同压制压力下烧结体硬度的变化曲线。可以看出，随压制

压力的增加，材料的硬度先缓慢升高再陡然升高，最后趋于平缓，这与密度变化基本一致。

在组元等其他条件变化不大的情况下，材料的孔隙度和组织缺陷是影响硬度的关键。压制压力由 15 kN 增至 35 kN 时，材料中的孔隙较多，材料有效承载面积减少，因此材料的硬度不高；压制压力为45 kN 时，压坯由于颗粒接触紧密，颗粒之间的扩散距离缩短，进而获得孔隙度较低的烧结体，有利于硬度的提高，由于45 kN 的压制压力已足以保证烧结过程的完全进行，进一步增大压制压力至55 kN 对提高材料的致密化程度作用不显著。

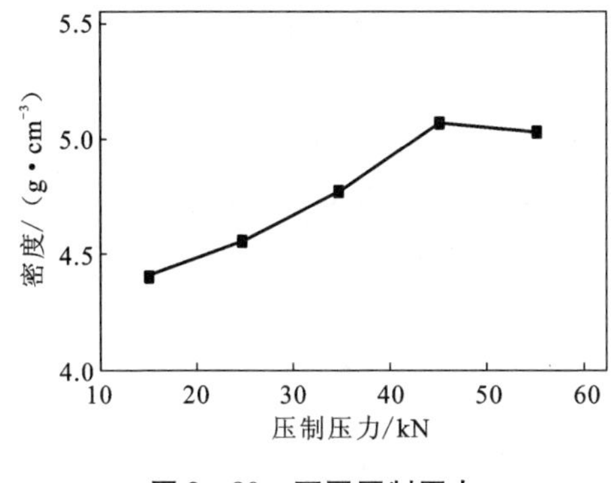

图 2－90　不同压制压力下烧结体密度变化曲线

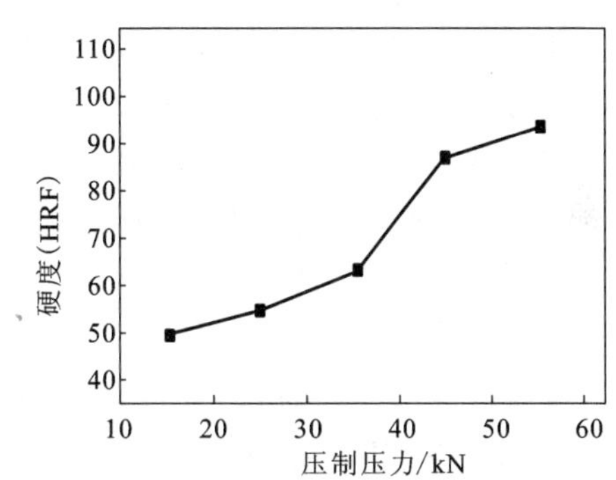

图 2－91　不同压制压力下烧结体材料硬度变化曲线

2.5.3　烧结

航空制动粉末冶金摩擦材料为金属和非金属相结合的金属陶瓷复合材料，在此类复合材料中，非金属组元的体积百分数最高可达到40%左右。金属具有良好的塑性和导热性，非金属具有高熔点和坚硬耐磨等特点，而金属和非金属组元在比重、结构等性能上有明显的差异，且互溶性、润湿性很差，这就给材料的复合和致密化带来了极大的困难。为了充分发挥和兼顾二类材料的特性，必须实现金属和非金属组元在不同级别（颗粒级、原子级、纳米级）上的复合和材料的致密化，并使各组元之间良好结合。

同时，为了提高航空制动粉末冶金摩擦材料的强度和组装的可靠性，制动摩擦材料还需烧结在钢背或钢碗（简称金属基片）上，通过金属基片使摩擦力矩传递到结构部件上，因此，如何处理好摩擦材料和金属基片之间的结合，使之在高温和高冲击及剪切条件下，仍然保持良好的结合强度，是粉末冶金摩擦片制造的关键技术之一。

刹车过程中，制动摩擦材料钢背或钢碗结合层除受到刹车压力作用外，更主要的是受到刹车摩擦引起的热应力作用和刹车剪切力作用。就刹车片的脱粘而言，由于制动摩擦材料与钢背或钢碗的热膨胀系数差值大，摩擦引起的热应力是主要原因。从刹车过程模拟结果来看，制动摩擦材料在制动过程中的升温速率很大，相当于热冲击。由于刹车停止后刹车副温度仍处在较高位置，而又卸去了刹车压力，刹车片此时最容易形成翘曲变形，对结合层的破坏最严重。

烧结是航空制动粉末冶金摩擦材料制造过程中的关键工序。本节将探讨烧结温度、烧结压力及保温时间对摩擦材料性能的影响规律。

2.5.3.1 铜基摩擦材料的烧结

研究烧结温度对材料影响的实验条件如下：粉末采用 V 形混料方式，混合时间为 8 h；压制压力为 400 MPa；烧结压力为 3.0 MPa；保温时间为 3h；烧结温度分别选取 900℃、950℃、1000℃。

研究烧结压力对材料影响的实验条件如下：压坯的压制压力为 400 MPa，烧结温度为 1000℃，保温时间为 3 h；烧结压力分别选取 0.5 MPa、1.5 MPa、2.5 MPa、3.5 MPa、4.5 MPa。

(1)烧结温度对材料致密化及组织的影响

图 2－92 为不同烧结温度条件下，铜基摩擦材料总孔隙度、开口孔隙度、闭口孔隙度的变化曲线。从图中可以看出，孔隙度的变化可划分为两个阶段——第Ⅰ阶段(900～930℃)和第Ⅱ阶段(930～1000℃)。在第一阶段，随烧结温度的升高，材料的总孔隙度、闭口孔隙度明显下降，但开孔隙度变化不大，可见材料中闭口孔隙的减少是该阶段材料致密化的主要原因，该阶段材料密度的增加是铁粉中孔隙的大量消失所致。在第Ⅱ阶段，材料中总孔隙度、闭口孔隙度、开孔隙度均呈下降趋势，可见该阶段闭口孔隙与开孔隙共同对材料的致密化起作用。这是由于随着烧结温度的提高，Fe、Cu 颗粒软化,塑性流动性增强，促进了烧结的进行，因而有利于材料的致密化，同时，由于材料中存在低熔点组元(如 Sn 等)，在较高的温度条件下可能会发生熔融，使烧结体中出现少量液相，促进了颗粒重排，填充了烧结体中的部分孔隙，这也在一定程度上消除了孔隙，促进了烧结的进行。

图 2－93 为烧结温度分别为 900℃(a)、950℃(b)、1000℃(c)所制材料的金相腐蚀照片。由图可见，烧结温度由 900℃增加到 950℃时，基体组织变化不大，继续提高烧结温度，基体中的少数晶粒出现异常长大现象，即发生了二次再结晶现象。这是因为在高温加热条件下，一次再结晶组织在继续加热时，那些阻碍晶粒长大的因素在少数地区被消除，晶界就在这里迅速迁移，成为特殊晶粒迅速长大，吞食其他小晶粒，从而形成粗大晶粒。

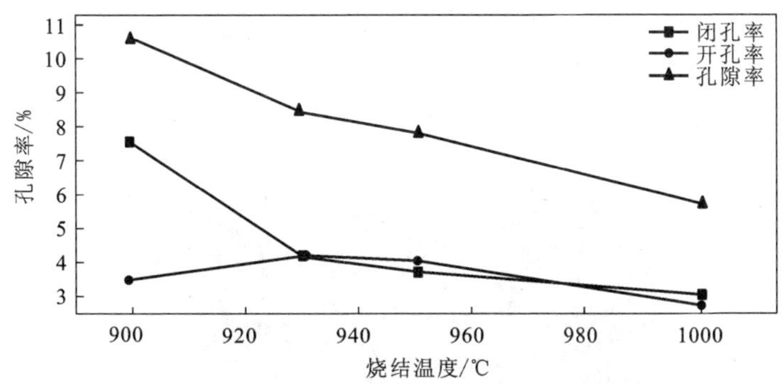

图2-92 不同烧结温度条件下烧结件孔隙度变化曲线

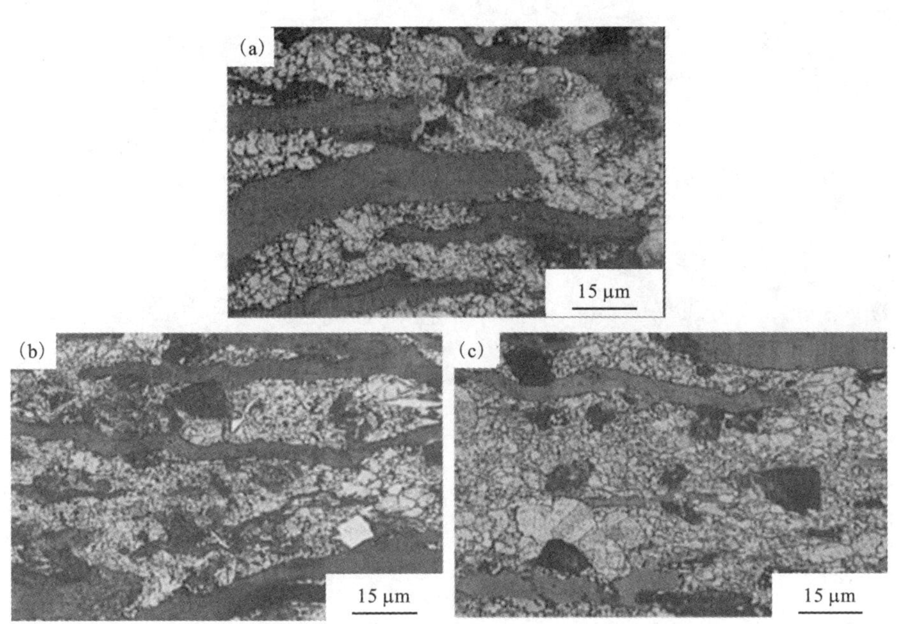

图2-93 不同烧结温度下材料的金相显微组织图

(a)900℃；(b)950℃；(c)1000℃

图2-94为烧结温度分别为900℃[图2-94(a)]、950℃[图2-95(b)]、1000℃[图2-94(c)]烧结温度条件下基体的SEM图。可以发现，当烧结温度为900℃时，铜晶粒之间结合紧密，其间只有少量微小封闭孔隙，说明基体的烧结基本完成；继续提高烧结温度，孔隙数量、孔径、晶粒尺寸进一步增加。这是由于随着烧结温度的提高，铜基体的塑性流动性增强，基体中开孔隙向闭孔隙转化的

趋势增强，造成烧结过程中产生的反应气体无法及时排除，从而导致基体中出现较多的孔隙。烧结温度越高，气压越大，因此孔径随烧结温度的升高而增大。另外，温度影响晶粒界面迁移速度，温度越高，界面迁移速度越快，晶粒长大速度越快，因此，基体中晶粒尺寸出现随烧结温度的升高而增大的趋势。

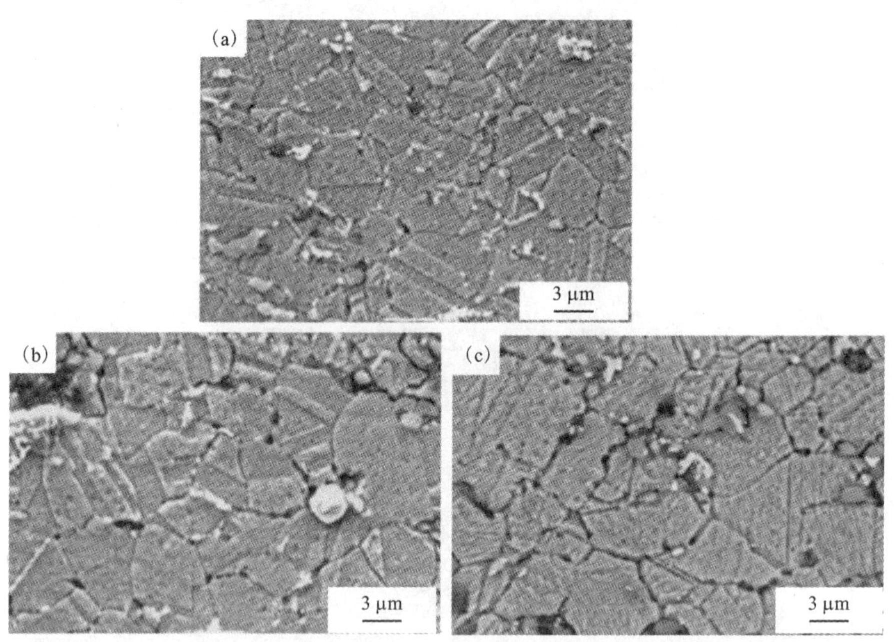

图 2－94　不同烧结温度下材料的 SEM 图

(a)900℃；(b)950℃；(c)1000℃

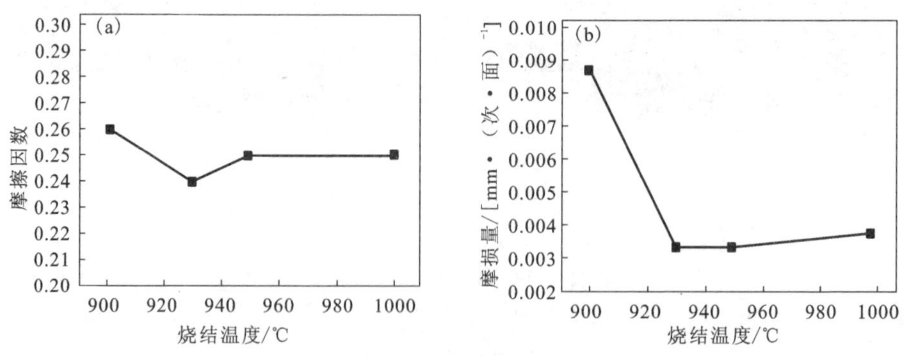

图 2－95　不同烧结温度条件下材料摩擦因数(a)和磨损量变化曲线(b)

(2)烧结温度对摩擦磨损性能的影响

图 2 - 95(a)示出了烧结温度对摩擦材料摩擦因数的影响曲线。由图可知，随着烧结温度的升高，摩擦因数变化不大，可见在组元不变的情况下，一定范围内孔隙度的变化对铜基摩擦材料的摩擦因数影响不十分明显。图 2 - 95(b)为烧结温度对铜基摩擦材料磨损量的影响曲线。可以看出，烧结温度为 900℃时，材料磨损十分严重，烧结温度升高至930℃时，材料的磨损显著降低，继续提高烧结温度至 1000℃，材料的磨损量变化不大。

图 2 - 96 为烧结温度分别为 900℃、950℃、1000℃时材料的典型刹车曲线图。从图中可以看出，900℃下制得材料的摩擦因数曲线出现较大的抖动，说明材料的制动很不稳定，有明显的振颤现象。当烧结温度为 950℃时，材料的刹车曲线线形较平稳，摩擦因数随时间的推移只有微弱的波动现象，刹车效果良好。1000℃时的刹车曲线与 950℃时的刹车曲线相比，线形变化不大。

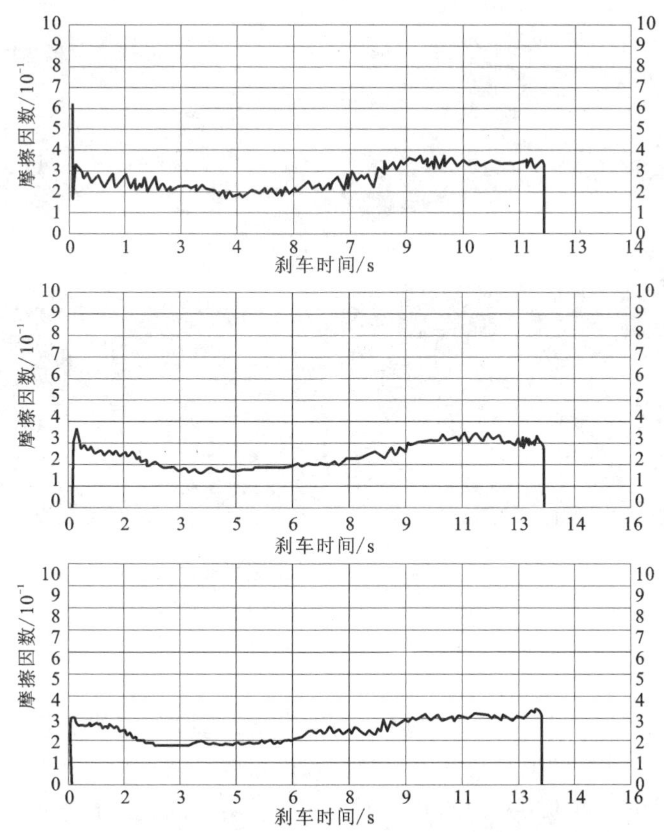

图 2 - 96　不同烧结温度条件下试样的刹车曲线图

(a)900℃；(b)950℃；(c)1000℃

图2－97为不同烧结温度条件下，且压力不变，材料摩擦表面宏观形貌［图2－97(a)和［图2－97(b)］以及SEM［图2－97(c)和图2－97(d)］放大图片。从图2－97(a)～图2－97(b)中可以发现，材料的摩擦表面主要由两部分组成——“平滑”区和“脱落”区。“平滑”区颜色较深，摩擦面光滑、完整，没有明显的脱落现象；“脱落”区颜色较浅，表面粗糙，能够观察到明显的脱落痕迹。分别对“平滑”区和“脱落”区进行SEM放大观察可以发现，“平滑”区表面存在较明显的粘附现象，这是由于磨屑被反复碾压后涂覆在摩擦面上造成的，见图2－97(c)；“脱落”区则主要是由于摩擦膜脱落造成，这可由图2－97(d)看出。对比图2－97(a)和图2－97(b)可以发现，烧结温度为900℃时，摩擦表面出现较大面积的整体脱落现象；烧结温度为1000℃时，材料表面的脱落区仅呈斑块状分布于摩擦表面，脱落面积相对较小。

图2－97　不同烧结温度条件下试样摩擦表面形貌

(a)900℃；(b)1000℃；(c)900℃ 平滑区；(d)1000℃ 脱落区

综上所述，可以认为：

1)烧结温度为900℃时，在摩擦力的作用下，基体容易沿石墨－基体结合处发生撕裂，这是该烧结温度条件下材料磨损严重的主因。

2)当烧结温度在950～1000℃范围内时，材料中的孔隙缺陷明显减少，摩擦过程中材料仅在与对偶啮合处出现少量脱落，有利于制动的稳定性，又能提高材料的磨损性能。

(3)烧结压力对材料致密化及组织的影响

图2-98为烧结温度1000℃保温时间3 h，不同烧结压力条件下所制备材料的显微组织图片。从图中可以看出，当烧结压力为0.5 MPa时，基体中颗粒之间存在较明显的颗粒界面，说明该烧结压力条件下烧结尚不完全，材料中还残留着较多的孔隙缺陷。这是因为在此加压烧结条件下，作用在材料上的剪切应力低于材料的屈服极限，致密化过程仅能通过扩散蠕变进行的缘故。烧结压力为1.5 MPa时，颗粒之间的界面基本消失，孔隙缺陷显著减少。这是由于随着烧结压力的增加，作用在材料上的剪切应力逐渐超过材料的屈服极限，材料发生塑性变形所致。烧结压力升高至2.5 MPa，组成基体的铜颗粒连成一体，观察不到颗粒边界；2.5 MPa后，继续增大烧结压力对材料显微组织的影响不大，说明2.5 MPa的烧结压力足以保证烧结过程的完全进行，进一步提高烧结压力对材料的致密化过程影响不大。

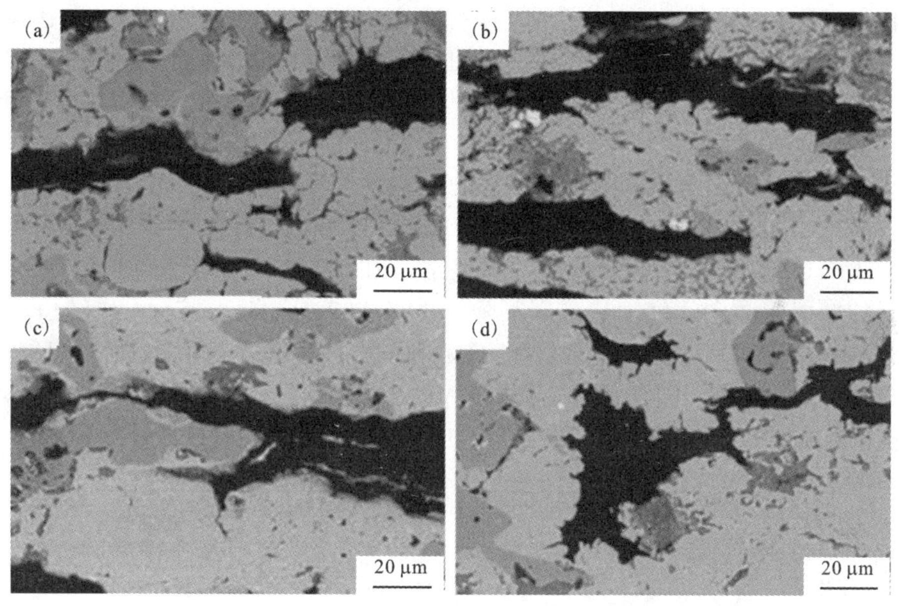

图2-98　材料在不同烧结压力条件下的显微组织

(a)0.5 MPa；(b)1.5 MPa；(c)2.5 MPa；(d)3.5 MPa

图2-99为不同烧结压力条件下材料孔隙度变化曲线。由图可知，烧结压力由0.5 MPa增至2.5 MPa，材料孔隙度显著降低；烧结压力达到2.5 MPa以后，烧结压力对材料致密化程度的影响不大，这与图2-98中观察到的现象相符，说明2.5 MPa的烧结压力足以保证烧结过程的完全进行，进一步提高烧结压力对材料的致密化过程影响不明显。

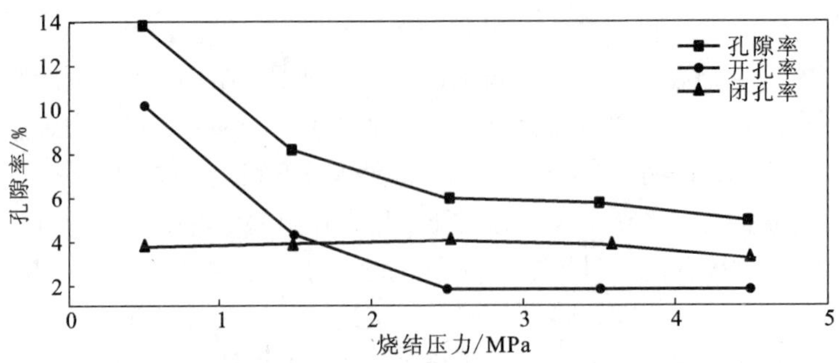

图2－99　不同烧结压力条件下烧结件孔隙度变化曲线

此外，从图2－99中还可看出，随着烧结压力的变化，材料的总孔隙度和开孔隙度出现相似的降低趋势，而闭孔隙的变化则不明显，可见，材料总孔隙度的变化主要是由开孔隙度的改变造成，闭孔隙的贡献不大。这是因为开孔隙在烧结压力的作用下容易“垮陷”，因此受烧结压力影响较大；而闭孔隙中往往含有或多或少的气体物质，烧结时这些物质产生的气压作用会阻碍孔隙的收缩[35]，因而，闭孔隙受烧结压力的影响较小。

(4)烧结压力对摩擦磨损性能的影响

图2－100为不同烧结压力条件下铜基粉末冶金制动摩擦材料的摩擦因数变化曲线(a)和磨损量变化曲线(b)。当烧结压力由0.5 MPa增加到1.5 MPa时，材料的摩擦因数和线磨损量分别下降了14%和28%，降幅较大；烧结压力由1.5 MPa增加到2.5 MPa，材料的摩擦因数和线磨损量虽有所降低，但降幅较小，仅分别为4%和8%；烧结压力达到2.5 MPa以后，进一步提高烧结压力，材料的摩擦因数和线磨损量的变化则很小。

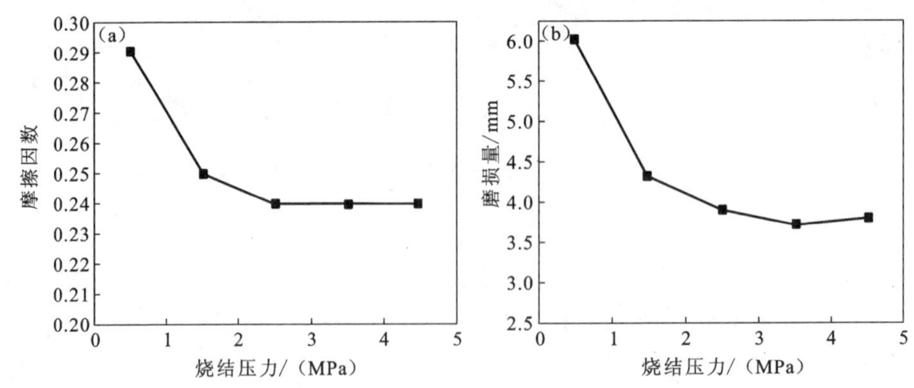

图2－100　烧结压力对材料的摩擦磨损性能的影响

(a)摩擦因数；(b)磨损量

图 2－101 为不同烧结压力条件下材料摩擦表面的典型形貌图片。与2.5 MPa相比，烧结压力为 0.5 MPa 时，摩擦表面出现较大面积的粘附脱落现象，说明在摩擦过程中摩擦材料与对偶材料之间发生了剧烈的粘结磨损，这是造成在该压力下样品具有较高的摩擦因数和磨损量的主要原因。烧结压力为 2.5 MPa 时，材料摩擦表面上只有零星的脱落现象，摩擦表面相对完整，说明在该压力点下的样品具有良好的耐磨性。

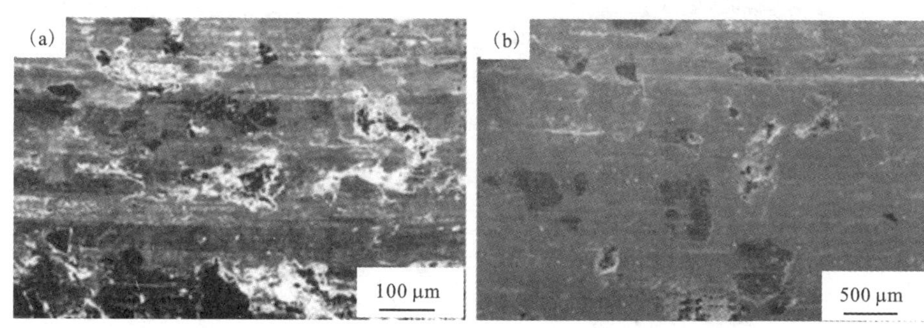

图 2－101　不同烧结压力条件下材料摩擦表面的形貌

(a)0.5 MPa；(b)2.5 MPa

2.5.3.2　铁基摩擦材料的烧结

研究烧结温度对铁基摩擦材料影响的实验条件如下：压制压力为 45 kN，烧结压力为2.8 MPa，保温时间为 2.5 h，冷却过程中冷却水流量为 0.027m^3/s。烧结温度分别选取为 900℃、930℃、950℃、980℃、1020℃的情况进行试验。

研究烧结压力对材料影响的实验条件如下：压制压力 45 kN 、烧结温度 1020℃；冷却水流量 0.027 m^3/s、保温时间 2.5 h。其中烧结压力分别为 1.6 MPa、2.2 MPa、2.8 MPa、3.2 MPa。

(1)烧结温度对材料致密化及组织的影响

图 2－102 示出了不同烧结温度时铁基摩擦材料的显微组织照片。由图可以看出，当烧结温度为 900℃和 930℃时，基体中各组元结合不致密，基体没有联接成一体，说明此时烧结尚未完成。烧结温度为 950℃时，材料中组元间的界面减少，铁粉间结合相对紧密，说明烧结接近完成。烧结温度为 980℃时，铁粉间结合进一步致密，基体基本联接成一体，可见烧结过程已经完成。与烧结温度为 980℃的样品相比，烧结温度为 1020℃时，材料的显微组织变化不大。

图 2－103 示出了不同烧结温度的铁基摩擦材料经 4% HNO_3酒精溶液腐蚀后的组织形貌。由图可知，烧结温度由 900℃增至 930℃时，组织中铁素体含量较多，珠光体的含量较少，珠光体团的片间距较大；随烧结温度的提高，珠光体的

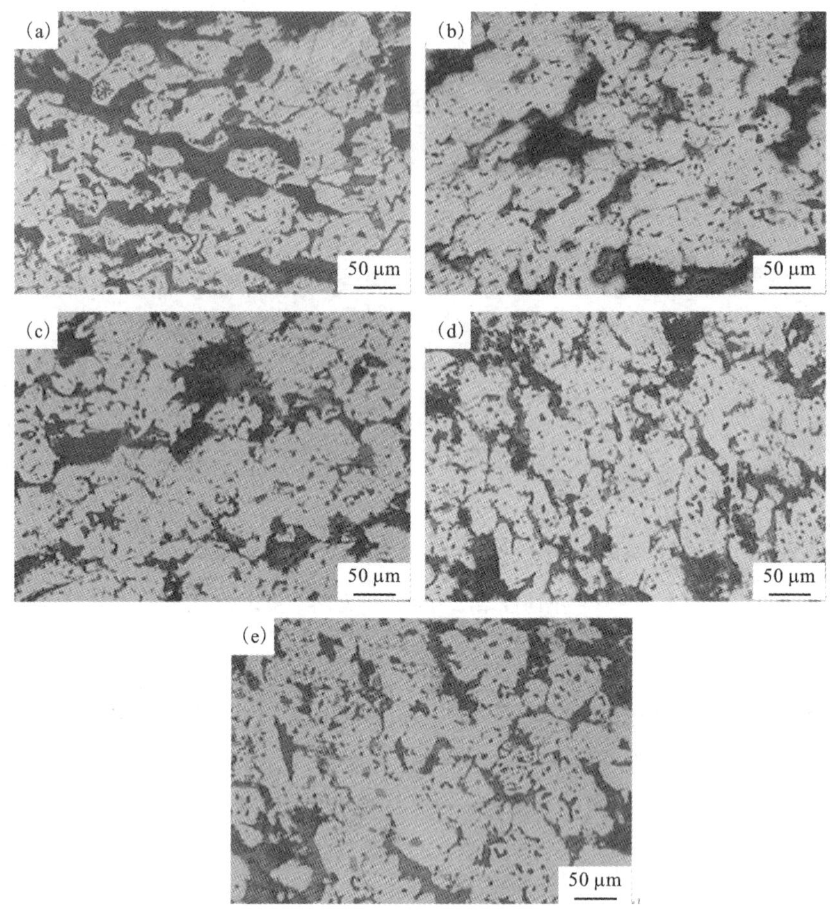

图 2-102　不同烧结温度下材料的显微组织

(a)900℃; (b)930℃; (c)950℃; (d)980℃; (e)1020℃

含量增多，当烧结温度为1020℃时，基体中的珠光体含量最大且片间距最小，同时珠光体直径最大，表明珠光体发生了明显的长大。

烧结温度对材料组织的影响主要集中在奥氏体的形成及均匀化。材料基体中的碳主要以游离石墨形式存在，部分游离石墨与铁原子结合转变为渗碳体，由Fe-C相图可知，各烧结温度点虽然保证铁素体及珠光体转变为奥氏体，但是，铁素体向奥氏体转变的速度远比渗碳体溶解速度快得多，奥氏体中仍会有部分未溶解的渗碳体，通过延长保温时间和提高烧结温度可促进渗碳体溶入奥氏体，但前者所需时间较长，因此，提高烧结温度是保证奥氏体均匀化最为有效的途径，这是因为：奥氏体的形成过程是扩散相变过程，加热温度升高，原子扩散系数增加

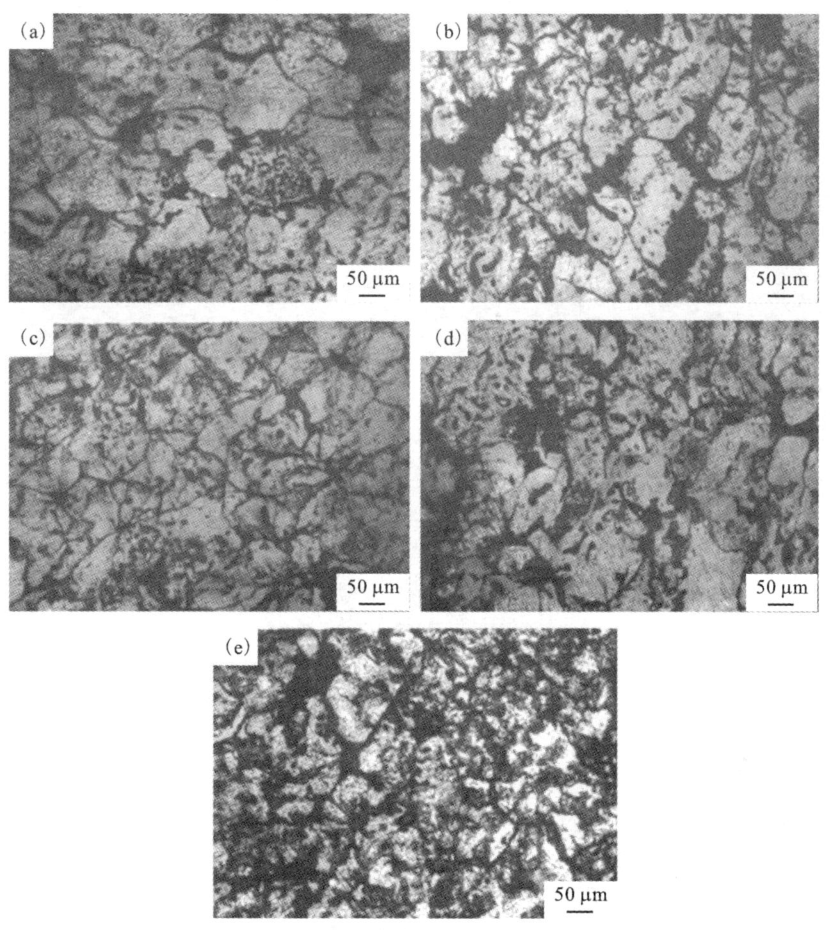

图 2－103　腐蚀后铁基摩擦材料的金相组织

(a)900℃；(b)930℃；(c)950℃；(d)980℃；(e)1020℃

(呈指数关系增加)，特别是碳在奥氏体中的扩散系数增加，加快了奥氏体的形核和长大速度，也缩短了剩余渗碳体溶解的时间，另外，加热温度的升高使得奥氏体与珠光体的自由能差增大，相变驱动力增大，随着烧结温度的升高，奥氏体的长大速度急剧增加，极大地缩短了均匀化时间，有利于获得单相奥氏体组织[15]，因此，烧结温度越高，奥氏体均匀化程度越高，在连续冷却条件下，碳在过冷奥氏体中扩散，结果引起铁素体前沿奥氏体的碳浓度降低，渗碳体前沿奥氏体的碳浓度升高，这就破坏了该温度下奥氏体中碳浓度的平衡，必然析出铁素体和渗碳体以维持碳浓度的平衡，对于均匀化程度高试样，珠光体可以在更多的相界面上析出，如图 2－103(e)；对于均匀化程度低的试样，由于碳浓度的不均匀，珠光体只能在碳浓度低的晶界上析出，来满足碳浓度的平衡，如图 2－103(a)，形成的珠光体数量较少，因此，烧结温度升高，珠光体数量增多、片间距减小、珠光体直径增大。不同烧结温度条件下材料基体的珠光体组织如图 2－104 所示。

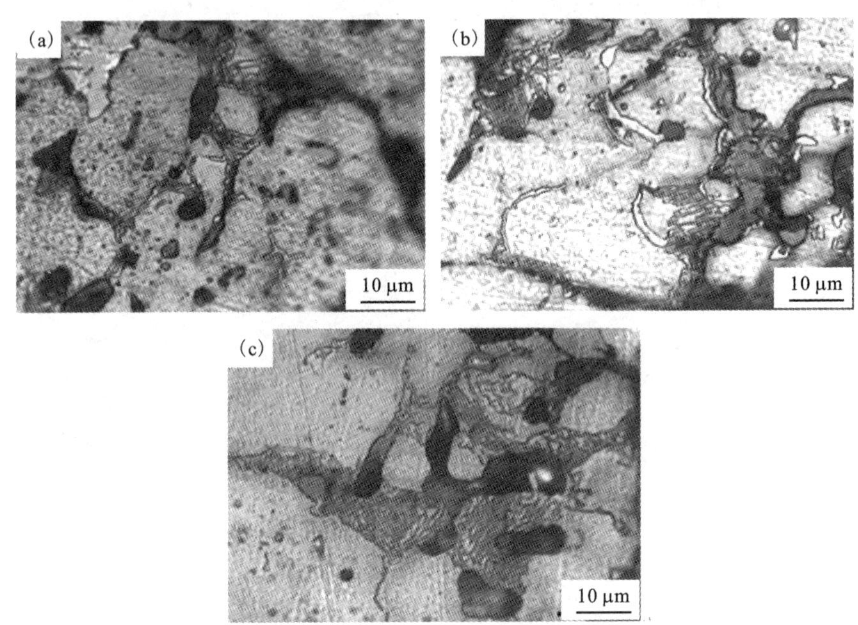

图 2－104　不同烧结温度条件下铁基摩擦材料基体中珠光体形貌

(a)930℃；(b)980℃；(c)1020℃

图 2－105 示出了不同烧结温度下材料密度及孔隙度的变化曲线。由图 2－105(a)可知，烧结温度由 900℃增至 930℃时，材料密度仅由 4.81 g/cm^3 增至 4.84 g/cm^3，增幅很小。烧结温度由 930℃继续升高时，材料密度增幅较大；由图 2－105(b)可以看出，低温下(900～930℃)孔隙度降幅较小，随着烧结温度的提高，孔隙度明显降低，当烧结温度为 1020℃时，孔隙度最低，仅为 0.97%。

铁在 912℃发生异晶转变，烧结温度为 900℃时，基体中还存在 α－Fe，温度超过 912℃后铁粉都以 γ－Fe 形式存在，由图 2－106 铁－炭相图可知，当烧结温度超过 A_3 线时，体心立方结构的 α－Fe 全部转变为面心立方的 γ－Fe。此时，碳在铁中的溶解度迅速增加，碳在 α－Fe 中的溶解度仅为 0.02%，但碳在 γ－Fe 中的溶解度为 2.06%，溶解度增加约 100 倍，即化学互扩散系数显著增加。化学互扩散产生新的空位和位错，促进了烧结过程中扩散蠕变的进行，同时，α－Fe 的自扩散系数为 4.0×10^{-12}，γ－Fe 的自扩散系数为 9.0×10^{-12}，即 γ－Fe 的自扩散系数比 α－Fe 高出 2.5 倍，这都对烧结致密化过程有利，再者，随着温度的升

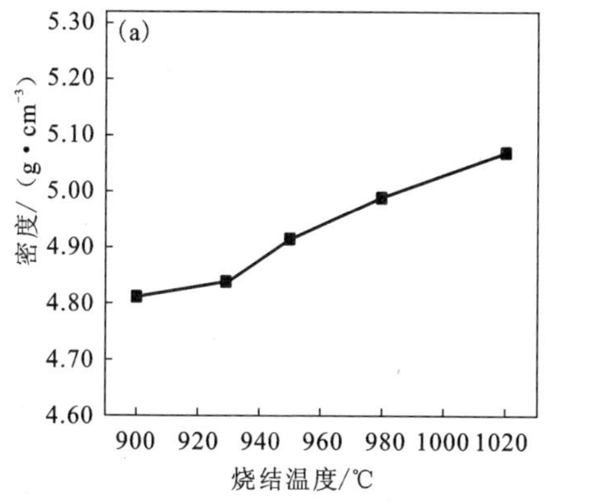

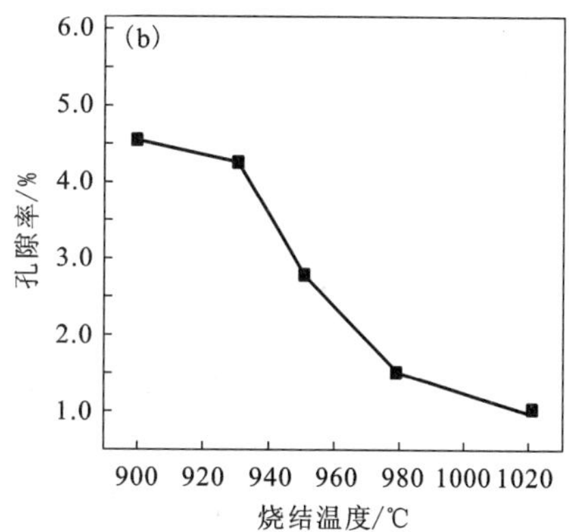

图 2－105　不同烧结温度条件下铁基摩擦材料密度(a)及孔隙度(b)变化曲线

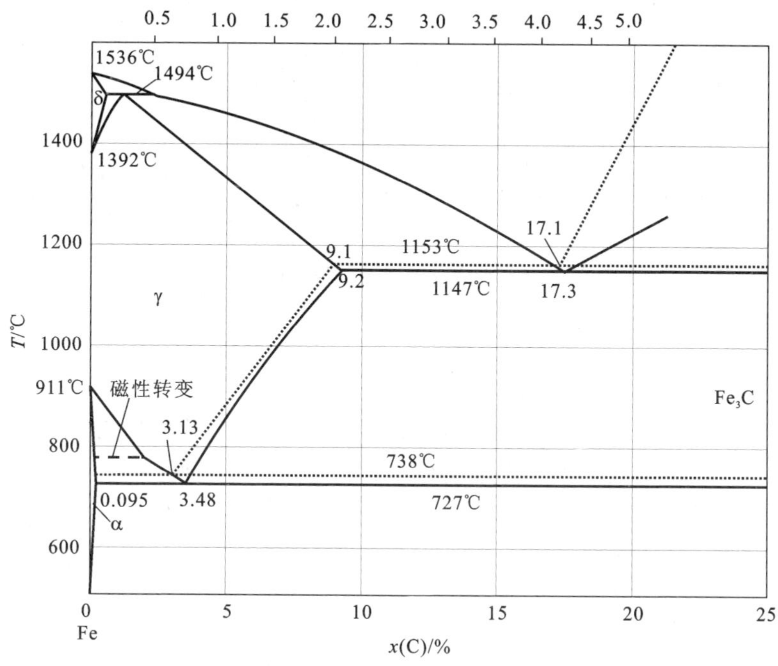

图 2－106　Fe－C 合金相图

高，铁粉及铜粉的塑性得以进一步提高，更容易产生塑性变形，促进致密化过程的进行，但是，碳在 γ－Fe 中的扩散系数(6.3×10^{-7})比在 α－Fe 中的扩散系数(1.6×10^{-6})低约 2.5 倍[15]，这对烧结过程致密化不利，因此，当烧结温度由

900℃升至930℃时，碳在铁中扩散系数的降低，减缓了铁－炭合金化，抵消了部分化学互扩散的致密化效果，以至于烧结温度由900℃增至930℃，材料的密度变化不大，烧结温度由930℃升至1020℃时，一方面，原子扩散速度增加(扩散速度随温度升高呈指数关系增加)，晶界也随之移动，被晶界扫过的地方，大量孔隙将消失，从而使材料的密度升高；另一方面，铁粉及铜粉的塑性变形程度更大，压力的作用下容易发生塑性流变，而且，原子扩散系数显著提高，致密化程度迅速增加，同时，随着温度的升高，材料中各组元间交互作用增强，进一步促进了烧结过程的进行，有利于材料致密化。

图2－107示出了材料在930℃和1020℃时基体中孔隙的形貌。在不同组元的界面上也存在一定的孔隙，基体中闭孔的形成主要是由于基体含有气态物质所致，随着烧结温度的提高，孔隙逐渐缩小，也就说明烧结进行得更加充分。

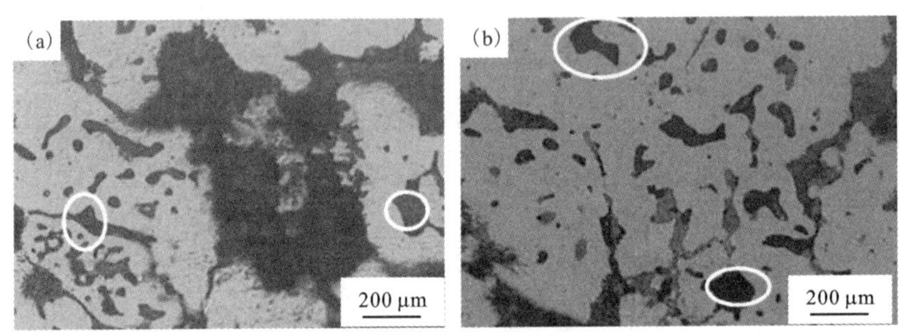

图2－107　低温及高温下基体中的孔隙形貌

(a)930℃；(b)1020℃

(2)烧结温度对摩擦磨损性能的影响

图2－108(a)示出了烧结温度对铁基刹车材料摩擦因数的影响曲线。可以看出，摩擦因数随烧结温度的升高而逐渐降低，但变化不显著。

图2－108(b)示出了不同烧结温度条件下材料的磨损曲线。由图可以看出，加压烧结温度为900℃时，磨损量较大。与900℃试样相比，930℃试样的磨损量显著降低，烧结温度继续升高，材料磨损量变化不明显。

图2－109示出了不同烧结温度下材料的刹车曲线图。可以看出，烧结温度为900℃和930℃材料的摩擦因数曲线出现较大的抖动，说明该温度条件下制得的材料的摩擦制动不稳定，有明显的振颤现象。烧结温度为950℃材料的制动效果略有改善，但仍有振颤现象。当烧结温度为980℃时，材料的刹车曲线线形较平稳，没有出现抖动，与980℃时的刹车曲线相比，1020℃时的刹车曲线线形变化不大，但摩擦因数比980℃的材料的摩擦因数更稳定，摩擦因数随时间的推移只有微弱的波动现象。

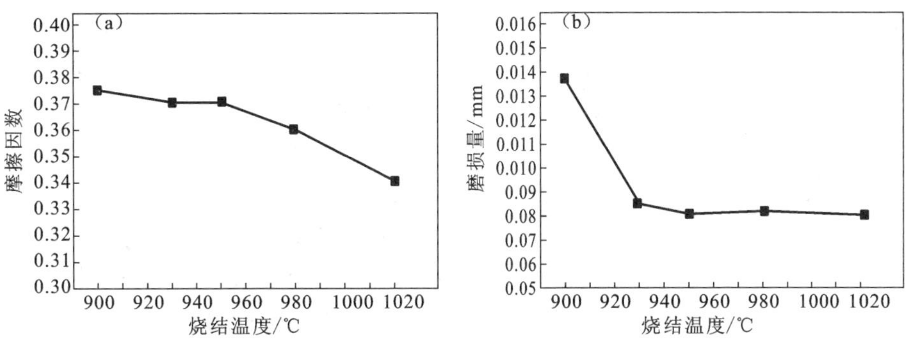

图 2-108　不同烧结温度条件下材料的摩擦因数(a)和磨损量(b)变化曲线

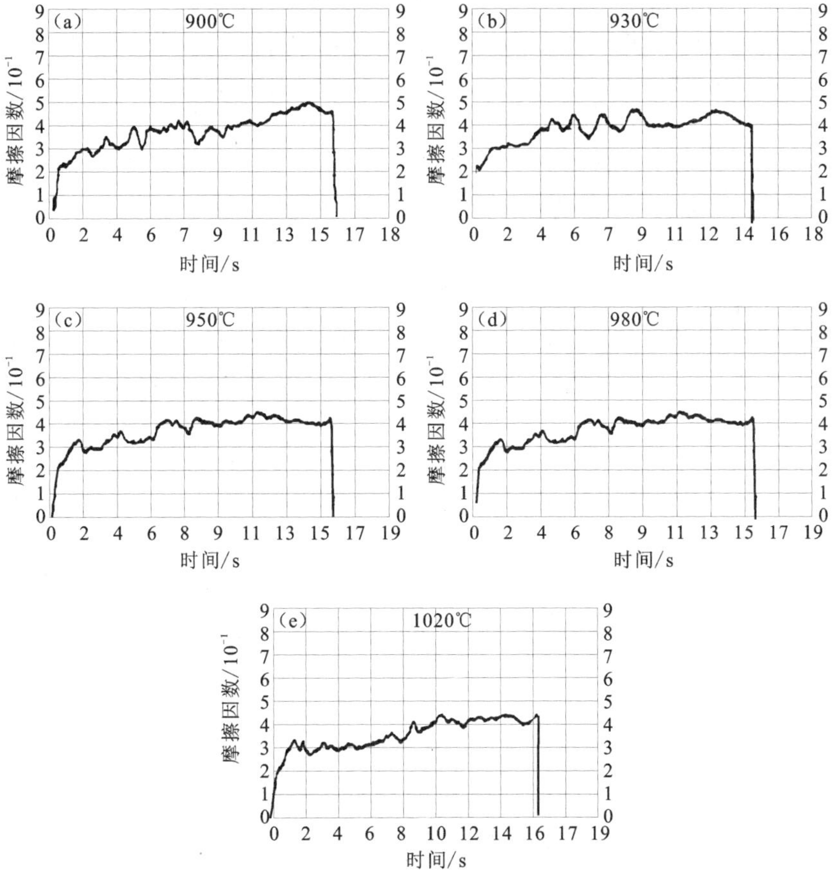

图 2-109　不同烧结温度条件下材料的刹车曲线图

(a)900℃；(b)930℃；(c)950℃；(d)980℃；(e)1020℃

(3)烧结压力对铁基摩擦材料致密化及组织的影响

图2-110示出了不同烧结压力下材料的显微组织。由图可以看出，当烧结压力由1.6 MPa增至2.2 MPa时，基体尚未联结成统一的整体，呈现出被石墨隔离的状态，组元间存在较多的界面，基体中不同组元的界面上还存在较多的孔隙，说明在此烧结压力下，烧结进行的不够充分。文献表明[43]：压力对烧结过程的贡献主要体现在两个方面，一方面，烧结压力能促进粉末颗粒的移动，进一步破坏"搭桥效应"形成的孔隙；另一方面，抑制压坯的体积膨胀，有助于制得给定孔隙度的材料。因此，当烧结温度一定时，提高烧结压力将缩短烧结所需的时间，但是，烧结压力增至2.2 MPa的过程中，由于烧结压力较低，材料在塑性变形过程中产生的晶格畸变能，使得作用在材料上的压力有所降低，同时，材料屈服极限的存在也将会消耗一部分应力，不能有效地加快烧结进程，同时，较低的烧结压力不能有效地抑制材料的体积膨胀，晶界处的孔隙度没有明显的降低，这是材料致密化程度不高的主要原因。当烧结压力提高到2.8 MPa时，由于烧结压力升高，作用在材料上的应力大大地超过材料的屈服极限，进而发生塑性变形，材料变形程度增加，有效地消除了材料内部的孔隙，由于不同原子间界面区域的缺陷较多，能量较高，所以，原子在此处更容易扩散，使得颗粒间的界面基本消失，孔隙缺陷显著减小，显著地提高了材料的致密度。继续提高烧结压力至3.2 MPa，材料的显微组织变化不显著，说明在2.8 MPa的压力作用下，材料的烧结过程已充分进行，继续提高烧结压力对材料的致密化过程影响不大。

图2-111示出了不同烧结压力下铁基摩擦材料的密度变化曲线。由图可知，烧结压力增加，材料的密度呈现先增大后减小的趋势。当烧结压力为1.6 MPa时，材料的密度为4.71 g/cm^3，当烧结压力为2.8 MPa时，材料的密度可达到5.07 g/cm^3，增大了约7.6%；继续增加烧结压力至3.2 MPa的过程中，材料密度变化不显著，表明继续提高烧结压力对材料致密化无明显影响。材料密度的变化主要是因为烧结的高温、高压力，由于"拱桥效应"形成的孔洞会"垮陷"，另一方面在高温、高压下铁-铜等粉末颗粒会产生一定的塑性变形而加速致密过程，使坯块中孔隙度进一步减小而使烧结坯密度提高。说明：当烧结压力为2.8 MPa时，材料具有最高的密度，表明2.8 MPa的烧结压力足以保证烧结的充分进行。

(4)烧结压力对摩擦磨损性能的影响

图2-112示出了不同烧结压力下铁基摩擦材料的摩擦因数与磨损量变化关系曲线。从图中可以看出，烧结压力升高，摩擦因数曲线呈现先增加后降低的趋势，烧结压力由1.6 MPa增至2.8 MPa时，摩擦因数增幅为13%，当烧结压力由2.8 MPa增至3.2 MPa过程中，摩擦因数降幅为3%。

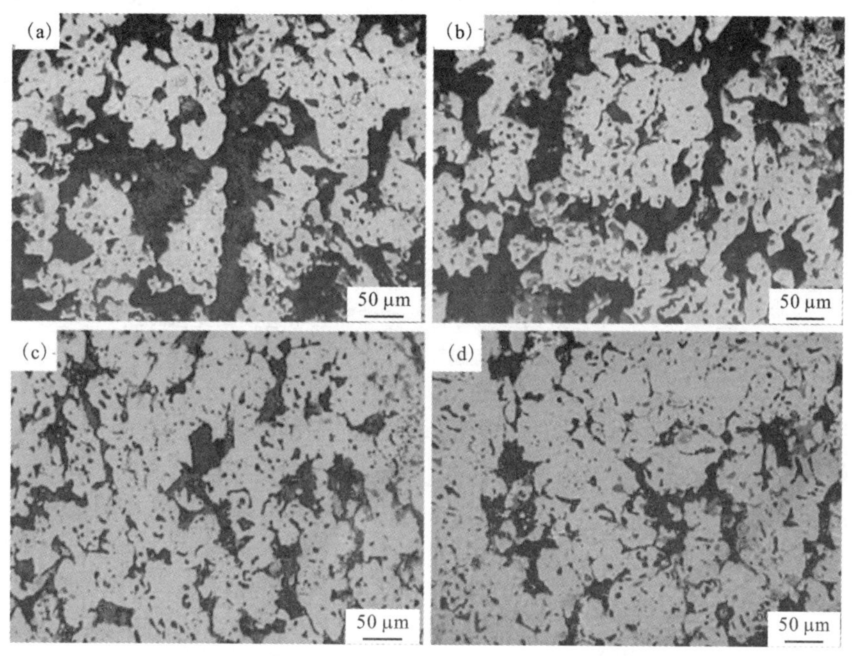

图 2-110　不同烧结压力下材料的显微组织

(a)1.6 MPa；(b)2.2 MPa；(c)2.8 MPa；(d)3.2 MPa

当烧结压力为 1.6 MPa 时，材料的磨损量较大，为 0.0097 mm，当烧结压力为 2.8 MPa 时，材料的磨损量降低为 0.008 mm，减少约 21%，当烧结压力为 3.2 MPa时，材料的磨损量为 0.0078 mm，与烧结压力为 2.8 MPa 的材料相比，磨损量变化很小。

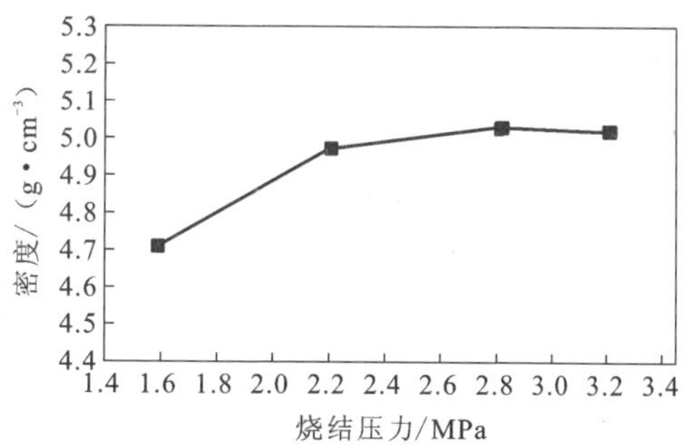

图 2-111　不同烧结压力时材料的密度变化曲线

这是因为：烧结压力升高，材料密度增大，低烧结压力时，由于颗粒间“拱桥效应”，使得基体中存在较多的孔隙，导致材料摩擦因数较低、耐磨性较差，继续提高烧结压力，拱桥被破坏，材料密度逐渐提高，同时，颗粒间形成冶金结合，有效地提高了材料强度，提高了材料的耐磨性，使材料的磨损量逐渐减小。

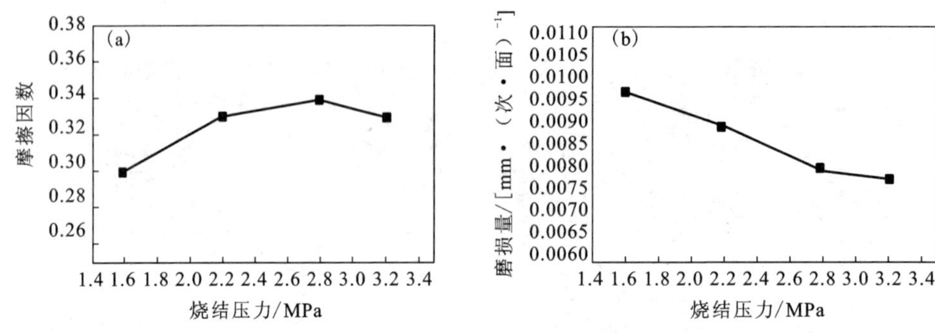

图 2-112　不同烧结压力下材料摩擦因数与磨损量变化曲线

(a)摩擦因数；(b)磨损量

图 2-113 示出了不同烧结压力下材料的刹车制动曲线。从图中可以看出，烧结压力 1.6 MPa 及 2.2 MPa 的材料在制动过程中，发生明显的振颤现象，表明材料的制动效果较差，当烧结压力由 2.8 MPa 增至 3.2 MPa 时，材料的制动曲线比较平稳，制动效果较好，没有发生明显的振颤现象。

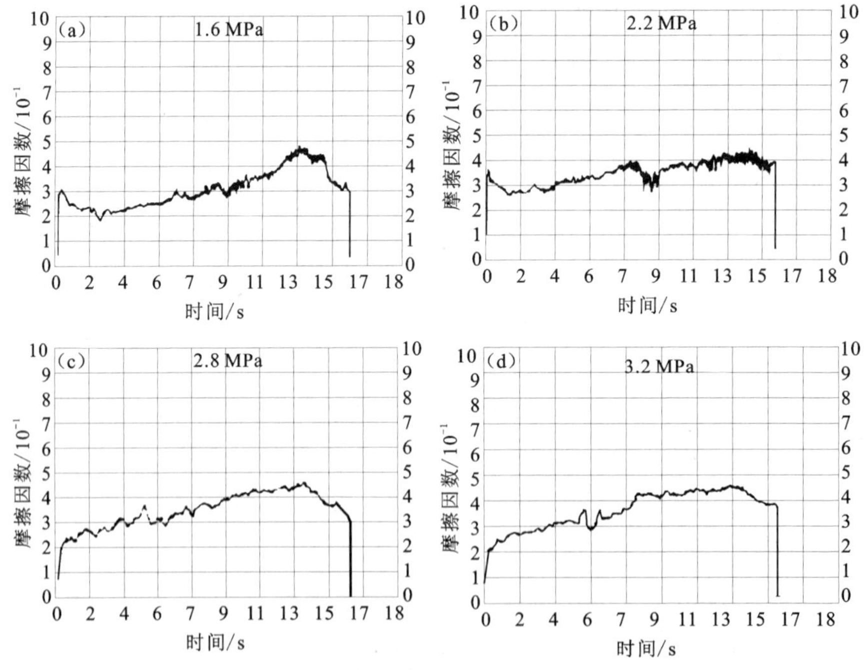

图 2-113　不同烧结压力下材料的刹车制动曲线图

(a)1.6 MPa；(b)2.2 MPa；(c)2.8 MPa；(d)3.2 MPa

图2-114示出了不同烧结压力下材料摩擦表面的SEM照片。由图可知，烧结压力为1.6 MPa时，材料摩擦表面出现许多点状脱落，同时有少量小块状剥落，说明材料没有充分致密化，并且没有形成颗粒间的冶金结合；当烧结压力增至2.2 MPa时，材料表面的点状脱落明显减少，但是表面膜出现裂纹，说明材料表面所形成的氧化膜与基体结合不牢固，这是由于氧化膜与基体结合处存在剪切力，制动过程中，摩擦产生的摩擦热及氧化膜受到剪切力的作用，使得氧化膜容易发生断裂。当烧结压力增至2.8 MPa时，由于氧化膜与基体结合比较牢固，材料表面形成了完整的氧化膜，同时氧化膜发生叠加；继续提高烧结压力，材料表面无明显变化。说明在烧结压力为2.8 MPa制得的材料，已具备良好的摩擦性能。

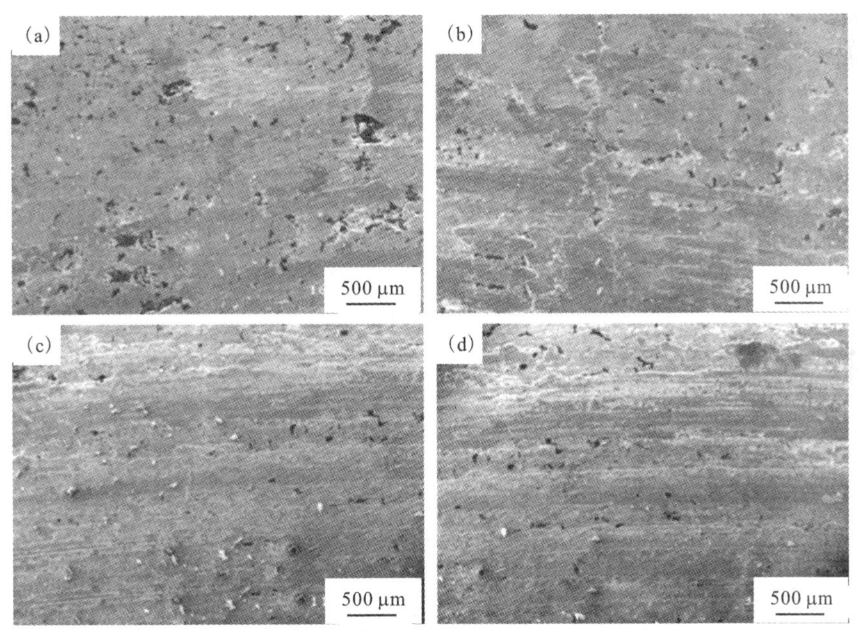

图2-114　不同烧结压力条件下材料摩擦面的SEM照片

(a)1.6 MPa；(b)2.2 MPa；(c)2.8 MPa；(d)3.2 MPa

材料在低烧结压力作用下发生了较严重的脱落，这与材料的烧结行为密切相关。低压力下的材料烧结不够充分，基体并未形成一个整体，材料密度较低，基体中存在较多孔隙，颗粒间的结合主要为机械啮合，材料的硬度较低，削弱了基体对硬质颗粒的包覆，同时也降低了材料的耐磨性。

2.6 航空制动粉末冶金摩擦材料的摩擦磨损性能

两个相对滑动摩擦表面的摩擦磨损性能主要与接触表面的相互作用有关，在接触表面的作用下，对偶件将自身的运动传递到摩擦材料部件，在摩擦力作用下，摩擦材料通过将动能转化为热能及其他形式的能量，使对偶件趋于停止，并最终达到静止状态。

研究摩擦因数和耐磨性的变化及其影响因素，以便控制摩擦过程和降低摩擦损耗，是摩擦材料研制的重要课题。摩擦副在实际摩擦过程中其摩擦磨损性能变化的影响因素是非常复杂的。图 2－115 揭示了摩擦过程中各种因素的相互关系及其复杂性。在摩擦表面变形、摩擦温度和环境条件等的影响下，摩擦表面相互作用，表面层将发生力学性质、组织结构、物理和化学变化，从而影响到摩擦副的摩擦磨损性能。

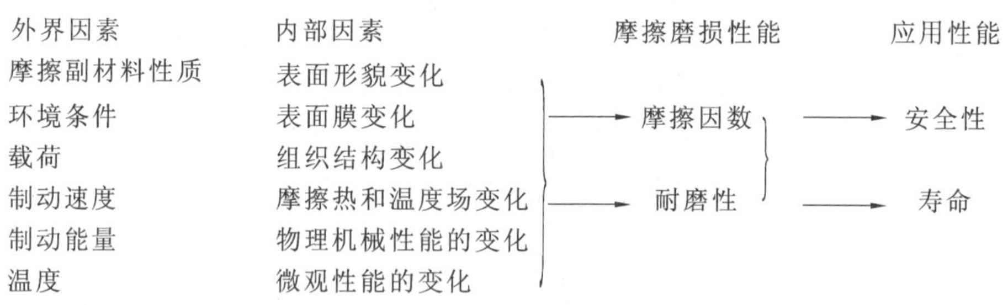

图 2－115　摩擦磨损性能影响图

摩擦因数和耐磨性(常采用磨损量来表征)是航空制动摩擦副系统的综合特性，受到制动过程中各种因素的影响，如摩擦副配对性质、制动压力和制动初速度、温度状况、摩擦表面接触几何特性、表层物理性质，以及环境介质的化学作用。这就使摩擦因数随着摩擦副使用条件的变化很大，预先确定摩擦因数准确的数据和全面估计各种因素的影响是十分困难的。因此，需要通过样件的模拟试验研究和实际摩擦副的总体模拟试验及实际飞行试验和航线使用才能全面评价摩擦材料的摩擦磨损特性。

实验室模拟试验研究是指根据给定的工况条件，在通用的摩擦磨损试验设备上对试件进行试验，探索航空摩擦材料的摩擦磨损机理和影响因素。而在实验室研究的基础上，根据所选定的参数设计实际零件，并在模拟使用条件下进行台架试验。台架试验和实际工况接近，用于检测实验室研究成果的可用性和合理性。在上述两种试验基础上，对摩擦副进行飞行试验和实际航线使用试验，用来检验模拟试验数据的可靠性和使用寿命及安全控制手段。

由于与研制摩擦材料配对的钢偶件采用了较成熟的航空摩擦副专用30CrSiMoVA钢，在《粉末冶金航空摩擦材料基体及钢对偶材料的研究》中已就存在的问题进行了改进，并获得了较好的使用性能和效果。本章将主要探讨实验室模拟和地面惯性台模拟状态下，通过控制材料设计和制造工艺对获得的新型航空制动摩擦材料研究其在不同条件下的摩擦特性和摩擦磨损机理，并研究新型摩擦材料在实际飞行试验和应用中的性能。

2.6.1　航空制动摩擦材料的组织结构和基本性能

表 2－43 揭示了与摩擦磨损特性相关的摩擦材料本征性能及各性能对摩擦磨损特性影响的途径。根据航空制动摩擦材料的性能要求，将在充分了解材料的物理性能、力学性能后，重点研究摩擦材料的表面以及磨损产物，揭示航空制动摩擦材料在模拟试验和实际应用方面的摩擦磨损机理。

表 2－43　摩擦材料性质和摩擦磨损特性的关联

摩擦材料分类性质	摩擦材料具体性质	与摩擦学相关的问题	关联性
表面和相互作用的性质	表面形貌	表面变形	主要
	表面能	黏着、摩擦过程	
	相互作用面的剪切强度	摩擦过程、材料的转移	主要
	表面膜	粘着、摩擦化学效应	主要
物理性能	热的传导性	热效应	主要
	密度	摩擦过程	
	孔隙度	裂纹产生和扩展	主要
力学性能	硬度	变形、磨料磨损	主要
	屈服强度	变形	主要
	剪切强度	变形、摩擦过程	
	断裂韧性	微凸体的断裂	主要

所研制的制动摩擦材料主要物理力学性能如表 2－44 所示。

摩擦材料的热物性参数列于表 2－45 和表 2－46 中。其中表 2－46 是通过对测试获得的表 2－45 数据，利用 Origin7.0 曲线拟合功能，可将参数随温度变化关系拟合成下式所示的二次多项式：

$$Y = a_0 + a_1 T + a_2 T^2 \tag{2-9}$$

表 2－44 Cu 基制动摩擦材料的基本物理力学性能

性能	密度/($g\cdot cm^{-3}$)	开孔隙/%	抗压强度/MPa	抗弯强度/MPa	硬度/HRF
数据	5.2～5.6	<5	>200	>100	10～50

表 2－45 低温下 Cu 基摩擦材料的热物性参数(测量值)

温度/℃	25	100	200	300	400	500	600
热导率/($W\cdot m^{-1}\cdot K^{-1}$)	37.3	35.2	33.5	31.4	30.9	30.0	30.1
定压比热容/($J\cdot kg^{-1}\cdot K^{-1}$)	498.25	527.56	569.43	577.81	602.93	619.68	648.99
密度/($kg\cdot m^{-3}$)	5390	—	—	—	—	—	—

表 2－46 高温下 Cu 基摩擦材料的热物性参数(拟合值)

温度/℃	700	800	900	1000	1100	12 00
热导率/($W\cdot m^{-1}\cdot K^{-1}$)	30.57	31.58	33.10	35.13	37.68	40.74
定压比热容/($J\cdot kg^{-1}\cdot K^{-1}$)	675.2	704.5	735.9	769.4	805.0	842.7
密度/($kg\cdot m^{-3}$)	5390	—	—	—	—	—

图 2－116 为新型摩擦材料的典型金相组织。摩擦材料中主体为铜及铜合金，铁及其他强化组元较均匀地分布在铜基体中，二氧化硅等非金属组元镶嵌在材料中，石墨则垂直压制压力方向平铺在材料中。

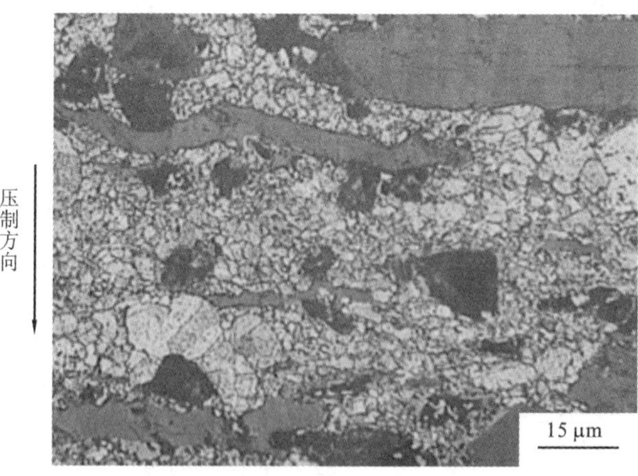

图 2－116 制动摩擦材料的典型金相组织

2.6.2　实验室模拟条件下的铜基摩擦磨损特性

2.6.2.1　磨合的影响

通常，如航空航天工业部标准 HB5434.7—89 所述，在摩擦磨损检测试验前，应对试件在摩擦试验机上进行磨合，对于磨合质量可用肉眼观察，当磨合到摩擦表面面积 80% 以上出现磨痕时，认为磨合充分，可以进行试验。而对于试验结果的判定采用“在十次刹车试验中，任取连续的三条力矩曲线，其平均摩擦力（系数）和力矩稳定系数符合专用技术条件的规定值时，则认为其刹车性能合格”为判据。但在实际试验中发现，往往磨合表面达到 80% 以上的摩擦接合时，在检测试验的前一阶段，明显地发现摩擦性能非常不稳定，且初始摩擦因数往往较高，在 10 次试验的后期，摩擦因数降低后才趋于稳定，因此，平均摩擦因数的考核常选取后五次平均摩擦因数的平均值。

针对磨合状态对摩擦磨损性能的影响和确定磨合试验的鉴定标准，开展了磨合试验对摩擦磨损性能影响的研究工作，主要是检测不同磨合状态下摩擦表面的初始状态和不同磨合状态下摩擦表面情况及其对摩擦性能的影响。

航空制动粉末冶金摩擦材料通常在烧结和检测后需进行表面的磨床磨平，以保证刹车片厚度的均匀性和组装的一致性。在实际操作中，摩擦材料和钢对偶材料表面存在较深的磨削痕迹，此外，在摩擦材料表面形成了较明显的铜基体氧化和非金属组元脱落形成孔隙的现象，如图 2 - 117 所示。

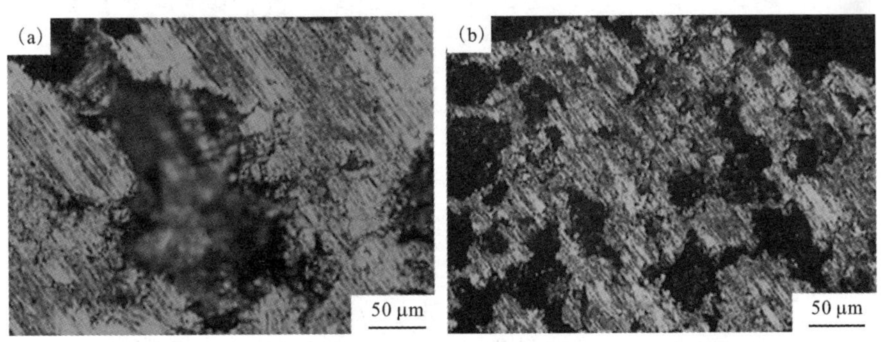

图 2 - 117　摩擦材料表面磨削状态

通过一定条件的磨合试验后，可以发现，采用铜基摩擦材料时，钢对偶材料上开始附着一层薄薄的转移膜。从总体上看，制动摩擦材料和钢对偶材料表面的接合摩擦面积均达到了 80% 以上，但对摩擦表面进行观察发现，不同磨合条件和初始摩擦面的状况导致磨合表面存在较大的差异，图 2 - 118(a)、图 2 - 118(b)、图 2 - 118(e)、图 2 - 118(f) 分别为采用低速（测试速度的 30%）和中速（测试速度的 50%)磨合条件下达到 80% 磨合面时表面的情况。

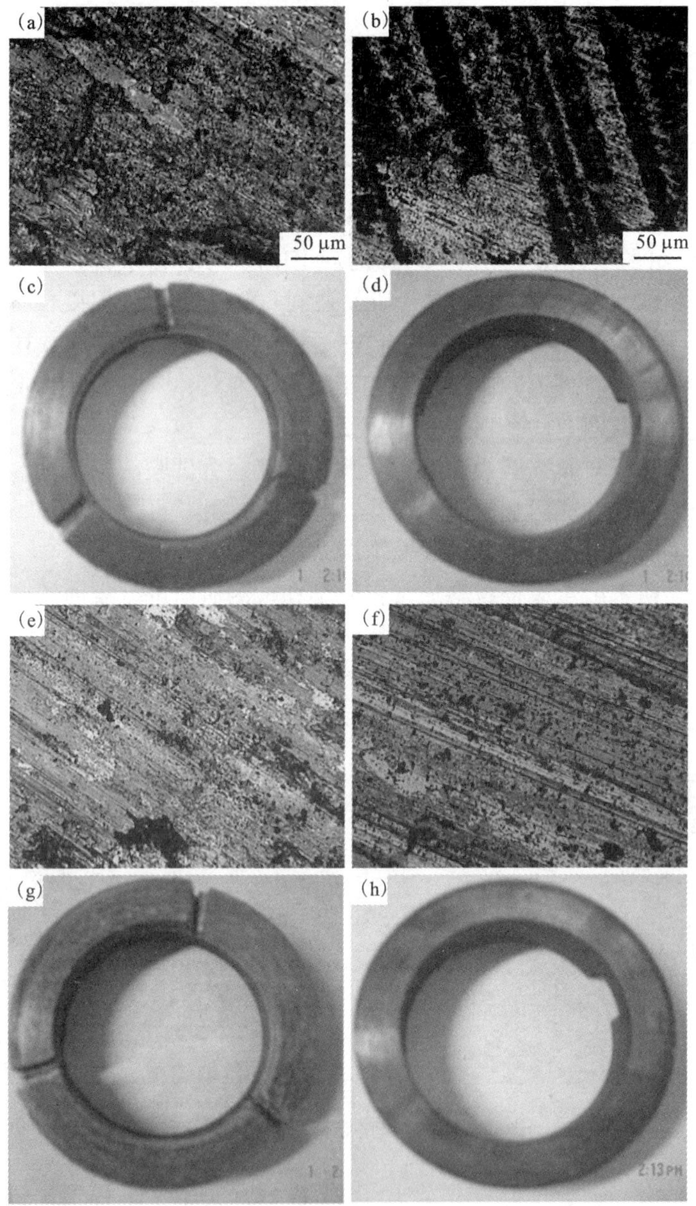

图 2-118 不同磨合条件下摩擦材料和对偶材料表面状态

(a)低速磨合后摩擦材料摩擦表面;(b)低速磨合后对偶材料摩擦表面;(c)低速磨合后摩擦材料宏观表面;(d)低速磨合后对偶材料宏观表面;(e)中速磨合后摩擦材料摩擦表面;(f)中速磨合后对偶材料摩擦表面;(g)中速磨合后摩擦材料宏观表面;(h)中速磨合后对偶材料宏观表面

在上述磨合条件下，可以发现，采用图 2－118(c)、图 2－118(d)表面配对成摩擦副时，摩擦因数在测试条件下前五次非常不稳定，从第六次开始，摩擦因数趋于稳定，但总体磨损量大；而采用图 2－118(g)、图 2－118(h)表面配对成摩擦副时，摩擦因数表现较稳定，且磨损量在多次试验时也相对较稳定。说明只有当摩擦表面已消除前期加工带来的加工痕迹时，摩擦测试的结果才具有可比性和可靠性。

摩擦材料摩擦表面在与对偶件接触时，由于摩擦表面是粗糙的，实际接触只发生在表观面积的较少部分，实际接触面积的大小和分布对于摩擦磨损起着决定性的作用。采用更高速度条件磨合时，由于加工表面的贴合性差，导致对偶材料表面急剧温升，从而使对偶材料发生明显的由组织变化引起的材料表面颜色的变化，改变了配对材料的性质，从而导致试验数据的不确定性。如图 2－119 所示。

图 2－119　高速磨合条件下对偶材料的显著颜色变化

根据以上试验结果，参考台架试验的要求，在产品的验收标准中对 MM－1000 摩擦检验试验中的磨合试验作了如下规定：采用正常试验条件转速的50%速度和正常的刹车压力及转动惯量进行磨合试验，当摩擦表面贴合良好后，采用正常试验条件进行 2～3 次试验，当试验的结果具有可比性时，开始检测摩擦材料和对偶材料试样的厚度或重量，然后进行正式试验。

采用以上试验磨合标准，在 MM－1000 摩擦磨损试验机上检测的试验数据是可信的。

2.6.2.2　实验室模拟试验条件

为了研究新型摩擦材料在模拟飞机刹车条件下的摩擦磨损性能，同时考察摩擦材料在不同刹车条件(如刹车压力、刹车起始速度及刹车能量等)下的综合性能，通过计算并结合试验设备的能力及实际要求，在 MM－1000 数控摩擦磨损试验机上进行了较系统的制动摩擦试验。

对于环境的影响，主要是雨、雪及油气等，根据前期研究成果，可以认为，粉末冶金航空摩擦材料对潮湿环境具有不敏感特性，而油和气对于所有摩擦材料而言均是有害的，所以，在飞机的刹车维护手册中，均规定摩擦副表面不允许存在油污染，一旦出现，必须进行更换。因此，在实验室研究和模拟试验中，对环境条件均不作详细研究。

MM－1000 摩擦磨损试验条件见表 2－47。其中，设计着陆能量是指飞机常用的着陆条件，超载着陆能量通常是指飞机在满载旅客和部分油料时因非正常原因的着陆条件，而中止起飞(12TO)是飞机达到起飞抬头条件时因特殊原因需要中止起飞时的刹车条件，为非正常条件下的最恶劣刹车状态，通常，重点考核刹车效率，刹车副经中止起飞后不能再使用。停机刹车主要考核静刹车力矩。

表 2－47　MM－1000 摩擦磨损试验条件

试验目的	试验条件		
	起始刹车速度/($m \cdot s^{-1}$)	刹车压力/MPa	惯量/($kg \cdot cm \cdot s^{-2}$)
设计着陆能量试验	23.5	0.8	3.0
超载着陆能量试验	25	0.8	5.0
中止起飞试验	30.2	2.0	5.0
停机刹车试验	0	4.0	0

2.6.2.3　不同刹车条件下的摩擦磨损性能

表 2－48 是不同刹车条件下摩擦材料与对比刹车副的摩擦磨损性能比较表。

表 2－48　不同刹车条件下材料与对比刹车副的摩擦磨损性能比较

试验	刹 车 条 件	研制刹车副			对比刹车副		
		u_{cp}	材料磨损	对偶磨损	u_{cp}	材料磨损	对偶磨损
设计着陆能量试验	$n=7500$ rpm $J=3.0\ kg \cdot cm \cdot s^2$ $P=0.8$ MPa	0.23	5.5	1.33	0.21	5.8	1.67
超载着陆试验	$n=7500$ rpm $J=5.0\ kg \cdot cm \cdot s^2$ $P=0.8$ MPa	0.25	6.0	1.33	0.23	6.2	2.0
RTO 能量试验	$n=8500$ rpm $J=5.0\ kg \cdot cm \cdot s^2$ $P=2$ MPa	0.19	—	—	0.17	—	—
停机刹车试验	P＝4 MPa	0.30	—	—	0.28	—	—

在设计着陆能量、RTO 能量以及停机刹车试验条件，研制刹车副摩擦因数略高于对比刹车副，在设计着陆能量试验时研制刹车副的材料磨损及对偶磨损均低

于对比刹车副，说明研制刹车副不仅具有较好的制动性能，而且具有较好的耐磨性能。

图 2－120 和图 2－121 为研制刹车副和对比刹车副在 MM－1000 摩擦磨损试验机模拟设计着陆能量和 RTO(中止起飞)能量试验条件下的典型曲线。由图可见，研制刹车副和对比刹车副均具有相同的摩擦曲线变化趋势，且与设计着陆能量试验条件相似，对比刹车副在 RTO 能量试验结束阶段，刹车力矩呈直线上升趋势。该状态将导致防滑刹车系统频繁工作，导致制动的不平稳。

从上述典型摩擦磨损试验情况来看，所研制的研制刹车副材料在摩擦磨损性能方面均能满足飞机刹车的基本要求。在摩擦因数和稳定性方面优于对比刹车副，尤其是在峰值力矩方面，具有较好表现。

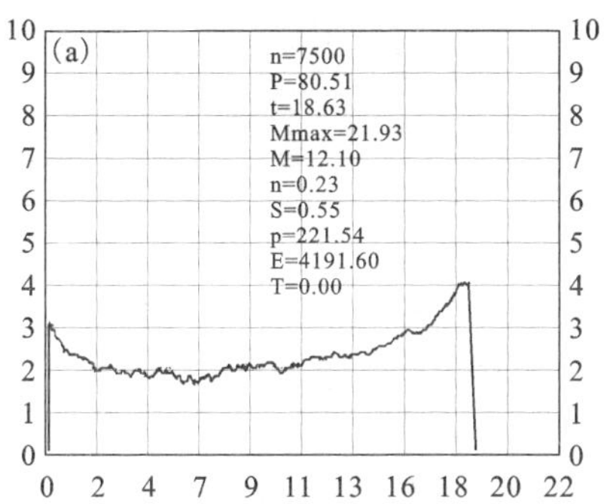

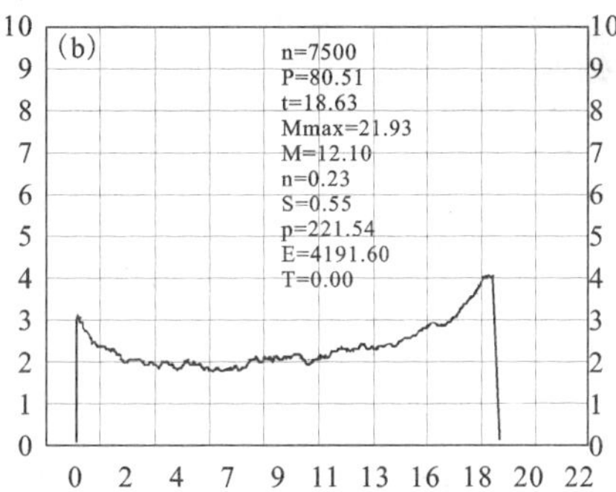

图 2－120　刹车副设计着陆能量试验条件下的典型曲线比较

(a)研制；(b)对比

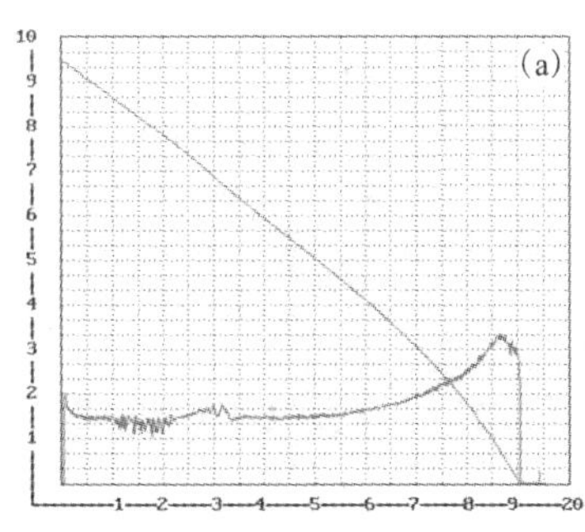

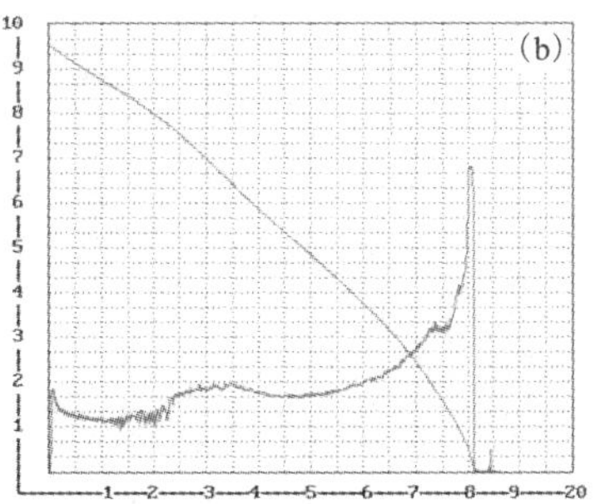

图 2－121　刹车副在 RTO 能量试验条件下的典型曲线

(a)研制；(b)对比

2.6.3 实验室模拟条件下典型摩擦表面分析

摩擦材料的工作主要是通过相互运动表面间发生的作用和变化而达到制动作用的，因此，了解和研究摩擦表面形态和接触状况是分析摩擦磨损机理的基础，使摩擦材料的作用机理研究进入微观本质。图 2－122 为新型摩擦材料在实验室模拟试验条件下的典型表面状态。

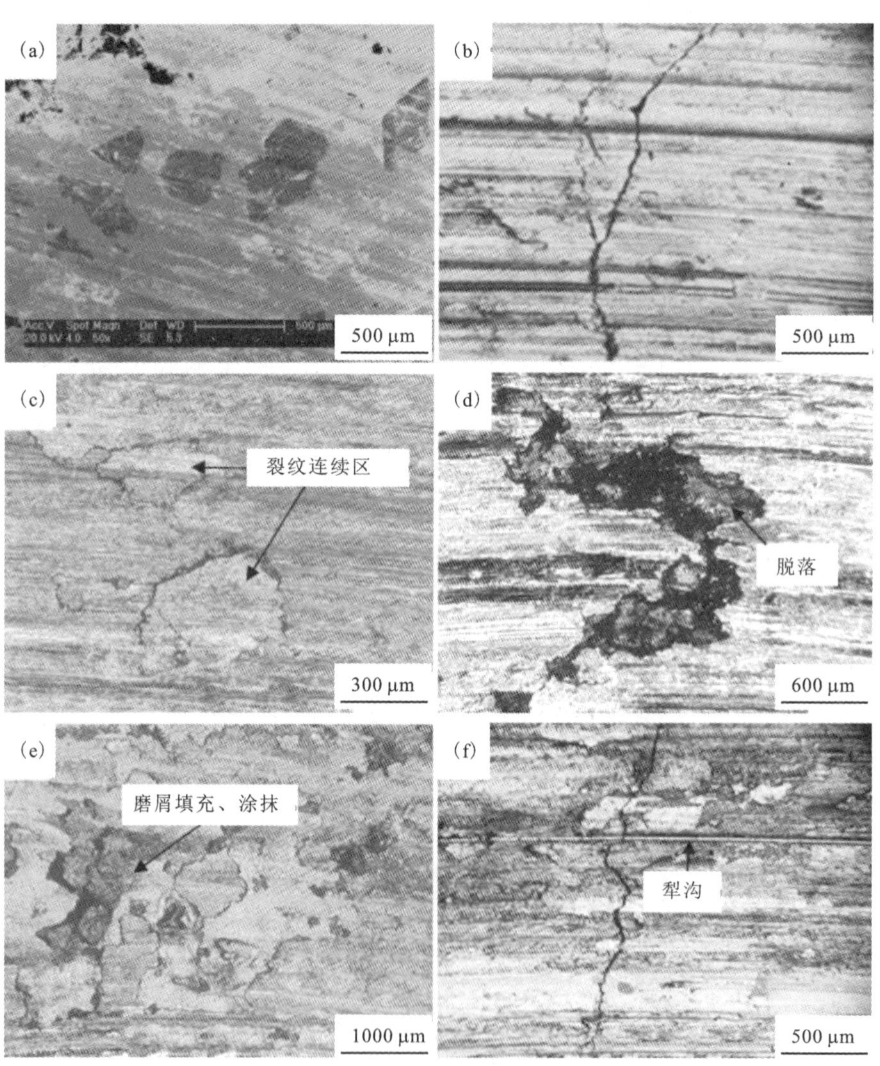

图 2－122　典型摩擦表面状态

总体而言，新型摩擦材料的磨损表面总体上是完整的，如图 2－122(a)所示。该区域虽有少量犁沟的存在，但整体上摩擦膜完整，观察不到明显的脱落、粘附痕迹，该区域摩擦膜较完整，具有较好的耐磨性。

在摩擦过程中，由于摩擦材料是宏观均匀、微观不均匀的金属和非金属相结合的金属基陶瓷材料，材料中金属与非金属之间存在较大的膨胀系数差异，在制动过程中，由于制动热的作用，在金属和非金属之间易产生微裂纹，而由于表面摩擦力在摩擦材料表面内引起的剪切应力将导致材料表面产生垂直于运动方向的裂纹，如图 2－122(b)所示。当摩擦面下的次表面和基体之间产生的横向裂纹扩展并与表面裂纹连通时，如图 2－122(c)，形成表面脱落现象。此外，摩擦表面上的氧化膜或其他沾污膜会因表面剪切而遭到破坏，从而显露出新鲜的金属表面。在化学键的作用下，对偶与新鲜金属表面焊合，在摩擦力作用下结合处被剪断，从而导致黏结磨损。从图 2－122(d)可以看出摩擦表面出现了严重的脱落现象，说明该处发生了剧烈的粘着磨损或裂纹连通导致的材料脱落现象的产生。

在摩擦过程中，当较软的铜基体磨损后，更为耐磨的摩擦组元会突出于摩擦表面，在摩擦力的反复作用下，少数突出于表面的硬质颗粒破碎、脱落后在摩擦副之间滚滑并与摩擦面发生犁削作用，进而在摩擦表面形成了犁沟，如图2－122(f)。

如前所述，材料在摩擦过程中会因磨损而在摩擦表面形成凹坑或犁沟，如图 2－122(f)所示，并伴随有脱落物的产生。一部分脱落物从摩擦系统中脱离成为磨屑，另一部分则聚集在摩擦表面的凹坑或犁沟处，在多向应力的作用下，这些脱落物被反复碾压，发生变形从而涂覆于摩擦面成为新的摩擦膜，如图 2－122(e)所示。在此过程中，由于摩擦表面粗糙度较大，涂覆层与基体结合不牢等原因，材料仍然会发生一定量的磨损，但是随着摩擦表面的逐渐生成，摩擦表面粗糙度降低，涂覆层在摩擦力的作用下逐渐与基体合二为一，材料磨损程度逐渐由中度磨损转化为轻微磨损。该过程示意图如图 2－123 所示。

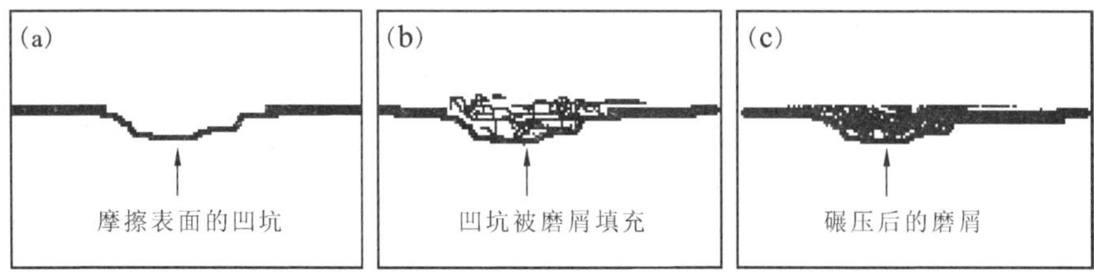

图 2－123　摩擦表面再生示意图

2.6.4 航空制动铜基摩擦材料表面层结构分析

表面层的厚度对摩擦因数的影响很大。表面层破坏以后摩擦因数将发生急剧变化。破坏的原因包括刹车压力引起的机械破坏和硬质犁沟效应的破坏以及热不匹配的剥落。

表面几何特征对于摩擦材料的摩擦磨损性能起着决定性影响。固体表面的摩擦学性能直接受到表面形态的影响，除几何形貌之外，表面物理与化学形态也是控制摩擦学行为和过程的重要因素。

摩擦材料在摩擦磨损过程中形成的表层结构随使用条件的变化发生明显的差异，而摩擦表面层是决定摩擦材料摩擦磨损特性的关键之一，其物理力学性能、化学性质与摩擦材料本体存在极大的差异。因此对摩擦材料摩擦磨损性能的研究往往要归结于摩擦材料本体在摩擦磨损过程中对摩擦表面层形成过程的影响以及摩擦表面层的摩擦磨损作用机理的研究。

一般普通金属材料摩擦表层结构从表面开始依次可分为普通污染层、吸附层、氧化膜、强烈变形区、严重变形区、轻微变形区、金属基体。粉末冶金摩擦材料的摩擦表面不同于普通金属的摩擦表面，其摩擦表面层的结构相对复杂，表面层组织结构的变化受材料本身结构及其摩擦工作条件的影响。根据分析，粉末冶金摩擦材料的表面结构基本上可以分为三部分：表面摩擦膜、机械混合层、塑性紊流区等。

通过实验室模拟条件测试，新型摩擦材料所表现的典型摩擦磨损表面层结构如图 2 – 124 所示。其中，表面摩擦膜通常是氧化为主的隔离膜，厚度较薄，从宏观的描述中常被并入不连续的机械混合层或塑性紊流区。摩擦表面结构示意图如图 2 – 125 所示。

机械混合层是由摩擦材料的磨屑和对偶材料的磨屑在摩擦副之间被反复碾压而成，如图 2 – 126，从机械混合层实际情况，由图 2 – 124 可知，机械混合层的结构为松散且不连续的。在摩擦亚表面组织结构中，机械混合层与塑性紊流区的结合是不紧密的，如图 2 – 125 所示，存在着明显的间隙，在摩擦过程中容易与塑性紊流区剥落，机械混合层的存在是一个消耗与生成的动态平衡过程，因此，机械混合层的生成和剥离是材料磨粒磨损产生的结果和原因之一。

处在机械混合层下方的为塑性紊流区，在摩擦过程中，亚表面组织的基体和基体中的塑性组分在摩擦力导致的剪切力和摩擦热的共同作用下发生了剧烈的塑性变形，Cu – Sn 基体和基体中的塑性金属颗粒（如 Fe 铁颗粒）沿滑动方向发生了塑性流动。图 2 – 127 所示为塑性紊流区的能谱分析图，从图中可以看出，塑性紊流区为富 Fe 和 Cu 的组织，塑性紊流区较致密，且与基体存在着明显的分界线。

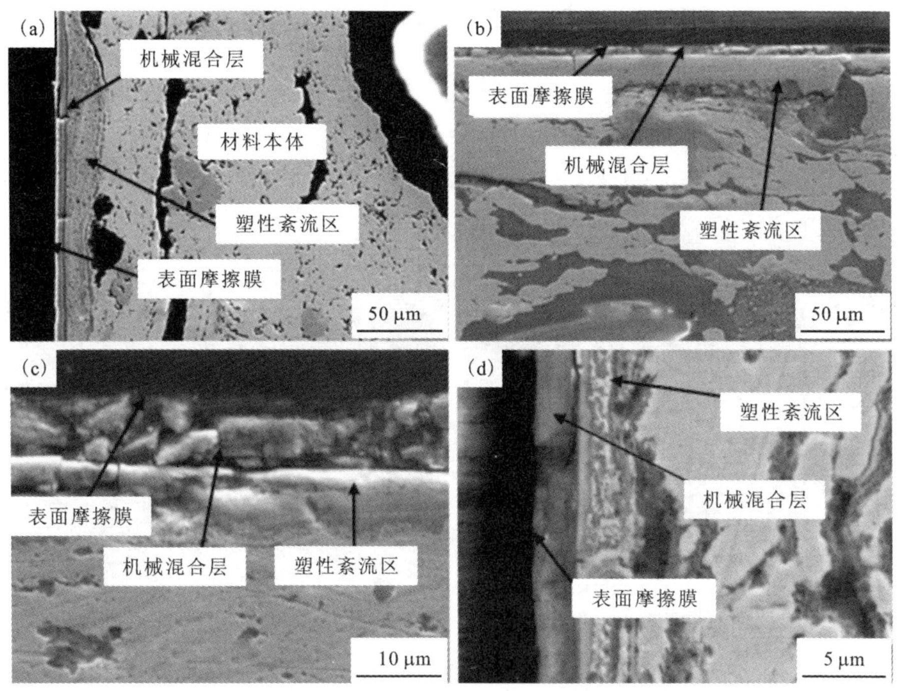

图 2－124　摩擦材料典型表面层结构

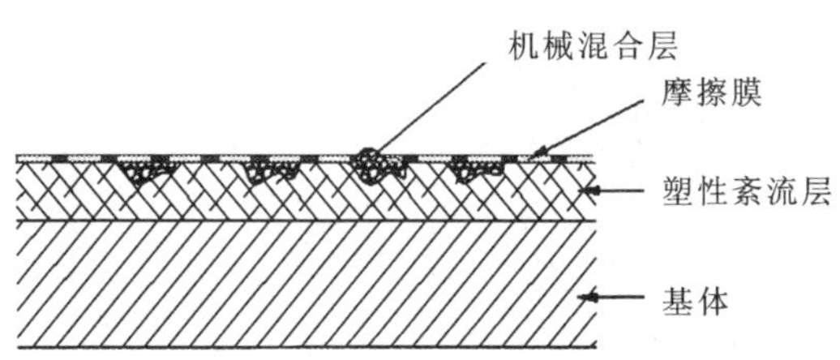

图 2－125　摩擦材料摩擦表面层结构示意图

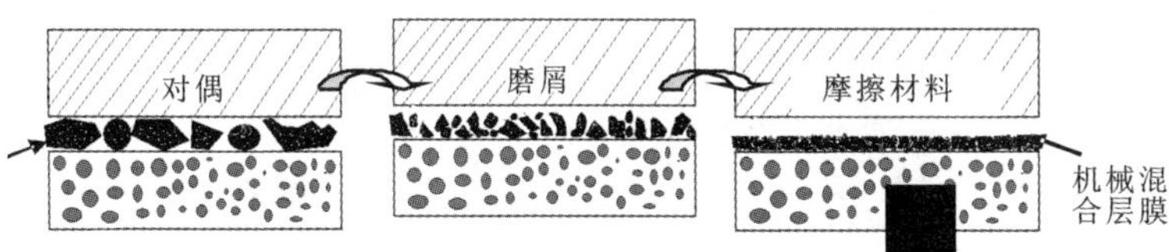

图 2－126　机械混合层的形成过程图

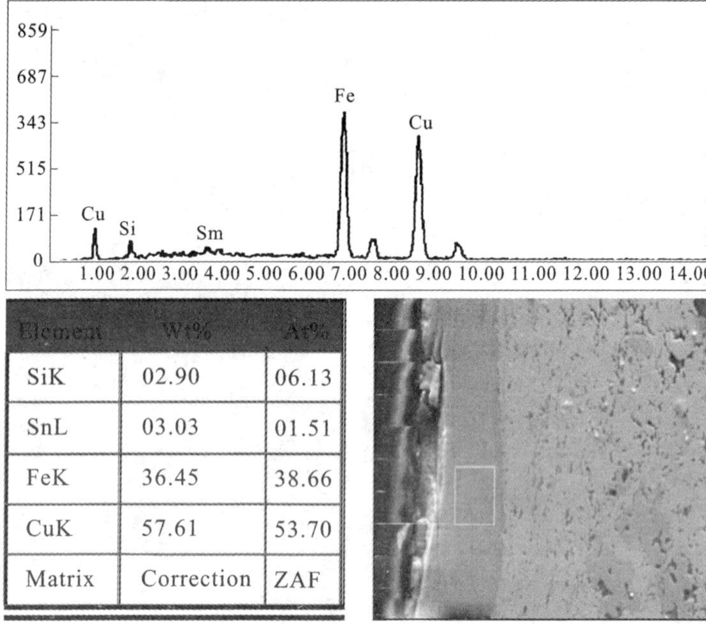

Element	Wt%	At%
SiK	02.90	06.13
SnL	03.03	01.51
FeK	36.45	38.66
CuK	57.61	53.70
Matrix	Correction	ZAF

图 2 - 127　塑性紊流区的能谱分析

图2 - 128 所示为亚表面组织结构元素分析图，从图中可以看出，致密的塑性紊流区的主要成分为铁，扫描曲线越过分界线后，主要元素变为 Cu。

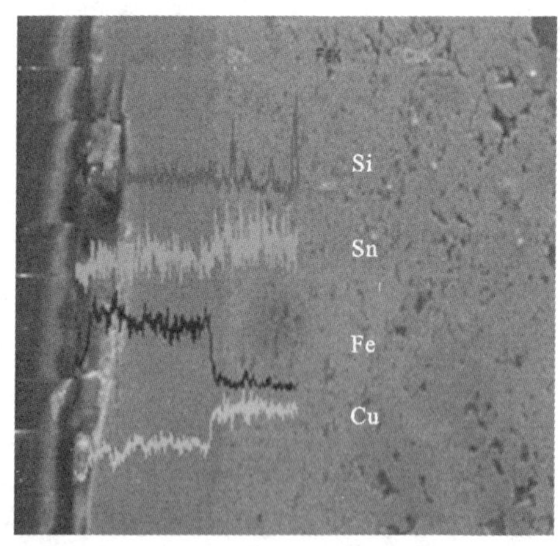

图 2 - 128　亚表面组织元素线扫描图

通过对摩擦材料亚表面的组织结构分析并结合所制备的材料的组织结构发现，所制备的铜基摩擦材料亚表面组织中，富 Fe 结构层的形成过程是通过材料基体中的 Fe 颗粒在压应力、剪切应力和摩擦热的共同作用下平行于滑动方向发生塑性流变形成的，其形成过程示意图如图 2－129 所示。摩擦表面下方的铁颗粒在剪切的作用下发生塑性变形，在变形过程中，颗粒间的 Cu－Sn 合金基体同时也被夹杂在塑性紊流中同时发生剪切塑性变形，这就是为何富铁层中同样存在部分的 Cu 和 Sn 元素，在摩擦过程中，摩擦表面的闪点温度能达到 1000℃以上，塑性紊流区内的 Cu－Sn 基体和铁颗粒在压应力、剪切应力和摩擦热三者的作用下不仅发生塑性流变，同时还发生了致密化过程。

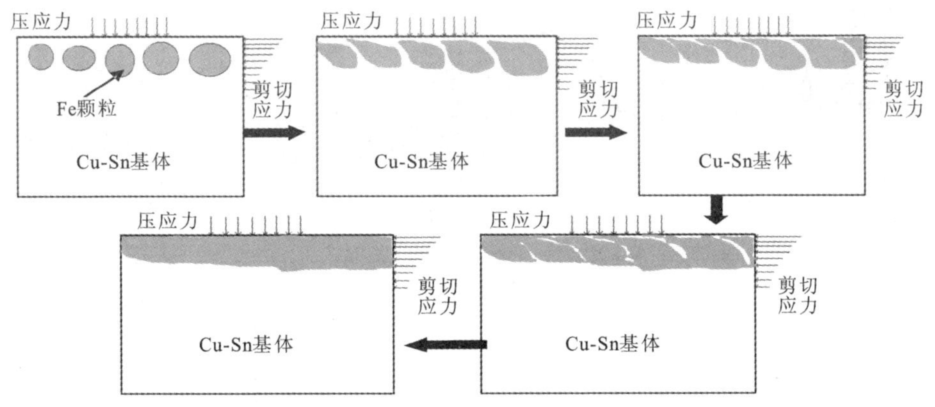

图 2－129　塑性紊流区富铁层的形成过程图

塑性变形区与机械混合层产生明显的分界是由于摩擦亚表面的剪切应力梯度与摩擦热共同作用产生的，根据经典的摩擦接触理论可知，在摩擦过程中摩擦力导致的剪切应力沿垂直于摩擦表面方向向下逐渐衰减，最大剪切应力产生在摩擦表面附近，同时，摩擦热产生的高温使得粉末冶金摩擦材料塑性变形区中的材料基体与基体中的金属组元（如 Fe、Mo、W 等）塑性增加，在剪切应力的作用下容易发生塑性变形，如图 2－130（b）所示的 Fe 颗粒沿滑动方向被剪切拉长。塑性变形区中的大粒径硬质颗粒在三向力的作用下被挤压破碎成为小颗粒，如图 2－130（d）所示，在机械混合层中的材料由于磨损而消耗的同时，机械混合层不断地向塑性变形区下部输送已经被碾压细化的材料，这些材料到达塑性变形区后将发生大尺度的塑性流动变形，并且在摩擦热的作用下发生致密化过程，因此形成了如图 2－130（a）所示的致密的摩擦塑性变形区，在塑性变形区中还可以发现明显的细化的陶瓷颗粒与鳞片石墨碎片。

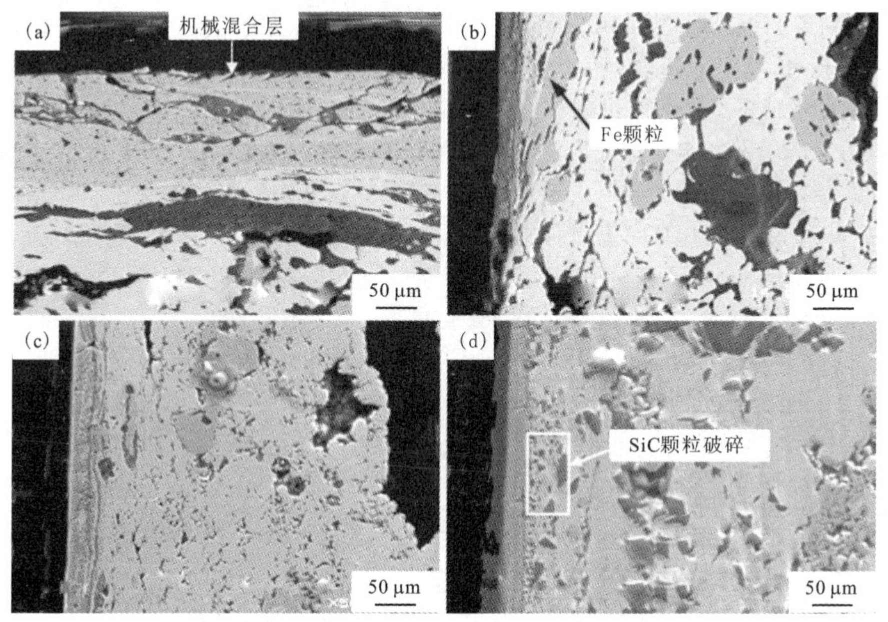

图 2 - 130　塑性紊流区 SEM 形貌

2.6.5　航空制动摩擦材料摩擦过程中裂纹分类及萌生机制

裂纹是摩擦材料磨损过程中磨损产生的重要基本原因之一。

通过摩擦磨损测试，大体上可以把新型摩擦材料在摩擦磨损试验后表面和亚表面组织中的裂纹分为以下三类：

1)垂直于滑动摩擦方向的裂纹。图 2 - 131(a)所示为在摩擦表面此类裂纹的形貌图。垂直的裂纹只发生在材料表面的机械混合层中，因为机械混合层中的材料由于受到循环的剪切应力的作用，金属基体的剪切应变不断积累导致了加工硬化。因此机械混合层脆性较大、强度低，受到剪切应力的作用容易断裂而萌生裂纹，萌生的裂纹垂直于滑动方向不断扩展并突出摩擦表面形成如图中的裂纹形貌。

2)平行于滑动方向的裂纹。图 2 - 131(c)所示为平行于滑动方向的裂纹图。这类裂纹在塑性紊流区内扩展，当裂纹扩展出摩擦膜表面时，裂纹以上部分的材料将发生剥落而在摩擦表面留下凹坑，即材料发生剥层磨损。由于材料亚表面组织受到摩擦力引起的剪切应力的作用，亚表面组织发生剪切塑性变形，塑性变形积累到一定程度后会在亚表面组织一定深度内萌生裂纹，萌生的裂纹扩展到塑性紊流区后在剪切应力的作用下将平行于滑动方向向塑性紊流区内扩展。在亚表面组织内容易萌生裂纹的区域为鳞片石墨的应力尖端，如图 2 - 131(c)所示。

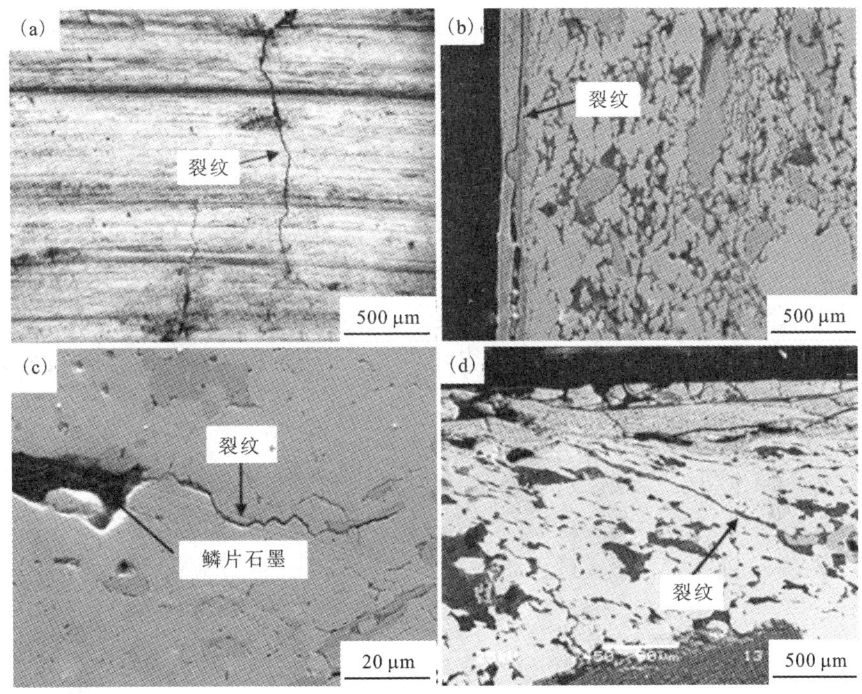

图 2－131　摩擦材料典型裂纹情况

3）在亚表面组织内扩展的裂纹。图 2－131（d）所示为此类裂纹，在亚表面较深的组织内，裂纹萌生后将沿材料中的弱界面扩展，由于 Fe 颗粒与铜基体的结合强度不高，因此裂纹可以通过 Fe/Cu 界面扩展，在铜基摩擦材料中，石墨/铜、SiO_2/Cu 和 Fe/Cu 都可能成为此类裂纹的扩展通道。

在观察所制备的铜基粉末冶金摩擦材料的亚表面组织发现，在亚表面一定深度内产生的裂纹总是趋向于向摩擦表面扩展，如图 2－132 所示。

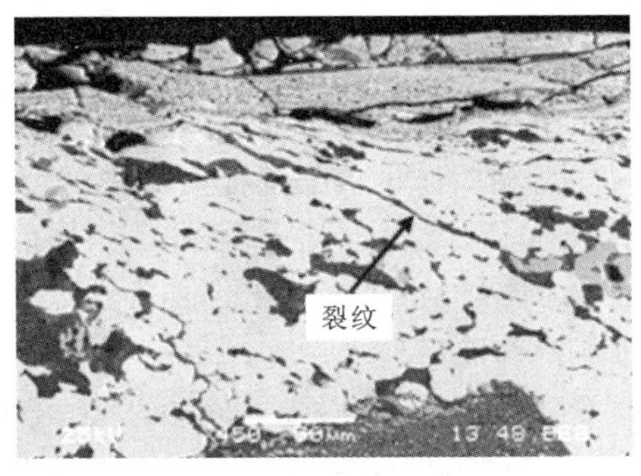

图 2－132　裂纹向表面扩展图

根据赫斯接触原理，当微凸体作用在材料表面并沿一个方向滑动时，滑动摩擦力导致的最大剪切应力产生在材料摩擦表面的一定深度内，并且剪切应力随着离表面越远逐渐衰减，如图 2 – 133(a)所示。在摩擦过程中，微凸体所导致的剪切应力在材料基体中的分布是不均匀的，因此，基体内有的区域发生了严重的塑性变形，有的区域没有受到剪切应力的影响，材料基体中硬质颗粒的分布状态也影响着基体的塑性流变状态，形成了图 2 – 133(b)的状态图，材料基体内存在着未变形区和塑性流变区，两者之间存在着分界面，这个分界面成为了位错、空穴和孔隙等缺陷的聚集区。塑性流变区靠近表面的部分受到剪切应力的影响大，塑性变形严重，下部分受到剪切应力的影响小，由于剪切应力垂直于摩擦表面的梯度分布导致了塑性流变区呈舌状。

剪切应力导致的塑性变形不断积累，当塑性变形积累到一定程度，会在亚表面的组织内萌生裂纹，当裂纹扩展到塑性流变区和未变形区的分界面时，由于分界面存在着位错、空穴和孔隙等缺陷，裂纹容易沿分界面扩展爬升到近摩擦表面处如图 2 – 132 所示，其形成过程如图 2 – 133(c)、图 2 – 133(d)所示。

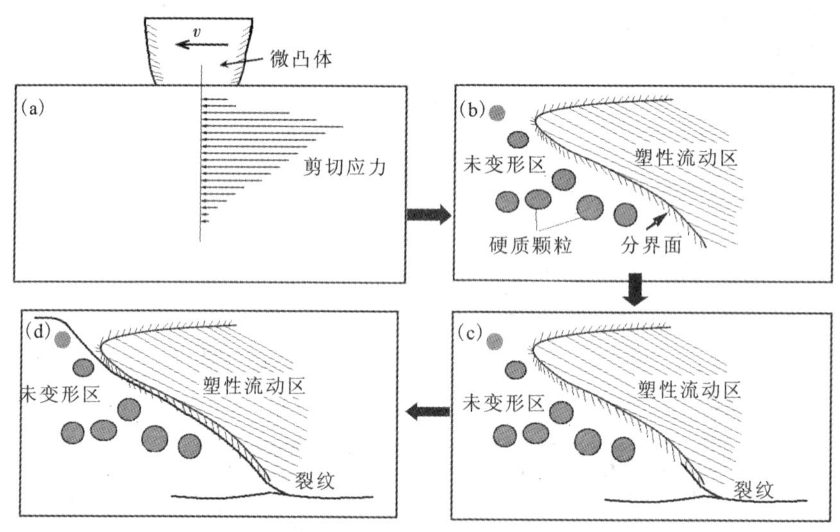

图 2 – 133　裂纹扩展示意图

通过以上分析可以确定在所制备的铜基粉末冶金摩擦材料中，摩擦表面和亚表面组织内裂纹的萌生有两种机制：

1)由剪切应力直接导致的裂纹。如图 2 – 131(a)所示，剪切应力直接作用在脆性较大的严重变形层上，当剪切应力超过严重变形层的强度极限时，连续的严重变形层被剪切，产生裂纹，裂纹沿摩擦表面扩展，形成了垂直于摩擦滑动方向的裂纹。

2）由于剪切塑性变形导致的裂纹。摩擦材料亚表面组织内的裂纹都是由于这类裂纹萌生机制导致的。在摩擦过程中，由于表面处存在三维高压应力和位错映象力，故最大的剪切变形发生在摩擦表面下的一定深度处，而近表面的区域受到剪切应力的影响较小，因此，塑性变形小，而摩擦表面下的一定深度内的部分受到剪切应力的作用发生了塑性变形，随着塑性变形的不断积累，在表面下一定深度处出现位错堆积，加上摩擦材料内部存在弱界面、杂质和孔隙等缺陷，促使形成裂纹和空穴。当载荷继续作用时，使裂纹延伸和扩展，并和附近的裂纹连接起来，形成一条平行于摩擦表面的裂纹，如图 2 - 131(b) 所示。

2.6.6 航空制动摩擦材料磨屑的初步表征

摩擦材料的工作过程就是通过与对偶材料的滑动过程中相互作用而产生摩擦阻力，由于存在相对运动，表面作用力必然将造成材料的损耗，形成各种磨损物。磨损产物——磨屑的不同既反映了不同磨损机理，又反映了材料在摩擦时的变形能力。磨屑的形状和尺寸反映了不同的磨损机制，是摩擦副是否正常工作的信号，可以揭示表面破坏的原因和过程。在研究摩擦表面破坏机理时，磨屑起着很重要的作用，且具有多样性，研究磨屑是评价破坏后表面层的主要方法。

粉末冶金摩擦材料在摩擦过程中所产生的磨屑，是表面摩擦磨损的产物。由于摩擦过程无法直接观察，要了解摩擦表面的变化，对磨屑的观察分析就显得尤为重要。小碎片黏附在摩擦表面，并结合、长大，直到最后脱落成一个游离的磨屑。磨屑通常不是由它们的母体表面直接分离出来的，而是由许多微小的粘着碎片组合与堆积构成一个大的微粒，从摩擦系统脱落后，就称为磨屑。

磨损机理研究中最重要的问题就是磨屑的分类和磨屑的产生过程，即磨屑形成机理。通过各种试验条件下的测试，获得的新型摩擦材料在摩擦磨损过程中产生的磨屑可以按形貌划分为絮状磨屑、管状磨屑、类球状磨屑、刨花状磨屑、片状磨屑以及组元脱落磨屑等六大类。

2.6.6.1 絮状磨屑

如图 2 - 134 所示为典型的絮状磨屑。絮状磨屑在各种实验条件下均普遍存在。

通常絮状磨屑在收集过程中易团聚在一起，如图 2 - 134(d) 所示。图 2 - 134(a) 为在试验条件时摩擦表面瞬时高温作用下絮状磨屑黏结成块状，但从图 2 - 134(b)、图 2 - 134(c) 的放大图仍可明显区分出典型的絮状。

可以认为，絮状磨屑是由对偶材料微凸体或摩擦过程产生的硬质磨屑的犁削磨损（微切削）作用下产生的，其形成过程如图 2 - 135 所示。

图 2-134　絮状磨屑

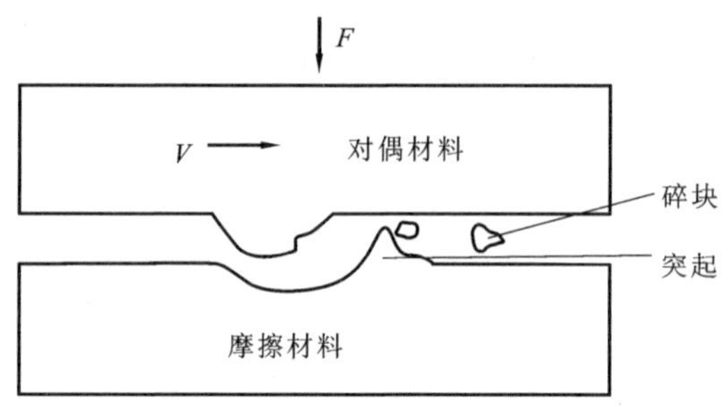

图 2-135　絮状磨屑生成示意图

2.6.6.2　管状磨屑

通常，将在摩擦过程中形成的带有明显卷曲成空心管的长条状磨屑称为管状磨屑，如图 2-136(a) 所示，从图 2-136(b) 可以看到管状磨屑卷曲和空心的情况。

管状磨屑的形成过程较复杂，一方面，由于絮状磨屑在摩擦表面高温的作用下，易形成机械混合层，在进一步的摩擦过程中，成块的机械混合层脱离塑性变形区后，在摩擦表面间隙适中的条件下，易在滚动中经塑性变形形成管状磨屑。另一方面，当对偶件中形成了微凸体对具有塑性层进行犁削作用时，也可能形成管状磨屑，如图 2-137 所示。

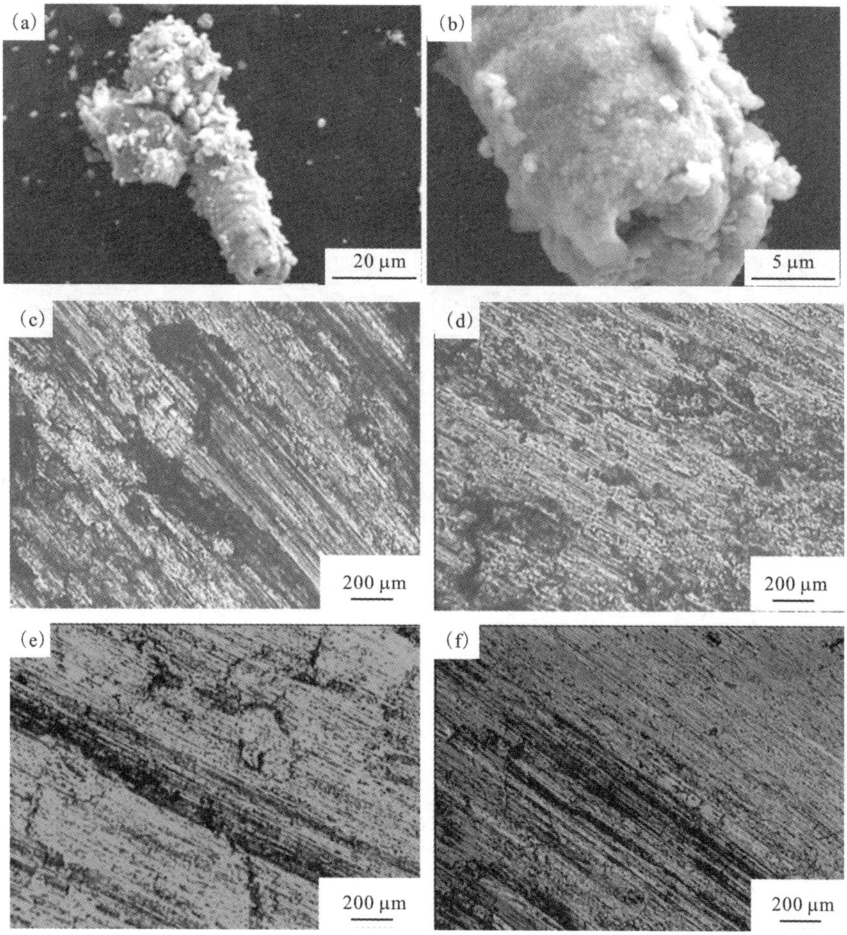

图 2－136　管状磨屑

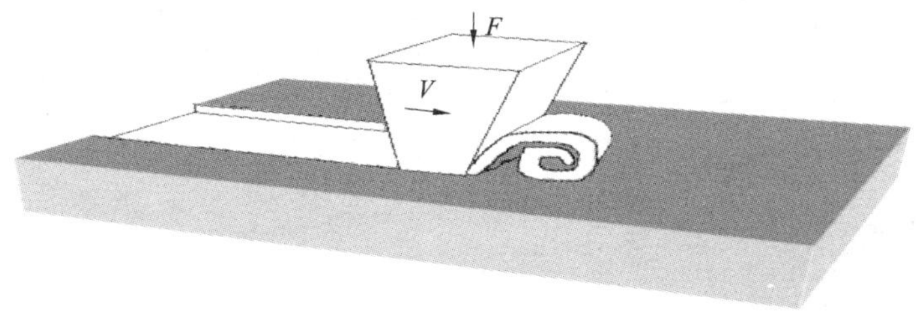

图 2－137　管状磨屑犁削作用生成示意图

2.6.6.3 类球状磨屑

在中止起飞实验条件下，出现了大量外观呈类球形的磨屑，称为类球状磨屑。类球状磨屑的形成过程是由于摩擦材料在高速、高能制动条件下由于局部接触形成的微小高温区，导致材料中低熔点组元形成熔滴，且在高速旋转中旋出，并在空气中冷却形成如图 2－138(a)，或由细碎片状磨屑因排泄不通畅而在高温条件下黏结在一起形成的如图 2－138(b)。

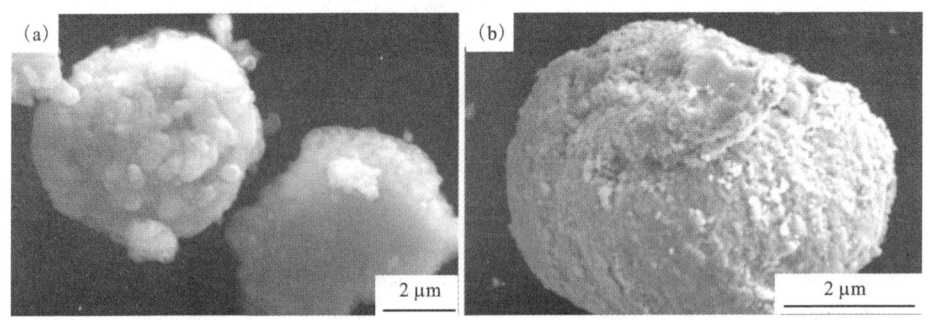

图 2－138 类球状磨屑

2.6.6.4 刨花型磨屑

在磨屑中，常会发现存在一些大块的类似刨花型的磨屑，与片状磨屑不同的是，刨花型磨屑的边沿呈齿状，且在表面存在明显的犁沟，通常此类磨屑在新型摩擦材料经历高速高压模拟试验条件下产生，图 2－139(a)、图 2－139(b)为两种典型的刨花型磨屑。经分析，该类磨屑通常是由塑性基体材料被硬质颗粒犁削作用形成，其形成过程如图 2－140 所示。

图 2－139 刨花型磨屑

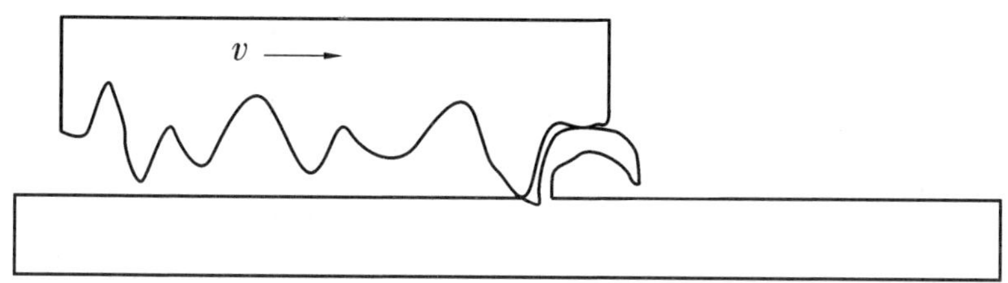

图 2－140　刨花型磨屑形成示意图

2.6.6.5　片状磨屑

片状磨屑是在三维方向均有较大尺度的块状磨屑，是航空制动粉末冶金摩擦材料高能制动摩擦过程大量生成的磨屑，也是摩擦材料剧烈磨损的表征物之一。

在片状磨屑中，可以认为存在两种状态，一种状态如图 2－141(a)所示，磨屑明显是由不同絮状磨屑在摩擦过程中先形成机械混合层后剥离摩擦表面而成，其形成过程如图 2－142 所示。另一种片状磨屑主要是由于摩擦材料中的裂纹扩展并连接后摩擦材料或塑性变形层整体剥落而成图 2－141(b)。图 2－143(a)、图 2－143(b)、图 2－143(c)所示片状磨屑的摩擦表面和表面层内可以发现明显的裂纹存在，图 2－143(d)为出现图 2－143(c)类磨屑时同时出现的片状磨屑，可以发现，摩擦表面存在明显的高温摩擦过程和磨屑涂抹过程。可以认为，此类磨屑的形成过程如图 2－144 所示，主要是在摩擦表面发生高温过程中，由于各表面特性的区别，在表层形成了裂纹的萌生和扩展，最终导致材料表层形成较大的块状脱落而形成片状磨屑。比较特殊的是图 2－143(e)，通过分析，其形成主要是该磨屑处于试样的边沿，由于裂纹的萌生和连接，从而造成较规整的块状剥落而形成该类片状磨屑。

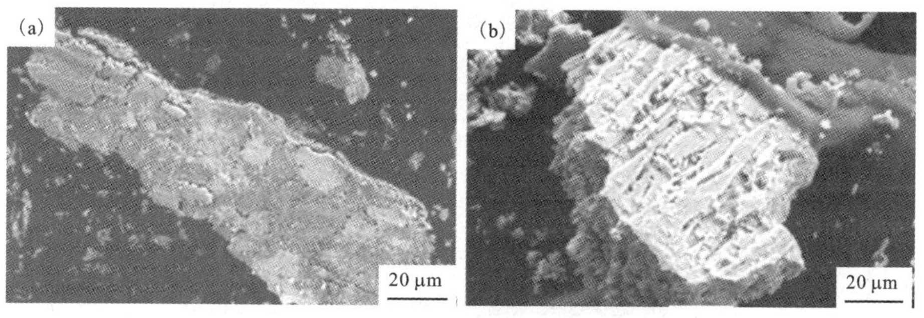

图 2－141　机械混合层剥落型片状磨屑

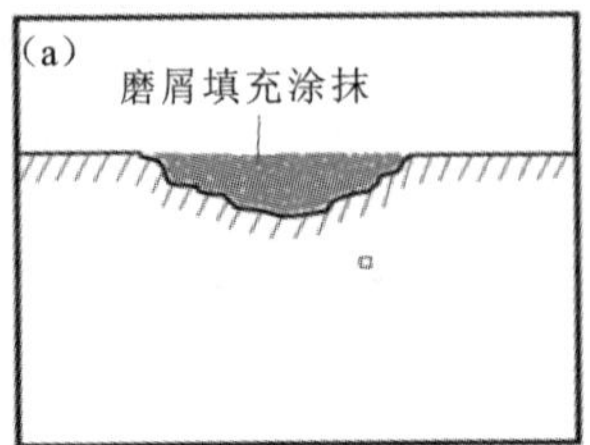

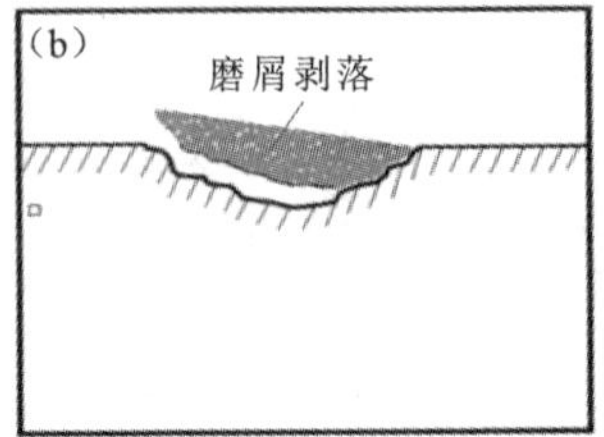

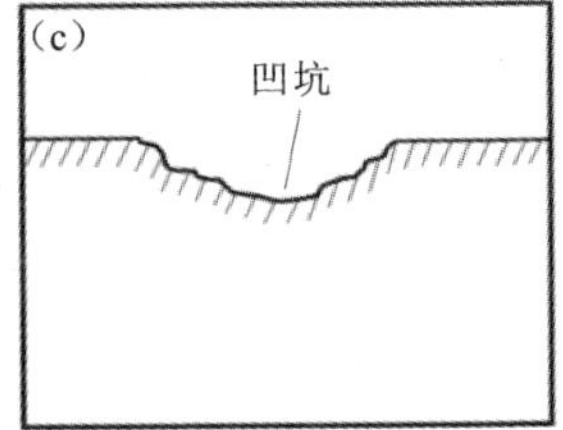

图 2-142　机械混合层剥落型片状磨屑生成示意图

图 2-143　材料或塑性紊流区剥落型片状磨屑

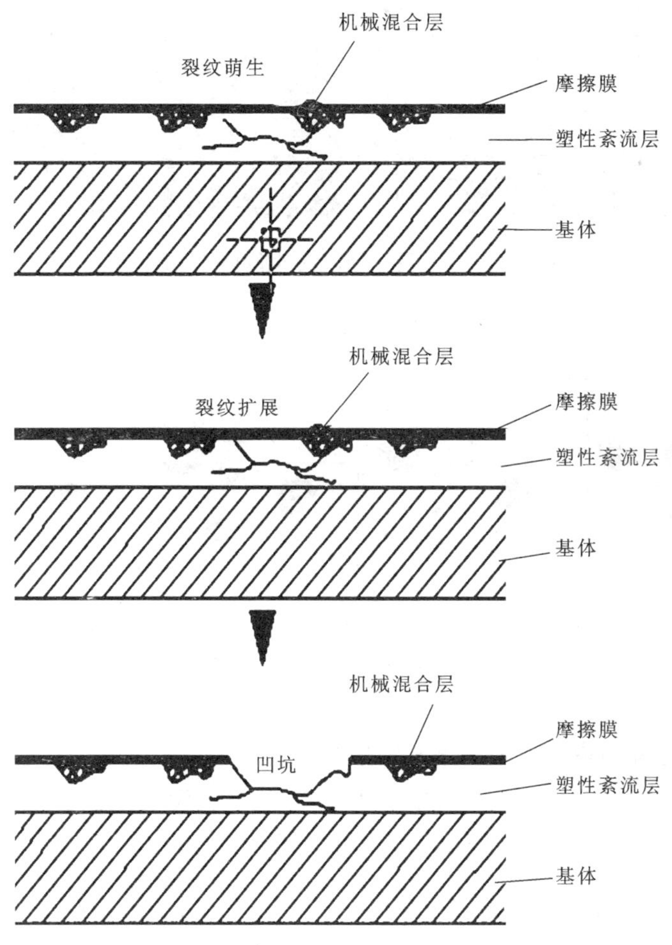

图 2 - 144　材料或塑性紊流区剥落型片状磨屑形成示意图

2.6.6.6　组元脱落磨屑

由于在新型铜基摩擦材料中采用了大量的非金属组元，除石墨和铁等组元有一定的反应外，其他基本呈镶嵌状态存在于基体中。在摩擦过程中，镶嵌体在表面外露并参与摩擦磨损过程，当镶嵌体受到的摩擦拔出力大于材料铜基体对非金属组元的物理镶嵌力时，非金属组元脱落而形成组元脱落磨屑，如图 2 - 145 与图 2 - 146所示。该种磨屑在各种模拟条件下均可能存在，表明在材料设计和制造过程中，应加强非金属组元和基体的结合强度，如对非金属组元表面进行金属化处理。

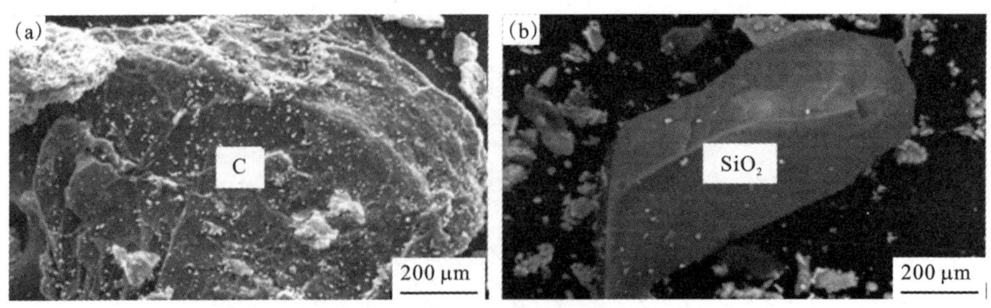

图 2-145　组元脱落磨屑

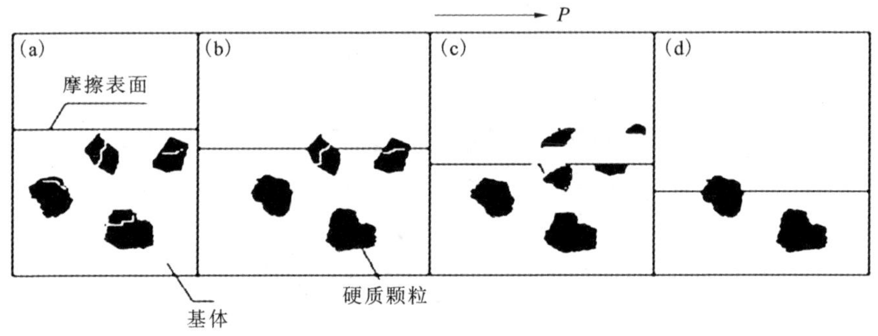

图 2-146　摩擦过程中硬质颗粒的脱落现象

2.6.6.7　磨屑在航空刹车副工作中的监督作用

从上述分析中可以看出，不同的磨损机制将产生不同形状尺寸的磨屑，如粘着磨损容易达到片状磨屑形成条件，而磨粒磨损则产生刨花状磨屑，球形磨屑则表明刹车材料表面温度过高，表面局部熔化或磨屑排泄不畅等。

在航空刹车副工作中，通过统计和分析认为，絮状磨屑为主是正常的，球状磨屑的出现则预示着表面曾经历很高温度，片状或刨花状磨屑的出现则预示着刹车副经历了恶劣条件刹车或刹车材料已经使用到接近极限状态，而片状磨屑也经常出现在基体组织较连续的刹车材料工作过程中。

飞机刹车副的磨损是复杂的，而运动部分又是封闭的，为了确定刹车副的磨损状况，需要定时拆解刹车副，不仅浪费人力物力，而且影响飞机的使用效率。而借助于磨屑分析提供的信息，为我们提供了对航空刹车副工作过程中刹车材料状态迅速准确的动态监督手段，经实际使用，证明是有效的。

2.6.7　地面惯性台模拟条件下的摩擦磨损特性

通过实验室的材料设计研究和工艺研究获得了一种具有良好物理、机械性能和摩擦磨损性能的航空摩擦材料，并通过对工艺和材料组成的微小调整，制造成多种现代民航飞机用飞机摩擦副（图 2－147 所示）。针对摩擦副的设计要求，开展了地面惯性台的试验，并进行了地面模拟验证研究。

图 2－147　典型研制飞机刹车副

（a）A 型刹车；（b）B 型刹车

2.6.7.1　实验设备

HJDS－Ⅱ型航空轮胎/机轮刹车装置动态模拟试验台（图 2－148）。

图 2－148　（a）HJDS－Ⅱ型航空轮胎/机轮刹车装置动态模拟试验台和（b）刹车组装状态

2.6.7.2　实验内容

摩擦副在地面试验台上主要进行以下几项试验。

（1）设计着陆能量动态力矩试验

该实验是模拟飞机着陆状态和刹车动作进行比较充分的试验，确保正常着陆条件下的安全性和使用性能的稳定性，通常进行 100 次左右。

（2）超载着陆（125% 设计着陆能量）动态力矩试验

该实验模拟飞机超载条件下的着陆，除能量高以外，其他条件和正常着陆能量试验条件相同，以考察在超载条件下摩擦副的使用性能。通常该试验进行三次，在正常着陆 100 次试验中穿插进行。

(3)热熔塞不熔化能量动态力矩试验

该试验的目的是考核摩擦副在极端条件下的散热能力及其对刹车组件的热影响。通过热熔塞的熔化与否来判断摩擦副是否符合设计要求。通常该试验进行一次。

(4)磨损限/新摩擦副 RTO 能量动态力矩试验

RTO 能量动态力矩试验是用来考核摩擦副在飞机抬前轮速度前因特殊原因需采取紧急制动时的制动能力，此时，飞机的重量为最大，起飞速度远大于降落速度，因此，其能量可达到正常着陆能量的两倍以上，是飞机摩擦副可能承受的最恶劣的刹车条件，通常是破坏性试验，只进行一次。因此，考虑到磨损限是飞机摩擦副已使用到寿命时的状态，此时，摩擦副热库最小，如果磨损限摩擦副通过 RTO 能量动态力矩试验，新摩擦副的 RTO 试验可以考虑不进行。

(5)刹车力矩/刹车压力特性试验

该试验主要验证在不同摩擦副使用过程中，随着摩擦副热库的减少(摩擦材料和对偶材料不断损耗)，摩擦副对刹车压力的响应性能。根据有关规定，对于规定飞机，通常在 100 次设计着陆能量动态力矩试验过程中分三次进行，每次进行 7 个刹车压力条件的试验。

2.6.7.3 典型实验结果和分析

表 2－49 为典型地面惯性实验台测试项目的摩擦磨损特性数据。对比表 2－49和表 2－48 可以发现，通过计算获得的实验室实验条件下的摩擦磨损特性基本和 1∶1 地面惯性实验台结果一致，但由于实验室模拟时散热条件优于地面惯性台模拟时状态，因此，表面温度相对较低，因此，实验室模拟条件下摩擦因数略低。

表 2－49 各条件下刹车副地面惯性实验台测试结果

试验条件	试验序列号	刹车压力/MPa	刹车力矩/(kN·m)			动能/MJ	摩擦因数	稳定系数
			最大	最小	平均			
设计着陆能量刹车试验	Z01－Z19	9.7	32.54	22.83	26.90	33.40	0.220	0.83
	Z20－Z92	9.6	31.46	22.13	26.44	33.11	0.226	0.84
超载着陆能量刹车试验	C01	9.6	34.88	20.35	28.39	42.433	0.278	0.81
	C02	9.4	29.52	24.32	26.26	42.201	0.251	0.88
	C03	9.3	29.44	22.18	25.81	41.925	0.246	0.88
中止起飞能量刹车试验	RT4	13.5	44.29	26.20	32.56	17.6	0.204	—

图2－149为不同实验条件下典型惯性台刹车曲线。对比图2－120、图2－121和图2－149可以发现，研制刹车副材料在实验室条件下的摩擦稳定性略低于地面惯性台测试结果。这主要是实验室测试式样为缩比试样，测试的稳定性与试环的重叠系数相关。而且由于刹车副的摩擦面积远大于试环的摩擦面积，实际接触面积的稳定性远大于试环，因此，地面惯性台试验的曲线稳定性优于实验室。

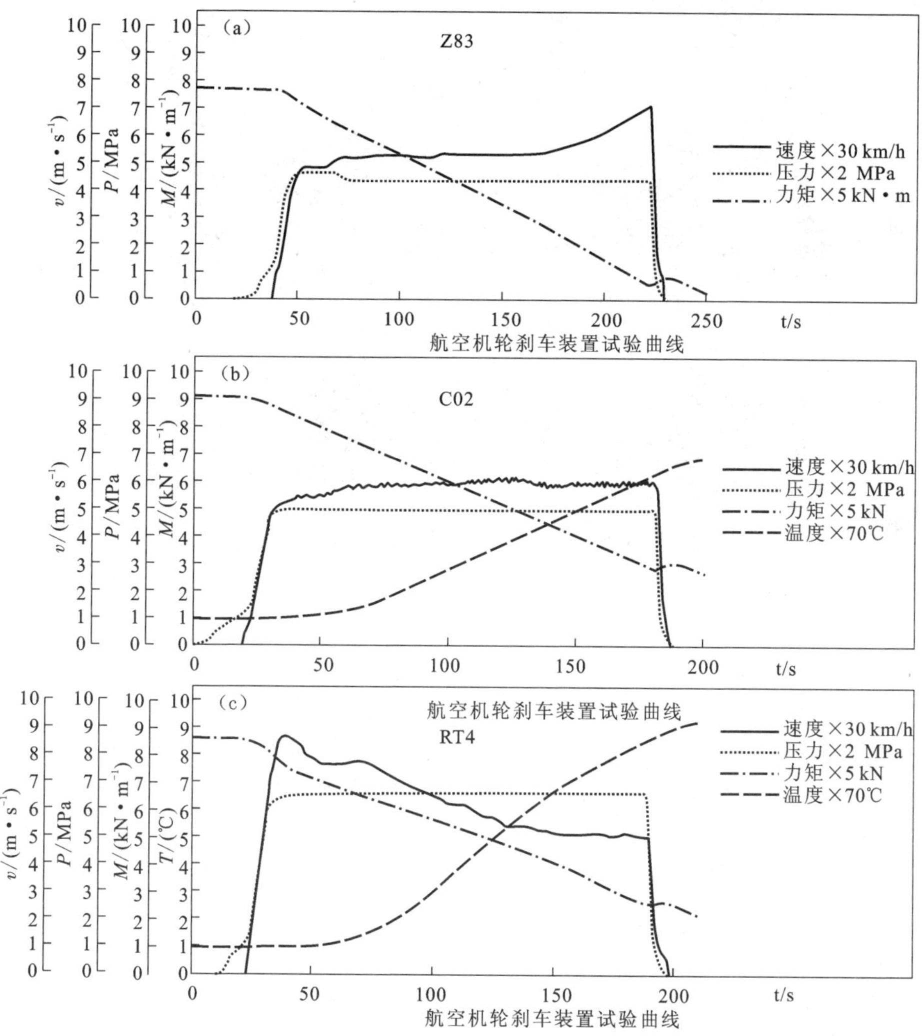

图2－149　地面惯性台试验典型曲线

(a)设计着陆能量；(b)超载着陆能量；(c)中止起飞

图 2－150 为刹车副地面惯性台测试后的典型表面状态。从图 2－150 可以看出，研制刹车副在经过全部刹车试验后，刹车副结构保持完好，无永久变形。刹车片表面平整光滑，处于良好的受磨状态。说明刹车副材料完全可以承受苛刻的地面模拟试验要求。

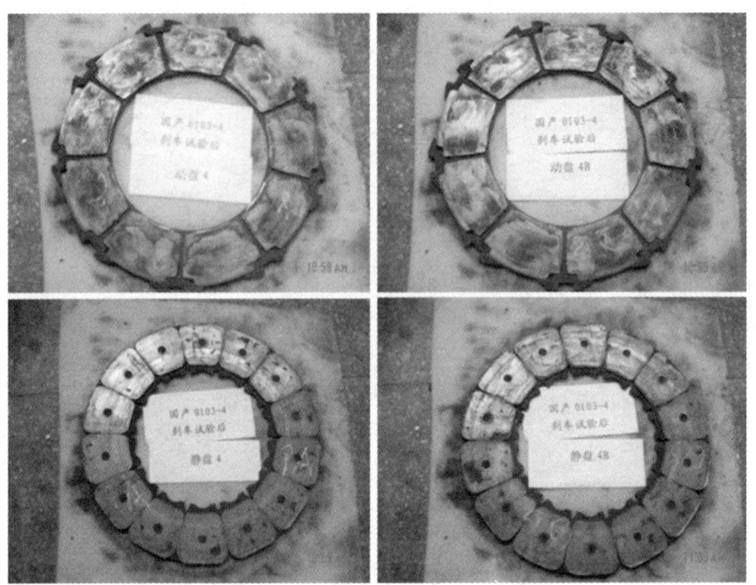

图 2－150　地面惯性台测试后刹车盘表面状态

2.7　小结

(1)采用温度场分析软件对刹车副温度场进行了研究。对于不同基体(铜基和铁－铜基)航空制动摩擦材料，刹车副温度场分布的规律相同，但采用铜基摩擦片时，刹车盘的最高温度(动盘温度代表)有所降低，因此，航空制动摩擦材料采用铜基体可以降低刹车副的最高温度，并使温度场分布更均匀。

(2)对比研究了雾化铜粉和电解铜粉的影响机理。采用电解铜粉末作为制动摩擦材料基体组元时，摩擦磨损性能稳定，摩擦表面完整，电解铜粉可与各种粉末添加组元混合均匀，减少了基体及各添加成分的偏析。建议采用电解铜粉作为航空制动摩擦材料的基体。

(3)考察了润滑组元中人造石墨、天然石墨及其粒度对铜基摩擦材料的作用机理和合适比例。在摩擦材料中人造石墨以游离态存在，隔离了基体的连续性，在摩擦磨损过程中，裂纹易在摩擦材料表面产生，当采用 50# 天然鳞片石墨能够保证材料具有较好的摩擦磨损性能，其磨损量小于含有人造石墨的材料；当石墨含量为 8% ~10% 时，制动摩擦材料具有较高的摩擦因数、稳定系数以及合适的磨损量，石墨含量增加，导致材料孔隙度增加，抗压强度下降，从而导致摩擦因数与磨损量增加，稳定系数变化不大。因此 Cu 基航空摩擦材料的生产中合适的石墨含量是 8% ~10% 。

(4)针对铜基摩擦材料中较大比例的非金属组元难混合均匀的难题，系统探讨了多种混合方式的效果和作用机理。研究认为，采用 V 形混料器和混料时间为 6 ~9 h，可以获得满足要求的混合料。混料 9 h 后，摩擦表面有轻微的磨痕和开裂，时间超过 15 h 后，磨痕及开裂更加严重。纠正了混料时间长有利于混合均匀的错误认识，节约了能源和时间。

(5)压制压力增大，金属颗粒的塑性变形量增大，再结晶时的形核数增加，因此晶粒尺寸变小，同时，材料中发生断裂的脆性颗粒数量随压制压力的增加而增多，并且材料的抗压强度和耐磨性能出现先增加后下降再增加的趋势。最佳的压制压力应为 400 MPa 左右，在该压制压力条件下既能使材料获得良好的抗压性能和摩擦磨损性能，又有利于减轻模具的磨损。

(6)烧结温度由 900℃升高到 930℃时，由于铁粉烧结性能的改变，材料密度显著增加，材料的耐磨性能得到显著改善；烧结温度由 930℃增加至 1000℃，材料致密化程度虽有所增加，但材料的磨损性能变化不大。烧结温度应在 930 ~1000℃范围内，烧结温度过低，材料中的孔隙较多，材料性能差；烧结温度过高，一方面会导致材料熔融，另一方面会造成能源浪费。

(7)在 100 ~180 min 时间范围内，随着保温时间的延长，材料的烧结逐渐趋于完全，其密度显著升高，磨损量降低；保温时间达到 180 min 后，由于烧结已经完成，继续延长保温时间，材料的密度和耐磨性几乎没有变化。

(8)烧结压力由 0.5 MPa 增加到 1.5 MPa，烧结机制由扩散转变为塑性流变，因此材料孔隙度显著减少，摩擦因数降低，磨损性能得到显著改善；烧结压力由 1.5 MPa 提高到 2.5 MPa，材料孔隙度进一步降低，但降幅较小，材料耐磨性能稍有提高；烧结压力达到 2.5 MPa 以后，材料的烧结已经进行完全，继续提高烧结压力对材料的致密化程度以及摩擦磨损性能影响不大。

(9)摩擦表面存在摩擦膜、机械混合层及塑性紊流区等三种区域，详细讨论了三种区域存在的机理、探索了新型摩擦材料在摩擦磨损过程中的裂纹萌生机制、典型的摩擦表面状态，初步区分和构建了新型粉末冶金摩擦材料的典型磨屑及其形成机制。

(10)从基体选择、原材料、润滑组元、摩擦组元等核心组元以及针对获得的新型铜基摩擦材料的混料、压制和烧结等工艺参数进行了系统研究，对铜基摩擦材料的摩擦磨损机理进行了系统的分析。获得了一种新型高性能铜基粉末冶金航空制动摩擦材料的材料配方设计和制备工艺。

参考文献

[1] 姚萍屏，熊翔，黄伯云．粉末冶金航空刹车材料的应用现状与发展[J]．粉末冶金工业．2000，10(6)：34 -38.

[2] 王秀飞，李东生．航空用铁基金属陶瓷摩擦材料[J]．材料工程，1999，8：27 -29.

[3] 于川江，姚萍屏．现代制动用刹车材料的应用研究和展望[J]．润滑与密封，2010，2：103 -106.

[4] 韩娟，熊翔．航空摩擦材料的发展[J]．第五届海峡两岸粉末冶金技术研讨会论文集，2004：67 -73.

[5] 王媛，林有希，叶绍炎，等．纤维增强树脂基摩阻材料研究进展[J]．工程塑料应用，2008，36(11)：79 -82.

[6] Kondoh. Aircraft brake materials[P]. Unied States Patent：5972070，1999 -10 -26.

[7] 杨兵．基体对铜基粉末冶金摩擦材料性能的影响[D]．中南工业大学，1996.

[8] 王零森，杨兵，樊毅，等．基体成分对铜基摩擦材料性能的影响[J]．中南工业大学学报，1996，27(2)：194 -198.

[9] Pan Y M，Fine M E，Cheng H S. Wear mechanisms of aluminum - based metal matrix composites under rolling and sliding contacts[J]. ASM International，1990：69 -79.

[10] Lomax D P，Patzer G N，Rajendran G. Multi carbide alloy for bimetallic cylinders[P]. Unied States Patent：5246056，1993 -9 -21.

[11] 李祥明，姜澄宇．金属陶瓷摩擦材料中的润湿性问题[J]．机械工程材料，1999，23(1)：36 -38.

[12] 樊毅，张金生，高游，等．石墨粒度对 Cu - Fe 基摩擦材料性能的影响[J]．摩擦学学报，2000，20(6)：475 -477.

[13] 钟志刚，邓海金，李明，等．Fe 含量对 Cu 基金属陶瓷摩擦材料摩擦磨损性能的影响[J]．材料工程，2002 (8)：17 -19.

[14] 盛洪超．制备工艺对铁基粉末冶金航空刹车材料组织与性能的影响[D]．中南大学，2006.

[15] 盛洪超，姚萍屏，熊翔．烧结压力对铜基粉末冶金航空刹车材料的影响[J]．润滑与密封，2006(11)：44 -46.

[16] 姚萍屏，盛洪超，熊翔，等．压制压力对铜基粉末冶金刹车材料组织和性能的影响[J]．粉末冶金材料科学与工程，2006，11(4)：239 -243.

[17] 盛洪超，熊翔，姚萍屏．烧结温度对铜基粉末冶金航空刹车材料摩擦磨损行为的影响[J]．非金属矿，2006，29(1)：52 -55.

[18] 陈洁，熊翔，姚萍屏，等．摩擦面温度对铁基摩擦材料摩擦磨损性能影响机理的研究[J]．粉末冶金技术，2004，22(4)：223 -227.

[19] 曾德麟．粉末冶金材料[M]．北京：机械工业出版社，1989.

[20] 任志俊．粉末冶金摩擦材料的研究发展概况[J]．机车车辆工艺，2001(6)：1 -5.

[21] 葛中民．耐磨损设计[M]．北京：机械工业出版社，1995.

[22] 熊翔，黄伯云．现代航空粉末冶金刹车材料[J]．粉末冶金材料科学与工程，1996(1)：1－6.

[23] 姚萍屏，余峰．基体对粉末冶金航空刹车材料摩擦面的影响[J]．矿冶工程，2001，21(1)：66－68.

[24] 姚萍屏，熊翔，韩娟．粉末冶金航空刹车材料磨屑的形成机理研究[J]．材料工程，2001，11：35－37.

[25] 姚萍屏，袁国洲．锻造工艺对航空刹车副钢对偶材料性能和组织的影响[J]．湖南有色金属，2001，17(5)：21－23.

[26] 姚萍屏，赵声志．浸透对粉末冶金飞机刹车材料性能的影响[J]．矿冶工程，2003，23(1)：73－75.

[27] 袁国洲，姚萍屏．SiO_2 和 B_4C 组合对铁－铜基摩擦材料性能的影响[J]．非金属矿，1999(4)：47－49.

[28] 曹洪吉，宋延沛，王文焱．摩擦速度对颗粒增强铁基复合材料摩擦性能的影响[J]．热加工工艺，2006 (11)：15－16.

[29](苏)费多尔钦科，徐润泽．现代摩擦材料[M]．北京：冶金工业出版社，1983.

[30] 姚萍屏，汪琳，熊翔，等．粉末冶金航空刹车副温度场的研究[J]．粉末冶金材料科学与工程，2005，10(4)：241－246.

[31] 湛永钟，张国定．SiCp/Cu 复合材料摩擦磨损行为研究[J]．摩擦学学报，2003，23(6)：495－499.

[32] Zhang R, Gao L, Guo J. Temperature－sensitivity of coating copper on sub－micron silicon carbide particles by electroless deposition in a rotation flask [J]. Surface and Coatings Technology, 2003, 166(1)：67－71.

[33] 朱铁宏，高诚辉．摩阻材料的发展历程与展望[J]．福州大学学报．自然科学版，2001，29(6)：52－55.

[34] 姚萍屏．粉末冶金航空刹车材料基体及钢对偶材料的研究[D]．中南工业大学，2000.

[35] 杨永连．烧结金属摩擦材料[J]．机械工程材料，1995，19(6)：18－21.

[36] 谭明福．飞机刹车材料的现状及其发展[J]．粉末冶金材料科学与工程，1999(2)：126－131.

[37] 徐润泽．粉末冶金结构材料学[M]．长沙：中南大学出版社，2002.

[38] 姚萍屏，李世鹏，熊翔．Fe 和 SiO2 对铜基摩擦材料摩擦学行为的对比研究[J]．湖南有色金属，2003，19(5)：31－34.

[39] 张忠义．制备工艺对铁基粉末冶金航空刹车材料组织与性能的影响[D]．长沙：中南大学，2007.

[40] Moustafa S F, El－Badry S A, Sanad A M, et al. Friction and wear of copper－graphite composites made with Cu－coated and uncoated graphite powders[J]. Wear, 2002, 253(7)：699－710.

[41] 周宏军．国内外摩擦制动材料的进展[J]．铁道物资科学管理，1997，15(3)：32－33.

[42] Groza J. Heat－resistant dispersion－strengthened copper alloys[J]. Journal of Materials Engineering & Performance, 1992, 1(1)：113－121.

[43] 李文荣，梁梓芳．摩擦材料发展近况[C]．中国粉末冶金学术会议．长沙，1997：192－196.

第 3 章　风电制动粉末冶金摩擦材料

3.1　风电制动摩擦材料的发展概况

3.1.1　国内外风力发电概况

能源是人类赖以生存的物质基础，随着社会发展水平和人类生活质量的提高，全球对能源的需求越来越大，尤其是工业革命以来，全球能源消费剧增，煤炭、石油和天然气等化石能源消耗迅速，生态环境不断恶化，特别是温室气体的大量排放，造成全球变暖、气候恶化，严重威胁到人类社会的可持续发展[1]。

风能是一种取之不尽、用之不竭的可再生清洁能源。自 19 世纪末，丹麦人率先研制成功风力发电机组、并建成了世界上第一座风力发电站以来，世界各国相继投入到风能领域，发展风力发电设备。与传统能源相比，风力发电不依赖矿物能源，无燃料价格风险，发电成本稳定，也不包括碳排放等环境成本。此外，可利用的风能在全球范围内分布广泛，风能资源丰富。正是因为有这些独特的优势，风力发电逐渐成为许多国家可持续发展战略的重要组成部分，并迅速发展，且发展前景广阔。

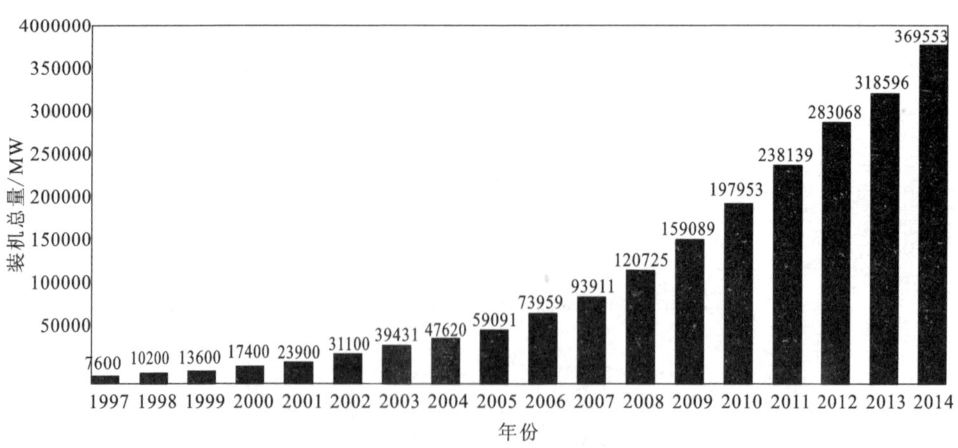

图 3－1　1997—2014 年全球累计风电装机容量[2]

近年来，全球风电产业发展迅速，至 2014 年底，风力发电已在 100 多个国家普及。据全球风能协会提供的数据显示[2]，自 1997 至 2014 年，全球风电累计装机容量逐年递增，年均增速保持在 10% ~25%（见图 3 – 1），截至 2014 年底，全球风电累计装机容量 369.533 GW（十亿瓦），年新增装机容量 51.477 GW。其中，2014 年，中国的风电新增装机容量及装机总量均大幅领先于其他国家，分别占全球总量的 45.2% 和 31.0%，见图 3 – 2。

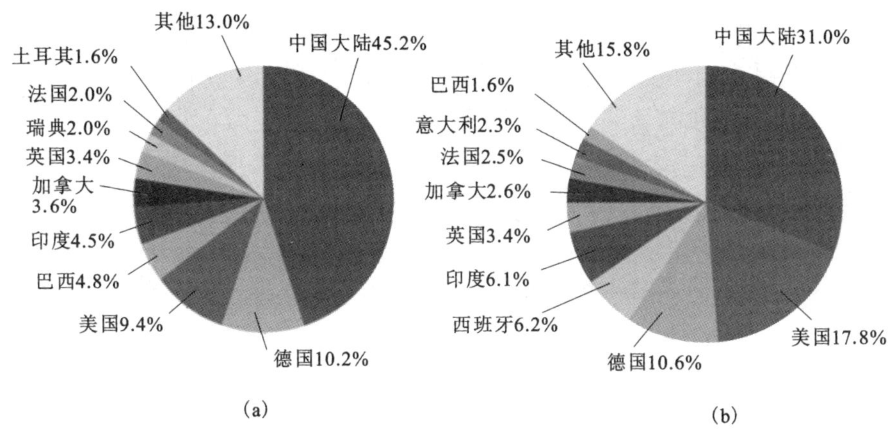

图 3 – 2　2014 年全球风电新增及累计装机容量比例图[2]

（a）全球风电新增装机容量；（b）全球风电累计装机容量

放眼全球，风力发电正在成为各个国家争相发展的新型能源，表 3 – 1 显示了未来几十年全球风电的发展趋势，这说明风电能源开始从补充能源朝战略替代能源的方向发展。

表 3 – 1　未来全球风电累计装机容量和发电量[3]

项目		2015 年	2020 年	2030 年	2050 年
参考情景	累计装机容量/GW	297	417	574	881
	发电量/（TW · h）	729	1022	1408	2315
稳健情景	累计装机容量/GW	451	840	1735	3203
	发电量/（TW · h）	1106	4258	6530	8417
超前情景	累计装机容量/GW	521	1113	2451	4062
	发电量/（TW · h）	1277	2730	5684	10497

我国幅员辽阔，海岸线长，风能资源丰富，主要分布在两大风带：一是“三北地区”(东北、华北北部和西北地区)；二是东部沿海陆地、岛屿及近岸海域[4]。根据全国900多个气象站汇总的相关资料，对陆地上离地面10 m处的风能进行估算，全国平均风能功率密度达到100 W/m^2，风能资源总储量约3.226×10^6 MW，可开发的和利用的陆上风能储量达到2.53×10^5 MW，近海可开发和利用的风能储量达到7.5×10^5 MW，全国可开发与利用的风能储量共计约1×10^6 MW(兆瓦)。如果陆上风电按年上网电量等效满负荷2000 h计，每年可提供5×10^{11} kW · h电量；而海上风电按年上网电量等效满负荷2500 h计，每年可提供1.8×10^{12} kW · h电量，每年陆上与海上可提供的电量合计达2.3×10^{12} kW · h[5]。

我国的风力发电始于20世纪50年代后期，在吉林、辽宁、新疆等省建立了单台容量在10 kW以下的小型风力发电场[4]。随后，风力发电在我国各地区陆续开展起来，近年来，受全球能源危机和环境问题的影响及国家政策的支持，风电产业在我国发展迅速。目前，在我国的河北、蒙东、蒙西、吉林、江苏沿海、酒泉和新疆已建立了七大风电基地，并规划了这七大风电基地未来发展目标，具体见表3－2[6]。

表3－2　七大风电基地未来目标[6]

七大风电基地	2010年累计装机/ GW	在建装机/ GW	未来10年年均装机目标/GW	2020年规划/GW
河北	3.58	0.85	1.0	14.13
蒙东	3.82	1.8	1.7	20.81
蒙西	6.3	1.12	3.2	38.3
吉林省	2.02	0.26	1.9	21.3
江苏沿海	1.28	0.22	0.95	10.75
酒泉	1.34	3.8	2.0	21.91
新疆	0.05	0.05	1.0	10.8

由全球风能协会提供的数据可知，2014年底，中国风电累计装机容量达114.763 GW，居全球第一，占全球市场的31.0%；新增装机容量达23.351 GW，全球第一，占全球新增市场的45.2%，大幅领先世界各国[2]。根据我国风电发展的速度预测，到2050年年底，全国风电总装机容量可达到5×10^5 MW[7]。

据国家能源局统计[8]，2014年我国风电上网电量1.534×10^{11}kW · h，居世界第一，占全年国内发电总量的2.78%，如图3－3，仅次于火电和水电，自2012

年以来继续保持我国第三大电源的地位。但按照全国风电可装机容量 1000 GW 计算，已开发容量不到可装机容量的 15%。我国目前规划的 7 个千万千瓦级大型风电基地，累计容量不过 200 GW，仅占 20%，这预示着我国未来风电市场仍有巨大的发展空间，发展前景广阔。

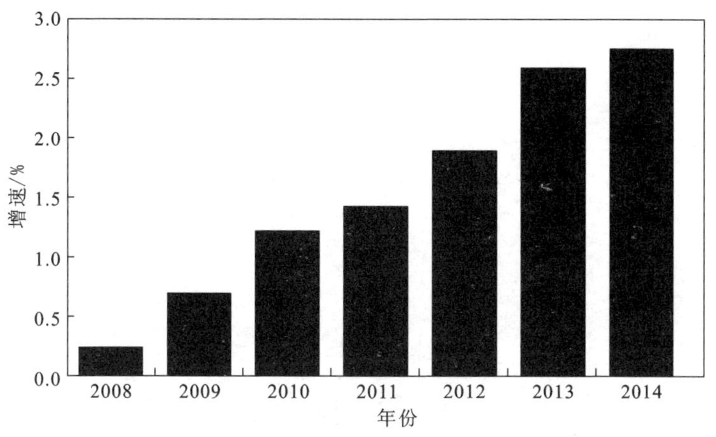

图 3-3　中国风力发电量占全国总发电量的比例(2008—2014 年)[8]

中国风电市场在历经多年的快速增长后，2011 年开始步入稳健发展期，大容量风电机组主导未来发展趋势。截至 2011 年，国内大约有 20 家整机企业宣布了研制兆瓦级大功率风电机组的计划，功率范围多集中在 3～6 MW。

RE power 是全球大机型设计的先驱，2004 年就率先设计了 5 MW 风力发电机，其最新设计的 6 MW 机型将在瑞典海域安装示范样机。2011 年 3 月，维斯塔斯推出了 7 MW 海上风机 V164。2011 年 11 月，三菱电力系统欧洲(MPSE)也发布了三菱 7 MW 海上风力发电机组。2011 年 11 月，西门子也发布了 6 MW 永磁直驱海上风力发电机，此前半年，西门子发布了 120 m 风轮直径的 6 MW 海上风机。2011 年 4 月，德国风电公司 Nordex 也推出了 N150 6 MW 风机，该机型采用直驱技术。

2011 年 5 月，华锐风电 SL600 6 MW 风力发电机样机在江苏盐城的生产基地下线，该机型可以用于陆上、海上和潮间带。SL600 风机采用平行轴齿轮传动和鼠笼同步发电机技术，同时具备低电压穿越能力。国电联合动力成为继华锐之后第二家生产 6 MW 风机的中国企业。明阳也正在检测其 6 MW 风机，该风机使用两个叶轮，大大降低机头重量，风轮直径达到 140 m。湘电的 5 MW 永磁直驱海上风机也在 2011 年生产出样机。随着风力发电机装机容量的增大，叶轮直径和制动力矩也变得越来越大，这对风机制动系统的制动性能提出了新的要求[9]。

3.1.2 风电制动摩擦材料的发展及特点

人类利用风能进行发电已有将近100年的历史，风电机组根据运行方式可分为小型离网风力发电机组和大型并网风力发电机组[4]，我国于20世纪90年代中期开始发展100 kW以上的并网型大功率风电机组，现在6 MW功率等级的风电机组已形成批量生产，开始替代进口，并装备我国的风电场，图3－4为风电机组的结构简图[9]。

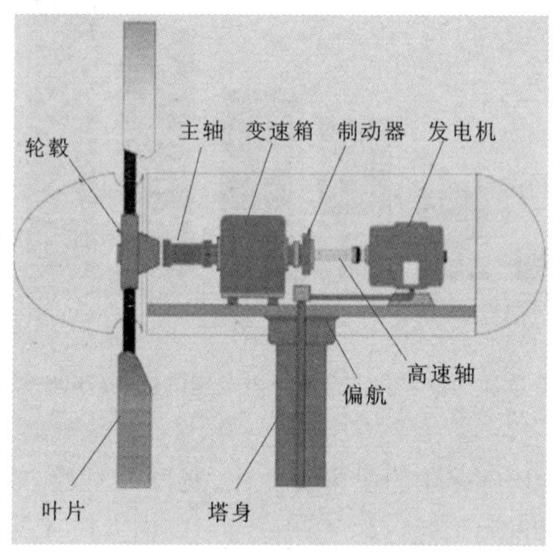

图3－4 风电机组结构示意图

大型并网风力发电机组中的机械制动系统的作用是在风机叶片朝向改变、风力机出现故障、电网故障或维护检修要求停机时，改变叶片的迎风面或使风机停止转动。通常，在风电机组设计中常选用三套制动摩擦副，即高速轴制动（安全制动）、低速轴制动（转子制动）和偏航系统制动（叶片调向制动）[10]。

转子制动安装在低速轴上，制动盘安装在转子衬套上，固定于机舱支架上的两制动卡钳对称安装在制动盘的两侧，转子制动力矩被设计为通常转子力矩的1.7倍。安全制动器安装在发电机轴上，考虑安装条件，只在制动盘一侧安装一对制动卡钳。此两套制动器均采用失效制动方式，即液压系统加压力油时，制动卡钳松开，液压系统卸压时，制动卡钳靠弹簧的弹力合并，安装于卡钳上的摩擦片与制动盘接触，并压紧，产生制动力矩，从而使制动盘停止，其制动器工作原理见图3－5。偏航制动装置由两个制动卡钳和制动盘组成，制动卡钳利用螺栓固定于发电机舱的基座上，而制动盘则与塔架固定为一体。偏航制动的作用就是：静止时，保证机舱定位，使附加载荷通过制动装置从机舱传给塔架；运行时，保护偏航齿轮，使机舱转动平稳。通常偏航制动、转子制动和安全制动均由同一液压动力单元供油，简化了风机结构。

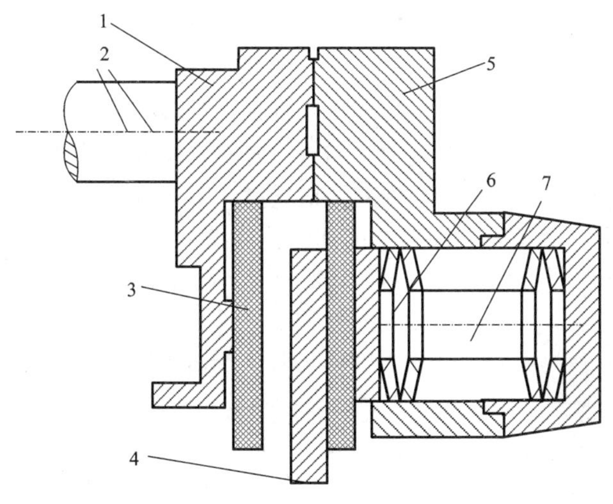

图3－5　制动器工作原理

1—被动钳；2—导向销；3—摩擦片；4—制动盘；5—主动钳；6—碟簧；7—液压缸

从风电机组的发展历程来看，小型离网风力发电机组容量相对较小，较为常见的一般为百瓦级和千瓦级，其叶片旋转半径小，转子速度和力矩小，因此仅采用转子制动和偏航制动，且要求制动衬垫在 －40 ~ ＋200 ℃时的摩擦因数应不小于0.35，且动摩擦因数具有一定的稳定性，最大值一般不应超过最小值的1.5倍[11]，选用非金属摩擦材料或铸铁材料配对45#钢制动盘可满足其制动要求。当风电机组功率超过600 kW，小于1.5 MW时，叶片旋转半径在40 ~ 60 m，设计中采用了三种制动摩擦副，其中转子制动和安全制动采用粉末冶金摩擦材料与45#钢制动盘配副，制动速度低于70 m/s，制动力矩为7000 ~ 15000 N · m。我国引进和自主设计的小功率风电机组制动器均采用上述制动摩擦副配对。小功率风电机组用粉末冶金摩擦材料主要采用铁－铜基摩擦材料，具有成本低、制造工艺成熟的特点，但在制动过程中与制动钢盘存在粘着和转移倾向，易锈蚀，导致制动不平稳和可靠性低的特征。

大功率风电机组制动摩擦副具有“三高（高速、高力矩与高压力）一特殊（特殊风沙或海洋腐蚀环境）”的突出特点：大功率风电机组的最大制动速度达到100 m/s（波音737飞机的中止起飞制动速度90 m/s），制动力矩达到30000 N · m（波音737飞机单摩擦副4000 N · m），制动压力为12 MPa（波音737飞机为9 MPa）。因此，大功率风电机组对摩擦副材料提出了新的要求，不仅是摩擦制动功能上的大幅度提高，同时，由于高的制动压力和制动速度，对摩擦副材料的结构强度等结构特性也提出了更加苛刻的要求。铁－铜基粉末冶金摩擦材料（基体中铁铜比例均为1∶1）由于高速制动摩擦因数低等原因，不能满足大功率风电机组的制动技术要求，因而，选用强度较高、摩擦因数稳定、工作平稳可靠、耐磨及污染少的铜基粉末冶金摩擦材料作为大功率风电机组的制动摩擦材料[12]。

在风电机组的发展过程中，制动摩擦材料主要包括铸铁摩擦材料、树脂基非金属摩擦材料和粉末冶金摩擦材料。铸铁摩擦材料摩擦因数较为稳定，不受气候影响，具有“全天候”的特性；铸铁的价格低廉。但铸铁材料的摩擦因数较小，并随制动速度的提高而下降，特别在高速段内尤为严重。为了进一步提高摩擦因数，开发了树脂基非金属摩擦材料，其特点是：高速区摩擦因数高，且不随制动速度的改变而变化，并可通过改变配方和工艺进行调整，耐磨性好等。但是，树脂基非金属摩擦材料在潮湿状态下摩擦因数大为降低，制动能力下降；而且导热性能较差，制动时制动温度高，使制动盘材料的组织、性能发生变化，导致热裂，造成安全隐患。粉末冶金铁基、铁－铜基与铜基摩擦材料既具有铸铁摩擦材料的摩擦因数不受潮湿天气影响的优点，又具有树脂基非金属摩擦材料的摩擦因数不随制动速度变化而变化的优点，它的摩擦因数高，又几乎保持稳定，并且耐磨性和导热性好[13]。

在小功率风电机组中，铁基和铁－铜基粉末冶金摩擦材料获得广泛应用。2006—2007年，中南大学粉末冶金研究院和重庆齿轮箱有限责任公司就“600～2000 kW 风机摩擦片的研制”开展了大量的研究工作，随后，中南大学在现有飞机制动摩擦材料和高速列车制动摩擦材料研制的基础上，开发的铁－铜基粉末冶金摩擦材料应用于前述东方汽轮机有限公司引进消化再制造的1.5 MW 变频风电机组，通过制动器整体性能测试说明，摩擦片制动性能良好，已在风电机组中获得实际应用。

由于铜基粉末冶金摩擦材料具有导热性好、对制动盘损伤小等优点，在大功率风电机组的高速高能制动中逐步获得应用，图3－6为风电机组用铜基粉末冶金摩擦材料与合金结构钢制动盘配副。国际上，著名的风电制动器生产厂，如：丹麦的 Svendborg Brakes A/S 公司在为 NORDEX 公司 N80 型2.5 MW 风电机组、GE 公司 GE Wind Energy 2X 型2.5 MW 风电机组和 Siemens Wind Power－ Bonus 3.6 MW 风电机组等研制的安全制动器、转子制动器及偏航制动器中均采用了铜基粉末冶金摩擦材料与钢制动盘配副的摩擦偶[14]。

近年来，国外先进摩擦材料制造厂商先后进入中国市场，美国 Carlisle 公司从事风电机组粉末冶金摩擦片的生产，产品已进入我国市场，并在我国杭州加工组装摩擦副产品。奥地利 Miba 公司生产的摩擦材料进入中国市场已有20余年，并于2007年在苏州投资建厂，从事风电机组用粉末冶金摩擦材料的生产。

图 3－6　风电机组用铜基粉末冶金摩擦材料与合金结构钢制动盘摩擦副

对于国内风力发电机组用摩擦材料的研制及发展，洛阳百克特摩擦材料公司生产的应用于风电机组的粉末冶金摩擦材料的摩擦因数保持在 0.35～0.45 之间，表面许可压力大于 1200 N/cm^2。长春工业大学已开发出达到国外产品性能的风力发电机粉末冶金摩擦片，生产成本可降低 50%，所有原料全部国产化。沈阳临瑞风力发电成套设备有限责任公司和天津通天科技有限公司生产的铜基摩擦片已进入风电市场。黄石赛福摩擦材料有限公司成功地研发了风电联轴器摩擦片[15]。中南大学姚萍屏等人针对大功率风电机组(2.5 MW 以上)中的高、低速轴以及偏航系统叶片迎风调整用三套制动用摩擦副具有“三高(高速、高力矩与高压力)一特殊(特殊风沙或海洋腐蚀环境)”的突出特点，开发了高性能铜基粉末冶金摩擦材料，所研产品已达国际先进水平，并已成功应用于国产大功率风电机组中。图 3－7显示了两种结构的大功率风电机组用铜基粉末冶金摩擦材料。

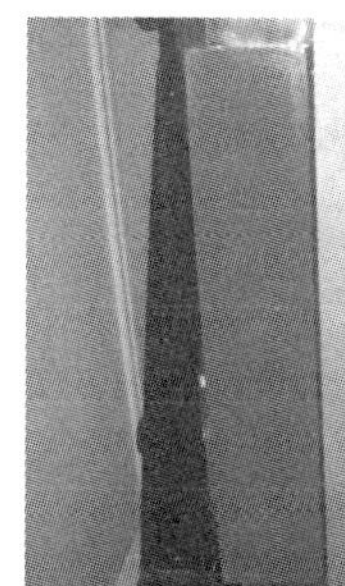

图 3－7　两种结构的大功率风电机组用铜基粉末冶金摩擦材料

3.2 风电制动粉末冶金摩擦材料设计研究

3.2.1 基体组元对摩擦材料组织与性能的影响

海上风电机组作为未来风电机组重要的发展方向之一，已成为人们的关注热点。制动摩擦副是海基风电机组制动系统的关键零部件，它的性能直接影响到风电机组的安全使用和检修寿命。铜基粉末冶金摩擦材料由于其具有良好的导热、耐磨及摩擦因数高等特性应用于风力发电机制动系统上。

海基风电机组用摩擦材料处于海洋大气环境，盐雾腐蚀和腐蚀疲劳是其失效破坏及寿命降低的重要原因之一。作为保障风机安全工作的关键材料，摩擦材料的腐蚀会危及风机的正常使用，造成严重后果和重大损失，因而，除研究铜基粉末冶金摩擦材料的物理－力学及摩擦学性能外，探究其在海洋环境下的腐蚀行为意义重大。

3.2.1.1 基体组元的选择

对于铜基粉末冶金摩擦材料，铜作为铜基粉末冶金摩擦材料的主要组元，其物理化学性质和组织结构在很大程度上决定了粉末冶金摩擦材料的物理－力学性能、摩擦磨损性能和耐腐蚀性等性能的优劣。其中，铜基体的耐腐蚀性能决定了材料的整体耐腐蚀性，下面简单介绍纯铜和黄铜的腐蚀特点[16]。

(1)纯铜

纯铜的标准电极电位为正(约 +0.35 V)，属于热力学稳定性较高的半贵金属。铜在干燥的空气中不易氧化。在潮湿的大气中裸露使用，一般容易生成绿色的碱式铜盐薄膜，这种膜起一定的保护作用。但铜的钝化能力较小，在氧化性酸或氧化性介质中易发生氧去极化腐蚀，使生成的钝化膜破坏，生成 Cu^{2+} 而使铜腐蚀。

(2)黄铜

含锌量低于20%的 α－黄铜相，耐蚀性和纯铜相近；锌含量高于20%的单相或两相黄铜，在某些腐蚀介质中的腐蚀程度远比纯铜和低锌黄铜剧烈，但黄铜在海水和大气环境中耐蚀性优于纯铜。黄铜具有两种特殊的腐蚀形式。

①脱锌腐蚀

黄铜在海水、含氧中性盐的水溶液和氧化性酸溶液中常产生选择性脱锌腐蚀。产生脱锌的原因是合金中锌或富锌相的电位要比铜或富铜相的电位高，在腐蚀介质中呈阳极，铜为阴极，锌优先腐蚀溶解，继而铜和锌同时溶解。其后，溶液中的 Cu^{2+} 重新沉积在材料被腐蚀的表面，呈海绵状铜膜。黄铜中锌含量越高，溶液流速和温度越高，脱锌就越显著。

②应力腐蚀破裂

黄铜经冷加工后，在潮湿的大气中，特别是在含氨的情况下，易发生应力腐蚀开裂，通常称“季裂”。产生季裂的原因是冷加工后有残余应力存在和介质中存在氨、硫化物等。水分、湿气、氧、SO_2和CO_2等物质的存在会加速破裂，两相黄铜的破裂倾向比单相黄铜大，经过260～300℃的消除应力退火处理，可以消除黄铜的应力破裂腐蚀。

在黄铜中加入合金化元素Sn、Al、Mn、Fe和Ni等可以改善其耐蚀性。其中，加入1% Sn可以提高黄铜的强度和海水中的耐蚀性，通常称此为海军黄铜，广泛应用于海洋大气和海水环境中。

在铜基粉末冶金摩擦材料中，由于纯铜强度不高，需要加入其他合金或者合金元素作为材料基体，常添加锡元素，而黄铜在空气、大多数水以及有机溶液中普遍具有更好的抗腐蚀性。

采用黄铜粉末和黄铜纤维来部分或者全部地代替纯铜，作为摩擦材料的基体，通过改变它们的百分含量来研究其对材料的物理、力学性能、摩擦磨损性能及耐腐蚀性能的影响。

铜基粉末冶金摩擦材料以Sn作为强化组元，以SiO_2、CrFe和SiC作为摩擦组元，以石墨作为润滑组元，材料所用原材料及其主要技术参数见表3-3。

表3-3　原材料及主要技术参数

原材料	主要技术要求
铜粉	电解，-200目，Cu≥98.5%
锡粉	-200目，Sn≥98.5%
黄铜粉	雾化，FWCuZn30，-200目
黄铜纤维	ω(Zn)% =35%
铬铁粉	-200目
碳化硅粉	-100目
海砂	天然石英砂，-80目
石墨粉	50 #、80 #鳞片状，固定碳含量≥90%

研究用材料分成两组，组号分别以A和B表示，试样号以1#、2#、3#、4#表示，其中，A组中的1#、2#、3#、4#的锌含量分别与B组中的1#、2#、3#、4#的锌含量对应相等，分别为3%、6%、9%、12%，材料组成及质量百分含量见表3-4。

材料用粉末冶金技术制备，用MM-1000摩擦试验机进行摩擦磨损测试，于人工海水中进行电化学腐蚀测试。

表 3－4　材料组成及成分(质量分数)/%

组号	试样号	成分							
		Zn	Cu	Sn	Cr－Fe	SiO_2	SiC	石墨	
								50#	80#
标样	0#	0	82	2	2	6	2	3	3
A	1#	3	79	2	2	6	2	3	3
	2#	6	76	2	2	6	2	3	3
	3#	9	73	2	2	6	2	3	3
	4#	122	70	2	2	6	2	3	3
B	1#	3	79	2	2	6	2	3	3
	2#	6	76	2	2	6	2	3	3
	3#	9	73	2	2	6	2	3	3
	4#	12	70	2	2	6	2	3	3

注：A 组添加含锌黄铜粉末，B 组添加含锌黄铜纤维

3.2.1.2　黄铜粉末和黄铜纤维对材料物理力学性能和组织结构的影响

(1)密度、孔隙度

表 3－5 为添加含锌黄铜粉末和含锌黄铜纤维两种材料下各试样的密度、孔隙度。由表可知，随着 Zn 含量的增加，黄铜粉末组和黄铜纤维组各试样材料密度逐渐减小，孔隙度增大。

表 3－5　材料密度和孔隙度

组号	试样号	w(Zn)/%	实测密度/($g \cdot cm^{-3}$)	理论密度/($g \cdot cm^{-3}$)	相对密度/%	孔隙度/%
标样	0#	0	6.31	6.51	97	3.07
A	1#	3	6.25	6.48	96.5	3.55
	2#	6	6.19	6.45	96	4.03
	3#	9	6.09	6.41	95	4.99
	4#	12	6.00	6.38	94	5.96
B	1#	3	6.30	6.48	97.2	2.8
	2#	6	6.25	6.45	96.9	3.1
	3#	9	6.13	6.41	95.6	4.4
	4#	12	6.10	6.38	95.6	4.4

由于黄铜的密度为 8.4 ~8.8 g/cm^3，低于纯铜的密度(8.94 g/cm^3)，随着 Zn 含量的增加，材料理论密度降低。从理论上说，实测密度也会随之降低，实测密度的结果是符合理论推测的。

从表 3 -5 还可看到，随着 Zn 含量的增加，材料相对密度减小，孔隙度增加。这可能与黄铜烧结时的偏扩散及锌的挥发有关。一方面，烧结过程中黄铜中的 Zn 原子与 Cu 发生互扩散，由于 Zn 原子的扩散速率大于 Cu 原子，黄铜中扩散出去的 Zn 的通量大于 Cu 原子扩散进入的通量，由此产生柯肯达尔效应[17]。这种不平衡扩散导致黄铜中的空位都向黄铜粉末和纯铜粉末的交界处扩散，越来越多的空位聚集，形成孔洞。在固定的基体含量下，随着黄铜粉末的增加，纯铜含量随之下降，导致扩散产生的空位现象更加明显，孔隙度增加。另一方面，黄铜中的锌在烧结时易挥发，锌蒸气向材料表面区域扩散挥发，从而使得材料内部产生孔隙，外侧连通孔隙增多。随着加入的 Zn 含量增加，其锌蒸气压增大，向外扩散挥发的能力加强，从而导致材料孔隙度增加，材料相对密度下降。这些方面的综合作用使得材料密度随 Zn 含量的增加而降低。

对比表 3 -5 中黄铜粉末组和黄铜纤维组的密度大小。由于 A 组的 1#，2#，3#，4#试样和 B 组的 1#，2#，3#，4#试样 Zn 含量分别对应相等，且其他组元成分含量相同，其理论密度应对应相等，但测得的黄铜纤维组材料的实际密度均高于黄铜粉末组材料的实际密度。通常情况下，材料的孔隙度和密度是与颗粒形状、颗粒表面状态、粉末粒度有关的。图 3 -8 是材料所用黄铜粉末和黄铜纤维的显微形貌。由图 3 -8(a)可知，采用的黄铜粉末形状不规则，表面粗糙，比表面积大；而图 3 -8(b)中的黄铜纤维为规则的长条状，相比黄铜粉末，其表面粗糙度低，比表面积小。在材料压制烧结过程中，黄铜纤维与材料中铜基体的接触面积相对黄铜粉末组减小，由黄铜和纯铜在烧结中偏扩散和锌挥发导致的孔隙也减少，因此黄铜纤维组材料密度比黄铜粉末组更大。

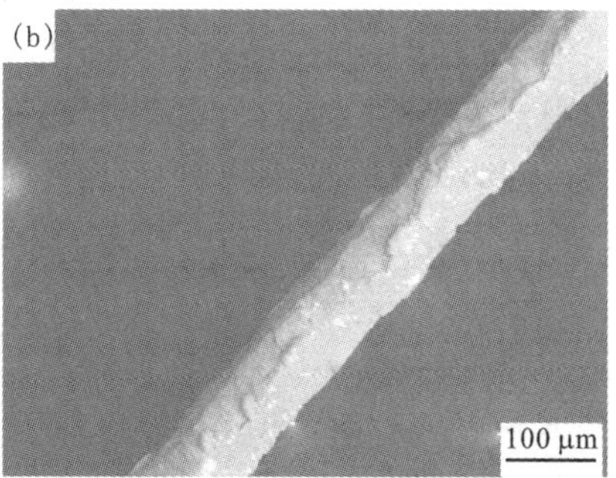

图 3 -8　黄铜粉末和黄铜纤维的显微形貌

(a)黄铜粉末；(b)黄铜纤维

(2)硬度

图3－9为材料表观硬度、显微硬度与Zn含量的关系图。从图3－9中可以看出，随着锌含量的增加，两组材料的硬度变化趋势大致相同，相比不含黄铜的0#摩擦材料，加入少量黄铜，材料表观硬度下降，后随着Zn含量的增加，材料硬度增加；但这种硬度的提高幅度不大，这表明加入黄铜对提高材料硬度影响不大。这是由几方面综合影响产生的。

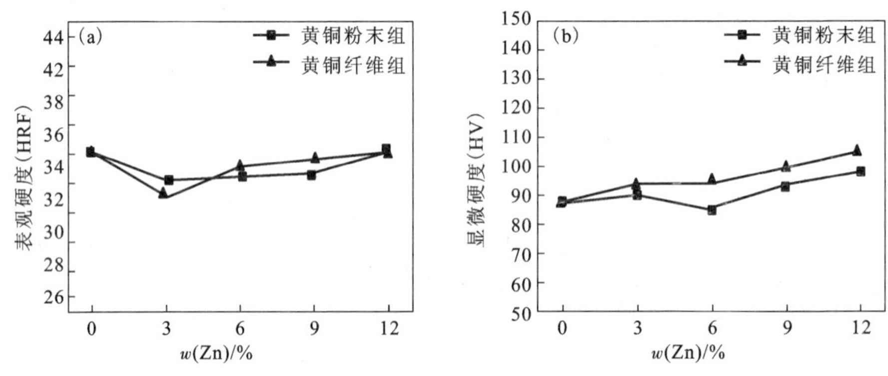

图3－9　黄铜粉末组和黄铜纤维组材料的表观硬度和显微硬度

(a)表观硬度；(b)显微硬度

一方面，在烧结过程中，基体中的合金元素原子与Cu原子之间相互扩散，溶入铜晶格后形成α－固溶体。由于合金元素原子半径与Cu原子半径不同，合金元素原子进入Cu晶格后会产生点阵畸变，增加弹性能，阻碍位错运动，从而提高合金的强度和硬度[18]。其强化效果与晶格畸变有关，随着溶质原子浓度的增加，晶格畸变增大，材料的强度也越高。

当材料中没有加入黄铜时，摩擦材料基体中只有2%的Sn作为强化组元，Sn的固溶强化效果较好，易在Cu中扩散，形成铜锡α－固溶体。加入黄铜后，在880～920℃的烧结温度下，黄铜中的Zn能大量溶入铜锡α－固溶体中，部分Zn继续与未固溶的铜形成铜锌α－固溶体。图3－10为铜锌二元相图。由于固溶体的硬度和强度大于纯铜本身，且多元合金固溶强化效果高于单一合金固溶效果，因此，随着Zn含量的增加，材料硬度逐渐增加，这可由图3－9(b)显微硬度变化曲线得到证实。

另一方面，材料的硬度与孔隙度有关。材料宏观硬度随孔隙度的增大而下降[19]。这是由于材料的基体强度被孔隙所削弱，通常，材料表观硬度(HRF)是通过测量钢球压头在材料表面压痕的深度得出的。压测过程中，由于基体材料被孔隙削弱，当压头同时压在基体和孔隙上时，其有效承载面积减小，材料表层抵抗塑性变形的能力减弱，结果使得测得的压痕深，硬度值低。由前述可知(表 3 - 5 所示)，随着 Zn 含量的增加，材料孔隙度增加，从而使得测量过程中压头压在孔隙上的可能性增大，出现低硬度值的可能性也越大，因此平均硬度越低。

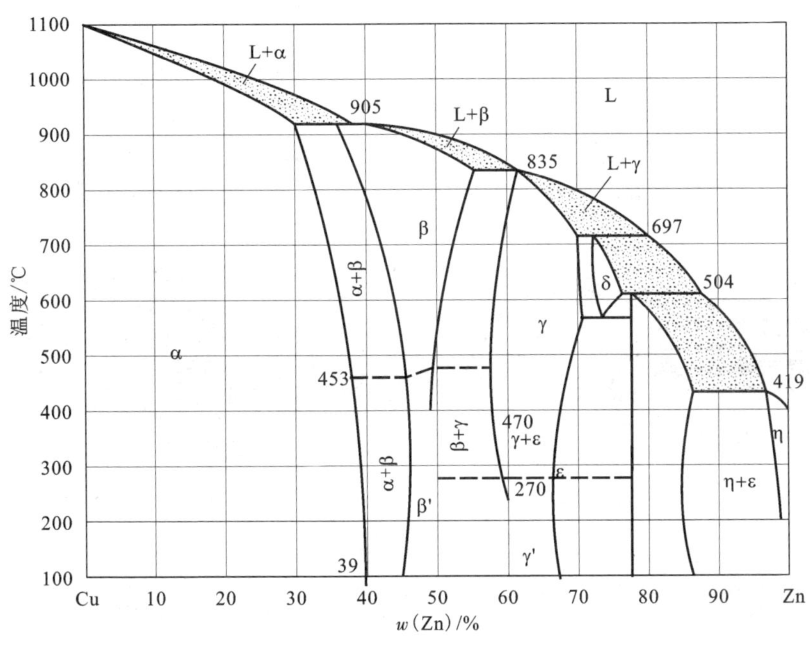

图 3 - 10　Cu - Zn 二元相图

综合这两方面的影响，当 Zn 含量为 3% 时，其固溶强化效果的影响弱于孔隙影响，所以加入黄铜硬度下降；后随着固溶强化效果的增强，超过孔隙度引起的负面影响，材料硬度稍有上升。

对比加入黄铜粉末和黄铜纤维的两组材料的硬度，从图中可以看出，当 Zn 含量大于 3% 时，黄铜纤维组的材料硬度均高于黄铜粉末组的材料硬度，这可由两组试样的密度、孔隙度对比得到解释。由表 3 - 5 可知，相同 Zn 含量下，黄铜纤维组的孔隙度比黄铜粉末组更小，材料的宏观硬度是随孔隙度的增大而减小的，因此，黄铜纤维组的表观硬度相对较高。除此之外，这种硬度的差别还与黄铜纤维的增强效应有关，可在烧结后的材料组织中明显看到黄铜纤维依然以条状形式均匀分布于基体内，如图 3 - 13，黄铜纤维在材料中的这种独立分布，阻碍了材料内部应变区的扩展，减小了材料塑性变形趋势，从而提高了基体材料的抗塑性流变能力，提高材料的强度和硬度[20]。

(3)组织结构

图3－11为不含Zn的0#标样的显微组织。由于加入Zn后，只是于基体内形成固溶体的种类存在差别，在电镜和金相照片中无明显区别，所以可以把图3－11(a)作为各试样的典型显微组织形貌。从图中可以看到，黑色长条状组织为石墨，它垂直于压力方向，呈层状均匀分布于金属基体之间。由于石墨与Cu、Sn间不互溶，在石墨与金属的界面处常出现孔隙，且呈狭长的扁孔。图中深灰黑色的大块为SiO_2，稍浅的灰黑色颗粒为SiC，灰白色小颗粒为CrFe，它们都比较均匀地镶嵌在基体组织上。其中，相比SiC颗粒，基体与SiO_2和CrFe的接合处孔隙较少，说明基体与其结合强度更好。

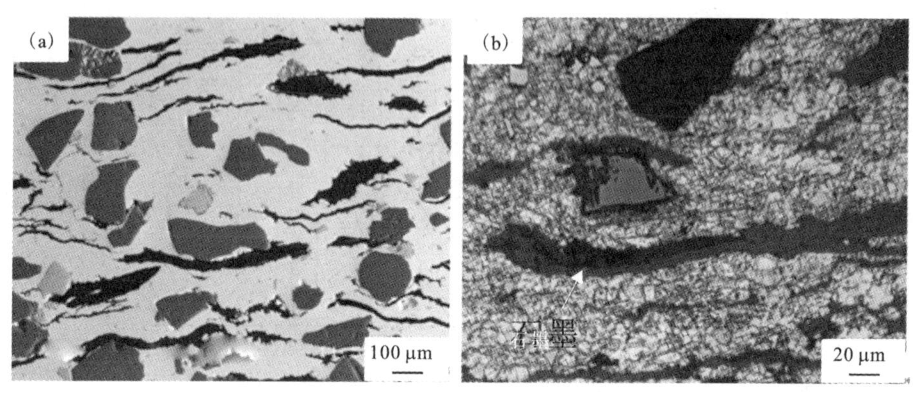

图3－11　不含黄铜的0#标样的显微组织

(a)腐蚀前SEM；(b)腐蚀后金相

图中灰白色区域为基体，其上孔隙较少，基体较平整。图3－11(b)是用$FeCl_3$盐酸－酒精溶液腐蚀后的基体显微组织。由图可知，这是铜锡合金形成的α－固溶体，铜锡α固溶体是以铜为基体，Sn原子取代了部分Cu原子而形成的置换固溶体，属面心立方点阵。由于Sn含量较小，远未达到其在铜中的最大溶解度，在基体中不会形成其他形式的固溶体或化合物。

1)加入黄铜粉末的材料组织。

图3－12为不同锌含量下黄铜粉末组材料的显微组织。从图中可以看出，它们基本组织结构相似，腐蚀后的金相显示都为α孪晶。且固溶后固溶体会保持溶剂的晶体结构，由于试样材料中固溶体溶剂为Cu，因此腐蚀后基体显微组织中可以看到有较多的孪晶。Zn在铜中的最大固溶度约为38%左右，材料基体中加入的Zn、Sn元素含量较少，都能大量溶于铜基体中，形成较均匀的α固溶体，未能形成其他新相。很难从金相和电镜照片中区别铜锡α固溶体和铜锌α固溶体。但从图3－12(a)、图3－12(c)、图3－12(e)中可以看到，随着Zn粉末含量的增

加，分布在材料基体上的孔隙数量明显增加，基体致密度下降。这种现象可与之前关于密度、孔隙度的结果相对应，是由烧结中偏扩散和锌挥发引起的。铜锌 α 固溶体属置换型固溶体，烧结过程中 Cu、Zn 原子互扩散，由于其扩散速率不同，产生偏扩散效应，从而导致孔隙生成。随着 Zn 的增加，黄铜粉末和铜粉的接触面积增大，偏扩散产生的孔隙也就更加明显；另一方面，烧结中锌发生挥发，锌蒸气的产生使得材料内产生孔隙。黄铜粉末越多，锌蒸气压越大，孔隙越多。

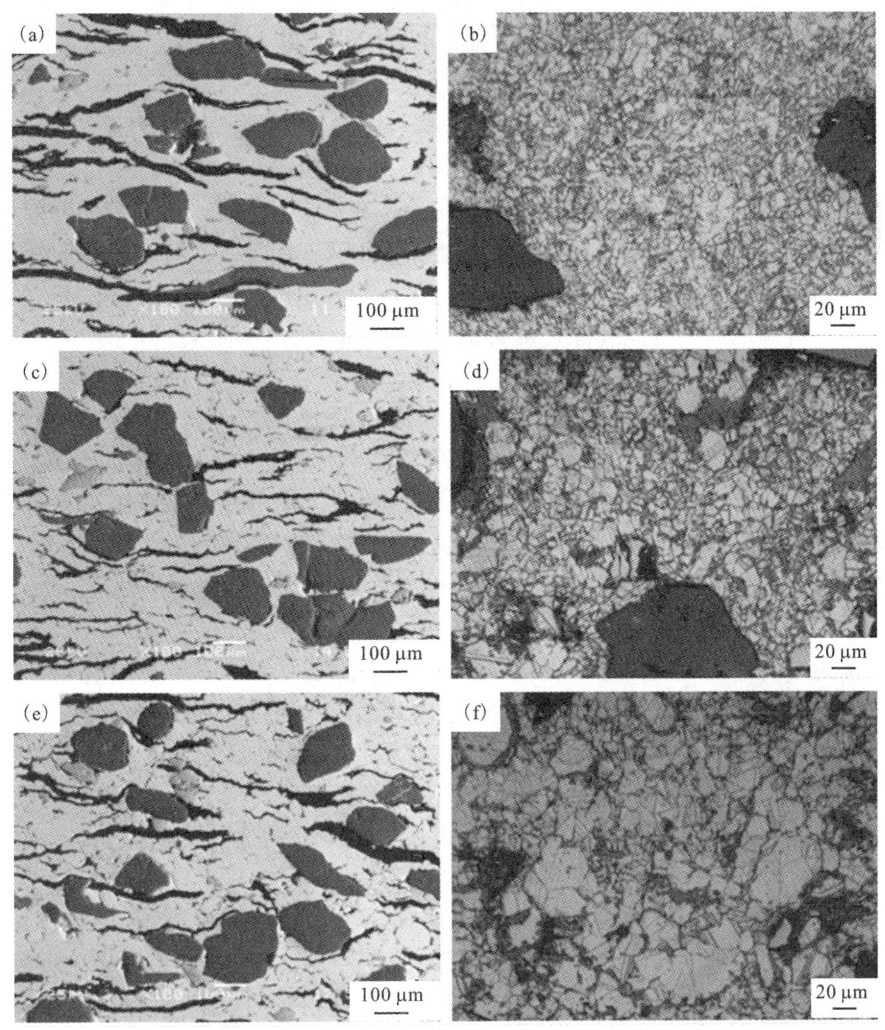

图 3－12　不同锌含量(质量分数)下黄铜粉末组材料的显微组织

(a)(b)A1(3% Zn)；(c)(d)A2(6% Zn)；(e)(f)A4(12% Zn)

图3－12(b)、图3－12(d)、图3－12(f)分别是A1、A2、A4材料腐蚀后的基体显微组织。可以看出，随着Zn含量的增加，材料基体晶粒大小逐渐增大。形成固溶体时，晶体虽然保持溶剂原子的晶体结构，但由于溶质原子与溶剂原子大小不同，会引起点阵畸变，并导致点阵常数发生变化。对于置换固溶体，当$r_{溶质} > r_{溶剂}$时，溶质原子周围点阵膨胀，平均点阵常数增大；当$r_{溶质} < r_{溶剂}$时，溶质原子周围点阵收缩，平均点阵常数减小。由于Zn原子的原子半径(1.32～1.47)大于Cu原子半径(1.27)，随着Zn溶质原子不断扩散进入Cu溶剂原子中，点阵常数增大。在其最大溶解度范围内，溶质原子越多，点阵常数越大，晶粒越大。

2)加入黄铜纤维的材料组织。

图3－13为不同Zn含量下黄铜纤维材料的显微组织。由于黄铜纤维与纯铜基体结合面上存在比较明显的孔隙，从图3－13(a)、图3－13(c)中可以比较明显的看到黄铜纤维沿垂直于压制压力方向分布在整个基体上。随着黄铜纤维量的增加，黄铜纤维与纯铜基体的弱结合面增加，孔隙度增加，这与之前黄铜纤维组各试样孔隙度的结果相符。与之前分析的黄铜粉末组的孔隙生成原因一样，黄铜纤维和材料铜基体的界面孔隙是由黄铜与铜中Cu、Zn原子偏扩散和烧结中黄铜纤维的锌挥发引起的。

对比不同含量黄铜纤维下各试样腐蚀后的显微组织，如图3－13(b)、图3－13(d)所示，在同一试样上，黄铜纤维晶粒明显大于原有的铜基体晶粒，但随着试样内Zn含量的增加，在同一试样上这种晶体大小差别越来越小。因为随着Zn含量增加，Zn能不断地扩散至铜原子中，原有铜晶粒长大。溶质原子浓度越高，扩散速度越快，从而晶粒长大越快，整个基体的晶粒大小越均匀。

3)锌损的研究。

黄铜中的锌在烧结时易挥发，即烧结中存在锌含量的损失，称为锌损。由于黄铜中锌具有较高的蒸气压，所以在烧结过程中，锌的过多挥发会直接导致合金成分的不均匀。表面出现贫锌区不仅会使材料的耐蚀性能降低，而且还会使其力学性能降低[21]，这势必影响粉末黄铜制品的应用，因此本实验探讨了黄铜烧结过程中各试样的锌损率。锌损率的计算公式为：锌损率 $=(W_{前}-W_{后})/W_{前}$，式中，$W_{前}$、$W_{后}$分别为烧结前后材料中的锌质量百分比。

对于分别加入黄铜粉末、黄铜纤维的A、B两组试样，随着Zn含量的增加，烧结后摩擦片均出现四周外侧颜色和内部区域颜色明显不同的现象，肉眼直观可以看到四周外侧为铜红色，摩擦片内部区域颜色为正常的黄铜基体颜色。这是由烧结过程中材料发生锌损导致的。选取此现象明显的A4试样，对其外侧和内部进行显微组织观察。从图3－14中可以清楚地看到，摩擦片外侧组织松散，孔洞多且呈连通状，而内部区域孔隙较少，组织较致密。

对各摩擦片内部区域和四周外侧进行EDS能谱分析，计算后得各组试样的锌

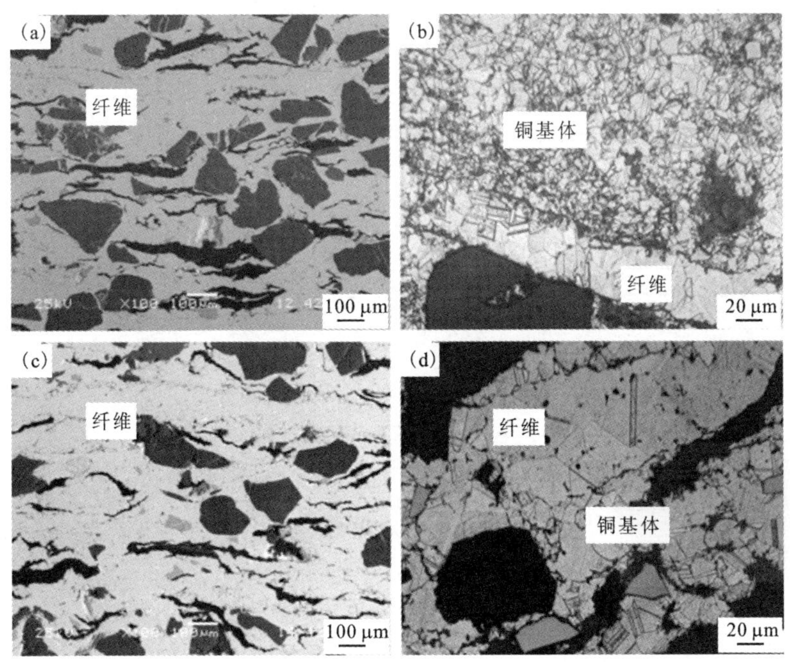

图 3－13　不同锌含量下黄铜纤维材料的显微组织

(a)(b)B2(6% Zn)；(c)(d)B4(12% Zn)

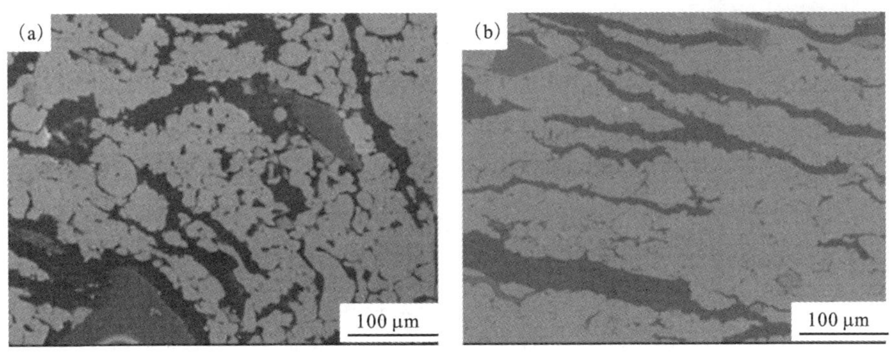

图 3－14　A4(12%Zn)摩擦片外侧和内部显微组织

(a)摩擦片外侧；(b)摩擦片内部

损率，如图 3－15 所示。由图可知，在同一个摩擦片上，摩擦片四周外侧的锌损率远远大于内部区域锌损率；随着 Zn 含量的增加，黄铜粉末组、黄铜纤维组材料的锌损都增加。这是由于在加压烧结过程中，摩擦片沿加压方向由上至下顺序叠放，层与层间由石墨片隔开，因此，摩擦片上下表面被石墨板遮住，只有摩擦片四周外侧与炉内气流直接接触，锌蒸气的挥发扩散朝容易的方向进行，因而更容易通过外侧区域扩散挥发，使得材料外侧连通孔隙增多，组织松散，试样四周的锌损较试样内部要多。随着 Zn 含量的增加，锌蒸气压增大，由前面孔隙度分析可知，随着锌含量的增加，孔隙度增大，锌蒸气挥发出去的通道增多，阻力减小，挥发更容易，因此，随着 Zn 含量的增加，锌损增大。

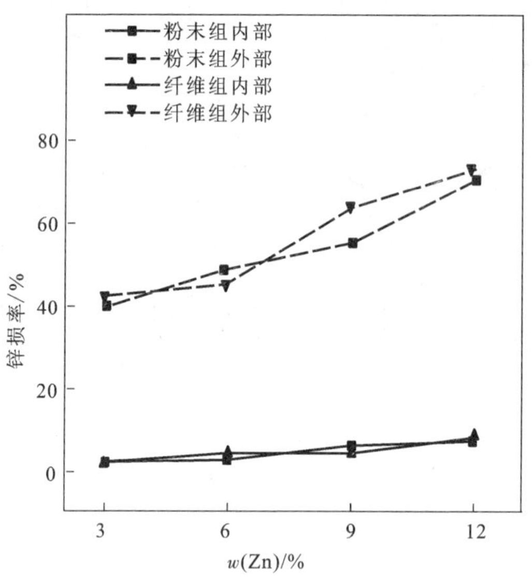

图 3－15　各试样外侧和内部的锌损率

3.2.1.3　黄铜粉末和黄铜纤维对材料摩擦磨损性能的影响

为了获得具有较优摩擦磨损性能的材料设计，对黄铜粉末组和黄铜纤维组材料的摩擦因数和磨损率等性能指标进行对比。

图 3－16 为不同速度下黄铜粉末组和黄铜纤维组材料的摩擦因数、摩擦稳定系数对比。由图可知，同样的锌含量下，黄铜纤维组材料的摩擦因数在低速下均高于黄铜粉末组，高速下低于黄铜粉末组摩擦因数。高速和低速条件下，锌含量相同的黄铜纤维组试样的摩擦稳定系数均低于黄铜粉末组试样的摩擦稳定系数，只有在 Zn 含量(质量分数)达到 9% 时，高速摩擦下，黄铜纤维组摩擦稳定系数高于黄铜粉末组，摩擦稳定性更好。

图 3－17 为不同速度下两组材料和相应对偶的磨损率对比图。由图 3－17(a)可知，同样的锌含量下，无论是高速还是低速下，黄铜纤维组材料的磨损率均低于黄铜粉末组材料磨损率，特别是当 Zn 含量(质量分数)达到 9% 时，

黄铜纤维组 B3 试样的磨损率对比其他试样大大降低，材料耐磨性好，且在此锌含量下，其对偶的磨损率也急剧下降，如图 3－17(b)所示。由此可知，对比其他锌含量下的试样，含锌 9% 时的黄铜纤维组 B3 材料和对偶的磨损性能都最佳。

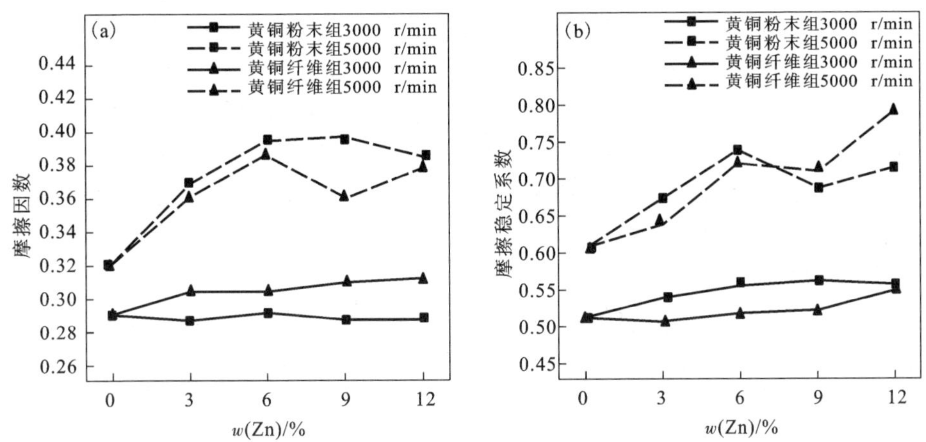

图 3－16　黄铜粉末组和黄铜纤维组材料的摩擦性能对比

(a)摩擦因数；(b)摩擦稳定系数

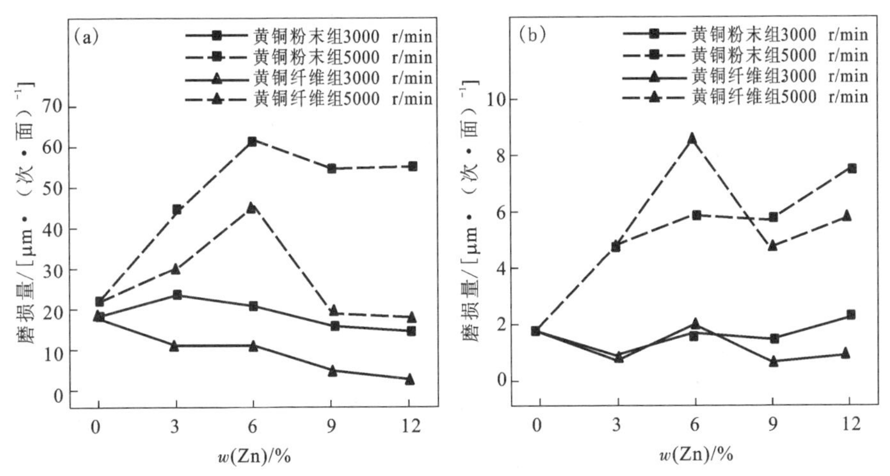

图 3－17　黄铜粉末组和黄铜纤维组材料的磨损性能对比

(a)材料的磨损量；(b)对偶的磨损量

3.2.1.4　黄铜粉末和黄铜纤维对材料在海水中电化学腐蚀性能的影响

为了得到具有较优耐蚀性的材料设计，对不同黄铜基体下的两组材料的耐蚀性进行对比分析。

图 3 - 18 为黄铜粉末组和黄铜纤维组材料在人工海水中的自腐蚀电位 E_{corr}、自腐蚀电流密度 I_{corr}、极化电阻 R_p对比图。从图 3 - 18(a)中可以看出，相同 Zn 含量下当 Zn 含量大于 3% 时，两组材料的自腐蚀电位差别不大，这是由于其所含元素及含量相同，材料热力学稳定性基本一致，腐蚀倾向一致；但相同 Zn 含量下，两组材料的自腐蚀电流密度差别较大，如图 3 - 18(b)所示，相同 Zn 含量下，黄铜粉末组的 I_{corr}小于黄铜纤维组的 I_{corr}，这说明黄铜粉末组的腐蚀程度小于黄铜纤维组；采用交流阻抗测得的两组试样的极化电阻值如图 3 - 18(c)所示，从图中可以看出，随着 Zn 含量的增加，两组试样的极化电阻值变化趋势一致：含 Zn 量较少时，随着 Zn 含量的增加，极化电阻值增大；当 Zn 含量为 9% 时，两组材料的极化电阻值均达到最大，耐蚀性最强；继续提高 Zn 含量，极化电阻值下降。其中，锌含量小于 12% 时，黄铜粉末组的材料极化电阻高于黄铜纤维组材料的极化电阻。

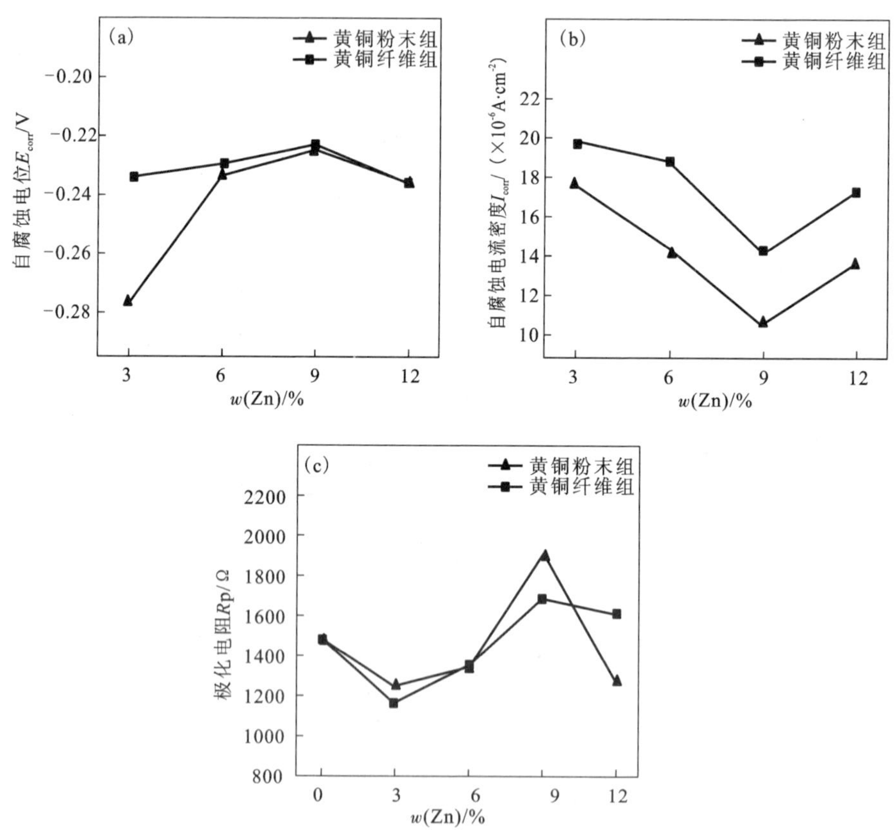

图 3 - 18　黄铜粉末组和黄铜纤维组材料的自腐蚀电位、自腐蚀电流密度、极化电阻

(a)自腐蚀电位 E_{corr}；(b)自腐蚀电流密度 I_{corr}；(c)极化电阻 R_p

由这三个电化学参数共同表征可知，黄铜粉末组材料的耐蚀性高于黄铜纤维组材料。这是由于黄铜粉末较细小，黄铜纤维粗大，其在材料中的分布没有黄铜粉末均匀，黄铜纤维组中 Zn 向铜的扩散均匀性弱于黄铜粉末组，由之前图 3-12 黄铜粉末组和图 3-13 黄铜纤维组各试样显微组织对比可知，黄铜粉末组材料基体晶粒大小均匀，而黄铜纤维组材料铜基体和纤维处晶粒大小差别很明显，表明材料基体上各元素成分含量分布不均，由此在基体内形成的微电池效应强于黄铜粉末组，腐蚀更严重。

3.2.2　摩擦组元对材料组织与性能的影响

风电机组要求制动摩擦材料具有高速度、高压力、高且稳定的摩擦因数和低磨损率。风电机组在运行中风轮对传动轴产生相当大的扭矩，如果要实现机组的制动，摩擦副需要产生巨大的制动载荷，而更换风电机组制动摩擦材料是一件十分"麻烦"的工作，所以要求制动摩擦片的磨损率低。这对风电机组制动摩擦材料提出了更高的要求，铜基粉末冶金摩擦材料中的摩擦组元的主要作用是提高材料的摩擦因数和降低材料的磨损率，因而，对于风电机组用铜基粉末冶金摩擦材料，选择合适的摩擦组元至关重要。

针对现代风力发电机组制动系统的钳盘式制动器用金属陶瓷摩擦材料与合金结构钢摩擦副，在变化较大的速度范围内及额定制动压力下，其刹车力矩曲线呈现出明显的"马鞍形"，且制动力矩的最大和最小值的比值远超过 1.5，因此，摩擦因素稳定性不高，这不符合相关标准的要求(如 JB/T 10401.1—2004 离网型风力发电机组制动系统第 1 部分：技术条件的标准要求最大值一般不应超过最小值的 1.5 倍)，因此，将铜基摩擦材料中的陶瓷硬质摩擦组元去除，以硬质的 Cr-Fe 替代，具体于配方中加入 8% 的铬铁合金粉，见表 3-6，通过粉末冶金技术获得铜基摩擦材料，具有摩擦因数稳定性高，耐磨性好，抗热震性好，受大气的温度及湿度变化的影响小，其具体的性能参数及与国外材料的对比见表 3-7，由表可知，其性能指标已达国际同类产品的技术水平[22]。

表 3-6　含硬质 Cr-Fe 的铜基粉末冶金摩擦材料配方[22]

原料粉	铜粉	锌粉	镍粉	锡粉	石墨粉	二硫化钼	铬铁合金粉
粒度(目)	-200	-200	-200	-200	-80 ~ +120	胶体粉剂	-100 ~ +200
含量 (质量分数)/%	71	2	1	4	11	3	8

表 3-7　铜基粉末冶金摩擦材料性能[22]

性能项目	摩擦材料			进口(Miba)摩擦材料抽检值
	技术指标	实测值	试验依据标准	
密度/$(g \cdot cm^{-3})$	5.2-5.6	5.42	HB5434.8—2004	5.46
硬度(HB)	40-70	56.3	GB/T 231，HB5434.3—2004	43.5
拉伸强度/MPa	≥35	43.0	GB/T 228，HB5434.9—2004	—
弯曲强度/MPa	≥80	91.3	GB/T 9341，HB5434.6—2004	—
比热容/$(J \cdot g^{-1} \cdot ℃)$(600℃)	≥0.600	0.623	GJB 330A	—
热扩散率(600℃)	≥0.090	0.121	GJB 1201.1	—
摩擦因数	≥0.25	0.30	HB5434.7—2004	0.31
磨损量/(mm·面·次)	≤0.0015	0.0009	JB/T 3063	0.0010

3.2.3　润滑组元对摩擦材料组织与性能的影响

粉末冶金摩擦材料中常加入一定量的固体润滑剂，用于改进材料的抗粘着性能，增强材料的耐磨性，特别是有利于减小对偶材料的磨损，使摩擦副工作性能稳定，因而，要降低风电机组用铜基粉末冶金摩擦材料的磨损率，需选择合适的润滑组元。

3.2.3.1　玻璃添加物对摩擦材料组织与性能的影响

虽然玻璃添加物较低熔点金属润滑组元硬度高且难以变形，也没有非金属润滑组元的层状结构，但玻璃添加物软化温度较低(600℃)，可在摩擦面高温下软化以形成润滑膜，同对玻璃添加物还具有摩擦因数低、硬度高及抗咬合性优良等特点。以玻璃作为添加物，采用粉末冶金方法制取金属基复合材料，由于其导热性差，摩擦界面上相对滑动的微凸体接触处的温升极易使该处玻璃软化，从而使玻璃成为良好的固体润滑剂。皂石公司研制出一种新的陶瓷摩擦材料，材料中低熔点的玻璃原料(硼酸盐、硅酸盐或磷酸盐)达20%~50%，因此，针对风电机组用制动摩擦材料的特点，分别选用了800目的低温玻璃粉和80目的实心钠钙玻璃微珠的玻璃添加物加入到铜基摩擦材料中，以制备出摩擦磨损性能优良的材料。

铜基粉末冶金摩擦材料用主要原材料主要技术参数如表3-8所示。

表 3 -8　试验用原材料技术指标

原材料	化学式	主要技术指标
铜粉	Cu	电解粉，-200 目，Cu≥98.5%
锡粉	Sn	-150 目，Sn≥98.5%
铁粉	Fe	-200 目，Fe≥98.5%
石墨	C	鳞片，50 目，碳含量≥90%
二氧化硅	SiO_2	石英砂，-80 目
低温玻璃粉(LMGP)	硅酸盐体系	软化点 650℃，-800 目
玻璃微珠	钠钙硅玻璃	软化点 720℃，80 目，纯度≥99.9%
铬铁粉	CrFe	机械破碎粉，-200 目，Cr≥60%

图 3 -19　玻璃添加物显微形貌

(a)低温玻璃粉；(b)玻璃珠

低温玻璃粉(Low Melting Glass Powder，LMGP)是以 SiO_2 为主相，在其中加入 NaO_2 和 KO_2 降低其软化温度，并加入 TiO_2 和 Al_2O_3 提高玻璃的热稳定性及化学稳定性等，然后将低温玻璃破碎、过筛以得到所需粒度的玻璃粉，其形貌见图 3 -19(a)。

钠钙玻璃微珠是以石英砂(SiO_2)、纯碱(Na_2CO_3)、石灰石($CaCO_3$)及长石等为主要原料，经高温熔融，然后以喷吹方式将玻璃液分散成玻璃液滴，玻璃液滴由于受表面张力作用，在冷却过程中形成球状颗粒，其形貌见图 3 -19(b)。

玻璃添加物含量对摩擦材料性能的影响具体成分设计见表 3 -9 所示。

表 3-9 铜基粉末冶金摩擦材料成分配比

试样编号	各试样成分(质量分数)/%							
	Cu	Sn	Fe	CrFe	SiO_2	石墨	玻璃粉	玻璃珠
A0	余量	4	8	6	8	5	—	—
A1	余量	4	8	6	8	5	2	—
A2	余量	4	8	6	8	5	4	—
A3	余量	4	8	6	8	5	6	—
A4	余量	4	8	6	8	5	8	—
B1	余量	4	8	6	8	5	—	2
B2	余量	4	8	6	8	5	—	4
B3	余量	4	8	6	8	5	—	6
B4	余量	4	8	6	8	5	—	8

按照表 3-8 所示的原材料技术指标，将 SiO_2 过 80 目筛网；然后按表 3-9 所示的成分设计称取粉末后，混料，压型，得到压坯，然后将压坯置于钟罩式加压烧结炉中烧结。烧结工艺参见表 3-10。

表 3-10 铜基粉末冶金摩擦材料加压烧结工艺参数

升温时间/min	升温压力/MPa	保温时间/min	保温温度/℃	保温压力/MPa	冷却压力/MPa
200	3.0	120	860 ± 10	4.6	4.0

将烧结后的材料(带钢背)加工成为 $\phi75$ mm × $\phi53$ mm 的圆环块，所用对偶材料是 45#钢，尺寸与摩擦试环的尺寸相同，在 MM-1000 型摩擦磨损实验机上进行摩擦磨损试验，其试验条件见表 3-11。

表 3-11 摩擦试验条件

实验条件	摩擦转速/($r \cdot min^{-1}$)	制动压力/MPa	动惯量/($kg \cdot m^2$)	实验次数/次
磨合	4000	1	1	4
摩擦	7000	1	1	15

(1)玻璃添加物对摩擦材料显微形貌及物理力学性能的影响

1)玻璃添加物对摩擦材料显微形貌的影响

图 3－20 是含低温玻璃粉(LMGP)的 Cu 基摩擦材料烧结后的 SEM 显微形貌照片。从未加低温玻璃粉材料试样的显微形貌图可以看出，铬－铁颗粒及铁颗粒与基体之间存在少量孔隙，如图 3－20(a)所示。加入 2% 低温玻璃粉后在 Cu 基摩擦材料中少量灰黑色物质(箭头所指方向)聚集在铬铁颗粒和铁颗粒周围，如图 3－20(b)所示。经能谱分析为低温玻璃粉成分，如图 3－21 所示。这是由于烧结温度(约

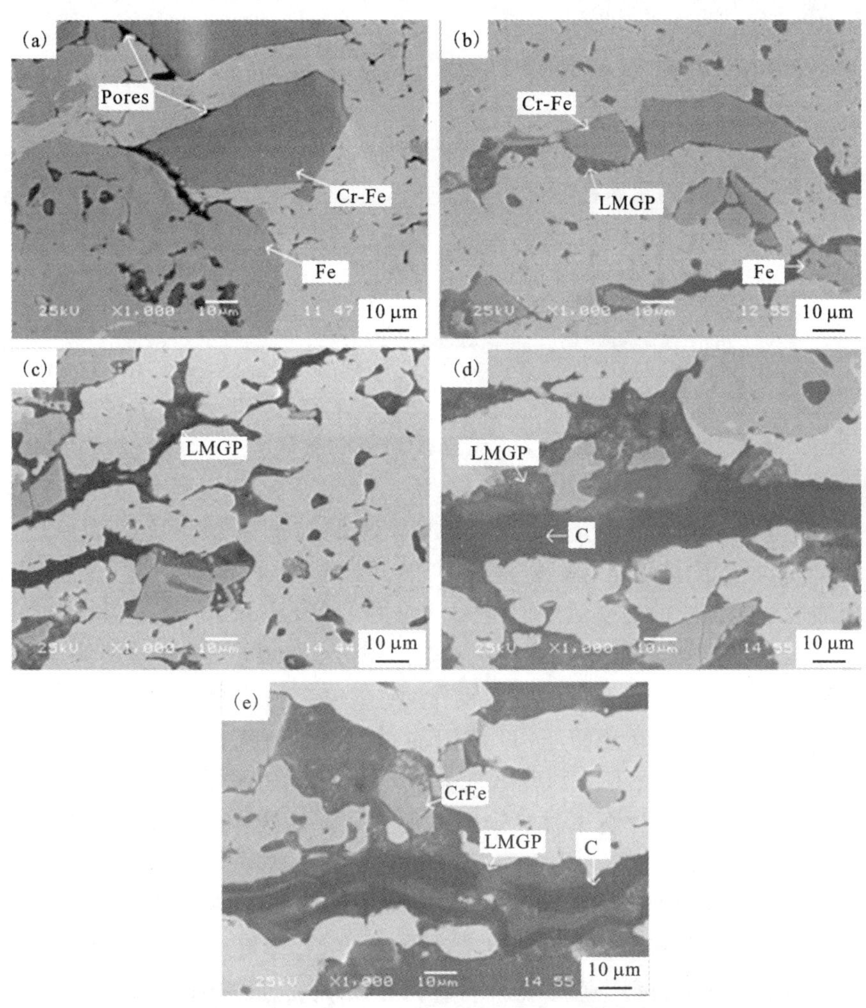

图 3－20　含低温玻璃粉对 Cu 基摩擦材料显微形貌的影响

(a)0% LMGP；(b)2% LMGP；(c)4% LMGP；(d)6% LMGP；(e)8% LMGP

860℃)高于低温玻璃粉熔点(700℃)，低温玻璃粉在烧结时熔化并在压力作用下沿颗粒之间的间隙流动并填充颗粒间孔隙。低温玻璃粉含量达到4%时如图3－20(c)所示，当低温玻璃粉以颗粒状在基体中分散，未见低温玻璃粉颗粒之间有明显的聚集现象。当低温玻璃粉含量增加到6%时，在Cu基摩擦材料中低温玻璃粉在烧结时发生聚集现象，部分低温玻璃粉颗粒聚集在黑色长条状的石墨周围如图3－20(d)所示，当低温玻璃粉含量为8%时，其团聚现象更为严重如图3－20(e)所示。这是由于实验所选的低温玻璃粉粒度细小且为不规则形状，熔化后易产生团聚；另外，低温玻璃粉含量提高将增加低温玻璃粉在烧结时的流动接触几率。

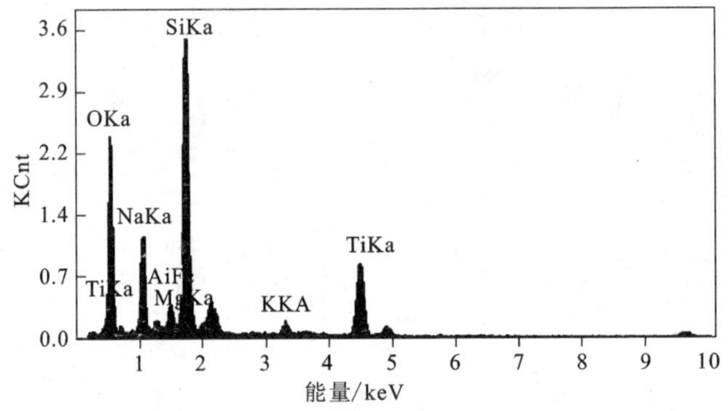

图3－21 低温玻璃粉颗粒能谱

研究选用的玻璃微珠是一种球形度较高的玻璃颗粒。从图3－22(a)、图3－22(b)可看出玻璃微珠较完整，没有出现断裂现象；玻璃微珠虽然还呈现球形，但通过对比烧结前玻璃微珠形貌(参见图3－19)可看出，烧结后玻璃微珠形貌发生了明显的变化。Cu基摩擦材料的烧结温度为860℃，高于玻璃微珠软化温度(约720℃)。由于温度与压力的双重作用，玻璃微珠软化而发生变形。玻璃微珠形状为球形，因此，在烧结压力作用下，玻璃微珠外表面的压力分布较均匀；此外，球形界面能最低，所以，玻璃微珠在烧结过程中变形量有限。图3－22(a)中，由于压力作用，鳞片石墨被玻璃微珠所挤压。图3－22(b)中，玻璃微珠与SiO_2颗粒部分熔合在一起(如箭头所示)，说明玻璃微珠在烧结过程中已熔化。两种情形下，玻璃微珠粒度较其他颗粒大，不像低温玻璃粉那样“聚集”于其他颗粒之间，并且在烧结过程中玻璃微珠也不发生显著的化学反应，只发生球形度的变化。鉴于此，只列举材料中玻璃微珠含量为8%的表面形貌图[图3－22(c)]，从图中看出玻璃微珠分布较均匀，玻璃微珠间无明显的颗粒聚集现象。玻璃微珠为球形颗粒，并且其粒度为80目时混料难以发生团聚现象。

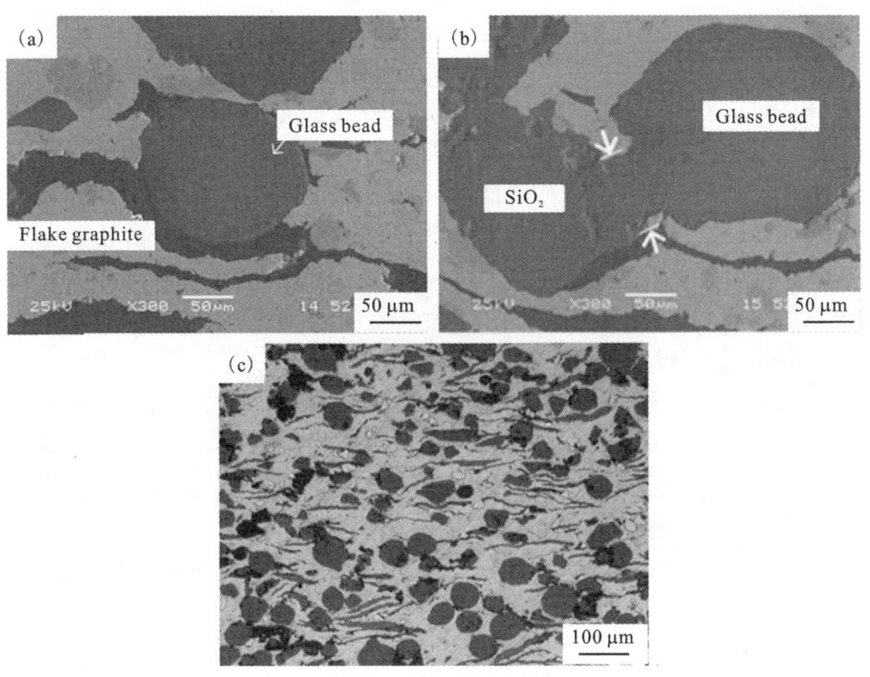

图 3-22　含玻璃微珠 Cu 基摩擦材料烧结后试样显微形貌

(a)(b)SEM；(c)金相

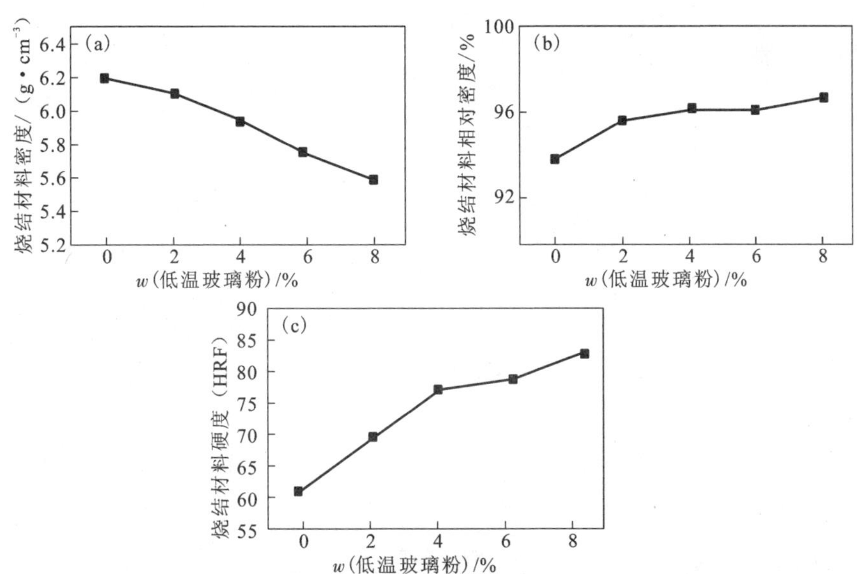

图 3-23　低温玻璃粉含量对 Cu 基摩擦材料密度、相对密度及硬度的影响

(a)密度；(b)相对密度；(c)硬度

2)玻璃添加物对摩擦材料密度和硬度的影响

低温玻璃粉含量对 Cu 基摩擦的密度、相对密度及硬度的影响如图 3-23 所示。从图中可以看出：Cu 基摩擦材料的密度随低温玻璃粉含量的增加而下降，相对密度和硬度随低温玻璃粉含量的增加而上升。低温玻璃粉粒度细小并且其软化温度低于烧结温度，在烧结时玻璃液沿颗粒之间的间隙流动并填充颗粒间孔隙，使材料的相对密度增加。当低温玻璃粉含量超过 2% 时，材料的相对密度变化较小，这因为相对密度已达到较高值。而材料的硬度变化较大，根据粉末冶金材料的硬度取决于材料的固有性质和孔隙度[23]，主要归因于低温玻璃粉硬度高于 Cu-Sn基体，使得材料硬度升高。

图 3-24 为玻璃微珠含量对 Cu 基摩擦材料密度、相对密度及硬度的影响。由图可知，材料的密度与相对密度随玻璃微珠含量的增加而下降。这可能与玻璃微珠的加入使材料压制性能恶化有关；另外，还与玻璃微珠和 Cu-Sn 基体之间热膨胀因数的差异有关。玻璃微珠的加入引起材料的相对密度略微下降，但玻璃微珠硬度高于 Cu-Sn 基体材料的硬度，因此，烧结体的硬度随玻璃微珠含量增加而上升。

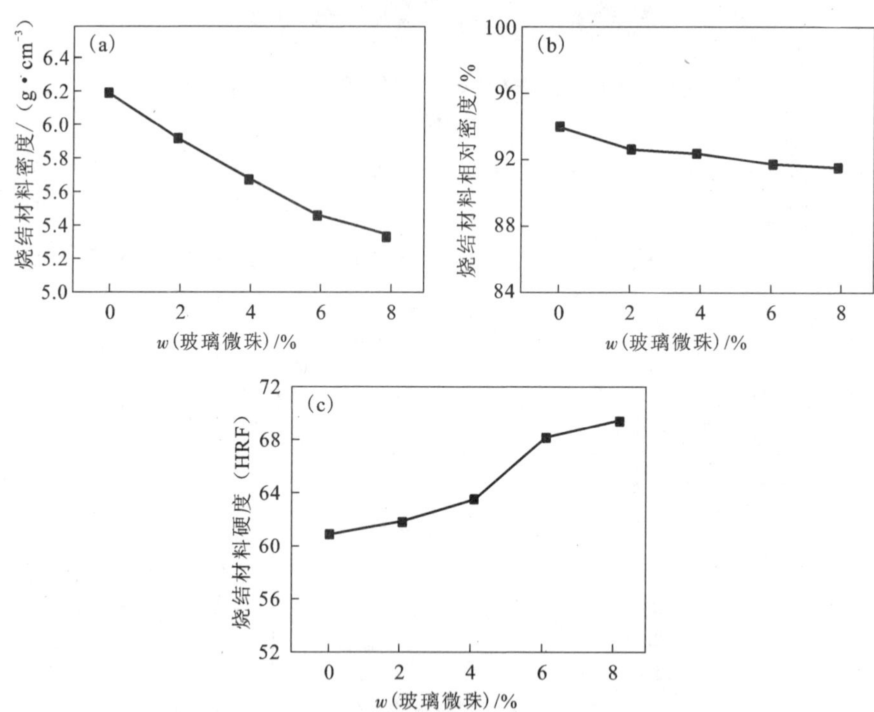

图 3-24 玻璃微珠含量对 Cu 基摩擦材料密度、相对密度及硬度的影响

(a)密度；(b)相对密度；(c)硬度

低温玻璃粉因粒度细小可填充颗粒间隙，使烧结体的相对密度升高。当低温玻璃粉含量达到6%时，虽然其在材料中存在团聚现象，但低温玻璃粉在材料中分布依然均匀，见图3-25(a)。而玻璃微珠粒度较大，尽管在烧结时存在软化，但变形量有限，难以填充颗粒间隙。玻璃微珠在材料中分布较好，但粒度较大，实际降低了其在材料中的分散性，见图3-25(b)。低温玻璃粉与玻璃微珠的粒度差异导致两者在材料中分散性的不同，在材料相同大小区域内，低温玻璃粉分散度较玻璃微珠高，因此，添加低温玻璃粉试样的硬度和相对密度较添加玻璃微珠材料的高。

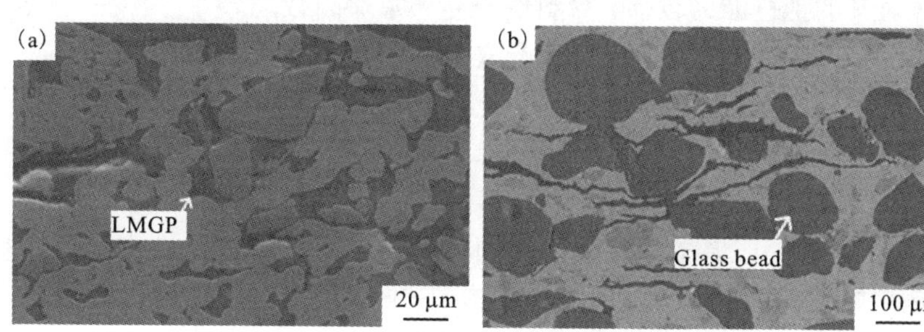

图3-25　含6%玻璃添加物材料烧结后的显微形貌

(a)低温玻璃粉；(b)玻璃微珠

(2)玻璃添加物对摩擦材料摩擦学性能的影响

1)玻璃添加物对材料摩擦磨损性能的影响

图3-26分别为材料摩擦因数和材料磨损量随低温玻璃粉含量变化的曲线图。图示表明，材料中添加一定量低温玻璃粉，材料的摩擦因数均略高于未加低温玻璃粉材料的摩擦因数，当质量分数超过6%时，摩擦因数急剧增加。材料中低温玻璃粉质量分数低于6%时，材料的磨损量减小，当低温玻璃粉质量分数超过6%时，材料磨损严重。

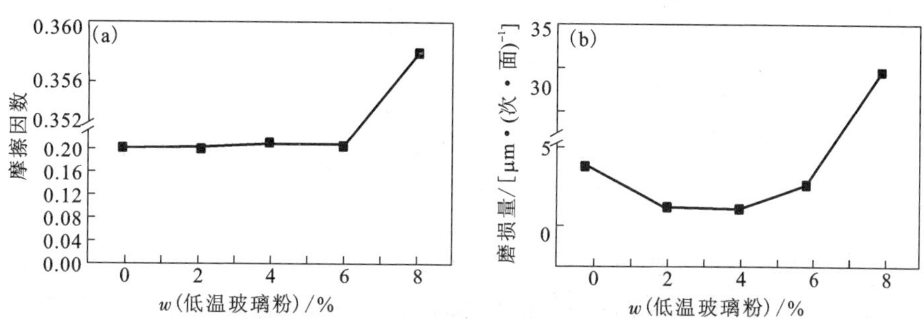

图3-26　低温玻璃粉对Cu基摩擦材料摩擦因数和磨损量的影响

(a)摩擦因数；(b)磨损量

摩擦因数是粘着和摩擦表面凸起啮合大小及性质的函数[24]。低温玻璃粉在未软化之前充当磨粒，一方面降低了材料与对偶的粘着倾向，有利于减小材料的摩擦因数；另一方面由于低温玻璃粉颗粒硬度高，与对偶微凸体相互作用增加材料的摩擦因数。在摩擦前期，摩擦面温度远低于低温玻璃粉颗粒的软化温度，低温玻璃粉起着类似于摩擦剂的作用，提高材料的摩擦因数。摩擦中后期，由于摩擦热作用使玻璃粉颗粒软化，软化的低温玻璃粉在摩擦表面形成润滑膜，减小材料与对偶的直接接触，以此降低材料磨损量和摩擦因数。当低温玻璃粉含量较小时，基体对其的把持能力较强，材料磨损量、摩擦因数均较小。但是当低温玻璃颗粒含量达到8%时，材料磨损变得严重，这是因为低温玻璃颗粒嵌于Cu合金基体之中，对耐磨的Cu合金基体起到了分割作用，破坏了基体的连续性，特别是破坏了摩擦工作面基体的连续性[23]；另外，部分低温玻璃颗粒聚集在石墨上而形成弱界面，在摩擦时易于剥落使摩擦因数增加，磨损量急剧上升。

图3-27(a)为玻璃微珠含量与材料摩擦因数关系图。从图中可以看出，材料的摩擦因数随玻璃微珠含量的增加而增加，但变化不显著。摩擦因数主要由犁沟和黏着两方面决定，摩擦过程中，由于摩擦热玻璃微珠表层软化减小摩擦副的黏着倾向，降低摩擦因数；另一方面，玻璃微珠在未软化时硬度较高，在摩擦过程中嵌入对偶产生犁削，增加摩擦因数。然而由于后者对摩擦因数增加的贡献大于前者对摩擦因数减小的贡献，这种影响趋势随玻璃微珠含量的增加变得明显。

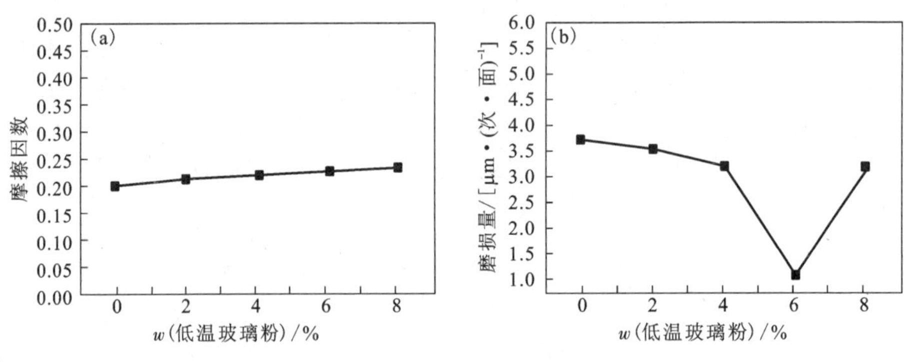

图3-27 玻璃微珠对材料摩擦因数和磨损量的影响

(a)摩擦因数；(b)磨损量

图3-27(b)为玻璃微珠含量与材料磨损量关系曲线图。由图可知，随材料中玻璃微珠的含量增加，材料的磨损率减小；当玻璃微珠含量为6%时，材料的磨损量达到最小值；当玻璃微珠含量进一步增加时过多的玻璃微珠降低了基体材料的连续性，材料在摩擦过程中易于脱落，材料的磨损量增加。玻璃微珠在软化前坚硬，可抑制基体的塑性变形，并使摩擦层稳定，防止摩擦层因大量的变形而

剥落。摩擦面因摩擦不断积累摩擦热量，部分直接与对偶接触的玻璃微珠因摩擦热作用使表层软化。软化层具有一定的润滑性能，可保护材料免被磨损。因此，材料中加入适量玻璃微珠可减少材料磨损。

玻璃添加物可以提高材料的摩擦因数，并且摩擦因数随玻璃添加物含量的增加而增加。添加 8% 低温玻璃粉的材料摩擦因数出现较大变化如图 3 - 26 所示，主要由于低温玻璃粉含量增加及团聚降低基体材料的连续性。摩擦时，表层材料剥落严重使摩擦表面粗糙化，以致摩擦因数增加。而添加 8% 玻璃微珠的材料摩擦因数变化较小，这是因为玻璃微珠粒度大，嵌入基体材料部分多，所以基体材料对其的把持能力强。另外，玻璃微珠在烧结时未发生团聚现象且本身较坚硬，而低温玻璃粉是经团聚形成颗粒，其整体坚硬度不如玻璃微珠高。因此，两种玻璃添加物的粒度差异，造成加入 8% 玻璃添加物材料的摩擦因数与磨损量不同。但玻璃添加物含量为 8% 时，材料的耐磨性均下降。

2）摩擦表面观察与分析

由图 3 - 28 可见，未加低温玻璃粉材料表面出现剥层现象，剥落面平行于摩擦面。根据剥层磨损理论[25]，在摩擦过程中，不断的剪切变形，使表面下一定深度处出现位错堆积，进而导致形成裂纹与空穴。当裂纹在一定深度形成后，根据应力场分析，平行于表面的正应力阻止裂纹向深度方向扩展，裂纹在一定深度沿平行于表面的方向延伸。当裂纹发展到一定程度后，裂纹与表面间的材料最后以片状形式剥落。另外，未加低温玻璃粉试样摩擦表面出现许多宽度不等的裂纹，而且裂纹相互贯通。裂纹主要是在摩擦力与热应力的相互作用下形成与扩展，最终裂纹联合形成网状裂纹使摩擦层剥落，形成磨屑。

从图 3 - 28(c)可以看出，添加 4% 低温玻璃粉材料的摩擦表面较光滑，但摩擦表面出现轻微的粘着磨损，表面膜沿摩擦方向被轻微破坏。这是由于摩擦面温度较高，在制动压力下，摩擦材料与对偶发生粘结。当粘结点的强度低于摩擦副强度时，剪切发生在结合面上，此时磨损却很小，材料迁移也不显著[26]。从图 3 - 28(d)中可以看出，摩擦表面出现明显的犁沟，这是由于在制动压力作用下，对偶微凸体压入基体材料中相互作用形成的。另外，摩擦时形成的磨屑如高硬度的玻璃粉颗粒(未软化)、SiO_2等硬质颗粒，充当三体磨损，在摩擦表面刮擦形成沟痕。摩擦表面除出现犁沟外还出现凸出摩擦膜的粘附层，由文献[27]可知这是摩擦时形成的磨屑，在高温及压力作用下被压实成板带状，贴合在摩擦表面。

从图 3 - 28(e)可以看出，当材料中添加 8% 低温玻璃粉时，材料摩擦表面异常粗糙未形成密的摩擦膜，摩擦表层出现较宽的裂纹并与基体脱粘，同时低温玻璃粉颗粒裸露。材料中因添加过量的低温玻璃粉使基体材料的连续性遭到破坏，对 Cu 基体产生“割裂”作用，同时造成表层 Cu 基体塑性变形受到阻碍。另外，低温玻璃粉在未软化时具有脆硬特征，在摩擦冲击力作用下而发生断裂。因此，低温玻璃粉颗粒过量致使试样摩擦表面易遭到破坏。摩擦过程中，表层材料抵抗摩擦剪切变形的能力相对脆弱，摩擦面无法形成致密的摩擦膜，材料因失去致密的摩擦膜的保护作用，磨损量增加。由此材料磨损陷入恶性循环中。

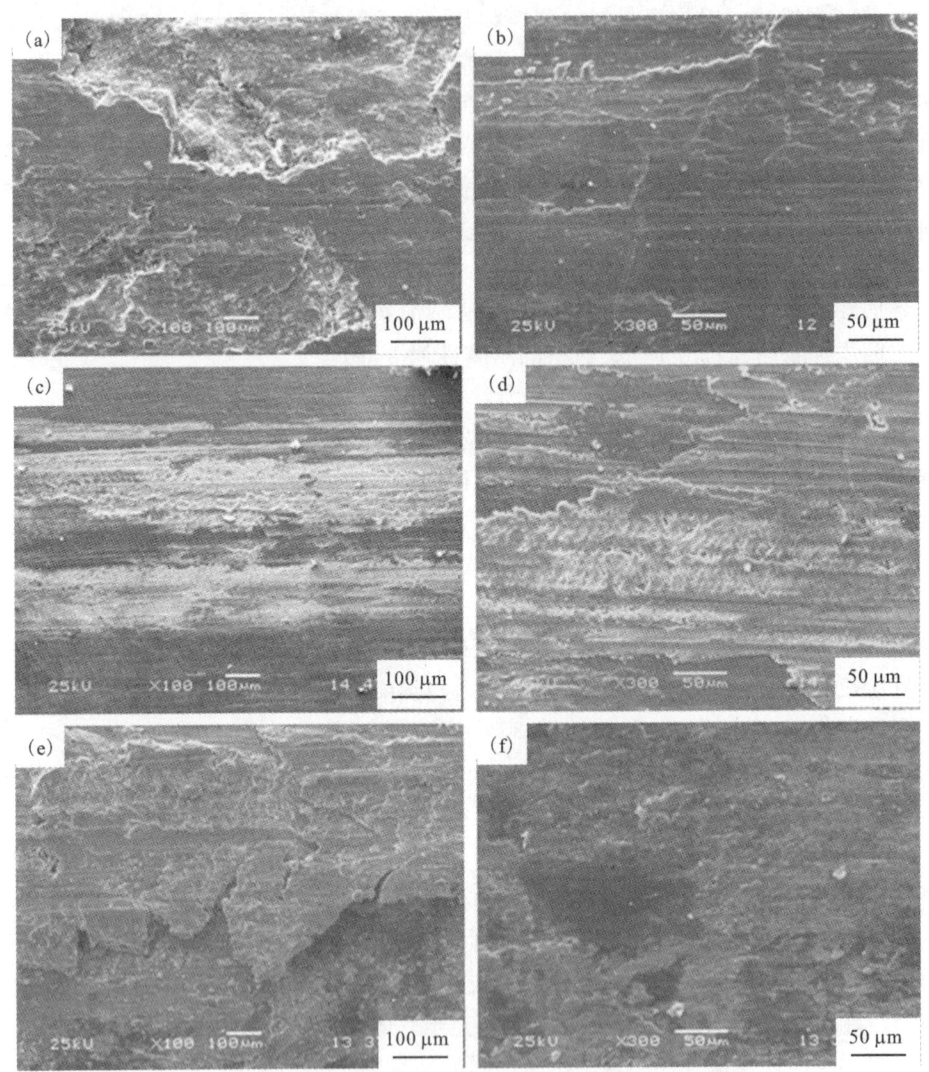

图 3-28　低温玻璃粉对材料摩擦表面显微形貌的影响

(a)(b)0% LMGP；(c)(d)4% LMGP；(e)(f)8% LMGP

图 3-29 为不同玻璃微珠含量材料的摩擦面显微形貌图。可以看出，添加 2% 玻璃微珠的材料，其摩擦面出现轻微的层片剥落。玻璃微珠在未软化时相当于硬质粒子，镶嵌在基体中难以变形，造成基体塑性变形的阻力增加。由于材料

中的玻璃微珠含量较低，基体材料抵抗塑性变形能力较弱。基体材料沿摩擦方向产生较大的塑性变形。基体材料经摩擦力反复作用，在塑性变形区产生裂纹，直至裂纹发展到表面发生层片剥落。

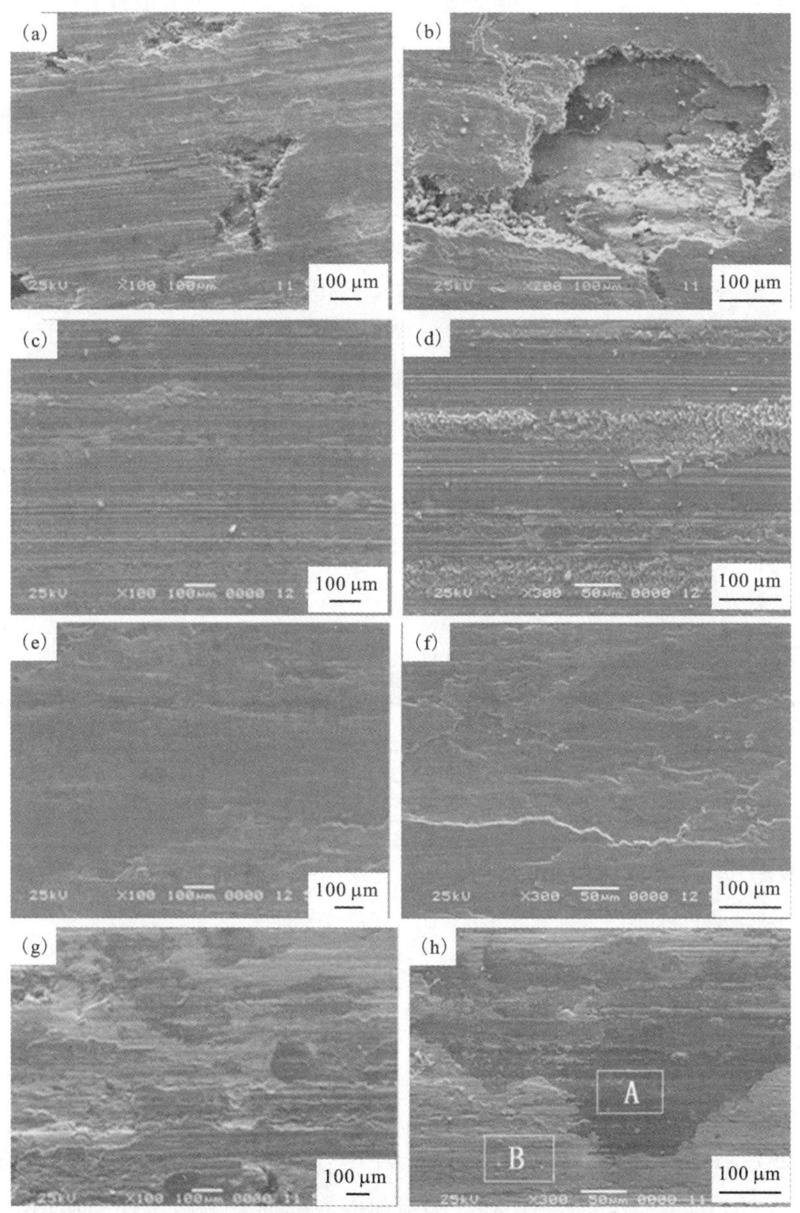

图3-29 玻璃微珠对Cu基磨擦材料摩擦表面显微形貌的影响

(a)(b)2%玻璃微珠；(c)(d)4%玻璃微珠；(e)(f)6%玻璃微珠；(g)(h)8%玻璃微珠

添加4%玻璃微珠的材料摩擦表面出现细小的犁沟。出现犁沟的原因是Cu基体相对较软，基体中硬质颗粒如SiO_2和玻璃微珠因磨损形成小颗粒并充当磨粒角色，对材料产生微切削作用，形成犁沟。

含有6%玻璃微珠对Cu基磨擦材料摩擦表面相对完整如图3－29(c)、图3－29(d)所示，既没有出现层片和点状剥落，也没有出现明显的犁沟。材料中玻璃微珠含量较高，一方面能抵抗基体塑性变形；另一方面材料的硬度上升，对偶微凸体及硬质磨屑难以对材料产生犁沟作用。摩擦过程形成的含有玻璃微珠细微粒的抗磨层，有效保护材料免被进一步磨损。

当材料中玻璃微珠含量达到8%时，摩擦表面深色区域不连续，在摩擦表面出现许多颜色较浅的斑块。针对此现象对其进行了能谱分析，深色区域(图中A)与浅色区域(图中B)的成分(具体见表3－12中成分所示)。通过能谱分析，见图3－30，结果说明：深色区域含有较多的Si、Fe、C元素，浅色区域主要为Cu基体。说明深色区域是由玻璃微珠和SiO_2细微颗粒、Fe、石墨构成的摩擦层，而浅色区域还不具有摩擦层的组成特征。材料中玻璃微珠的增加势必造成表层基体在摩擦面塑性流动的困难，影响基体在摩擦面的成膜性。同时，玻璃微珠含量过多也影响石墨受挤压破碎而在表面涂抹的过程。两方面原因造成材料摩擦层完整性变差。玻璃微珠含量过高或者说硬质相过多是造成Cu基体暴露于摩擦表面的根本原因。

表3－12　A、B区域能谱对比分析结果

区域	C	Fe	Si	Cu	Cr	Ca	Na	Sn
A	42	8.32	35.09	3.33	1.39	5.11	4.77	—
B	20.58	6.39	1.46	69.14	—	—	—	2.42

注：由于设备原因氧元素不能被检测到

3)亚表面观察与分析

亚表面是指处于材料摩擦表面与基体之间的区域。摩擦过程中，材料在正应力与切向摩擦力的反复作用下，亚表面不断地经受塑性变形[28]。亚表面可反映材料的摩擦磨损机理等信息，因此探讨亚表面显微形貌是有必要的。

铜基摩擦材料摩擦后表面由上到下依次为摩擦表层、塑性变形区、未变形区，如图3－31所示。摩擦表层一般包括由转移膜形成的机械混合层和摩擦膜组成。摩擦表层的完整性、厚度、硬度与材料固有性质及实验条件密切相关，摩擦表层的状态很大程度上决定了摩擦材料的摩擦磨损特性。摩擦开始时，材料与对偶微凸体之间相互刮擦，而出现材料的转移或两者的磨屑。摩擦过程中，对偶材料磨屑与摩擦材料磨屑在摩擦力与摩擦热作用下混合压实在一起，形成机械混合层。须指明不是所有摩擦材料表层都能出现机械混合层，如果摩擦材料与对偶材料的亲和性差、摩擦副之间摩擦剪切小及材料摩擦层剥落严重都不会出现机械混合层。摩擦过程中，摩擦表层不断生成与破坏，两者之间的速率差决定了材料的磨损率。

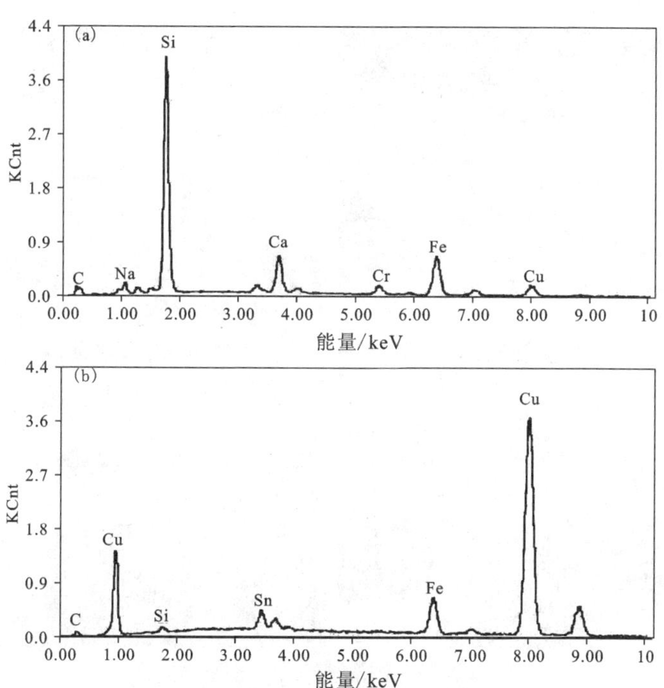

图 3－30　材料中添加 8% 玻璃微珠摩擦表面不同区域能谱图

(a)A 区域能谱图；(b)B 区域能谱图

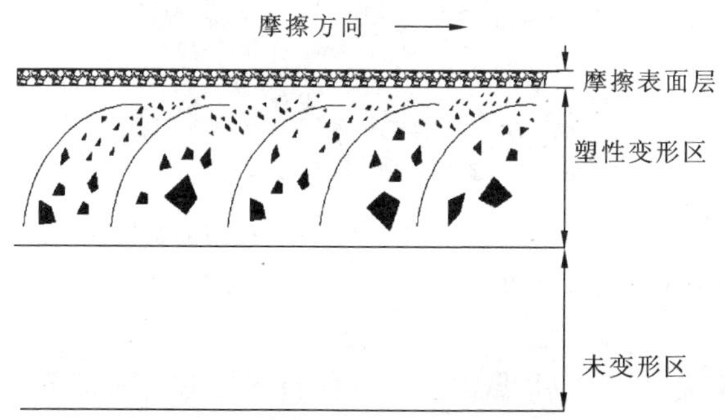

图 3－31　铜基摩擦材料摩擦后表面附近结构示意图

塑性变形区内，硬质颗粒在剪切力作用下而碎化，塑性较好的颗粒将沿摩擦方向拉长。文献[29]指出在塑性变形区内形成一种不均匀的位错结构且具有很高的位错密度。相邻胞块之间有较大的取向差，随着向表面趋近，胞块沿滑动方向被拉长。塑性变形区内的残余应力在中部达到最大值，并向表层与基体材料递减，随塑性变形的积累，在亚表层中形成微裂纹。

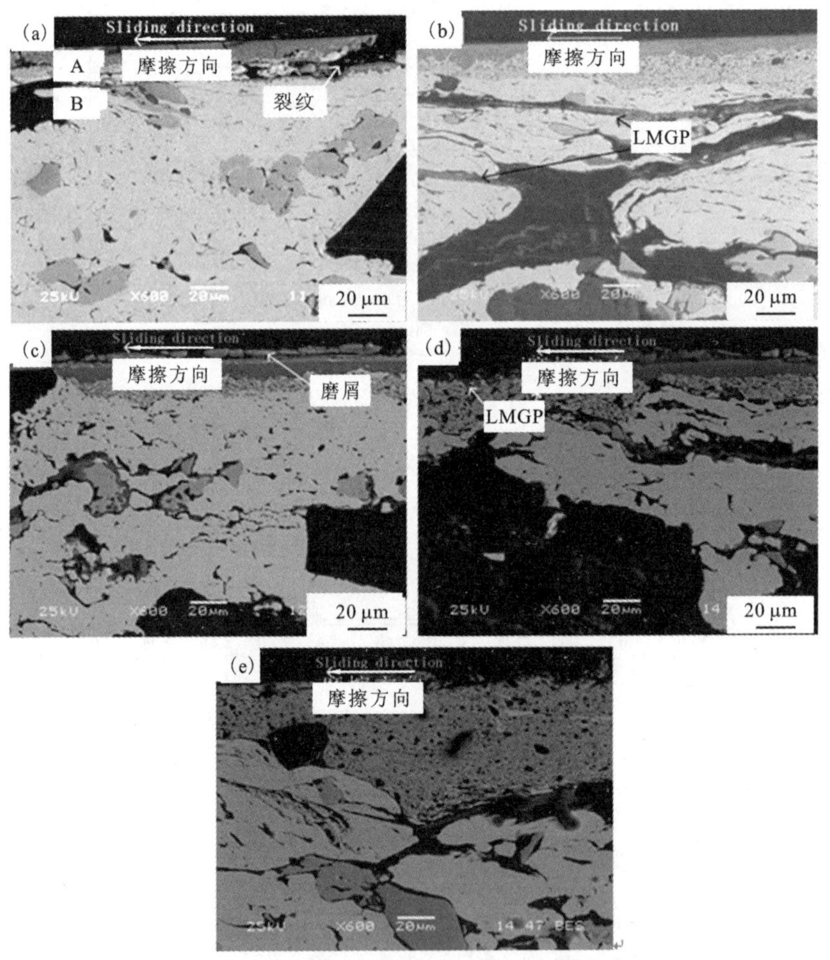

图 3-32　不同低温玻璃粉含量材料亚表面背散射照片

(a)0% LMGP; (b)2% LMGP; (c)4% LMGP; (d)6% LMGP; (e)8% LMGP

图 3-32 为添加不同含量低温玻璃粉材料于摩擦试验后的亚表面显微形貌图。未加低温玻璃粉材料中区域 A 为机械混合层(MML)，MML 的形成是由于材料在摩擦过程中，随着基体塑性变形的增加，同时钢对偶面的磨屑以铁或铁的氧

化物的形式与基体表面元素混合，最终形成 MML[30]。区域 B 为塑性变形区，该区是亚表面裂纹的形成区域，区域内出现大小不等的孔洞。随着摩擦进行，塑性变形区经历不断的变形，导致在第二相颗粒与基体界面处形成孔洞[31]。未加低温玻璃粉材料 MML 不连续，出现横向裂纹，同时在 MML 与塑性变形层之间出现裂纹，而且变形层将要剥落。

当低温玻璃粉含量为 2% 时，MML 最为平整且没有出现横向断裂纹，MML 与塑性变形区之间没有明显的边界。塑性变形区内低温玻璃粉颗粒在铬铁颗粒与铁颗粒周围一起沿摩擦方向被拉伸。当低温玻璃粉含量为 4% 时，如图 3 - 32(c)所示，MML 上覆盖着不连续层，这是由于 MML 或者对偶剥落的磨屑在摩擦表面反复碾压形成的。当低温玻璃粉含量为 6% 时，如图 3 - 32(d)所示，试样 MML 层不连续，塑性变形区内的低温玻璃粉颗粒与 MML 之间发生剥离，摩擦表面覆盖少量磨屑层。这是由于其他组元与铜基体在变形过程中表现不一致，在它们之间产生缝隙与孔洞，而低温玻璃粉具有硬质相的特征，这种趋势随低温玻璃粉的增加变得明显。据文献[32]报道，摩擦过程中形成的硬质磨屑以及嵌于基体的硬质颗粒都将阻碍 MML 的连续性。当低温玻璃粉含量为 8% 时，如图 3 - 32(e)所示，完全观察不到摩擦层，因为大量的玻璃粉使材料的缺陷增多，尤其是附着在石墨周围的低温玻璃粉颗粒降低了材料的强度，在摩擦过程中材料的抵抗变形能力非常差，来不及形成摩擦层。

图 3 - 33 为含有不同玻璃微珠量的材料在摩擦实验后亚表面显微形貌图。当玻璃微珠含量为 2% 时，MML 厚度很薄(如箭头所示方向)。这是由于材料中的玻璃微珠含量相对较低，摩擦材料硬质相对对偶材料的刮擦相对较弱，同时，摩擦面的玻璃微珠由于剪切破碎而形成的细微颗粒相应减少，因此形成 MML 的物质量减小。当玻璃微珠含量为 4% 时，MML 明显变厚，但比较疏松。当玻璃微珠含量为 6% 时，如图 3 - 33(c)所示，MML 连续均匀地覆盖在摩擦表面。玻璃微珠能抑制表层基体的塑性变形，突出于摩擦面的玻璃微珠与对偶材料作用，使对偶材料转移到摩擦材料表面，从而获得稳定的 MML。当玻璃微珠含量为 8% 时，如图 3 - 33(d)所示，横截面观察不到 MML 的存在。可观察到一层浅色物质覆盖于摩擦表面，经能谱分析表明此浅色层为 Cu 基体。这与材料中的脆硬的玻璃微珠含量过高有关，有报道[32]指出材料中的硬质颗粒将阻碍 MML 的连续性。这种现象可以从图 3 - 36 得到解释，基体中的玻璃微珠和 SiO_2 颗粒为脆性物质，脆性物质突出于摩擦面受摩擦力作用不能产生塑性变形，而最终由于脆性断裂成细颗粒。细颗粒的存在阻碍表层 Cu 基体在表层“涂抹”及“涂抹”连续性(图中可看出部分 Cu 基体经过破碎的颗粒处时产生脱落)，也不利于减磨的鳞片石墨在摩擦表面的涂抹。摩擦面因缺少石墨层的保护，Cu 基体与对偶材料直接作用，磨损将变得严重。该情形下，要减少玻璃微珠的含量或者增加鳞片石墨的含量，以便形成

稳定的摩擦层，减小材料的磨损。

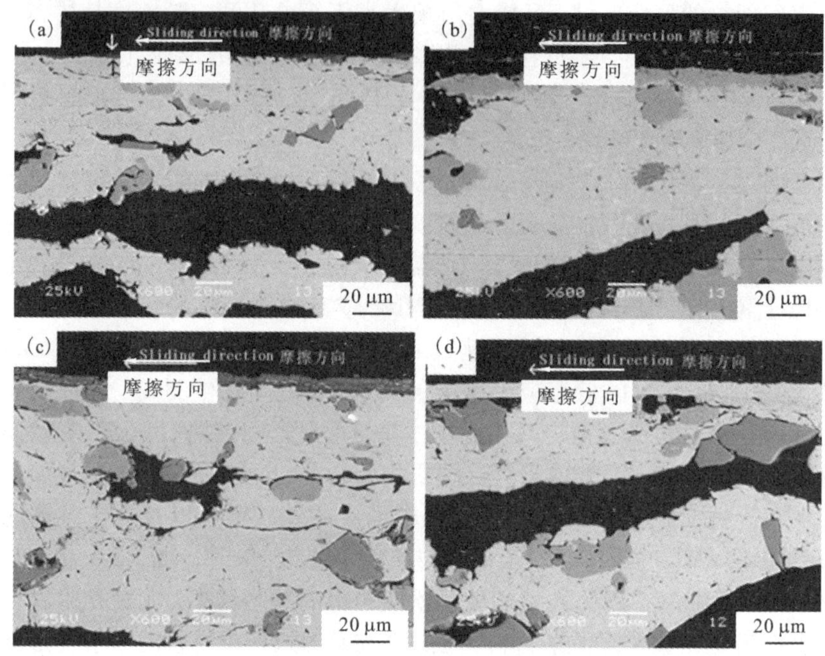

图 3－33　含玻璃微珠材料摩擦后亚表面背散射照片

(a)2% 玻璃微珠；(b)4% 玻璃微珠；(c)6% 玻璃微珠；(d)8% 玻璃微珠

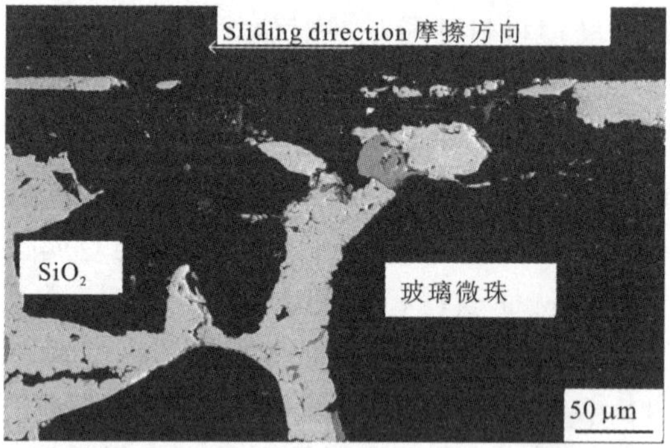

图 3－34　材料中脆性物质对摩擦层的影响

4)铜基摩擦材料磨损机理

根据摩擦材料特性，如要了解材料的摩擦磨损机理就必须分析摩擦层，摩擦层结构状态、成分组成及破坏机理是研究摩擦材料组成和摩擦性能关系的重要纽带。研究表明[33]摩擦层主要有两种形成机制：第一种，磨屑混合物包括摩擦材料磨屑和对偶磨屑受制动压力作用而形成致密的摩擦层或者疏松的磨屑堆积区；第二种，摩擦副之间由于粘着而发生摩擦材料向对偶或者对偶向摩擦材料的转移。摩擦层随摩擦磨损过程的进行而不断变化，这是一个动态变化的过程。在材料塑性变形条件下，摩擦层经历形成、破坏、再形成、再破坏的循环过程。摩擦层形成与破坏的速度决定着材料的磨损率。

对于铜基摩擦材料，摩擦过程中，裂纹是从摩擦表面向里面扩展还是由塑性变形区萌生向摩擦层扩展，这与玻璃添加物的多少有密切关系。从前面章节已知，当玻璃添加物含量很低时，摩擦层主要呈现层片剥落。因为玻璃添加物含量低，表层基体材料抵抗塑性变形能力相对较弱，摩擦剪切力作用于变形层的纵向尺寸大。同时，由于基体塑性变形能力好，可承受多次的塑性变形。当基体材料经历反复的变形后，裂纹主要从塑性变形区的微孔隙处萌生与扩张，如图 3－35(a)所示。当玻璃添加物含量增加，表层基体材料抵抗塑性变形能力增强，摩擦剪切力对变形层的纵向影响尺寸减小。有研究结果表明[34, 35]：在复合材料中，基体的塑性流变在遇到增强体时将终止，增强体能起到一定的抑制基体塑性变形的作用。而玻璃微珠为坚硬物质可起到增强体的作用。因此，摩擦层裂纹主要从浅表层萌生，如图 3－35(b)所示。另外，玻璃添加物部分与对偶直接作用，有利减小表层基体材料由于变形量过大而易形成表层裂纹。以上几点可以说明：材料中添加适量的玻璃添加物，其耐磨性相对于未添加玻璃添加物材料的耐磨性有所增强。

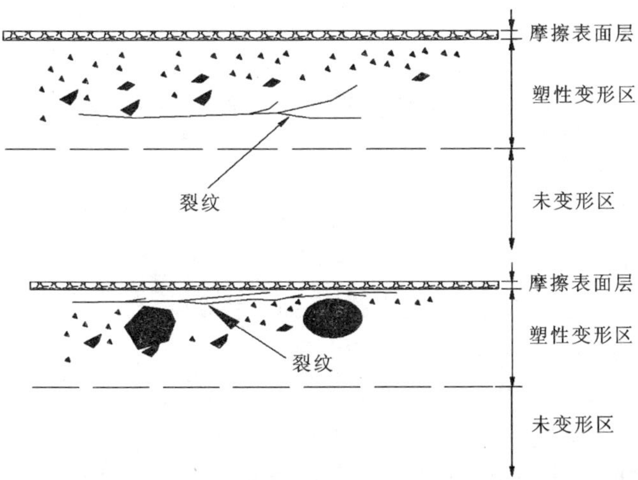

图 3－35　玻璃添加物含量对材料磨损影响示意图

(a)材料中未加玻璃添加物；(b)材料中添加适量玻璃添加物

当材料中玻璃添加物含量超过一定量时，材料的耐磨性呈现下降趋势，其中，低温玻璃粉颗粒在烧结时聚合在一起，聚集的低温玻璃粉颗粒受摩擦剪切作用在表层易发生脆性断裂；部分聚集的低温玻璃粉颗粒与鳞片石墨形成弱界面，于摩擦过程中发生界面分离；聚集的低温玻璃粉颗粒尺寸大，基体对其把持能力下降，易发生界面分离而脱落；高含量的低温玻璃粉“割裂”了塑性变形性能较好的基体材料，破坏其连续变形条件。因此，高含量的低温玻璃粉试样摩擦面难以形成致密而稳定的摩擦膜，因此，材料磨损量严重及摩擦因数相对较大，如图 3 -36 所示。

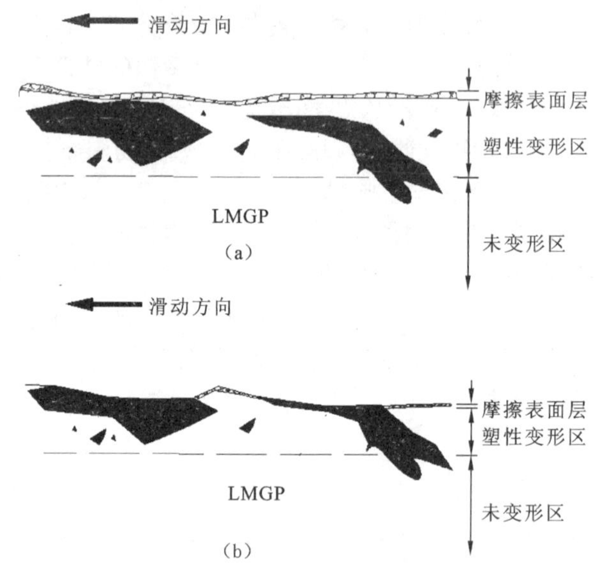

图 3 -36　高含量低温玻璃粉对材料磨损影响示意图

(a)摩擦初期；(b)摩擦后期

玻璃微珠在烧结体中分布均匀，无明显的颗粒间聚集现象，基体对其的把持能力相对较强。由于玻璃微珠相对坚硬，摩擦时难以发生整个微珠的脆性断裂。通过观察摩擦截面图可知，材料中的硬质颗粒(如铬铁颗粒、SiO_2颗粒、玻璃微珠)不具备与基体一样的塑性变形能力。在摩擦前期硬质颗粒直接与对偶微凸体接触，此时材料摩擦因数较高。随着部分硬质颗粒被对偶微凸体磨平，表层 Cu 基体因多次塑性变形部分地覆盖在硬质颗粒表面(参见图 3 -37)。因此，减少了硬质颗粒与对偶微凸体的直接接触，材料摩擦面趋于平整。同时，玻璃微珠碎屑物与基体材料、石墨、对偶转移物等形成硬度较高且致密的摩擦层，摩擦层具有降低磨损、稳定摩擦的作用。此时，材料摩擦因数进一步降低，制动过程趋于平稳。随摩擦进一步进行，玻璃微珠与摩擦层之间出现裂纹；最后，造成摩擦层的剥落(参见图 3 -38)。

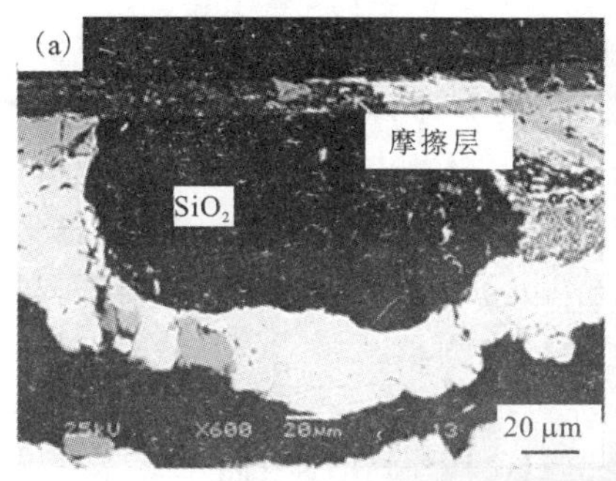

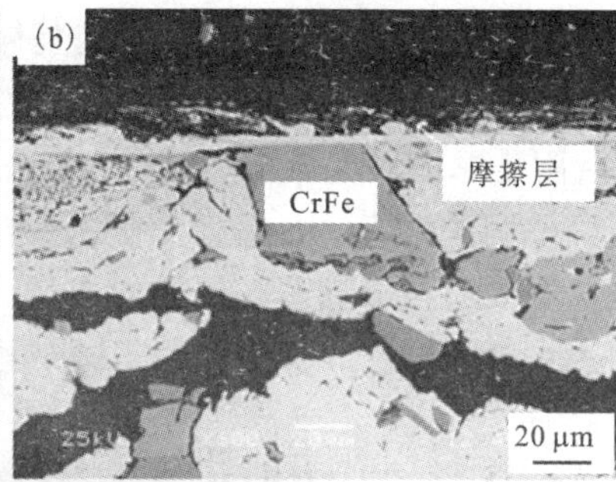

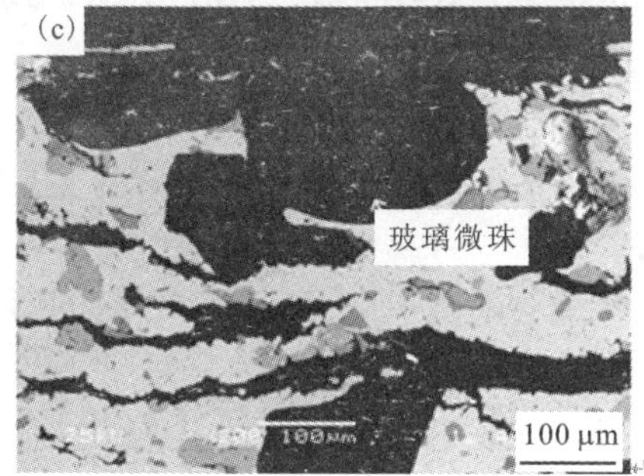

图3-37　近摩擦面颗粒被摩擦层覆盖图

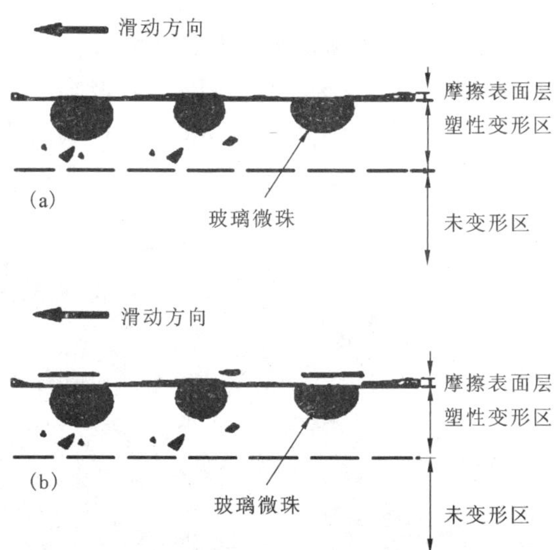

图3-38　高含量玻璃微珠对材料磨损影响示意图

(a)摩擦初期；(b)摩擦后期

玻璃微珠在摩擦前期硬度高，与基体变形协调不一致。材料中高含量的玻璃微珠会显著阻碍表层基体塑性变形，致使 Cu 基体难以连续均匀地覆盖在摩擦表面，并且阻碍摩擦层形成的连续性；另一方面，材料中高含量的玻璃微珠也将影响具有固体润滑性能的石墨因受挤压而在表面的涂抹性。因此，材料中高含量的玻璃微珠主要通过影响摩擦层的形成与结构状态，进而影响材料的磨损。材料摩擦表面因失去摩擦层的保护作用，材料的磨损加剧。

3.3 沙尘对风电制动粉末冶金摩擦材料的影响

风能资源充沛的地域如靠近沙漠地区，天气情况多变且恶劣，在此环境下工作的风电机组部件须经受沙尘的考验对摩擦材料反应尤为明显，因此对风电机组用摩擦材料提出更高的要求。

本节主要讨论沙尘粒子对陆基风电机组摩擦材料的影响。沙尘易产生于沙漠地区，它是由非常细小的固体颗粒构成的，并且具有不同的尺寸、硬度和化学性质。因细小的沙尘粒子会透过风电机组机舱缝隙或裂纹存在于摩擦副之间，对摩擦副制动产生影响。沙尘粒子对机械设备损坏类型有：磨损、冲蚀、腐蚀及渗透等[36]，沙尘粒子对摩擦材料的影响主要表现为磨粒磨损。在国民经济的各行业中，据统计大约有 50% 的机械零件损坏是由于磨粒磨损所致[37]，因此研究沙尘粒子对摩擦材料的影响是有必要的。

用粉末冶金技术制备了含玻璃微珠的铜基摩擦材料，并对实验装置进行改造，采用粒径小于 100 目的 SiO_2作为磨粒，如图 3 - 39 所示，实现对沙尘环境的模拟，如图 3 - 40 所示。考察了沙尘对含有不同量的玻璃微珠粉末冶金铜基摩擦材料摩擦磨损行为的影响，为沙尘环境下摩擦材料的应用提供一定的参考。

图 3 - 39　SiO_2 磨粒显微形貌

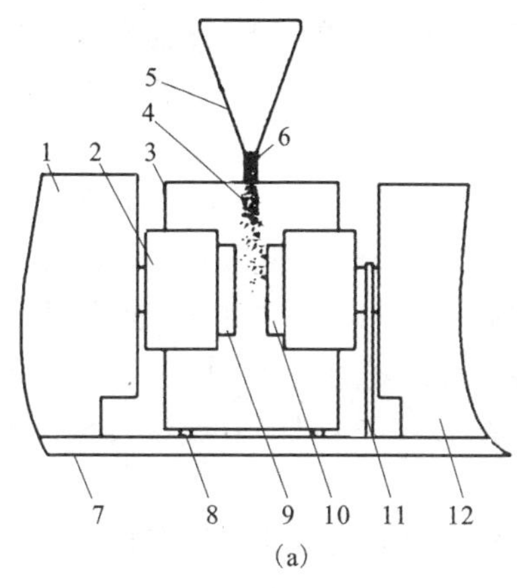

(a)

(b)

图 3－40　沙尘模拟实验设备结构简图及其风沙微尘控制箱

(a)沙尘模拟实验设备结构简图：1—机床；2—磨头；3—密闭箱；4—沙尘；5—漏斗；6—阀门；7—平台；8—支撑点；9—钢对偶；10—试环；11—荷重传感臂；12—移动台；(b)风沙微尘控制箱

3.3.1　沙尘对摩擦材料和对偶摩擦磨损性能的影响

图 3－41 为无沙尘环境与沙尘环境下材料摩擦因数及磨损量随玻璃微珠含量变化的对比曲线图。两种环境下，材料摩擦因数均随玻璃微珠含量增加而增加。当材料中玻璃微珠含量相同时，沙尘环境下材料摩擦因数均比无沙尘情况下的高。这是由于 SiO_2 沙尘粒子停留于摩擦面之间增加摩擦副之间的啮合，即增加了摩擦因数的啮合分量。此外，SiO_2 沙尘粒子具有较高的硬度，将对摩擦膜产生破坏。因此摩擦膜的破坏势必增加摩擦副之间的作用力，使材料的摩擦因数增加。

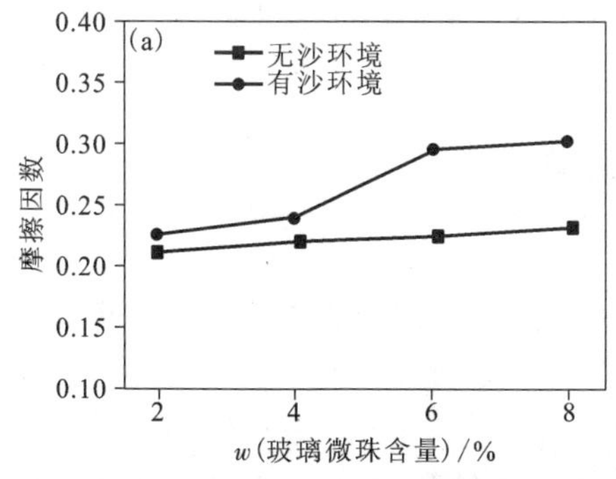

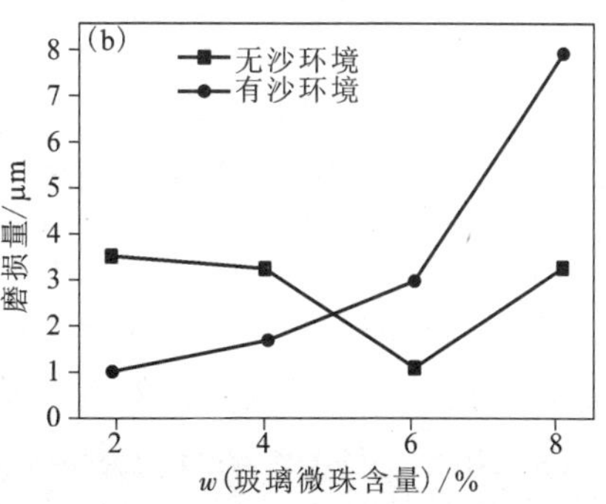

图 3－41　沙尘环境与无沙尘环境下材料(a)摩擦因数及(b)磨损量随玻璃微珠含量变化曲线图

沙尘环境下，材料磨损量随玻璃微珠含量增加而增加。当材料中玻璃微珠含量低于4%时，沙尘环境下材料磨损率较无沙尘环境下的小。虽然 SiO_2沙尘粒子对摩擦膜产生破坏，但由于 SiO_2沙尘粒子存在于摩擦副之间，使摩擦副接触面积相对于无沙尘情形下接触面积有所减小，从而使材料磨损量减小。当材料中玻璃微珠含量达到6%时，材料在沙尘环境下的磨损率较无沙尘环境下的高。玻璃微珠在未软化时为脆性物质，玻璃微珠含量增加将阻碍摩擦膜形成的连续性。另一方面，摩擦膜遭到 SiO_2沙尘粒子的破坏。摩擦材料是以"牺牲自己"而形成摩擦膜起到减摩和稳定摩擦的作用。铜基摩擦材料具有良好的塑性，材料在失去摩擦膜的保护作用下，在摩擦高温下材料发生粘着磨损——材料向对偶件转移，加剧材料的磨损，同时使摩擦因数的粘着分量增加。

图3-42为沙尘环境下钢对偶磨损率随材料中玻璃微珠含量变化图。沙尘环境下，钢对偶的磨损率随摩擦材料中玻璃微珠含量的增加而减小，当材料中玻璃微珠含量达到6%时，摩擦材料开始向对偶盘转移，并且这种趋势随玻璃微珠含量增加而变得明显。

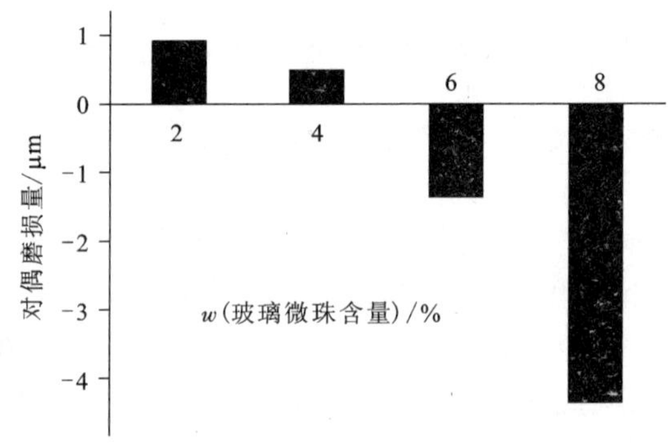

图3-42 沙尘环境下钢对偶磨损率随玻璃微珠含量变化图

3.3.2 沙尘对摩擦材料摩擦表面的影响

图3-45为沙尘实验后材料摩擦表面的光学照片。材料中添加2%玻璃微珠时，摩擦表面相对平整，没有明显的剥落坑。摩擦表面中深色部分为摩擦膜，浅色部分为表层轻微脱落。材料表面摩擦膜不连续，并且摩擦表面出现浅色的沟纹。这是由于 SiO_2沙尘粒子在摩擦副之间可以滚动与滑动，滚动的 SiO_2颗粒对摩擦表面的氧化膜产生破坏，而滑动的 SiO_2沙尘粒子则在摩擦表面产生沟纹。当材料中添加4%玻璃微珠时，摩擦表面颜色相对于材料中添加2%玻璃微珠的略浅。材料中玻璃微珠含量增加造成表层基体塑性变形的阻力增加，对摩擦膜形成的连

续性不利。前面章节分析了，摩擦表面经过多次的摩擦，基体变形层方能覆盖在嵌于基体中的硬质颗粒(如玻璃微珠和SiO_2颗粒)表面，另外部分硬质颗粒未被基体变形层覆盖，直接与对偶接触。充当沙尘的SiO_2粒子阻碍表面氧化膜的连续形成，同时破坏摩擦膜。当材料中添加6%玻璃微珠时，在摩擦表面部分基体裸露，几乎观察不到氧化膜。材料中玻璃微珠含量增加致使基体塑性变形阻力增加，裸露于摩擦面的玻璃微珠增加，这样导致摩擦面形成连续的氧化膜的条件被破坏。这种趋势随玻璃微珠含量的增加愈发明显，如图3－43(d)所示，材料的摩擦表面观察不到摩擦膜的存在。由于摩擦面失去了氧化膜的保护作用，基体材料直接与钢对偶接触。在制动压力与摩擦热的双重作用下，部分基体与对偶形成粘着点，由于粘着点的强度大于基体的强度，在摩擦剪切作用下，浅表层基体材料被撕裂，在材料表面形成浅凹坑。

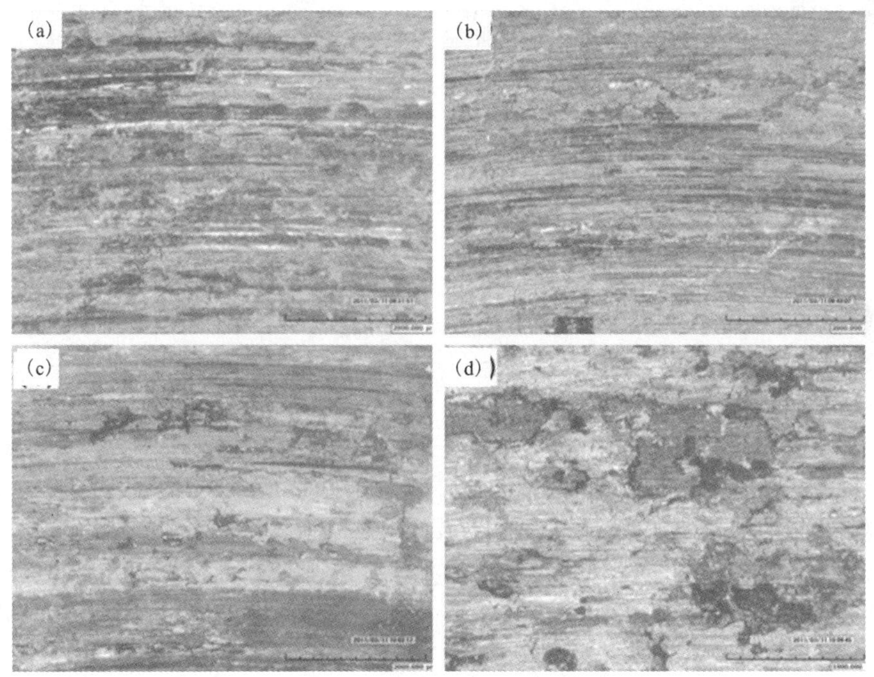

图3－43　沙尘环境下材料摩擦表面光学照片

(a)2%玻璃微珠；(b)4%玻璃微珠；(c)6%玻璃微珠；(d)8%玻璃微珠

无沙尘环境下材料的摩擦表面如图3－44所示。当材料中玻璃微珠含量低于4%时，两种环境下材料的摩擦表面变化不大，摩擦膜较完整。无沙尘环境下，添加玻璃微珠含量为6%的材料，摩擦膜最为致密，摩擦表面较光滑。而在沙尘环境下，材料中玻璃微珠含量为6%时，材料摩擦膜不连续并出现轻微的粘着磨损。

当材料中玻璃微珠含量为 8% 时，两种环境下，材料摩擦表面均出现粘着磨损。但无沙尘环境下，材料摩擦表面依然可观察到摩擦膜，而在沙尘环境下，材料摩擦表面几乎观察不到摩擦膜。由此可说明沙尘对摩擦表面具有一定的破坏性。

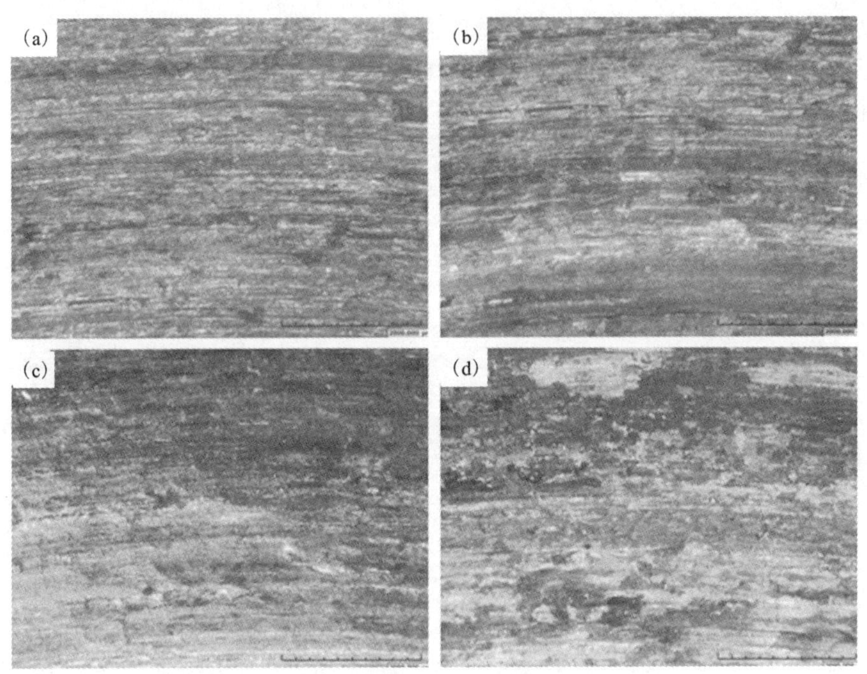

图 3－44　无沙尘环境下材料摩擦表面光学照片

(a)2% 玻璃微珠；(b)4% 玻璃微珠；(c)6% 玻璃微珠；(d)8% 玻璃微珠

图 3－45 为沙尘实验后钢对偶摩擦表面。图 3－45(a)为材料与添加 4% 玻璃微珠配对的对偶摩擦表面，摩擦面相对完整并且形成了连续的摩擦膜。摩擦面未发现材料明显铜色的基体转移物。摩擦面可观察到由于 SiO_2 沙尘粒子嵌入对偶表面而形成的犁沟。图 3－45(b)为材料与添加 8% 玻璃微珠材料配对的对偶摩擦表面，摩擦面存在大块并突出于对偶本身表面的物质，此物质为摩擦材料中的 Cu基体。这是摩擦材料 Cu 基体与对偶发生粘着的结果。

3.3.3　沙尘对制动曲线的影响

含玻璃微珠 2% 和 8% 的摩擦材料在无沙尘环境和沙尘环境下的制动曲线分别见图 3－46 与图 3－47。从图 3－46 中可以看到，制动曲线在微凸体的制动初期出现一突变的高峰，这是由于制动开始时，摩擦副表面因对偶微凸体产生啮合使摩擦因数突变。而从图 3－47 中观察不到突变的高峰，这是由于含玻璃微珠

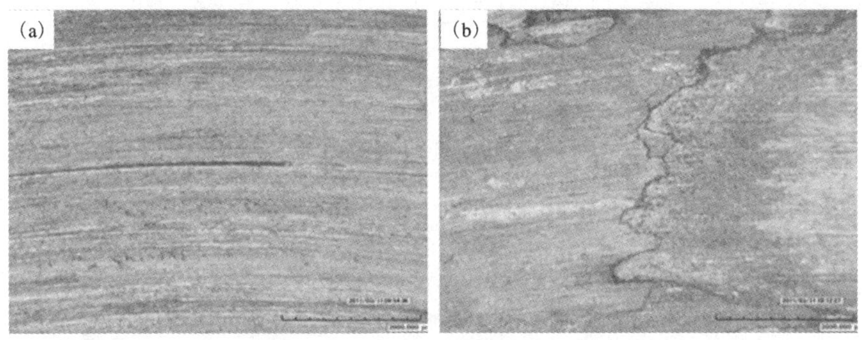

图 3-45　沙尘实验后钢对偶摩擦表面光学照片

(a)与材料中含有 4% 玻璃微珠配对的对偶；(b)与材料中含有 8% 玻璃微珠配对的对偶

8% 的材料摩擦因数保持较高值。随着制动进行，摩擦副的微凸体相互接触位置趋于稳定并逐渐磨平，同时接触面材料由于高温软化而弱化了微凸体之间及磨粒作用。因此，在制动中期摩擦因数减小，制动曲线趋于平稳。在制动后期，由于摩擦副之间的相对速度减小，有利于发挥摩擦副间微凸体的犁沟作用，使摩擦因数上升。因此，制动曲线在后期出现“翘尾”现象。

比较玻璃微珠含量为 2% 和 8% 的摩擦材料在两种环境下的制动曲线可发现，在无沙尘环境下，制动曲线相对平稳，制动曲线主要表现为“波浪”形；而在沙尘环境下线制动曲线主要表现为“锯齿”形。无沙尘环境下，摩擦副经磨合后两者的摩擦面相对位置稳定，摩擦后形成的摩擦膜具有减磨与稳定摩擦的作用，所以制动曲线相对平缓。在沙尘环境下，虽然摩擦面能形成摩擦膜，但因 SiO_2 沙尘粒子破坏了摩擦膜的完整性，因此其摩擦稳定性相对于具有完整的摩擦膜的要差。

对比图 3-46 与图 3-47 可知：在无沙尘环境下，含 2% 玻璃微珠材料的制动曲线较含 8% 玻璃微珠材料的要平稳，这是由于材料中玻璃微珠含量越低，基体表层的塑性流变相对容易，摩擦表面的成膜性更好，并且减少了玻璃微珠对对偶的犁沟作用。在沙尘环境下，含 8% 玻璃微珠材料的摩擦因数数要比含 2% 玻璃微珠材料的高。玻璃微珠含量越高，摩擦表面的成膜性越低，以致发生粘着磨损。因此，摩擦因数保持较高值，观察不到摩擦初期突变峰的存在。

制动过程中有部分 SiO_2 沙尘粒子存在于摩擦副之间充当磨粒作用，SiO_2 沙尘粒子由于制动压力作用而断裂(如图 3-48 所示的破碎的 SiO_2 沙尘粒子)。SiO_2 沙尘粒子与摩擦过程中形成的碎屑物使摩擦副之间的啮合力增加，同时造成摩擦面不稳定的接触状态，而导致制动曲线呈现“锯齿”状。

3.3.4　沙尘环境下摩擦材料的磨损机制分析

从沙尘实验后材料摩擦表面光学照片可看出，材料中添加 2% 与 4% 的玻璃

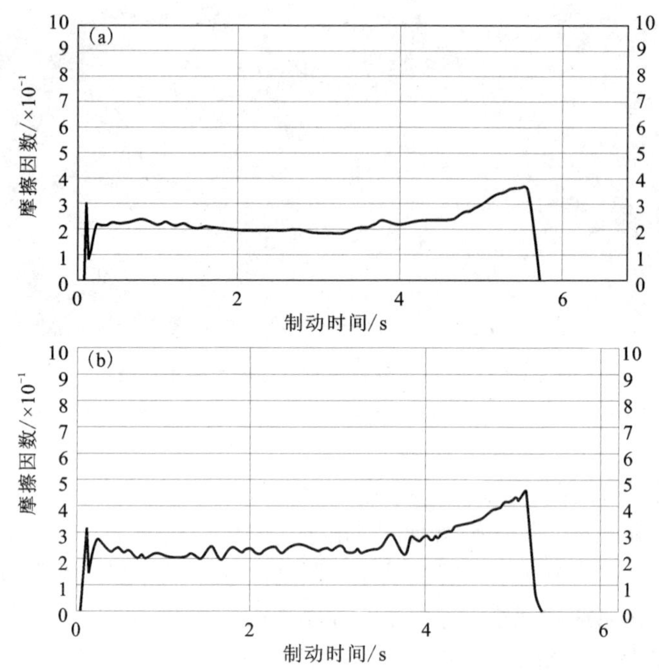

图 3-46　含 2%玻璃微珠材料在干摩擦环境与沙尘环境制动曲线对比

(a)无沙尘环境；(b)沙尘环境

微珠材料摩擦表面相似，表面摩擦膜相对完整；而材料中添加6%与8%的玻璃微珠材料摩擦较相似，摩擦面几乎观察不到摩擦膜，Cu 基体裸露。针对此现象，特分析了含有 2%与 8%玻璃微珠材料的摩擦表面的显微形貌以探讨沙尘环境下材料的磨损机制。

图 3-49 为沙尘实验后摩擦表面显微形貌图。从图 3-49(a)中可以观察到摩擦表面留有浅而宽的犁沟，这是由于 SiO_2沙尘粒子硬度较大，在制动压力作用下压入摩擦表面后于摩擦过程中形成的。由于摩擦膜硬度较高，SiO_2沙尘粒子压入摩擦层深度有限，所以犁沟较浅。材料中由于加入玻璃微珠含量相对较低，基体材料塑性变形量大，摩擦膜较易形成。摩擦膜形成能减少磨粒对材料的磨损。因此，材料中加入较少的玻璃微珠，材料耐磨性较好。

在犁沟两旁可看到裂纹，如图 3-49(b)所示，这归因于摩擦膜主要由脆硬的铜、铁氧化物组成，在 SiO_2沙尘粒子犁削过程中产生裂纹。在多次的摩擦剪切下裂纹得以扩展，最后摩擦膜因裂纹贯通而剥落。因此材料中添加 2%和 4%的玻璃微珠，其磨损机制为磨粒磨损与剥层磨损。从图 3-49(c)中可看到摩擦表面有较多沟痕，与干摩擦环境下摩擦面 A、B 区域成分对比，见表 3-13 的能谱分析结果，可知沙尘环境下材料中含有 8%玻璃微珠摩擦表面未能形成摩擦膜。内因

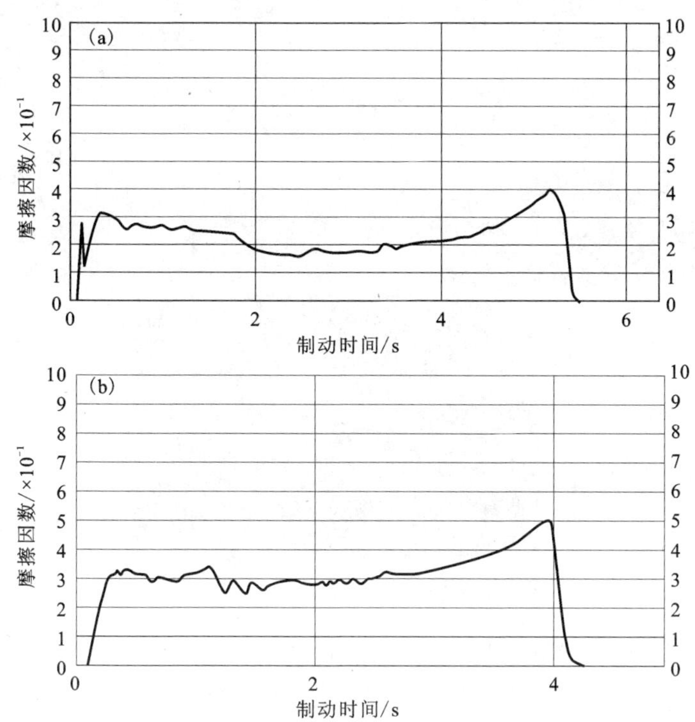

图3-47 含8%玻璃微珠材料在干摩擦环境与沙尘环境制动曲线对比

(a)无沙尘环境；(b)沙尘环境

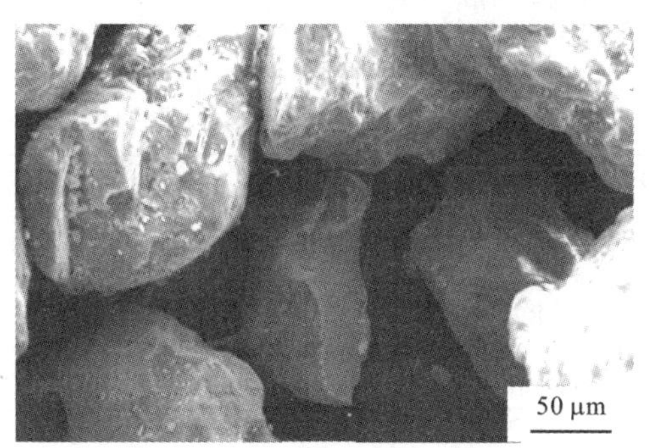

图3-48 沙尘实验中破碎的SiO_2颗粒

方面，材料中高含量的玻璃微珠阻碍表层基体塑性变形，致使Cu基体难以通过塑性变形而均匀连续地覆盖于摩擦表面；同时，也将影响石墨在摩擦表面的涂抹性。外因方面，SiO_2沙尘粒子对摩擦面产生破坏。因两方面原因造成材料表面未

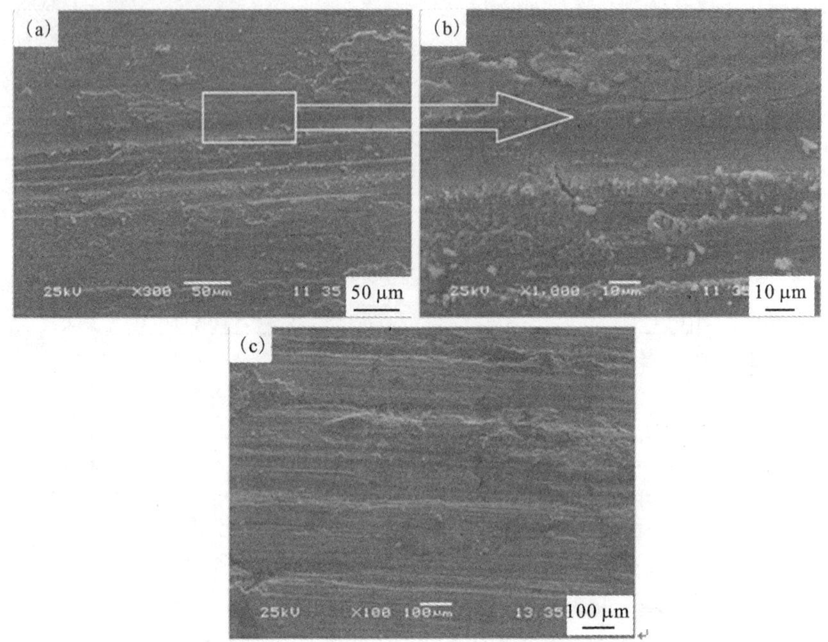

图 3-49　沙尘实验后摩擦表面显微形貌图

(a)(b)2%玻璃微珠；(c)8%玻璃微珠

能形成摩擦膜。因摩擦面未能形成摩擦膜，强化了磨粒对摩擦面的犁沟作用；同时，也造成基体材料向对偶转移。因此，材料中添加6%和8%的玻璃微珠，其磨损机制主要为粘着磨损与磨粒磨损。

表 3-13　摩擦层成分能谱对比分析结果

条件	C	Fe	Si	Cu	Cr	Ca	Na	Sn
沙尘	22.76	11.45	12.25	49.19	1.88	—	—	2.48
干摩(A 区域)	42	8.32	35.09	3.33	1.39	5.11	4.77	—
干摩(B 区域)	20.58	6.39	1.46	69.14	—	—	—	2.42

3.4　小结

(1)在海基风电机组用摩擦材料中，基体组元选择黄铜，且随着 Zn 含量的增加，黄铜粉末组和黄铜纤维组材料的密度减小，孔隙度增大，硬度有所提高，基体晶粒增大，锌损加剧。

(2)不同摩擦速度下，两种黄铜基体对材料摩擦磨损性能的影响一致：低速下，黄铜粉末和黄铜纤维的加入都有利于减小磨损；高速下，随着锌含量的增加，两组试样的耐磨性均出现先降低、后升高的趋势。随着摩擦速度的提高，两组材料的摩擦因数、磨损率均增大；不同黄铜基体下材料的磨损机制均为粘着磨损。

(3)人工海水中，两种黄铜基体对材料耐蚀性能的影响一致：随着Zn含量的增加，加入黄铜粉末和加入黄铜纤维的两组材料，其耐腐蚀性均呈现先增强后降低趋势；当Zn含量为8%时，材料耐蚀性达到最佳。两组黄铜基体材料的腐蚀机制相同：腐蚀过程中锌优先溶解，均存在钝化现象，钝化表面为Cu、Zn、Cl、O元素构成的难溶腐蚀产物；腐蚀机制均为晶间腐蚀和相界腐蚀。

(4)相同Zn含量下，黄铜纤维组材料的密度、硬度、耐磨性均高于黄铜粉末组材料，粘着磨损程度减轻，但耐蚀性相对降低。结合材料的摩擦磨损性能和耐腐蚀性能，当锌含量为8%时，两组材料的综合性能达到最佳；此时，加入黄铜纤维的材料耐磨性更好，加入黄铜粉末的材料耐蚀性更好。

(5)随玻璃添加物润滑组元含量的增加，铜基摩擦材料压坯密度、压坯相对密度及烧结体的密度出现下降(压制性变差)，而烧结体硬度出现上升。低温玻璃粉的加入有助于提高烧结体相对密度，而玻璃微珠的加入不利于烧结体相对密度的提高，这与两者的粒度差有关。烧结过程中，低温玻璃粉在温度与压力的双重作用下熔化而发生流动，填充材料中颗粒间隙处。当低温玻璃粉含量达到6%时，其聚集现象开始显现，使基体材料的连续性遭到破坏，其中部分低温玻璃粉聚集在鳞片石墨周围形成弱界面。玻璃微珠在材料中分布均匀，与其它组元无反应，主要产生球形度的变化。

(6)铜基摩擦材料中加入玻璃添加物，材料的摩擦因数增加，这与近摩擦面玻璃添加物在摩擦前期未软化而硬度较高有关。材料中未加入玻璃添加物时，表层基体材料抵抗塑性变形能力相对较弱，摩擦面主要表现为剥层剥落；材料中加入2%低温玻璃粉或材料中加入6%玻璃微珠材料的耐磨性能最佳，适量加入玻璃添加物能抵抗基体的塑性变形，能提高摩擦膜的完整性，增强材料的耐磨性。但过量的玻璃添加物(8%时)对基体产生“割裂”以致破坏摩擦层的连续性，使得材料磨损量增加，摩擦因数上升。材料中低温玻璃粉含量为8%时，其聚集现象明显，在摩擦中发生断裂，摩擦面无法形成致密的摩擦膜；材料中玻璃微珠为8%时，玻璃微珠影响Cu基体连续均匀地覆盖于摩擦表面，同时也影响石墨在摩擦面的涂抹性，使材料摩擦表面成膜性下降。两种玻璃添加物的粒度差异，造成材料的耐磨性差别较大。

(7)沙尘环境下，铜基摩擦材料的摩擦因数随玻璃微珠含量增加而增加；当材料中玻璃微珠含量相同时，沙尘环境下材料的摩擦因数均比无沙尘情形下的高，这与 SiO_2 颗粒增加摩擦副间啮合力及破坏摩擦表面有关。材料中玻璃微珠含量增加，基体在表层的塑性变形能力下降，使基体在表层形成摩擦膜的能力下降，不利于形成抗磨的摩擦膜，材料的磨损率随玻璃微珠含量增加而增加。

(8)沙尘环境下，铜基摩擦材料的制动平稳性较干摩擦环境下的差，这是由于无沙尘环境下，摩擦面无 SiO_2 磨粒的影响，有利于保持摩擦膜的完整性。材料中添加2% ~4%的玻璃微珠摩擦膜相对完整，摩擦膜因受 SiO_2 磨粒的犁削作用而产生裂纹，其磨损机制主要为磨粒磨损与剥层磨损。材料中添加6% ~8%的玻璃微珠摩擦面基体材料暴露，摩擦面因缺少摩擦膜的保护作用，其磨损机制主要为粘着磨损与磨粒磨损。

参考文献

[1] 张红霞. 浅谈绿色能源——风力发电的发展现状与发展趋势[J]. 内蒙古科技与经济，2012(21)：7.

[2] GWEC. Global Wind Statistics 2014[R]. 2015.

[3] 李军军，吴政球，谭勋琼，等. 风力发电及其技术发展综述[J]. 电力建设，2012，32(8)：64 -72.

[4] 刘春鸽，陈戈. 我国风力发电的现状与发展思考[J]. 农业工程技术：新能源产业，2009(2)：10 -12.

[5] 周燕莉. 风力发电的现状与发展趋势[J]. 甘肃科技，2008，24(3)：9 -11.

[6] CREIA. 风光无限——中国风电发展报告2011[R]. 2011.

[7] 陈雯. 我国风力发电的现状与展望[J]. 应用能源技术，2010(8)：49 -51.

[8] 中央政府门户网站. 2014年风电上网电量1534亿千瓦时，占全部发电量2.78%[EB/OL]. http://www.gov.cn/xinwen/2015-02/12/content_2818536.htm，2015，02，12.

[9] 蔡林峰，刘衍平，王虎. 风力发电机组制动系统摩擦学问题研究[J]. 中国电子商务，2013(12)：245 -246.

[10] 孙洗兵，刘兰远. 浅谈德国HSW -250T风力发电机制动系统[J]. 林业机械与木工设备，2002，7：33 -34.

[11] JB/T10401.1 -2004. 离网型风力发电机组制动系统——第1部分：技术条件[S]. 北京：中国标准出版社，2006.

[12] JB/T10426 -2004. 风力发电机组制动系统[S]. 北京：中国标准出版社，2006.

[13] 鲁乃光. 烧结金属摩擦材料现状与发展动态[J]. 粉末冶金技术，2002，20(5)：294 -298.

[14] 樊坤阳. 海基风电机组用铜基粉末冶金摩擦材料及其耐蚀性研究[D]. 长沙：中南大学，2011.

[15] 佘直昌. 硅酸盐玻璃添加物对风电机组用铜基摩擦材料性能的影响[D]. 长沙：中南大

学, 2011.
[16] 左禹, 熊金平. 工程材料及其耐蚀性[M]. 北京: 中国石化出版社, 2008.
[17] 胡赓祥, 蔡珣, 戎咏华. 材料科学基础[M]第二版. 上海: 上海交通大学出版社, 2008.
[18] Taga Y, Isogai A, Nakajima K. The role of alloying elements in the friction and wear of copper alloys[J]. Wear, 1977(4): 377 - 391.
[19] 黄培云. 粉末冶金原理(第二版)[M]. 北京: 冶金工业出版社, 2004.
[20] Tjong S C, Lau K C, Tribological behavior of SiC particle - reinforced copper matrix composites [J]. Materials Letters, 2000(5): 274 - 280.
[21] 孙秋霞, 贺春林, 隋春娜. 粉末冶金 HPb80 - 1. 5 烧结过程中脱锌量的研究[J]. 粉末冶金技术, 2001, 19(3): 175 - 177.
[22] 宋立丹. 一种用于风力发电设备制动器的烧结摩擦材料及其制备方法[P]. 中国发明专利, CN102676871A, 2012 - 09 - 19.
[23] 钟志刚, 邓海金, 李明, 等. Fe 含量对 Cu 基金属陶瓷摩擦材料摩擦磨损性能的影响[J]. 材料工程, 2002(8): 17 - 19.
[24] 克拉盖尔斯基. 摩擦磨损原理[M]. 王一麟等译. 北京: 机械工业出版社, 1982.
[25] Sub N P. The delamination theory of wear[J]. Wear, 1973, 25(1): 111 - 124.
[26] 温诗铸, 黄平. 摩擦学原理[M]. 北京: 清华大学出版社, 2002.
[27] Mjacherczak D. Experimental thermal study of contact with third body[J]. Wear, 2006, 261: 467 - 476.
[28] Cowan R S, Winer W O. Friction Lubrication and Wear Technology[M]. New York: ASM, 1992: 39 - 44.
[29] 李建明. 磨损金属学[M]. 北京: 冶金工业出版社, 1990.
[30] Venkataraman B, Sundararajpan G. The sliding wear behaviour of Al - SiC particulate composites - the characteirzation of subsurface deformation and correlation with wear behaviour [J]. Acta Mater, 1996, 44(2): 461 - 473.
[31] Venkataraman B, Sundararajpan G. Correlation between the characteristics of the mechanically mixed layer and wear behaviour of aluminium Al - 7075 alloy and Al - MMCS [J]. Wear, 2000 (245): 22 - 38.
[32] Dhokey N B, Paretkar R K. Study of wear mechanisms in copper - based SiCp (20% by volume) reinforced composite[J]. Wear, 2008(265): 117 - 133.
[33] Landolt D, Mischler S, Stemp M. Third body effects and material fluxes in tribocorrosion system s involving a sliding contact[J]. Wear, 2004(256): 517 - 524.
[34] 杜军, 刘耀辉, 朱先勇. ZL109 铝合金及其复合材料干滑动磨损表面及亚表面的观察与分析[J]. 稀有金属材料与工程, 2004, 33(2): 207 - 212.
[35] Yu S R, He Z M, Chen K. Dry sliding friction and wear behaviour of fiber reinforced zinc - based alloy composites[J]. Wear, 1996(198): 108 - 114.
[36] 吴彦灵. 国军标砂尘试验中的砂尘浓度[J]. 环境技术, 1999(4): 31 - 33.
[37] 邵荷生, 曲敬信, 许小棣, 等. 摩擦与磨损[M]. 北京: 煤炭工业出版社, 1992.

第4章　空间制动粉末冶金摩擦材料

4.1　空间制动摩擦材料的发展概况

空间技术是20世纪兴起的科技新领域之一，已成为当今世界大国争夺的战略制高点。根据我国航天发展战略与规划，将进一步加强航天工业基础能力建设，超前部署前沿技术研究，继续实施载人航天、月球探测和新一代运载火箭等航天重大科技工程，统筹建设空间基础设施[1,2]。随着我国空间技术的不断进步，预先研究的航天器将逐渐由“试验型”向“应用型”转变，以载人航天为例，在突破和掌握空间交会对接、新一代重型运载火箭等关键技术后，将陆续发射空间实验室、载人飞船和货运飞船，最终建成自己的空间站。空间站的建设，需依靠对接机构、转位机构和空间机械臂等空间机构实现交会对接、在轨组装、燃料加注和空间维护等航天任务。空间用摩擦副是空间机构的关键活动部件之一，主要用于航天器的制动、离合及安全保护，起着缓冲耗能、扭矩传递和过载保护等作用。我国航天事业起步较晚，大多数空间飞行器处于研制期或转型期，关于空间用摩擦副的研究还不成熟，处于应用基础研究。近十几年来，中南大学一直从事空间用摩擦副的科研工作，首次将粉末冶金摩擦材料引入太空应用领域，已取得了一定的理论及应用成果。

空间用摩擦副即在空间状态下工作的摩擦副，主要用于航天器的制动、离合及安全保护。为满足空间机械高可靠、长寿命、小体积、轻量化等要求[3]，空间用摩擦副在一些特殊条件下需同时具备多种功能。如：对接机构用摩擦副要求同时具备航天器接近时的减速制动功能、航天器脱离时的反推离合功能及对接碰撞时对机构部件的安全保护功能；在空间机械臂中，起安全保障的关节制动摩擦副，需承担机械臂运作过程中的制动与过载保护。空间飞行器中的电机、发动机等部件也常需考虑摩擦副的设计及性能。

作为空间运动机构中的关键部件，若在空间用摩擦副结构设计、材料选材等方面忽视摩擦学问题，将造成一些难以弥补的缺陷，摩擦副的失效将会给航天器带来毁灭性的灾难。如空间机械臂中制动摩擦副的制动距离过短，会使短时制动力矩过高，造成臂杆抖动、关节机构失效等恶劣事故，而制动距离过长，无法保证避免机械臂与航天器碰撞以及人身安全；对接机构用摩擦副的制动力矩或传递扭矩过小，无法实现航天器对接过程的制动减速及航天器间的脱离。

空间用摩擦副依靠摩擦副材料的摩擦作用来执行制动或传动等功能。由于空间环境的特殊性，空间用摩擦副材料受高温与低温、超高真空、高比负荷、高速与低速和辐射等诸多因素的耦合作用[4]，因而对材料提出了很高的要求，要求空间用摩擦副材料具有稳定的摩擦因数、较低的磨损率以及良好的环境适应性。国外，Hawthorne 等[5]结合大量实验数据对几种空间用摩擦副材料进行了讨论，研究对比了几类材料在真空环境下的摩擦磨损特性。美国宇航局对航天飞机机械臂摩擦副材料的实验研究表明，以石棉/酚醛树脂为主要原料的摩擦片在地面实验中满足性能要求，但在空间任务中其摩擦学性能出现大幅衰减[6]，且研究表明酚醛树脂等有机复合材料受强辐照后易发生交联、聚合和断链，运行轨道越高，受太空辐照的破坏越严重[7]。欧空局研制了一种空间机械臂摩擦副用陶瓷摩擦材料，但尚未明确提出摩擦副的综合安全指标[8]。俄罗斯概要性提出空间对接机构用摩擦副采用粉末冶金摩擦材料配对金属对偶材料，但未论述摩擦副材料的性能指标。目前，国外由于高度保密的原因，关于空间用摩擦副材料的材料组成和具体性能要求等未予以详细报道。

国内，肖科等[9]综合考虑谐波减速器、行星减速器等少齿轮传动装置的优缺点，结合研发的新型精密高效传动方式，将精密齿轮传动和轴承组合为一种新型高性能空间用摩擦副；吴剑威等[10, 11]针对空间机器人可能出现的失电失控问题，设计了一种新型双面摩擦弹簧电磁制动器，后来又根据大型空间机械臂制动时的安全需求，设计了基于陶瓷材料的摩擦副。中南大学在国内率先开展了空间用粉末冶金摩擦副的研制，主要集中于空间用摩擦副摩擦材料的材料设计和应用技术研究，着重探讨了材料各组元对材料摩擦磨损性能的影响以及空间用摩擦副特定工作条件下的摩擦磨损机理，创新性地提出了一种新型高体积百分比非金属组元含量粉末冶金摩擦材料[12-21]，该材料具有良好的摩擦磨损性能，已成功应用于神舟八号、九号、十号和天宫一号的在轨自动和手动交会对接。此新型材料的研制与应用突破了国内空间用摩擦副摩擦材料的研制瓶颈。

4.2　空间用摩擦材料设计及各组元作用机理

空间用粉末冶金摩擦材料的组分主要分成三类——基体组元、摩擦组元和润滑组元，材料的优化设计主要是合理调配各种主要组元，使之具有高的机械强度、优良的导热性能、合适而稳定的摩擦因数和优良的耐磨损性能，从而满足特定的使用要求。

由于常规情况下的 MM - 1000 摩擦试验机无法满足真空和低温下的试验条件，因此在现有设备上添加了真空和低温系统，如图 4 - 1 所示。真空试验机组可实现工作室的真空度保持在 1×10^{-3}Pa 的范围内，而酒精循环冷却低温系统可使工作室环境温度保持在 -50℃。将烧结后的材料加工成试环，尺寸为 ϕ80 mm × 50 mm；对偶材料采用 3Cr13 其硬度为 HRC 37 ~42。

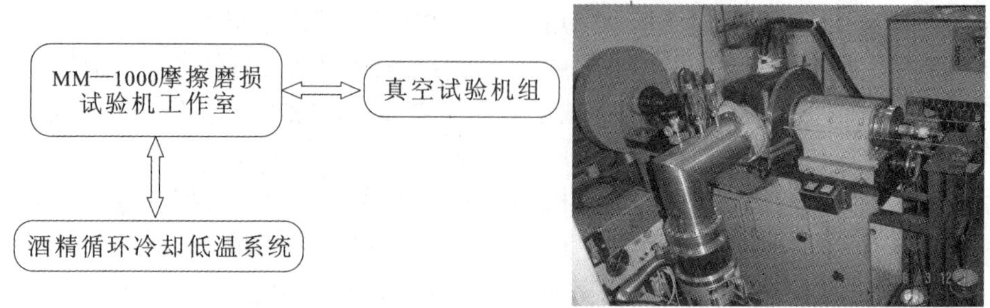

图 4 -1　MM -1000 试验机真空与低温获得系统示意图

4.2.1　基体组元的选择及其作用机理

粉末冶金摩擦材料通常包括粉末冶金铜基、铁基和铁 - 铜基摩擦材料，可以应用在不同要求的领域[22, 23]。铁基摩擦材料通常用于较大负荷的工作条件，而且一般在干摩擦条件下使用；铜基摩擦材料通常用于较小负荷的工作条件，既可以在干摩擦条件下使用，也可以在有液体润滑的工作条件下使用。

基体(金属或合金)的强度、硬度等性能将决定空间用粉末冶金摩擦材料的主要物理力学性能。因此，针对铜基、铁基和铁 - 铜基粉末冶金摩擦材料的摩擦磨损性能开展研究，从而优化得出摩擦因数稳定度最好、摩擦因数合适、耐磨性优良的摩擦材料。为了排除其他组元的影响，在对比实验中仅改变基体组元铁 - 铜的比例，二者的总量不变，摩擦组元和润滑组元的种类及含量不变，以此来探讨基体组元对摩擦材料性能的影响。

具体的配方设计见表 4 -1。

表 4 -1　基体组元的选择(质量分数)/%

试样	基体组元		润滑组元			摩擦组元	其他
	Fe	Cu	石墨(80#)	石墨(50#)	MoS_2	SiO_2	
4 -1	70	0	4	4	5	7	10
4 -2	60	10	4	4	5	7	10
4 -3	50	20	4	4	5	7	10
4 -4	40	30	4	4	5	7	10

续表 4－1

试样	基体组元		润滑组元			摩擦组元	其他
	Fe	Cu	石墨(80#)	石墨(50#)	MoS_2	SiO_2	
4－5	30	40	4	4	5	7	10
4－6	20	50	4	4	5	7	10
4－7	10	60	4	4	5	7	10
4－8	0	70	4	4	5	7	10

由图 4－2 可见，在铁－铜基粉末冶金摩擦材料的基体中除均匀分布着摩擦相之外，铁元素仍以颗粒状态均匀地分布在基体中，它们一方面可以强化基体，另一方面以独立的镶嵌物存在，具有类似于摩擦组元的作用。

图 4－3 给出了以上 8 种试样在烧结后测出的不同铜含量对 Cu 基摩擦材料密度的影响规律。在铁基摩擦材料中添加 Cu 元素（质量分数）之后，由于 Cu 与 Fe 相溶时的偏扩散作用，烧结时坯体有膨胀的趋势：当 Cu 添加量为 7.5% ~10% 时，烧结坯体会出现明显胀大，但由于是在加压状态下烧结，此时总的收缩率仍然有缓慢上升。随着铜含量进一步增加，游离铜的含量增加。游离铜在烧结压力的作用下，会使烧结密度迅速增加。另一方面，随着 Cu 的添加量超过 Fe 的固溶极限后，Cu 使坯体收缩的作用表现得更明显，这一变化在图 4－3 可以得到充分显示。

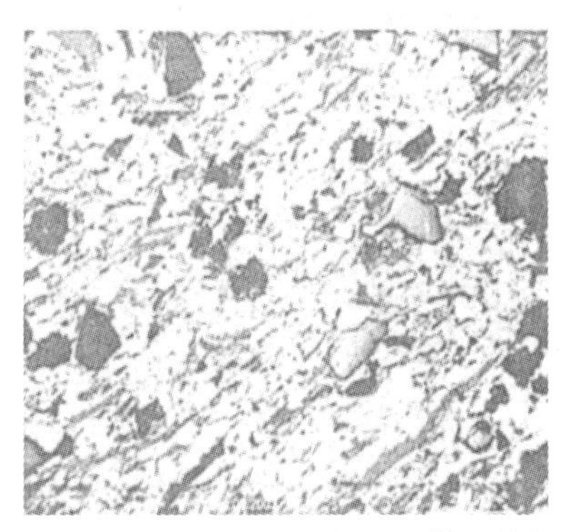

图 4－2　粉末冶金铁－铜基摩擦材料（试样 4－5）的显微组织

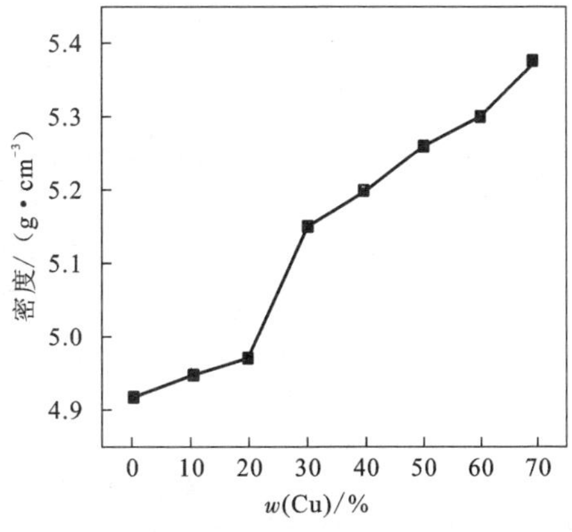

图 4－3　铜含量与材料密度的关系

另一个差异在于铜基摩擦材料的总孔隙度要小于铁基摩擦材料的总孔隙度。材料总孔隙度计算公式如下：

$$\theta = 1 - \frac{\rho}{\rho_{理论}} \tag{4-1}$$

式中：θ——孔隙度；

ρ——实际密度；

$\rho_{理论}$——理论密度。

铁基摩擦材料(含铁70%，含铜为0)到铜基摩擦材料(含铜70%，含铁为0)的孔隙度由9%减小到7%。在含铜量小于30%的材料中，随着铜含量的增加，材料的孔隙度呈上升趋向，这主要是由于铁－铜的互扩散系数不相等，产生柯肯达尔效应造成的。当铜含量达到30%后，由于有大量的游离铜，减少了因柯肯达尔效应造成的孔隙度，致使孔隙变化不大。

以上8种材料的摩擦因数变化如图4－4所示(试验条件：真空度：1×10^{-3} Pa；外加载荷：0.019 MPa；室温)。从图可以看出，在相同试验条件下，铁基摩擦材料的摩擦因数明显大于铜基和铁－铜基摩擦材料的摩擦因数。铁－铜基摩擦材料的摩擦因数与材料中基体组元铁－铜的比例并无明显的线性关系。还可以看出，在大气或者真空条件下，随着摩擦速度的降低，同种材料的摩擦因数增加，而且随着摩擦速度的降低，铜基和铁－铜基摩擦材料的摩擦因数增大的趋势小于铁基摩擦材料的摩擦因数增加的趋势。另外，除了在很小的摩擦速度(10 r/min)下，对于同种材料而言，在同样的摩擦速度下，在真空条件下的摩擦因数大于在大气条件下的摩擦因数，而摩擦速度很小时恰好相反。

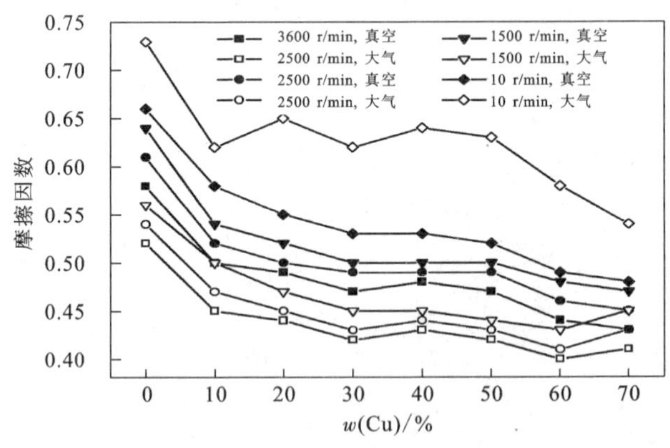

图4－4 铜含量与摩擦因数的关系

从表4－2可以看出，铜基和铁－铜基摩擦材料无论是在真空状态还是在大气状态下，特别是当铜的含量达到50%之后(即4－6，4－7，4－8试样)，其低速和高速下的摩擦因数均比较稳定。

表 4－2　铜含量对摩擦因数稳定度的影响

试样	10/(r · min⁻¹)		1500/(r · min⁻¹)		2500/(r · min⁻¹)		3600/(r · min⁻¹)	
	大气	真空	大气	真空	大气	真空	大气	真空
4－1	0.79	0.82	0.85	0.84	0.85	0.86	0.86	0.89
4－2	0.79	0.82	0.84	0.86	0.85	0.86	0.86	0.85
4－3	0.81	0.8	0.87	0.88	0.84	0.87	0.87	0.88
4－4	0.87	0.84	0.88	0.87	0.85	0.86	0.86	0.85
4－5	0.88	0.86	0.89	0.9	0.89	0.89	0.88	0.89
4－6	0.88	0.89	0.89	0.9	0.9	0.9	0.9	0.9
4－7	0.89	0.89	>0.90	>0.90	>0.90	>0.90	>0.90	>0.90
4－8	0.88	0.9	>0.90	>0.90	>0.90	>0.90	>0.90	>0.90

图 4－5 所示为这三种材料在摩擦速度为 3600 r/min 时的摩擦曲线。从图可知，4－6、4－7 和 4－8 这三种材料在摩擦速度为 3600 r/min 时的摩擦曲线均比较稳定，但其中图 4－5(b) 即 4－6 试样在真空状态下的摩擦曲线的平稳程度较差一些。另外几条摩擦曲线的平稳程度较好。由上述分析可得，当铜的含量超过 50% 之后摩擦材料的摩擦因数稳定度有较大的可能性满足 Cu 基摩擦材料的使用要求。

由于粉末冶金摩擦材料为复杂的多元复合材料，烧结后的密度尤其是内部孔隙度有差异，相对于同一种对偶，表现出来的摩擦磨损性能往往是不一致的。一般来说，在同一种对偶条件下，密度小一些、孔隙度大一些的材料往往比密度大、孔隙度小的材料的摩擦因数要大，耐磨性能要差。这与很多研究是一致的，也与表 4－2 数据相吻合。由于孔隙度的存在，当摩擦材料磨损时，每一摩擦层的表观状态都不一样，因此，孔隙度大的摩擦材料的摩擦因数稳定度也会小一些。铜基或铁－铜基摩擦材料与对偶组成摩擦副工作时的摩擦力，以颗粒啮合或颗粒断裂产生的阻力为主。而铁基摩擦材料工作时的摩擦力以粘结为主，甚至常发生表面物质转移。前者与颗粒表面数量及状态有关，材料的成分及原材料处理好之后，基本上是一个可预定数，而后者的偶发因素要大得多，所以其摩擦因数较大而摩擦因数稳定度较小。

8 种摩擦材料在真空条件下的耐磨损性能如图 4－6 所示(试验条件：真空度：1×10^{-3} Pa；外加载荷：0.019 MPa；转速：3600 r/min；室温)。由图可以看出，铜基摩擦材料的耐磨性优于铁－铜基摩擦材料的耐磨性，而铁－铜基摩擦材料的耐磨性优于铁基摩擦材料的耐磨性。

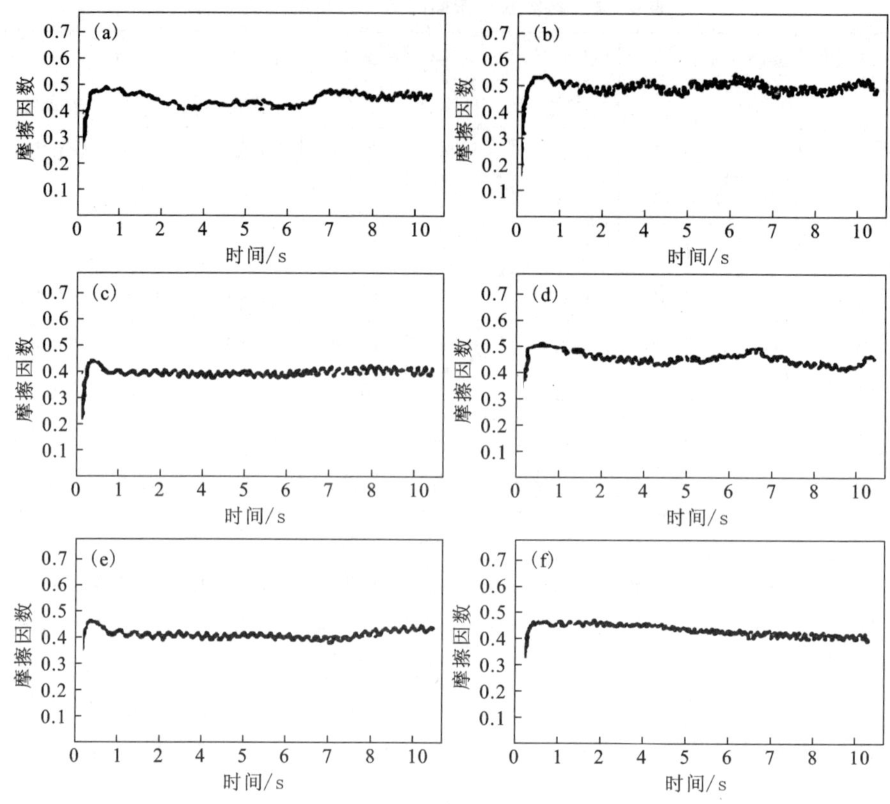

图 4-5　铜含量与摩擦曲线的关系

(a)4-6，大气；(b)4-6，真空；(c)4-7，大气；(d)4-7，真空；(e)4-8，大气；(f)4-8，真空

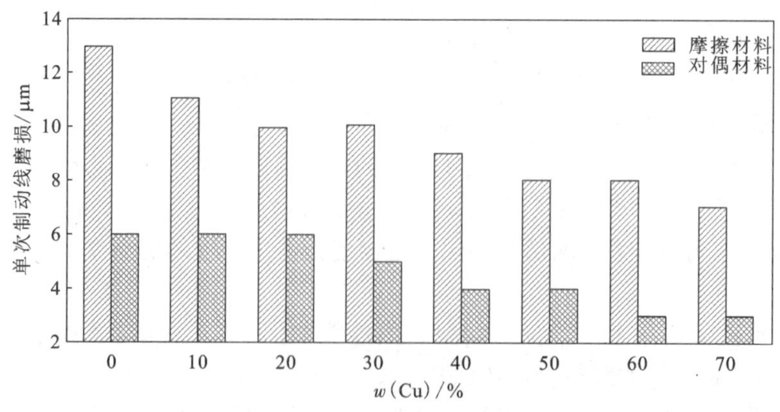

图 4-6　铜含量对摩擦副材料耐磨损性能的影响

由上述分析可知，铜基摩擦材料的密度大于铁基摩擦材料的密度，其孔隙度小于铁基摩擦材料的孔隙度。所以在试验条件(压力很小，摩擦速度较低)下，铜基摩擦材料与对偶材料的磨损都比较小。值得指出的是，纯铁基摩擦材料磨损比较大的原因在于铁与对偶材料具有强烈的亲和性(粘附倾向)，这种亲和性导致物质的转移，有利于粘结过程的发展，甚至出现“焊接”现象的发生，所以不含铜元素的铁基摩擦材料磨损最大。同时加入铜元素，可以提高材料的强度和硬度，这样能够减少粘结的发生，减小磨损。

在表 4－1 中的试样中其他组元中，添加了 5%～7% 的锡粉，以及 3%～5% 的铅粉。锡元素可以与铜形成固溶合金，从而使基体得到了强化，而铅实际上不溶于铜锡合金，而以单独夹杂物(扁球体)存在，降低了磨损：锡将与铁形成固溶体强化基体，而铅呈游离状态在摩擦过程中被熔化，起润滑作用。基体镶嵌的摩擦组元的强度较大(在没有超过摩擦组元颗粒本身断裂的强度的小压力范围内)，造成的磨粒磨损就较小，所以耐磨性就较好。

另一方面，铜基摩擦材料由于添加了锡、铅元素后，其磨合性能也要好得多，最典型的就是青铜合金。摩擦材料的磨合性能越好，表明摩擦副平稳接触的时间越长，使用寿命增加。在大气状态下，铜－锡－铅合金基体的摩擦材料与钢对偶组成的摩擦副，在干式制动或离合时，噪声非常小。这种小的噪音对在模拟空间状态下工作是非常有利的，可以避免对其他信号源的干扰。

综合评价粉末冶金铁基、铜基和铁－铜基摩擦材料在工作条件下的摩擦磨损性能，选用铜基体作为空间用粉末冶金摩擦副摩擦材料的基体组元。

4.2.2　摩擦组元的选择及其作用机理

摩擦组元亦称为增摩剂，是由多种固态陶瓷粉末颗粒或高熔点金属及其化合物组成，它们均匀地分布于基体中，起着摩擦、抗磨、耐热、耐腐蚀等作用。既可以提高摩擦因数，弥补润滑组元造成的材料摩擦因数的下降，又可以降低低熔点金属的粘附，改善材料向对偶转移的不利现象，使摩擦副工作表面具有最佳的啮合状态[22, 23]。

常用的摩擦组元有熔点较高的金属(Fe、Cr、W、Mo 等)、金属氧化物(Al_2O_3、TiO_2、Fe_2O_3等)、碳化物(SiC、TiC 等)、硼化物以及石棉、SiO_2等。二氧化硅(SiO_2)是一种廉价而化学性质稳定的摩擦组元，与摩擦材料中的其他成分不起任何化学反应，而且有较好的与基体金属润湿性，但其含量不宜过多，否则颗粒易聚集成团，破坏基体夹持硬质点的能力，使颗粒易脱落，易使材料和对偶的磨损增加，同时还会造成加工困难。

为此，选用 SiO_2作为空间用粉末冶金摩擦副摩擦材料的摩擦组元，为了探讨 SiO_2含量对铜基粉末冶金摩擦材料摩擦磨损性能的影响，排除其他组元的影响，在对比试验中，仅改变摩擦组元 SiO_2 的比例，其含量在 0 ~ 12% 范围内变化。试验条件：真空度：1×10^{-3} Pa；外加载荷：0.019 MPa；室温。

具体的配方设计见表 4 – 3。

SiO_2 含量对铜基粉末冶金摩擦材料摩擦因数的影响，如图 4 – 7 所示。由图可知，随着 SiO_2 含量的增加，无论是在大气下还是真空条件下，材料的摩擦因数均呈增加趋势，当 SiO_2 增加到一定的量时，摩擦因数增大的趋势变小。这种现象是符合粉末冶金摩擦材料规律的。按照摩擦学理论中的分子 – 机械摩擦理论：

表 4 – 3　摩擦组元的选择（质量分数）/%

试样	基体组元	润滑组元		摩擦组元	其他
	Cu	石墨	MoS_2	SiO_2	
4 – 9	77	8	5	0	10
4 – 10	75	8	5	2	10
4 – 11	73	8	5	4	10
4 – 12	71	8	5	6	10
4 – 13	69	8	5	8	10
4 – 14	67	8	5	10	10
4 – 15	65	8	5	12	10

$$F=\alpha\cdot A_r+\beta\cdot P \tag{4-2}$$

式中：F——摩擦力；

A_r——摩擦副真实接触的表面积；

P——外加载荷；

α，β——与材料性能有关的常数。

当材料性能一定、外加载荷不变时，根据摩擦因数的定义，则有：

$$\mu=\frac{F}{P}=\beta+\alpha\cdot\frac{A_r}{P} \tag{4-3}$$

即

$$\mu=\beta+K\cdot A_r \tag{4-4}$$

式中：$K=\frac{\alpha}{P}$。

也就是说，在这种粉末冶金摩擦材料的特定情况下，当材料成分一定、性能不变且外加载荷恒定时，摩擦因数与摩擦副真实接触面积成正比，而暴露在材料表面的硬质点 – 摩擦组元与对偶之间的接触面积就是该摩擦副的真实接触面积，在摩擦组元粒度不变的情况下，其含量越高，硬质点数目越多，真实接触面积越大，因此摩擦因数也就越大。

从图4-7还可以看到，当SiO_2的含量在6%以上时，无论是在大气下还是在真空条件下，摩擦因数增加的速度都大一些；当SiO_2含量小于6%时，增加的速度要小一些。因此，一般摩擦组元SiO_2的含量不超过6%。

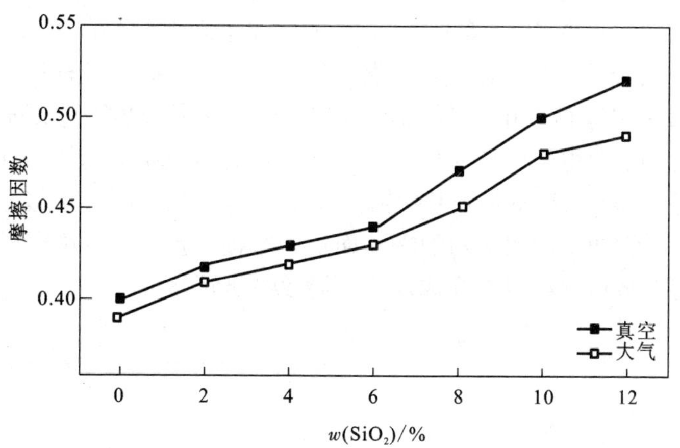

图4-7 二氧化硅含量对摩擦材料摩擦因数的影响

图4-8显示了二氧化硅含量对铜基粉末冶金摩擦材料摩擦因数稳定系数的影响。从图可以看出，当SiO_2含量超过4%，材料在真空条件下摩擦因数稳定系数有所提高，一般都在0.88~0.90之间，这表明此时摩擦机理主要是颗粒机械啮合，基本上没有发生粘着的现象。

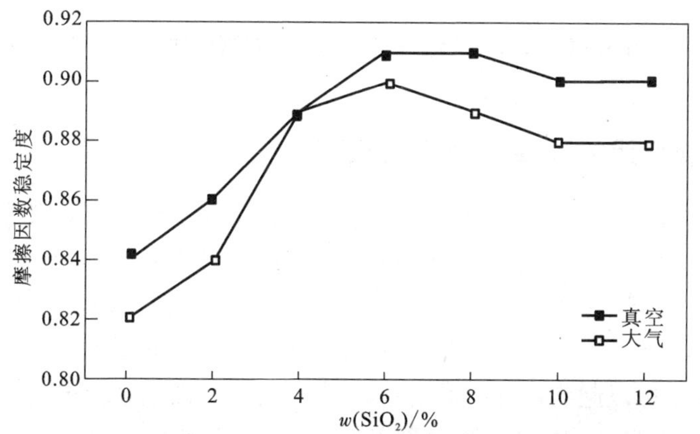

图4-8 二氧化硅含量对摩擦材料摩擦因数稳定系数的影响

在摩擦试验过程中，发现不含 SiO_2的材料无论是在大气下还是真空条件下，摩擦副材料均发生明显的物质转移。此时摩擦因数的稳定系数小于0.85，且重复性极差，摩擦曲线极不平稳。

在真空条件下，二氧化硅含量对铜基粉末冶金摩擦材料耐磨损性能的影响如图4－9所示。从图可知，随着二氧化硅含量的增加，材料磨损率先变小，随后变大。当二氧化硅含量在4%～6%时，材料的磨损率最小，这是由于基体内夹杂的适量的硬质点为分布均匀的镶嵌物，强化了材料基体，提高了材料的耐磨性，而当硬质点超过一定量时，由于材料本身含有高体积分数比的非金属成分，再增加摩擦组元的含量，使得硬质点非均匀分布在基体内，破坏了基体的连续分布，从金相组织上看，SiO_2颗粒不是被基体镶嵌而是 SiO_2颗粒之间直接接触，从而导致材料的机械性能降低，材料被对偶剥落而加剧磨损，进入了磨粒磨损阶段。于此前段，磨粒甚至将对偶材料磨损成沟槽而导致物质转移。

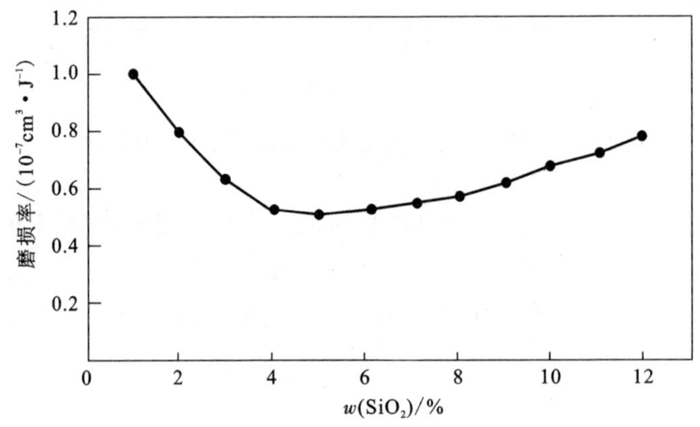

图4－9　二氧化硅含量对摩擦材料耐磨损性能的影响

4.2.3　润滑组元的选择及其作用机理

调节粘结程度的组元，能减少或完全消除粘结和卡滞，促使摩擦平稳，减小表面磨损，这种能调节粘结程度的组元一般被称为润滑组元，通常也称为摩擦稳定剂。石墨和 MoS_2是两种应用最广泛的润滑组元，均具有六方晶系层状结构，层内原子间结合力很强，层与层的原子之间的结合很弱，很容易沿层间解理，分离出薄层，因此，可以起到很好的润滑作用[24]。为了保证铜基粉末冶金摩擦材料获得稳定的摩擦学性能，要求石墨含量不低于5%，但其含量也不应过高，以免使材料的硬度和密度等物理、机械性能变差。加入摩擦材料中的 MoS_2在还原性气氛甚至惰性气氛中烧结时会发生分解，并与其他组元反应生成金属硫化物，这些

金属硫化物具有与 MoS_2 类似的结构，具有一定的润滑性能。

摩擦材料很少采用单一的润滑组元，而是含有两种或以上的润滑组元。许少凡等[25]和 LI 等[26]在含石墨的铜基材料中添加不同含量的 MoS_2，结果表明，添加适量 MoS_2 的材料比没有添加 MoS_2 材料的综合性能更佳。选用石墨、MoS_2 添加于太空用粉末冶金摩擦副摩擦材料中，探讨两者对材料物理及摩擦学性能的影响，获得两者在材料中的作用机理，同时探讨了 MoS_2 在摩擦材料中的烧结行为，摸索出适合的摩擦材料润滑组元种类及其含量。

4.2.3.1　烧结气氛对 MoS_2 分解的影响

针对烧结保护气氛对 MoS_2 分解的影响进行了专门的研究，烧结过程中分别采用了氢气和惰性气氛氩气作为保护气氛。

试验中将含有 MoS_2 的样品在氢气中烧结，将烧结后样品作 X 射线衍射实验，X 射线衍射图见图 4－10 所示。

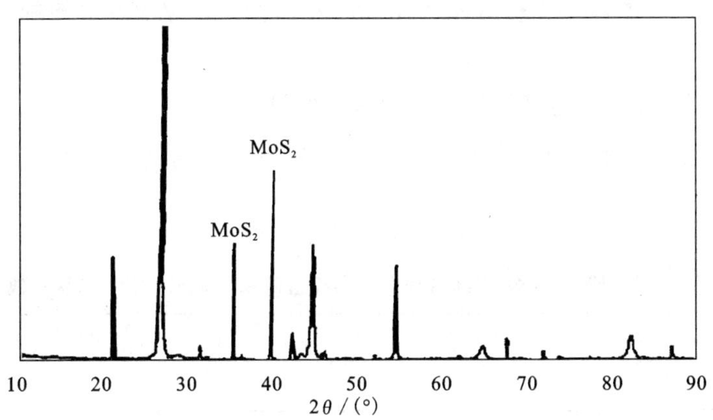

图 4－10　含 MoS_2 样品在氢气保护下烧结后的 XRD 衍射图

由 MoS_2 的 PDF 卡片以及 X 射线衍射图的衍射线对应可知，其特征衍射线的 2θ 角为 35.221°及 39.760°，强度分别为 0.1% 和 0.4%。

对比试验中将含有 MoS_2 的样品在氩气中烧结，将样品作 X 射线衍射实验，X 射线衍射图见图 4－11。

由 MoS_2 的 PDF 卡片以及 X 射线衍射图的衍射线对应可知，其特征衍射线的 2θ 角为 35.201°及 39.740°，强度分别为 0.3% 和 0.6%。

X 射线衍射对比实验表明：在氩气中烧结时，MoS_2 分解明显比在氢气中烧结时的分解要小一些，即烧结时较多的 MoS_2 未分解，所以具有的自润滑性能要好一些。为此，确定了空间用粉末冶金摩擦材料的烧结保护气氛，烧结过程中，第一阶段保温半小时前采用氢气保护，以还原原料粉在混料过程与空气接触时所生成的氧化物，第一阶段保温半小时后采用氩气保护。

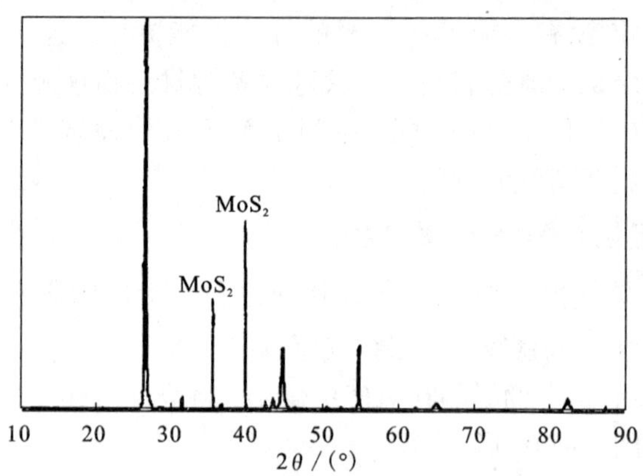

图 4-11 含 MoS_2 样品在氩气保护下烧结后的 XRD 衍射图

4.2.3.2 MoS_2 在加压烧结过程中的作用机理

根据试验方案，为研究 MoS_2 在烧结过程中的作用机理，设计了表 4-4 所示成分配比。

表 4-4 研究 MoS_2 烧结过程中作用机理的材料成分配比（质量分数）/%

试样	Cu	Fe	SiO_2	石墨	MoS_2	其他
4-16	64	3	6	2	10	15

（1）试样烧结前后 MoS_2 的变化

图 4-12 为试样 4-16 烧结前的 XRD 衍射图谱。从图中可以看出，存在明显的 MoS_2 衍射峰。图 4-13 为试样 4-16 烧结后的 XRD 分析图谱。对比图 4-12、图 4-13 可知，试样烧结后，并没有出现 MoS_2 的衍射峰，而出现了一些新的物相，试样 4-16 烧结后出现了 $Cu_{5.40}Mo_{18}S_{24}$、Cu_2S、MoC 等新的物相。铜的硫化物具有类似于 MoS_2 的层状结构[27]，有一定的润滑性能。而钼的碳化物具有很高的硬度、良好的热稳定性能及抗磨蚀性能，在空间用粉末冶金摩擦副摩擦材料中，钼的碳化物作为一种新的摩擦组元作用于材料的摩擦性能。

表 4-5 为试样烧结后，Mo、S 元素的化学分析结果及分别根据这两个元素的含量反推烧结前压坯中 MoS_2 的含量。由反推结果可知，以 Mo 元素反推得到的 MoS_2 含量与压坯中 MoS_2 的含量很相近，说明在烧结过程中，Mo 元素并没有烧损。

而以 S 元素反推的结果比压坯中 MoS_2 的含量少，这表明 S 元素部分烧损，即 MoS_2 在加压烧结过程中发生了分解：$MoS_2 \xrightarrow{\text{高温}} Mo + 2S$，分解后的 S 一部分与基体中的其他元素发生了反应生成了新相；而另一部分直接以 S 蒸汽的形式(氩气为惰性气体，不与其反应)排出，从而造成 S 元素的损失。尽管 MoS_2 具有较高的热稳定性能，在氩气保护气氛下，它的分解温度高达 1350 ~ 1472℃。发生分解的原因主要是由于加压烧结过程当中，其他反应的进行，比如 MoS_2 与铜的反应等，降低了 Mo、S 生成自由能，促进了 MoS_2 的分解。

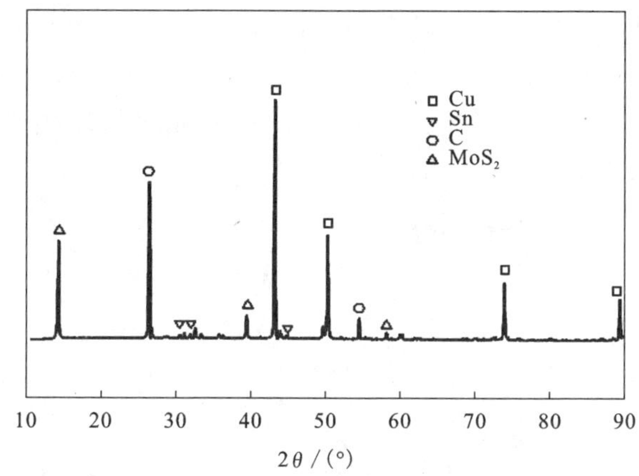

图 4 - 12　试样 4 - 16 烧结前的 XRD 衍射图

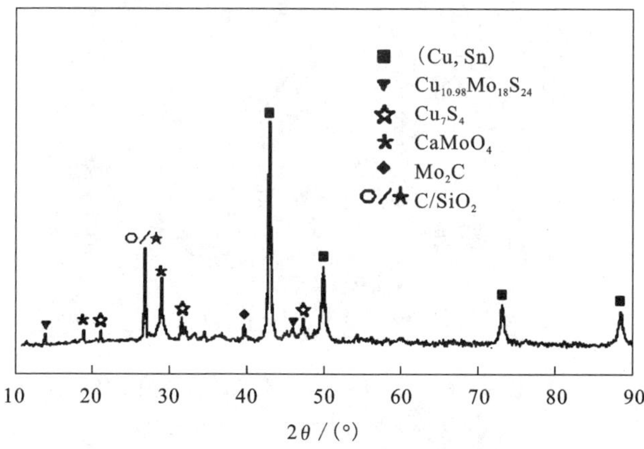

图 4 - 13　试样 4 - 16 烧结后的 XRD 衍射图

表 4 – 5　烧结后试样中 Mo、S 的含量及反推结果

试样	原料中 MoS_2 的含量 /g	烧结后材料中 Mo、S 的测量值(质量分数)/%		分别以 Mo、S 的测量值反推烧结后材料中 MoS_2的含量 /g	
		Mo	S	Mo *	S ※
4 – 16	20	5.79	3.22	19.30	16.10

注：＊—以 Mo 的测量值反推烧结后材料中 MoS_2的含量；※—以 S 的测量值反推烧结后材料中 MoS_2的含量

(2)显微组织分布及能谱分析

图 4 – 14 为 4 – 16 试样烧结后的金相照片。其中图 4 – 14(a)为材料未腐蚀的金相照片，图 4 – 14(b)为腐蚀后的金相照片。从图中可以看出，灰色的相，如图 4 – 14 中箭头所示均匀分布在基体中，此源于在烧结过程中 MoS_2与基体中其他组元发生反应，形成了各种新相。

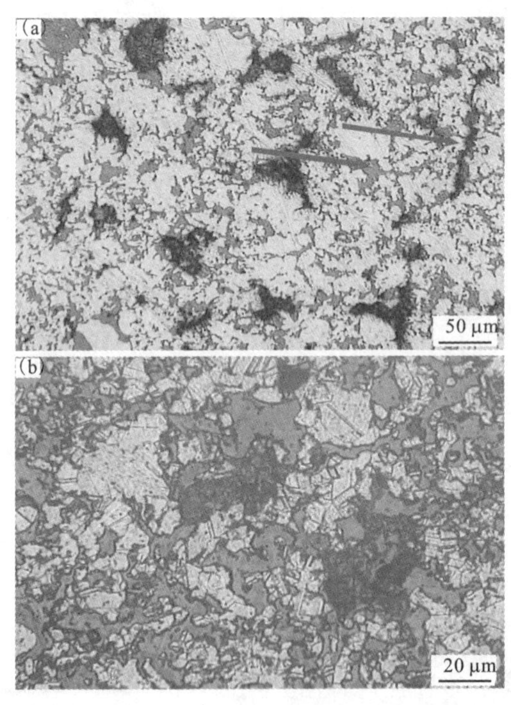

图 4 – 14　试样 4 – 16 烧结后的微观组织

(a)未腐蚀金相照片；(b)腐蚀金相照片

结合 X 射线分析及能谱分析可知，灰色相不是由单一相组成，而是多个相组成，这种相是材料在烧结过程中形成的。主要是 MoS_2分解后与其他组元发生反

应所致，可以从图 4－15 的能谱分析结果中可得到证明。这种均匀分布在铜基体的相，其主要成分为 Mo、S、Ca、Cu 等，结合 X 衍射物相分析结果可以推断该相不是由单一物质构成，而是由多种物质组成的。虽然能谱分析中 Mo、S 的含量比较高，但由于在 X 衍射分析结果中并没有出现 MoS_2 的衍射峰，由此推断这种灰色的相是 MoS_2 与其他组元反应形成的复杂相。

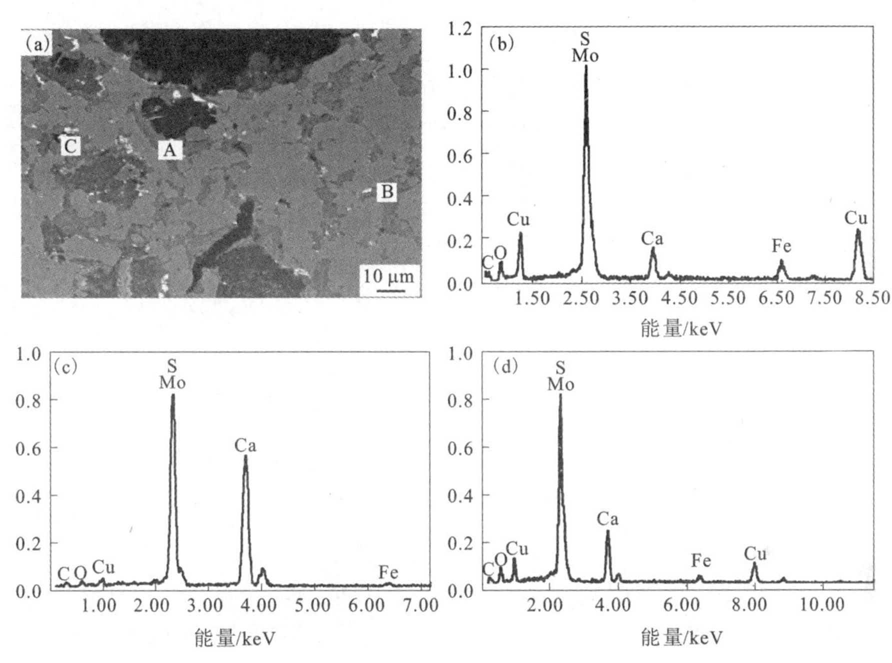

图 4－15　试样 4－16 的能谱分析结果

(a)试样 4－16 的 SEM 照片；(b)图 4－15(a)中 A 区域；
(c)图 4－15(a)中 B 区域；(d)图 4－15(a)中 C 区域

(3) MoS_2 及分解后与其他组元的作用

1) MoS_2 与铜基体的作用。

由 XRD 衍射分析可知，在加压烧结过程中，MoS_2 与铜基体作用形成了复杂的铜钼硫化合物以及铜的硫化物。在 MoS_2 未分解之前，MoS_2 与铜原子之间相互作用，而导致了复杂铜钼硫化合物的形成。

MoS_2 与铜发生化学反应生成了铜的硫化物，而铜的硫化物具有一定的润滑作用。MoS_2 与铜的化学反应式为(以产物 Cu_2S 为例)：

$$MoS_2 + 4Cu \xlongequal{\quad} 2Cu_2S + Mo \tag{4-5}$$

根据文献[28]提供的热力学数据，计算反应式(4－5)的生成自由能与温度的关系为：

$$\Delta G_1^{\ominus} = 173.78 - 0.1746\ T(\text{kJ/mol}) \tag{4-6}$$

令 $\Delta G_1^{\ominus}=0$，得生成 Cu_2S 的最低温度为 995 K，即为 722℃。从热力学角度看当温度高于 722℃时，反应就可以进行。

2）钼的碳化物形成热力学分析。

在加压烧结过程中，材料中生成了钼的碳化物。在烧结过程中存在可能的反应式如下：

$$MoS_2 + C = MoC + 2S \tag{4-7}$$

$$2MoS_2 + C = Mo_2C + 4S \tag{4-8}$$

$$Mo + C = MoC \tag{4-9}$$

$$2Mo + C = Mo_2C \tag{4-10}$$

计算反应式（4－7）、式（4－8）、式（4－9）和式（4－10）的生成自由能（kJ/mol）分别为：

$$\Delta G_2^{\ominus} = 285.40 - 0.0793\ T \tag{4-11}$$

$$\Delta G_3^{\ominus} = 532.84 - 0.1210T \tag{4-12}$$

$$\Delta G_4^{\ominus} = -16.91 + 0.0033T \tag{4-13}$$

$$\Delta G_5^{\ominus} = -71.78 + 0.0296T \tag{4-14}$$

从而可知，反应式（4－7）和（4－8）为吸热反应；而（4－9）和（4－10）为放热反应。令 $\Delta G_2^{\ominus}$、$\Delta G_3^{\ominus}=0$，T 分别为 3599 K、4404 K，这个温度远远大于烧结时的温度，因此，反应式（4－7）和（4－8）在烧结条件下是不存在的；而反应式（4－9）和（4－10）在烧结温度范围内的自由能均小于 0（最高烧结温度时的自由能分别为 －13.204、－38.539 kJ/mol），说明这两个反应式是可以进行的。由上述分析可见，钼的碳化物是由 MoS_2 高温分解及 MoS_2 与铜反应形成的钼元素与石墨反应生成，而不是 MoS_2 与石墨直接反应所产生。

此外，文献[29]中研究表明，S 易与 Fe 反应生成 FeS，FeS 也具有类似于 MoS_2 的层状结构，具有一定的润滑性能。在本试验研究中并未发现 FeS，这主要是与 Fe 的加入量有关，因为加入的 Fe 含量很低，即使生成了 FeS，由于量很少，X 衍射未能分辨。

4.2.3.3 石墨与 MoS_2 配比对摩擦材料组织与性能的影响

为探索石墨与 MoS_2 的配比对空间用粉末冶金摩擦材料性能的影响研究，获得两者在材料中的最优化配比及作用机理，具体配方设计见表 4－6。试验条件：转速：3000 r/min；真空度：$10^0 \sim 10^{-2}$ Pa；外加载荷：0.032 MPa；室温。

（1）石墨与 MoS_2 配比对材料组织结构的影响

不同石墨与 MoS_2 配比的试样经腐蚀后的金相显微组织如图 4－16 所示。由图 4－16 可知，未添加 MoS_2 的试样中石墨呈大块状不均匀地分布于基体中，这主要是由于石墨密度远低于铜等粉末的密度，在混料过程中很容易出现比重偏析而不均匀；随着 MoS_2 含量的增加，大块石墨逐渐分散，呈小片状均匀分布。材料在烧结过程中，MoS_2 发生分解，并与其他组元作用生成铜钼硫化物、Mo_2C 和 Cu_7S_4 等新相，新相与石墨等相均匀分布于基体；当石墨完全被 MoS_2 代替后，石墨相消失，完全被灰色的新相替代，材料更加致密。材料中各相的结合与分布在很大程度上决定了材料的性能。

表 4－6　空间用粉末冶金摩擦副摩擦材料的成分配比(质量分数)/%

试样	Cu	Fe	SiO_2	石墨	MoS_2	其他
4－17	64	3	6	12	0	15
4－18	64	3	6	10	2	15
4－19	64	3	6	8	4	15
4－20	64	3	6	6	6	15
4－21	64	3	6	4	8	15
4－22	64	3	6	2	10	15
4－23	64	3	6	0	12	15

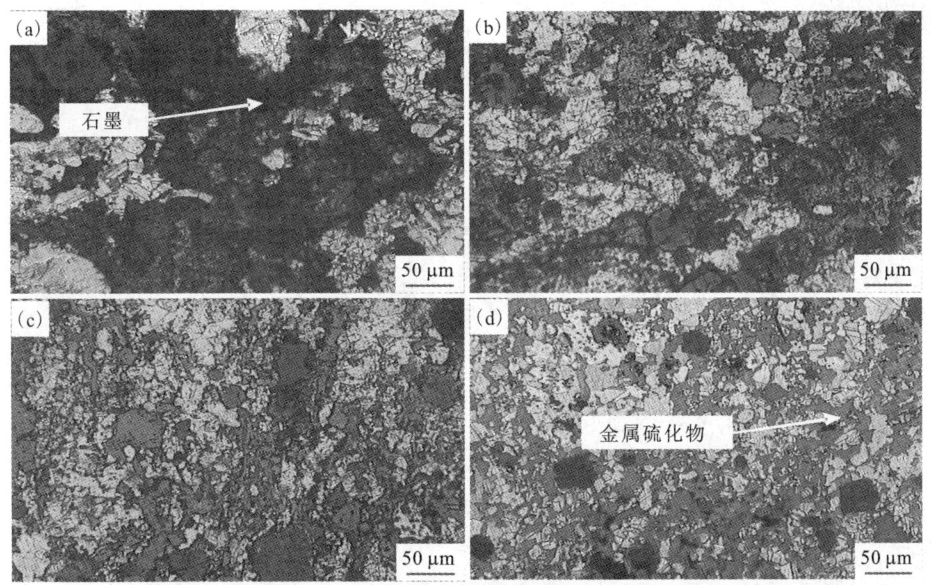

图 4－16　石墨与 MoS_2 含量不同时材料的金相显微组织

(a)4－17 试样；(b)4－19 试样；(c)试样 4－21；(d)试样 4－23

(2)石墨与 MoS_2 配比对材料密度、开孔隙率和硬度的影响

图 4－17(a)所示为材料的密度及开孔隙率随石墨与 MoS_2 配比的变化趋势图。从图 4－17(a)可以看出，在润滑组元(石墨、MoS_2)总含量(12%，质量分数)不变的情况下，当 MoS_2 含量(质量分数)从 0 增加到 12% 时，材料的密度从 4.8 g/cm^3 增大到 5.69 g/cm^3，而开孔隙率从 8.27% 降低到 5.87%，即增加 MoS_2 的含量，材料的密度增加，开孔隙率降低。这是由于：一方面 MoS_2 的密度高于石墨的密度；另一方面添加的 MoS_2 在烧结过程中分解后的产物 S 和 Mo 具有很高的活性，在与基体中其他组元反应过程中，降低了材料的孔隙度，对材料密度的提高也有一定的贡献。可见，在润滑组元(石墨、MoS_2)保持不变的条件下，提高 MoS_2 的含量，材料的密度呈增加趋势，而开孔隙率则降低。

图 4－17(b)所示为材料的表观硬度随石墨与 MoS_2 配比的变化趋势图。由图 4－17(b)可知，随着 MoS_2 含量的增加，材料的硬度大幅度提高。摩擦材料的表观硬度主要与基体的强度和孔隙度有关，强度高、孔隙小，则表观硬度高。由图 4－17(a)可知，随着 MoS_2 含量的增加，材料的孔隙度明显下降，材料的表观硬度增加；由图 4－16 可以发现，当石墨含量较高时，材料表面覆盖一层石墨，而石墨的硬度相对较低，致使材料的硬度不高。当 MoS_2 含量增加时，摩擦材料中形成的新相，在一定程度上对材料基体起到强化作用，从而使材料的硬度提高。而且 MoS_2 的含量增加，形成新相的数量也就相应地增多，强化效果增强，材料硬度相应增加。

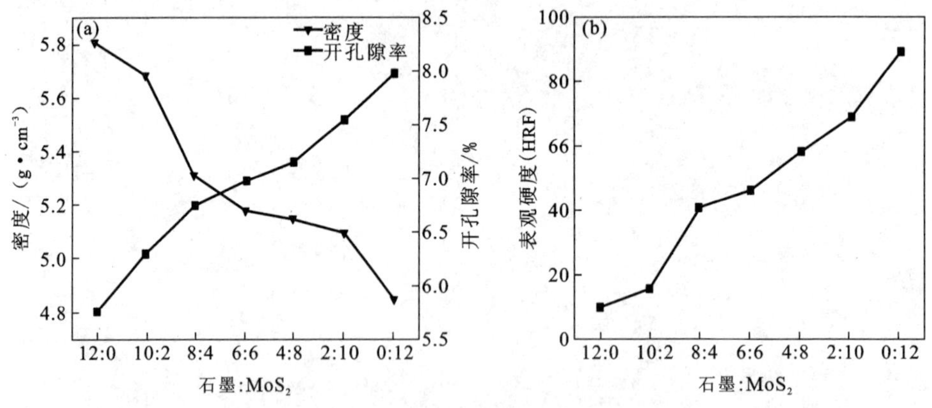

图 4－17　材料的密度、开孔隙率及硬度随石墨与 MoS_2 配比的变化曲线

(3)石墨与 MoS_2 配比对材料摩擦磨损性能的影响

图 4－18 所示为不同试样的摩擦因数变化曲线。由图 4－18 可知，石墨与 MoS_2 的配比对摩擦因数的影响可以分为 3 个阶段：当石墨与 MoS_2 的配比由 12∶0 降低到

6∶6 时，大气环境下的摩擦因数有较大幅上升，而低真空环境下几乎不变，且两种环境下的摩擦因数相差较大；石墨与 MoS_2 的配比由 6∶6 到 4∶8 时，大气环境下的摩擦因数基本保持不变，而低真空环境下存在突变，摩擦因数急剧增加；石墨与 MoS_2 的配比从 4∶8 降低到 0∶12，两种环境下的摩擦因数均稍有降低，且差别有所缩小，随 MoS_2 的增加，差别进一步缩小。此变化趋势主要由润滑组元及新相的含量决定，由于石墨的含量不断降低，加入的 MoS_2 与其他组元反应生成铜钼硫化物、Mo_2C 等硬脆相和 Cu_7S_4 等金属硫化物。材料中的硬脆相(摩擦组元)提高了材料的摩擦因数，而金属硫化物充当润滑组元，起降低和稳定摩擦因数的作用。

从图 4－18 可以发现，材料在大气环境中的摩擦因数高于真空环境中的摩擦因数，根据修正黏着摩擦理论[30]：

$$\mu = \frac{\tau_f}{\sigma_s} \tag{4-15}$$

式中：τ_f 为软表面膜的剪切强度极限；σ_s 为硬基体材料的受压屈服极限。对于材料而言，σ_s 为常数，摩擦因数的大小取决于软表面膜的抗剪切能力。真空环境中空气介质从摩擦表面解吸，材料在摩擦过程形成由石墨和金属硫化物等成分组成的摩擦膜，具有较弱的抗剪切能力、易滑动的性质以及良好的润滑作用。而在大气环境中，材料暴露于大气中，形成含有氧化物的摩擦膜(氧化膜)，氧化膜的抗剪切强度高于摩擦膜的抗剪切强度，导致大气环境中的摩擦因数大于真空环境中的摩擦因数。

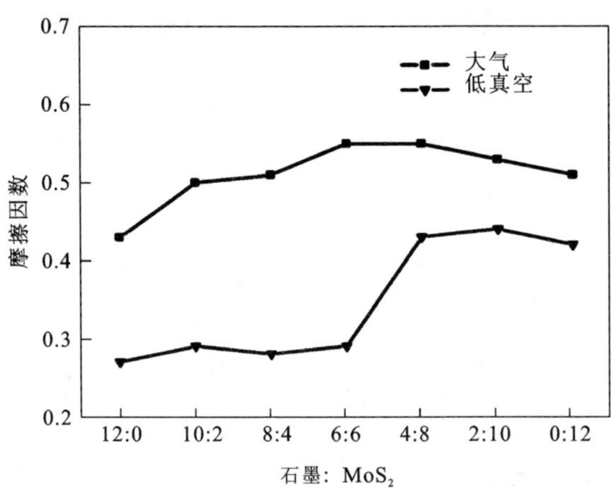

图 4－18　材料摩擦因数随石墨与 MoS_2 配比的变化

图 4－19 所示为试样的磨损量变化曲线。材料在大气与低真空中的磨损量随石墨与 MoS_2 配比的变化趋势相近。材料的磨损量可以分为两个阶段：当配比从

12∶0 降低到 6∶6 时，磨损量较小，且变化不大，当配比为 6∶6 时，材料的磨损量达到最小值，表明添加少量的 MoS_2 对材料的磨损影响不大；而当石墨与 MoS_2 的配比从 6∶6 降低到 0∶12 时，材料的磨损量迅速增加，虽然增加 MoS_2 含量可以提高材料的硬度和密度，降低材料的开孔隙率，但材料的磨损量迅速增加。这主要与加入的 MoS_2 和其他组元作用形成的铜钼硫、Mo_2C 等一些硬脆相有关，加入的量越多，形成的硬脆相就越多，材料脆性增加，材料摩擦表面易产生微裂纹，出现剥层，导致磨损加剧。

图 4－20 所示为不同石墨与 MoS_2 配比下试样的摩擦因数稳定系数变化趋势图。由图 4－20 可知，随石墨与 MoS_2 配比的减小，大气下的稳定系数呈升高趋势；试样在低真空下的稳定系数高于大气中的稳定系数，且随石墨与 MoS_2 配比的减小，其差值变小，表明材料具有高稳定的真空摩擦因数。虽然石墨的含量逐渐降低，MoS_2 在烧结过程中基本分解，润滑组元减少，但同时生成了一些具有润滑性能的金属硫化物，材料在大气中的稳定系数有所提高。由于材料真空中只能形成摩擦膜，摩擦膜在无氧化物的参与下，其润滑作用更佳，从而导致材料在真空下的摩擦因数更低，稳定系数提高。

无论在大气还是真空条件下，空间对接用摩擦材料均需具备高稳定的摩擦学性能。综合上述物理性能和摩擦磨损性能等测试结果可知，当石墨与 MoS_2 的配比为 4∶8 时，材料具有良好的综合性能。

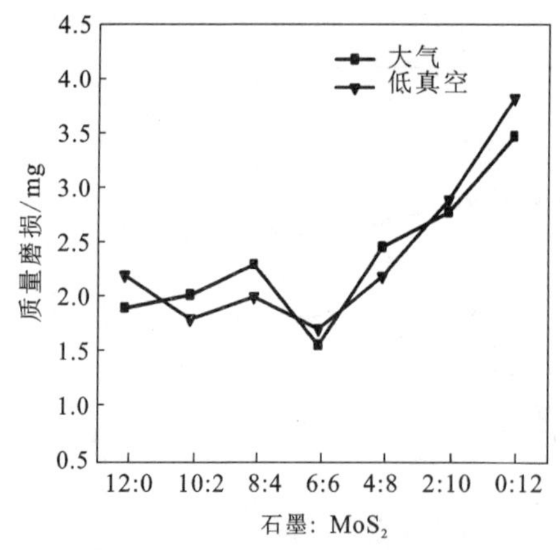

图 4－19　材料的磨损量随石墨与 MoS_2 配比的变化

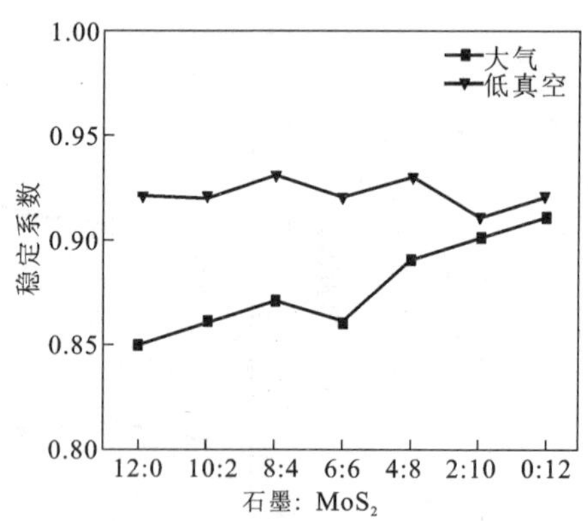

图 4－20　摩擦因数稳定系数随石墨与 MoS_2 配比的变化

图 4－21 所示为大气环境下试样经摩擦实验后摩擦表面的形貌。可以看出，当石墨含量较高时，如图 4－21(a) 和图 4－21(b) 所示，表面分布着大块状石墨，

导致材料的硬度较低，对偶材料的微突体易嵌入材料而产生明显的犁沟效应；另一方面，石墨与基体的结合强度较弱，石墨及其周边材料易萌发微裂纹，导致材料磨损。表面的石墨及脱落的石墨均参与摩擦过程，而使材料的摩擦因数降低。当石墨含量逐渐降低，MoS_2含量相应地增高，如图 4 - 21(c)所示，石墨呈小片状均匀地分布于摩擦表面，材料愈致密。由于 MoS_2在烧结过程中分解，与其他成分发生反应形成具有润滑作用的硫化物和能提高摩擦因数的硬脆相，润滑组元逐渐减少，而摩擦组元逐渐增多，使得材料的摩擦因数和硬度提高，犁沟效应减弱，摩擦表面光滑平整，润滑膜连续性好，摩擦过程更平稳，稳定系数较高。但当 MoS_2含量达到12%，如图 4 - 21(d)所示，摩擦表面出现很多微裂纹，这是由于形成的硬脆相较多，材料脆性增加，材料摩擦表面易产生微裂纹，这些裂纹的存在是导致材料磨损增加的根本原因。

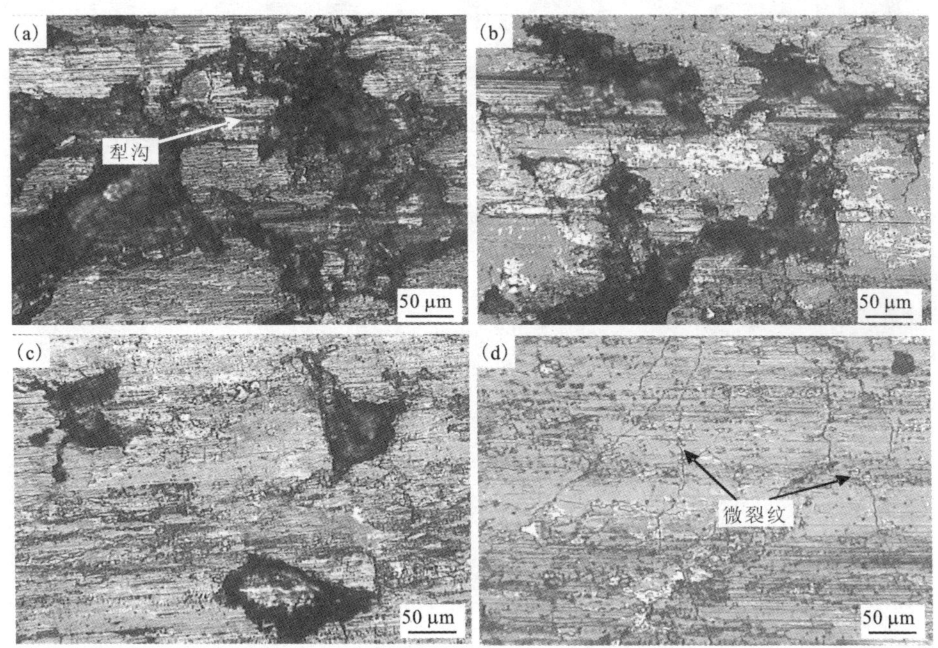

图 4 - 21　大气环境下试样摩擦表面的形貌

(a)4 - 17 试样；(b)4 - 19 试样；(c)4 - 21 试样；(d)4 - 23 试样

材料在真空环境下实验后的摩擦表面形貌，如图 4 - 22 所示。由图 4 - 22 可知，材料表面覆盖着一层灰黑色的表面膜，其表面平整，光泽度低于大气下的摩擦表面表面膜。由于在真空环境下，空气等介质从材料表面解吸，在摩擦过程中从材料脱落的石墨和金属硫化物等经反复摩擦涂抹于材料表面，从而形成具有一定润滑作用的摩擦膜。而在大气环境下，材料暴露在空气中，由于摩擦热导致材料氧化，表面形成含有氧化物的复杂摩擦膜(氧化膜，如图 4-21 中红黄色物质所示)。两种不同的表面膜致使材料的表面状态产生差异，从而引起摩擦学性能的差异。真空环境下石墨与 MoS_2的配比对材料的影响与大气环境下的影响相似，石墨含量较高时，材料表面硬度较低，产生较为明显的犁沟现象，如图 4-22(a)所示，而当石墨含量降低、MoS_2含量相应增加时，材料脆性增加，材料表面易萌生微裂纹，如图 4-22(d)所示，这是由于灰黑色摩擦膜的涂抹，没有大气环境下显著。摩擦膜的存在能避免在摩擦过程中摩擦材料与对偶件的直接接触，防止黏着现象的发生，有利于保持材料的摩擦稳定性。

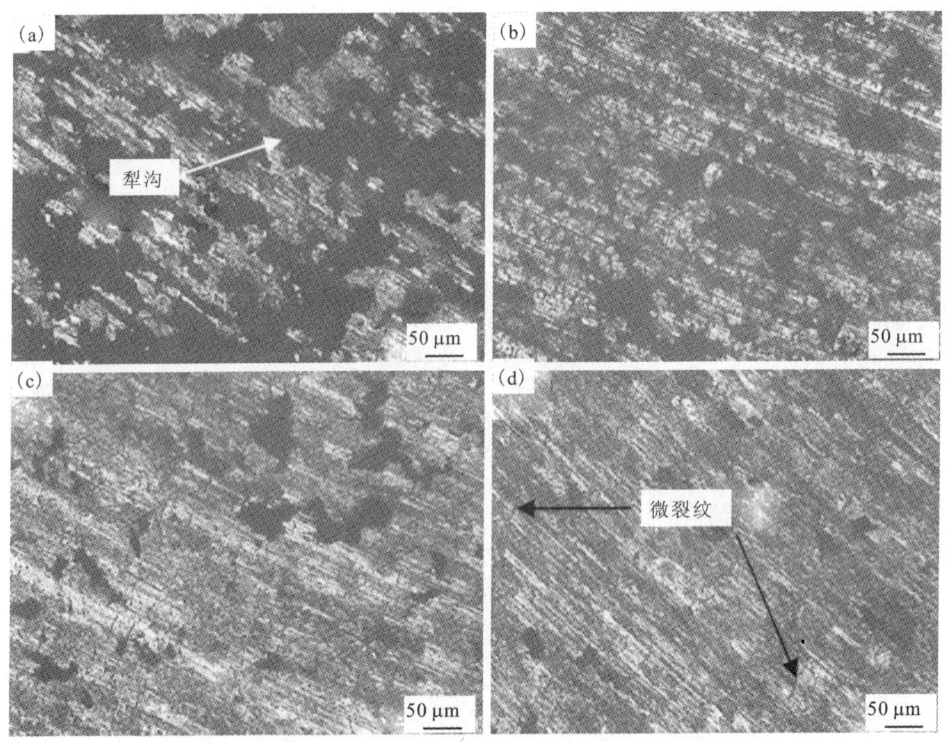

图 4-22　低真空环境下试样摩擦表面的形貌

(a)4-17 试样；(b)4-19 试样；(c)4-21 试样；(d)4-23 试样

4.2.4　对偶材料的优化设计研究

空间用粉末冶金摩擦副的摩擦特性主要经过摩擦材料和对偶材料的相互作用体现出来，其不仅受摩擦材料的性能影响，还在一定程度上取决于对偶材料的材质、组织及性能。考虑到空间环境的特殊性，空间状态具有温差的交替变化（ -70 ~ +70℃），因此，要求对偶材料具有比较好的抗冷脆性能。常用的对偶材料中，马氏体不锈钢(3Cr13)完全能满足此项要求，由 Fe - Cr 二元相图可知，当 Cr 含量(质量分数)大于 13%时，铁铬合金中将无γ - 固溶体形成，从高温至低温一直保持单相α - 固溶体状态，抗冷脆性能好。

将 3Cr13 热处理后得到不同的硬度，选用 4 -5 试样作为摩擦材料，分别在大气状态下和真空条件下进行测试(试验条件：转速：3600 r/min；真空度：10^{-3} Pa；外加载荷：0.019 MPa；室温)，其结果见表 4 -7。

表 4 -7　对偶材料硬度对摩擦材料摩擦磨损性能的影响

对偶材料硬度(HRC)	平均摩擦因数	摩擦因数稳定系数	材料磨损率/[mm·(次·面)$^{-1}$]	摩擦面表面现象
12	0.402	0.895	0.025	有黏结现象，对偶有划痕
25	0.394	0.87	0.012	有轻微黏结现象，有少许划痕
32	0.370	0.90	0.008	表面比较光滑，有少许划痕
40	0.358	0.92	0.005	表面光滑
50	0.356	0.90	0.003	表面光滑

从表 4 -7 可以看到，随着 3Cr13 硬度的增加，材料的摩擦因数有所降低。这主要是因为当对偶硬度较低时，摩擦材料表面的硬质点对偶有一定的擦伤，造成啮合更加强烈，此时摩擦因数主要由材料表面摩擦组元对对偶的“犁削作用”所体现。随着对偶硬度的增加，摩擦副表面主要受摩擦组元啮合及断裂控制。在外部条件一致时，摩擦因数基本上趋于一个定数，磨损进一步减小。

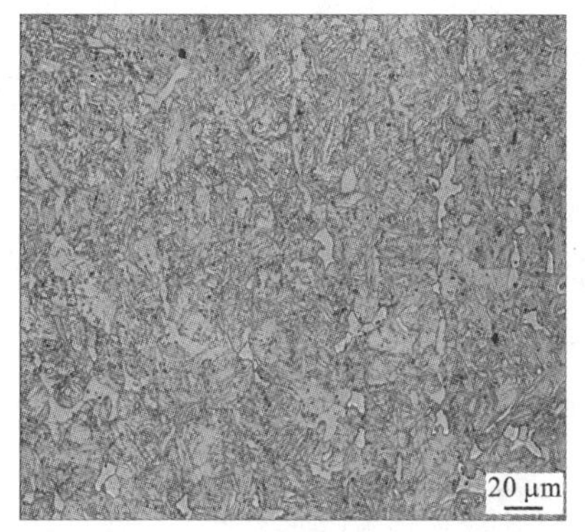

图 4 -23　对偶材料的显微组织

综合考虑热处理因数及考虑热处理控制工艺的难易程度，对偶材料 3Cr13 硬度控制在 HRC 37 ~42 比较适宜。图 4 -23 示出了硬度值 HRC 37 ~42 范围内的对偶材料经 4% HNO_3 + 酒精溶液腐蚀后的显微组织形貌。图中对偶材料经淬火+回火后的组织结构，基体为保持了马氏体形态的回火索氏体，回火索氏体具有良好的综合力学性能，在基体中还保留着少量未溶解的块状铁素体，以调节对偶材料的力学性能，促使材料保持着适宜的硬度等。

4.3 制动条件对摩擦副材料摩擦学性能的影响

材料的摩擦学性能，用摩擦因数和磨损量来表征，并不是固定不变的。除受到材料本身的特性影响之外，还受到诸如摩擦速度、施加于工作表面的压力、周围的环境状况等工况条件的影响。在摩擦过程中，摩擦表面温度的状况影响着摩擦性能的变化。因为摩擦表面温度的变化影响到氧化过程的速度、扩散过程及金属接触处的黏接、材料的弹塑性变形过程以及其他性能。而摩擦表面温度状态取决于滑动速度、所施加的压力、摩擦热排出速度及其他一些因素。根据空间用摩擦副的设计及使用功能要求，选取工作压力、真空度、高低温等试验参数，探讨了不同试验条件下摩擦副材料的摩擦磨损性能。

4.3.1 压力对摩擦材料摩擦性能的影响

图4-24为试样4-20、4-21的摩擦因数随压力变化趋势图(试验条件：转速：3000 r/min；真空度：$10^0 \sim 10^{-3}$ Pa；室温)。图中表明，在大气和低真空环境下，材料的摩擦因数随压力的增加而降低。从图中还可以看出，试样4-20随着试验压力的增加，大气与低真空之间的摩擦因数差异在增加，而试样4-21在两种环境下的摩擦因数差异几乎不随试验压力的变化而变化。

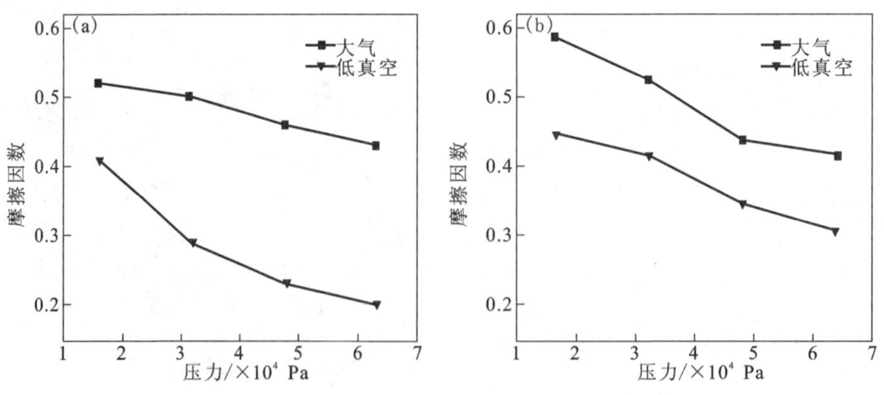

图4-24 摩擦因数随试验压力变化趋势图

(a)试样4-20；(b)试样4-21

由式 4－4 可知，在材料性能一定，外加载荷恒定的情况下，材料的摩擦因数与摩擦表面的实际接触面积 A_r 呈线性关系，A_r 越大，摩擦因数也就越大。A_r 可定义为是由于各微凸体发生变形而产生的接触面积元 ΔA_r 的总和。当不同的试验压力作用于摩擦表面时，摩擦表面发生的变化可用图 4－25 来表示。当压力较小时，摩擦材料中较少的微凸体即硬质颗粒就可以支撑整个负载，摩擦表面有微略的弹塑性变形；压力较大时，较少的微凸体已不能支撑整个负载，摩擦表面在压力的作用下发生更大的弹、塑性变形，使得小压力时未能接触到的微凸体与对偶发生接触，接触面积元 ΔA_r 增加，即实际面积增加。摩擦材料与对偶的接触表面处于弹塑性状态，实际接触面积随压力的增大而增加，但不呈线性增加。A_r/P 值随压力增加而下降。因此，当压力增加时，表现为摩擦因数降低。

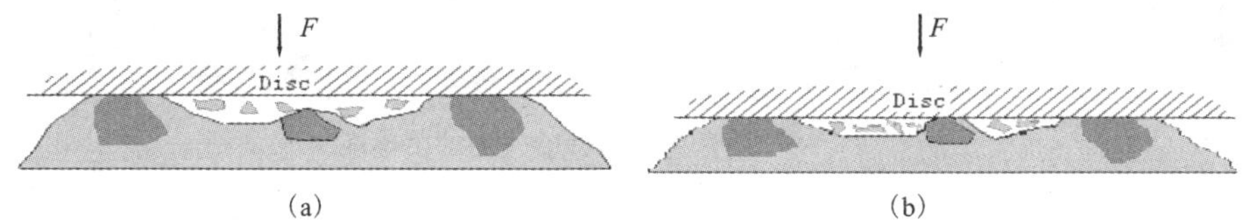

图 4－25　不同试验压力作用下摩擦表面变化示意图

(a)较小压力；(b)较大压力

图 4－26 分别为试样 4－20、4－21 的质量磨损与试验压力的关系图。从图中可以看出在试验压力为 1.6～4.8×10^4 Pa 范围内，材料在大气中与低真空中的质量磨损随压力的变化趋势恰好相反，试样 4－20 的这种变化趋势较试样 4－21 明显。在低真空中，材料在压力为3.2×10^4 Pa、4.8×10^4 Pa 时的磨损较小，压力在 1.6×10^4 Pa 时磨损较大，6.4×10^4 Pa 时最大；图中还表明，大气中的磨损量波动较小，这主要是由于大气与低真空两种不同的环境下摩擦表面性质差异造成的。图 4－26(a) 中，当压力为 6.4×10^4 Pa 时，大气与低真空的磨损相差较大，这主要是由于在大气中，摩擦表面形成的氧化膜对材料具有一定的保护作用，而使材料磨损较低；而在低真空中，难以形成氧化膜，由材料本体形成的摩擦膜参与摩擦过程，此压力条件下形成的摩擦膜对材料的保护作用不如氧化膜，因此导致了较大的磨损。相比之下，除低真空环境下压力为 6.4×10^4 Pa 时，其他环境条件下试样 4－20 的质量磨损均比试样 4－21 小。

从图 4－27 中可知，试样 4－20 低真空环境下具有较高的摩擦因数稳定系数，几乎不随压力的变化而变化，表明摩擦性能平稳。试样 4－20 在大气环境下的稳定系数低于其低真空环境下的，并且随着压力的增大，稳定系数呈降低趋势；而试样 4

-21 在大气环境下的稳定系数则与低真空中的比较相近，并随压力的增加略有提高。相比之下，试样 4-21 在大气与低真空环境下均具有稳定的摩擦性能。

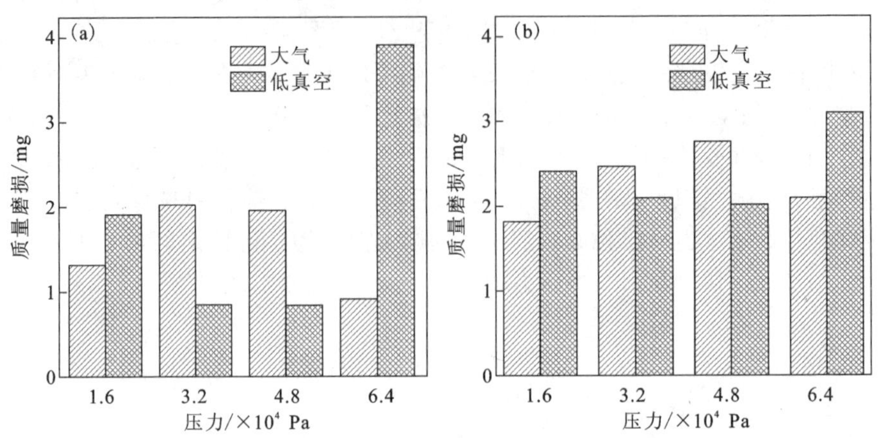

图 4-26　质量磨损与试验压力的关系图

(a)试样 4-20；(b)试样 4-21

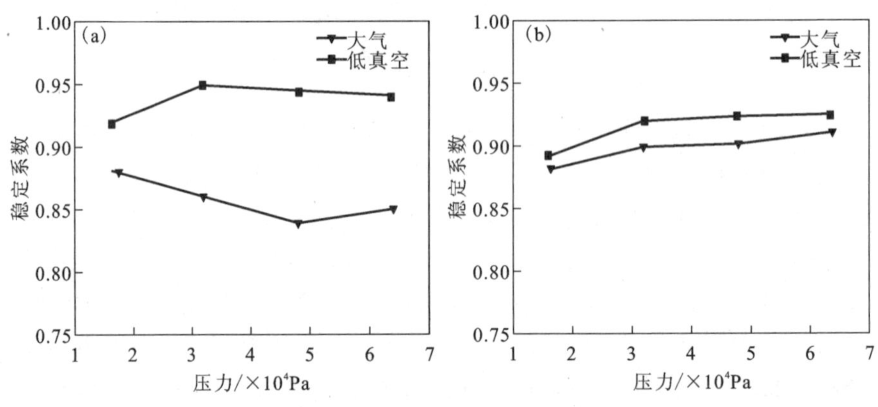

图 4-27　摩擦因数稳定系数随试验压力变化趋势图

(a)试样 4-20；(b)试样 4-21

图 4-28、图 4-29 分别为试样 4-20、4-21 在大气环境、不同压力条件下材料摩擦表面的金相形貌图。在压力的作用下，对偶及参与摩擦过程的磨屑，特别是其中的硬质颗粒使摩擦表面产生犁削效应，并出现明显的磨痕或犁沟，一般而言，压力愈大，犁削效应愈明显。从图中可知，在压力较小的情况下，磨痕反而比较明显，如图 4-28(a)和图 4-29(a)所示。随着压力的增大，摩擦表面更

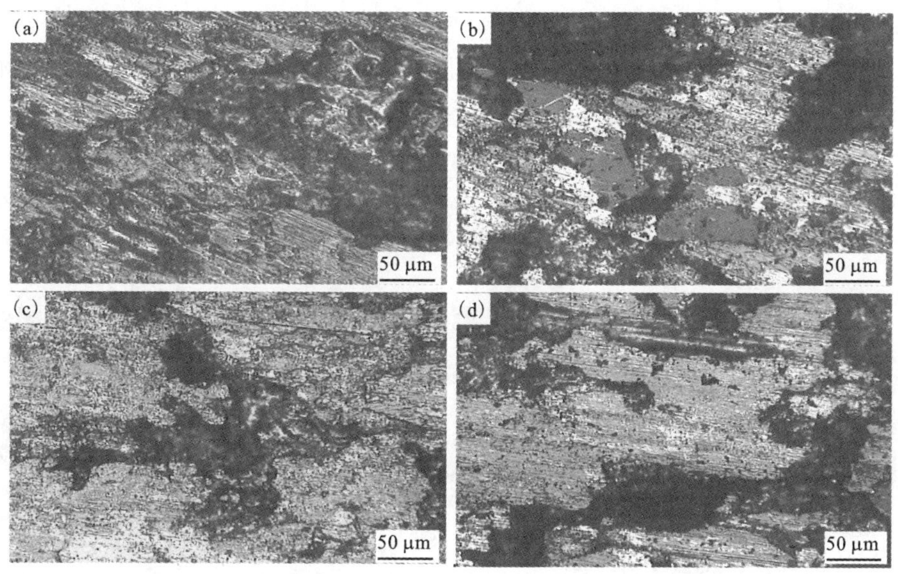

图 4 – 28　试样 4 – 20 在不同压力下(大气)摩擦表面的金相形貌

(a)1.6×10^4 Pa; (b)3.2×10^4 Pa; (c)4.8×10^4 Pa; (d)6.4×10^4 Pa

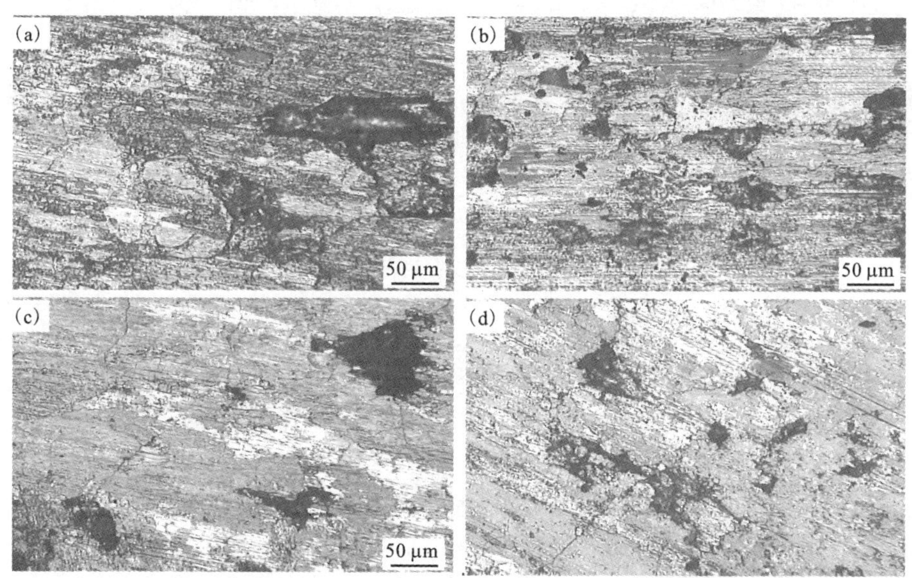

图 4 – 29　试样 4 – 21 在不同压力下(大气)摩擦表面的金相形貌

(a)1.6×10^4 Pa; (b)3.2×10^4 Pa; (c)4.8×10^4 Pa; (d)6.4×10^4 Pa

光滑，磨痕较少，如图 4 - 28(b)、图 4 - 28(c)、图 4 - 28(d)和图 4 - 29(b)、图 4 - 29(c)、图 4 - 29(d)所示。这主要是由于在较小压力下摩擦表面难以形成连续致密的氧化膜，当压力增大时，氧化膜逐渐形成，并且连续致密，氧化物的硬度比较高，可以承载更大的压力，对表面起到良好的保护和润滑作用，因而补偿了因压力增大对摩擦表面产生的影响，反而缓和了犁削效应，光滑的表面使材料的磨痕减少。对比图 4 - 29、图 4 - 30 发现，试样 4 - 21 表面试样的摩擦表面较试样 4 - 20 更均匀平整，氧化膜的连续性更好。

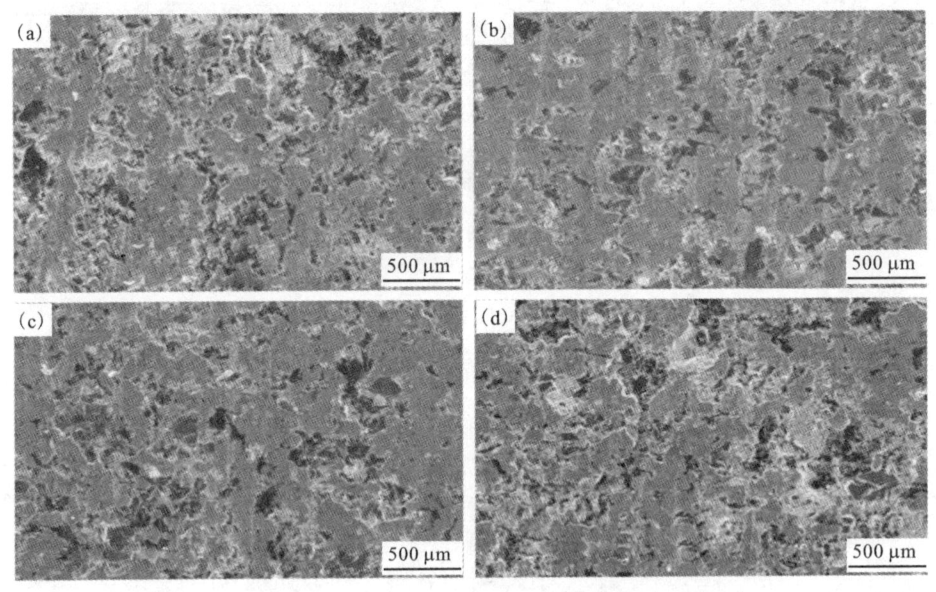

图 4 - 30　试样 4 - 20 在不同压力下(低真空)摩擦表面的 SEM 形貌

(a)1.6×10^4 Pa; (b)3.2×10^4 Pa; (c)4.8×10^4 Pa; (d)6.4×10^4 Pa

图 4 - 30、图 4 - 31 分别为试样 4 - 20、4 - 21 在低真空环境、不同压力条件下材料摩擦表面的 SEM 形貌。当压力为 3.2×10^4 Pa、4.8×10^4 Pa 时，摩擦表面较光滑，表面剥落凹坑较少，如图 4 - 30(b)、图 4 - 30(c)和图 4 - 31(b)、图 4 - 31(c)所示；而当压力为 1.6×10^4 Pa、6.4×10^4 Pa 时，摩擦表面较粗糙，而且表面有大量的剥落凹坑，如图 4 - 30(a)、图 4 - 30(d)和图 4 - 31(a)、图 4 - 31(d)所示。粗糙的摩擦表面增加了材料的磨损。由于低真空环境中氧含量非常少，摩擦表面不可能形成氧化膜，而只能是材料本体形成的摩擦膜，而正是这种摩擦膜使得材料在真空中的摩擦因数相对于大气中的摩擦因数较低，稳定系数相对于大气中的稳定系数较高，表明此种摩擦膜的润滑效果更佳。但由于是材料本体形成的摩擦膜，其承载能力相对氧化膜较强，所以当压力继续增加时，材料的磨损加

剧，如压力为 6.4×10^4 Pa 时，材料表面剥落更严重，磨损增加。对比试样 4－20 和4－21的摩擦表面可发现，试样 4－20 的摩擦表面粗糙，试样 4－21 的则平整光滑。试样 4－21 比 4－20 添加了更多的 MoS_2，由于 MoS_2 分解，在材料中形成了更多的碳化钼等类似于摩擦组元和金属硫化物类似于润滑组元的新相，硬度较高，承载负载的能力提高。一方面，摩擦组元的增多提高了材料在低真空中的摩擦因数，另一方面，反应生成的润滑组元的增多，使稳定系数也得到了提高。

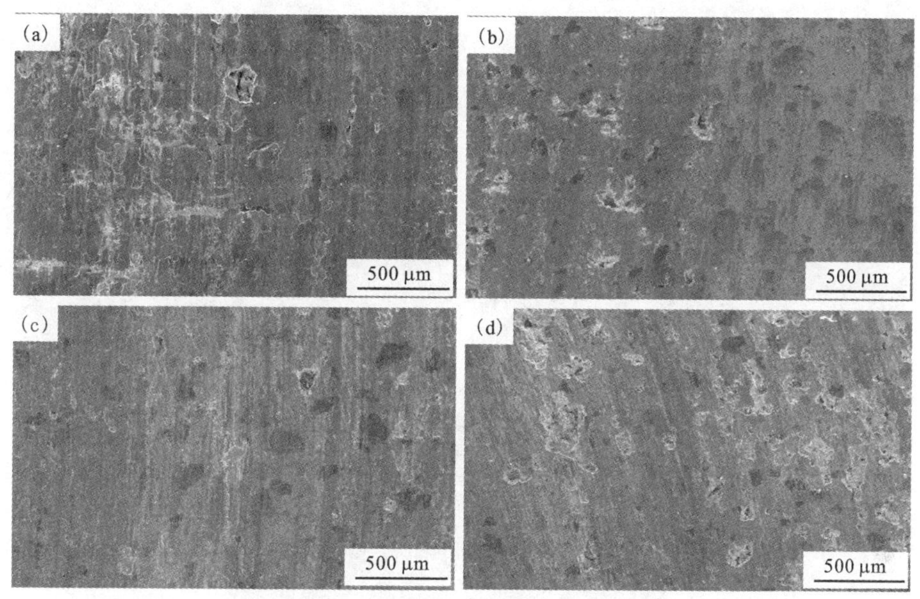

图 4－31　试样 4－21 在不同压力下(低真空)摩擦表面的 SEM 形貌

(a) 1.6×10^4 Pa; (b) 3.2×10^4 Pa; (c) 4.8×10^4 Pa; (d) 6.4×10^4 Pa

4.3.2　真空度对摩擦材料摩擦性能的影响

试样 4－21 与 4－20 相比，在大气与低真空的摩擦因数之间的差距基本不随压力的增加而增大，并且差距较小，在两种环境中的摩擦因数稳定系数均较高，摩擦表面较平整光滑；尽管磨损量较高，但从综合性能来看，试样 4－21 是比较理想的摩擦材料，因此分别对其在大气与低高真空、外界温度等条件下的摩擦性能进行了检测和分析。

表 4－8 为试样 4－21 在大气与低、高真空环境状态对材料摩擦性能的影响。从表中可以看出，材料在大气中的摩擦因数明显高于在低、高真空环境下的摩擦因数，低、高真空下的摩擦因数相比基本相似，低真空的略高，而在高真空环境下的磨损最小。

表 4-8　环境状态对材料摩擦性能的影响

真空度	摩擦因数	摩擦因数稳系数	质量磨损/mg
大气	0.53	0.90	2.46
低真空(10^0 ~ 10^{-2} Pa)	0.42	0.92	2.05
高真空(10^{-3}Pa)	0.40	0.92	1.77

注：试验压力 3.2×10^4 Pa；试验速度：3000 r/min；温度：室温

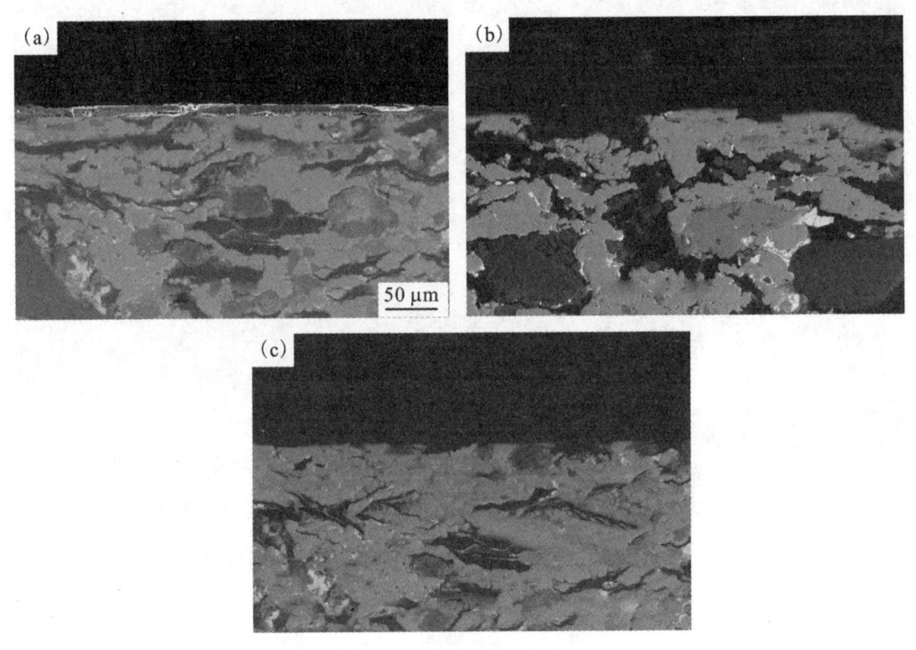

图 4-32　摩擦表面 SEM 形貌

(a)大气；(b)低真空；(c)高真空

造成这种差异的原因可以从修正的黏着摩擦理论得到解释，即式 4-16。对于同一摩擦材料而言，在大气及真空中的 σ_s 值为一常数。摩擦因数的大小取决于软表面膜抗剪切能力的大小，即取决于材料在不同环境下所形成的表面膜。在大气条件下，材料表面不仅形成气体吸附膜，而且在与对偶相对滑动过程中发生氧化，形成氧化膜，如图 4-32(a)所示。真空条件下，大气中形成氧化膜的气体介质与吸附膜的平衡遭到破坏，因而从摩擦表面解吸。由于真空中缺乏氧气，氧化膜破坏后难以形成，如图 4-32(b)、图 4-32(c)所示。因此在真空条件下只有材料本体所形成的摩擦膜与对偶作用。基体铜的硬度低于其氧化物，材料在大气

中氧化膜的 τ_f 值大于在真空中摩擦膜的 τ_f 值。因此，由式(4 - 16)可知，材料在大气中的摩擦因数相对真空中的的较大。文献[31]中提到氧化铜的摩擦因数与铜相比较高。另一方面，摩擦材料中的 MoS_2 在烧结过程中分解的 S 与铜、铁等反应，生成相应的金属硫化物，这些硫化物具有一定的润滑性能。在摩擦表面形成的硫化物膜以及材料中其他润滑组元(石墨、Pb 等)的共同作用，减少了对偶与摩擦材料表面中的金属直接接触，使黏着倾向减缓，在无氧化物的参与下，这种工作膜的润滑作用更佳，因而导致材料在真空下的摩擦因数较低，稳定系数提高。材料表面在低、高真空环境下均难以形成氧化膜，均为材料本体形成的摩擦表面，其性质的相似性造成了低、高真空下的摩擦性能很相近。

4.3.3　外界温度对摩擦材料摩擦性能的影响

周围介质温度对摩擦性能的影响主要是由于表面材料性质发生变化引起的。太空昼夜温度相差比较大，要求材料在较宽的温度范围内具有稳定的摩擦性能。金属材料在低温下易发生冷脆现象，严重影响材料的性能，因此，对于空间对接摩擦材料，其低温摩擦性能是一项重要的性能指标之一。大气低温状态下，空气中的水分凝结成冰，冰附着在摩擦表面对材料的摩擦性能造成很大的影响。

高真空状态下气体介质稀薄，不易发生这种现象，故选择在高真空下对其进行了考察。表 4 - 9 为外界温度对试样 4 - 21 摩擦性能的影响。可以看出，材料的摩擦性能基本不受温度的影响，表明在低温度条件下，摩擦表面材料性质并未发生变化，即没有出现材料冷脆等现象。另一方面，由于摩擦过程中摩擦表面产生了摩擦热，摩擦热的存在使低温真空下的摩擦表面性质与室温真空下的很相似。因此，在低温条件下产生的摩擦学性能与室温真空的相近。说明材料具有良好的低温摩擦性能，温度对其摩擦性能的影响不显著。图 4 - 33 为不同温度时材料的典型摩擦曲线，图中表明，曲线平稳，没有较大的抖动，说明材料在四种温度条件下的摩擦过程平稳、几乎没有震动现象。

表 4 - 9　外界温度对材料摩擦性能的影响

温度	摩擦因数	摩擦因数稳定系数
室温	0.40	0.92
0℃	0.41	0.95
-20℃	0.42	0.93
-40℃	0.41	0.91

注：试验压力 3.2×10^4 Pa；试验速度：3000 r/min；真空度：10×10^{-3} Pa

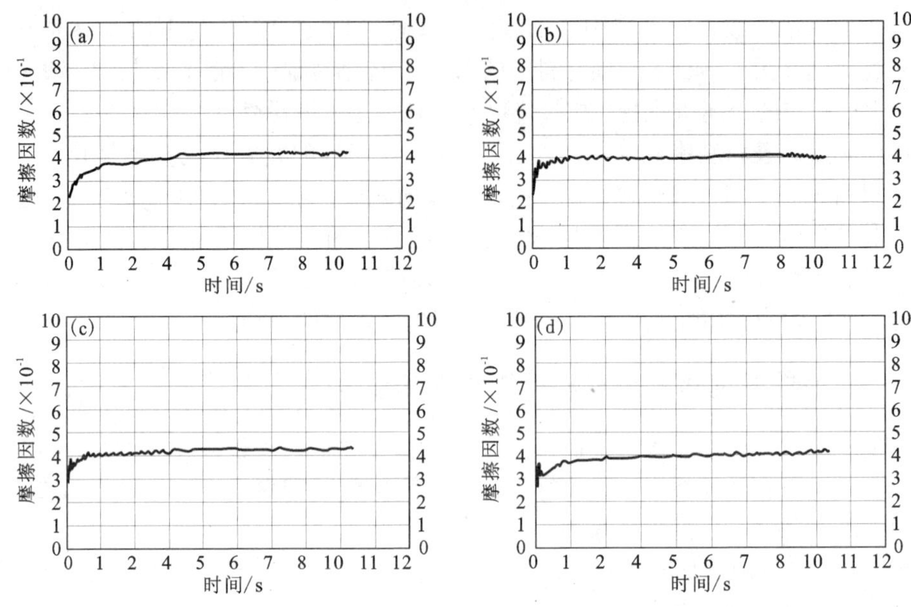

图4-33　不同温度条件下材料的摩擦曲线

(a)室温；(b)0℃；(c)-20℃；(d)-40℃

4.3.4　空间用摩擦副材料的抗原子氧及紫外辐照侵蚀能力

太空环境，尤其处于近地球轨道的环境富含原子氧，且空间辐照强烈。原子氧化学活性高，具有较强的氧化性，并存着高能粒子等辐照，因此，航天器在轨高速运行时，必然受太空环境中的原子氧与空间辐照的影响。为初步探索空间用摩擦副材料抗原子氧及紫外辐照侵蚀能力，采用中国科学院兰州化学物理研究所的空间环境效应地面模拟试验设备对空间用摩擦副材料进行原子氧与紫外辐照侵蚀，应用精确天平测量辐照前后质量，计算材料的质量损失。其中“有膜”表示材料表面覆盖着一层摩擦膜的试样。

试验条件：真空度$\leqslant 1.0\times 10^{-3}$ Pa；环境温度：室温；原子氧辐照：束流的通量密度为5.2×10^{15} atom/($cm^2\cdot s$)，原子氧动能为5 eV；紫外辐照：紫外辐照度为300 W/m^2，波长115~400 nm。辐照时间如表4-10所示。

(1)紫外辐照

表4-10显示着空间用摩擦副材料经10 h紫外辐照后的质量损失。由表可得，对偶材料抗紫外辐照能力远大于摩擦材料的抗紫外辐照能力。这是由于对偶材料为组织致密的钢材，而摩擦材料由粉末加压烧结而成，由于组元间的湿润性差等因素存在着一些孔隙，组元间以物理-机械形式结合，因而，在高能粒子流

的作用下，摩擦材料受紫外辐照作用后易被剥蚀。表面有摩擦膜的材料的质量损失大于没有摩擦膜的材料，由于摩擦膜只是涂敷于材料表面，受高能辐照作用下易被破坏。但结合表中数据可以发现，空间用摩擦副材料受紫外辐照后质量损失并不严重。

表 4－10　空间用摩擦副材料的紫外辐照效应试验结果

	辐照时间/h	摩擦材料质量损失/($g \cdot cm^{-2}$)	对偶材料质量损失/($g \cdot cm^{-2}$)
金相抛光	10	2.182×10^{-4}	6.072×10^{-5}
“有膜”	10	2.586×10^{-4}	7.590×10^{-5}

（2）原子氧腐蚀

表 4－11 显示着空间用摩擦副材料经 10 h 原子氧腐蚀后的质量损失。由表可知，受原子氧腐蚀后，不论材料表面有无摩擦膜存在，摩擦材料没有出现质量的损失，反而质量增加，而对偶材料产生质量损失。此现象完全取决于两种材料的性质，摩擦材料为铜合金基体，其中镶嵌着大量非金属组元，铜合金基体等受原子氧腐蚀后，被化学性质活泼的原子氧氧化，生成的氧化物不易从材料表面脱落，而对偶材料却不一样，生成的氧化物与致密的材料结合力弱，易脱落。摩擦材料表面的摩擦膜主要为一层成分复杂的混合层，主要由非金属如石墨等组成，可以减少材料基体与原子氧的直接接触，从而减轻了材料被原子氧氧化而产生质量的增加或减少。同样可以得出，空间用摩擦副材料受原子氧腐蚀后质量变化较小。

表 4－11　空间用摩擦副材料的原子氧效应试验结果

	腐蚀时间/h	摩擦材料质量损失/($g \cdot cm^{-2}$)	对偶材料质量损失/($g \cdot cm^{-2}$)
金相抛光	8	-1.667×10^{-4}	6.022×10^{-5}
“有膜”	8	-3.65×10^{-5}	3.559×10^{-5}

（3）紫外辐照与原子氧的复合效应

太空环境较为复杂，材料的性能受多种因素的影响，上述揭示了单一因素对材料性能的影响，但多种因素的影响并不是单一因素影响的简单的叠加。为此，在上述试验基础上研究了紫外辐照与原子氧的复合效应下空间用摩擦副材料抗侵蚀能力，其结果如表 4－12 所示。对比表 4－10、表 4－11 的试验结果，可以发现，受紫外辐照与原子氧复合效应后，材料的质量损失明显增加。主要由于材料表面生成的氧化物在高能紫外辐照的作用下易脱落，加剧了材料的损失。

表 4-12 空间用摩擦副材料的紫外辐照与原子氧复合效应试验结果

	辐照时间/h	摩擦材料质量损失/(g·cm^{-2})	对偶材料质量损失/(g·cm^{-2})
金相抛光	8	3.536×10^{-4}	9.245×10^{-5}
"有膜"	8	5.153×10^{-4}	8.781×10^{-5}

4.4 空间对接用粉末冶金摩擦副的研制与应用

正如前文所述，基于空间对接机构的结构设计要求，空间对接用摩擦副集减速制动功能、反推离合功能和安全保护功能于一体，其性能的可靠性将直接关系到航天器在轨对接的成功与否，这给机械工作者和材料工作者带来了巨大挑战。表 4-13 列出各种功能下的运行状态及技术要求，依据该技术参数，采用自主研发的多片组合式摩擦副摩擦磨损性能检测装置，如图 4-34 进行空间对接用摩擦副的摩擦磨损性能测试。

表 4-13 空间对接用摩擦副的运行状态及技术要求

三种功能状态	转速/(r·min^{-1})	外加载荷/N
减速制动(高速小载荷)	1500~4000	51~72
反推离合(低速小载荷)	10~50	51~72
安全保护(低速大载荷)	10~50	381~434

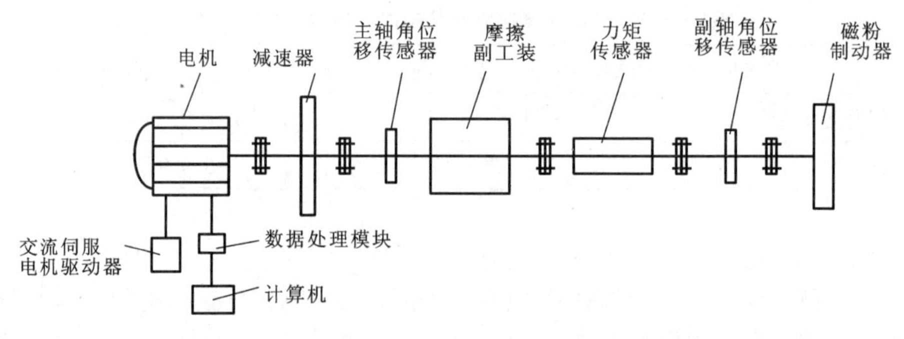

图 4-34 多片组合式摩擦副摩擦磨损性能检测装置

4.4.1 空间对接用粉末冶金摩擦副的磨合特性

摩擦副材料表面，不论被加工得如何精细，总存在粗糙度和波纹度，故空间对接用摩擦副摩擦材料与对偶材料间的实际接触只发生在表观面积上不连续的单个接触点处。在外加载荷等作用下，摩擦副接触点的总面积于实际摩擦条件下在不断变化，表面的粗糙度和波纹度也在不断改变，直到摩擦副建立起给定条件下所特有的、影响到其使用性能的微观几何表面，此过程称为摩擦副的磨合期。如图 4－35 所示，无论是摩擦材料还是对偶材料，磨合前的表面都呈现波动幅度较大的凸峰和凹谷，当摩擦副耦合时，摩擦材料与对偶材料只以单个接触点接触，实际接触面积较小，而经历一段磨合工序后，在摩擦力的作用下，摩擦副材料接触面上的微突体被不断削平，材料表面逐渐趋向平整，这期间的特征是实际接触面积在不断地增大。

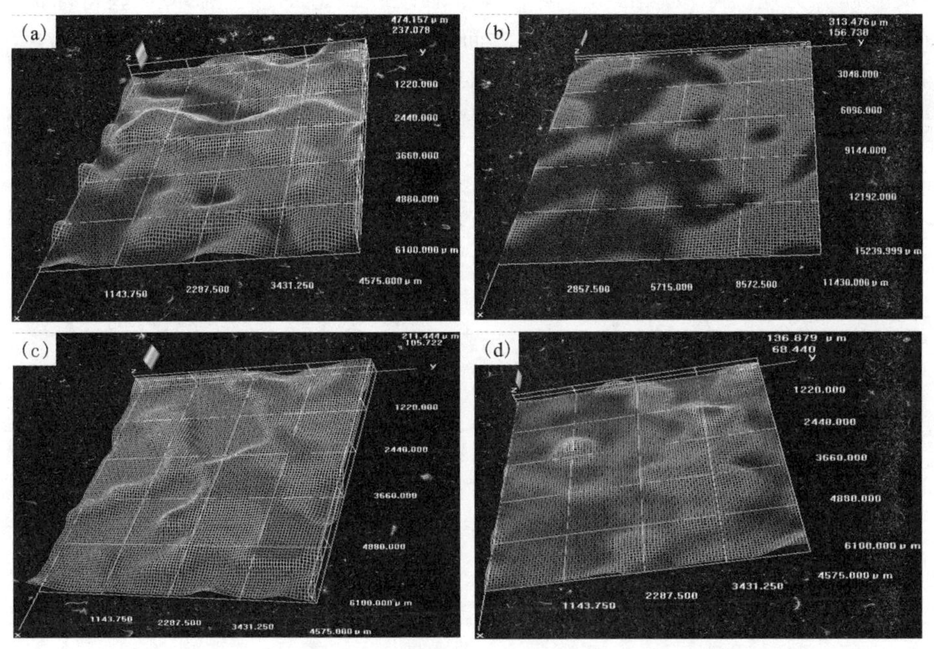

图 4－35　空间对接用摩擦副材料磨合前后的表面形貌

(a)磨合前摩擦材料；(b)磨合后摩擦材料；(c)磨合前对偶材料；(d)磨合后对偶材料

由上述可见，由于摩擦副表面的平面度或材料的强度不够，导致摩擦副表面不能完全接触。将摩擦副实际接触面积与摩擦副表观面积之比称为重叠系数。重叠系数是考核摩擦副传递力矩的关键指标。

根据库仑定律

$$F = \mu \cdot P \tag{4-16}$$

而压力

$$P = P_1 \cdot A_1 = P_1 \cdot a \cdot A_r \tag{4-17}$$

式中：P_1——比压；

A_1——实际接触面积；

a——重叠系数。

所以有

$$F = \mu \times P_1 \times a \times A_r \tag{4-18}$$

从式4－18可以看出，F摩擦副产生的摩擦力与设计的摩擦片面积及重叠系数(重叠系数是小于1的一个系数)成正比。当重叠系数等于1时，此时标志着实际接触面积与摩擦副表观面积是一致的。而在实际使用中，摩擦副并没有百分之百的接触。为使实际接触面积尽可能大，必须在制造工艺上采取一些特殊的措施，保证达到一定的重叠系数。另一方面，不同的摩擦副由于摩擦片和对偶片的材质及厚度、机械性能(特别是强度)不同，其要求的重叠系数也不一样。为此，选取六组不同平面度的摩擦片与对偶片进行了重叠系数实验，其结果见表4－14。

表4－14　重叠系数对摩擦材料摩擦磨损性能的影响(高速小载荷条件下)

磨合次数	重叠系数/% 已接触面积/摩擦副表观面积	摩擦因数	摩擦因数稳定系数/%
0~10	63	0.29	72
10~20	74	0.29~0.35	81
20~40	78	0.35~0.38	85
40~60	82	0.38~0.40	92
60~80	90	0.40~0.41	92~95
80~100	98	0.43	95

由表4－14中数据可知，经过磨合50次左右，摩擦副的重叠系数已经达到80%，此次磨合期基本上已完成，摩擦磨损处于一个比较稳定的阶段。选定的材料的摩擦因数达到了稳定期。摩擦因数稳定系数达到0.90以上。进一步磨合，摩擦因数稳定系数不再受重叠系数的影响，只决定于材质本身的摩擦磨损性能。将上述结果反过来分析，要求每对摩擦片与对偶片的有效接触面积达到80%以上，就可以使摩擦副的摩擦因数稳定系数达到0.90以上。

可见，为保证空间对接用粉末冶金摩擦副性能的可靠性，必须对摩擦副进行磨合，当摩擦副的重叠系数已经达到80%为止。摩擦副在试验研究过程中发现，采用不同的磨合方式对摩擦副的摩擦性能影响较大，特别是对低速大载荷下的摩擦性能影响更大。

表 4 – 15 显示了不同的磨合方式对摩擦副在低速大载荷条件下摩擦性能的影响。从表中可知，低速大载荷方式下磨合后，摩擦副的摩擦因数明显高于高速小载荷方式磨合后的试验数据，摩擦因数稳定系数则相反。从摩擦因数的最大、平均和最小值以及稳定系数可以看出，高速小载荷方式磨合后，摩擦副的摩擦性能稳定性得到了提高。

表 4 – 15　不同磨合方式对摩擦副低速大压力条件下摩擦性能的影响

低速大载荷磨合方式		高速小载荷磨合方式	
摩擦因数 Max. /Ave. /Min.	稳定系数 Max. /Ave. /Min.	摩擦因数 Max. /Ave. /Min.	稳定系数 Max. /Ave. /Min.
0. 61/0. 55/0. 52	0. 88/0. 85/0. 83	0. 33/0. 32/0. 31	0. 97/0. 96/0. 94

图 4 – 36 是在两种方式磨合后摩擦材料表面的宏观形貌图。从图中可以看出，低速大载荷方式[图 4 – 36(a)]磨合后的摩擦材料表面有较深且宽的环形磨痕，而且表面附着大量黑色的磨屑；而高速小载荷方式[图 4 – 36(b)]磨合后的摩擦材料表面平整光滑、磨痕不明显。图 4 – 37 是两种方式磨合后摩擦材料表面的 SEM 形貌图。从图 4 – 37(a)中可清楚地看到，在磨痕周围，有磨屑涂抹及材料从表面脱落的痕迹，而图 4 – 37(b)中显示高速小载荷磨合后表面光滑平整，几乎没有磨屑涂抹现象。

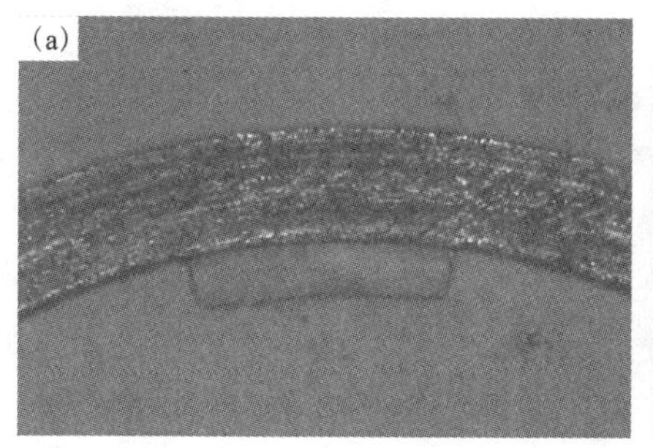

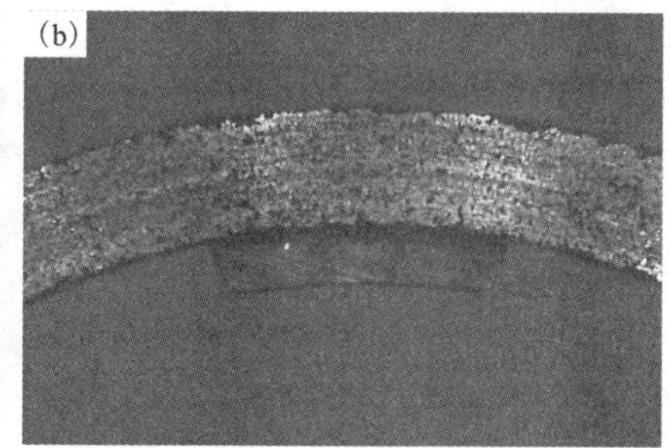

图 4 – 36　不同磨合条件下摩擦材料表面的宏观形貌

(a)低速大载荷；(b)高速小载荷

这主要是与摩擦副的加压方式及运动过程有关。无论摩擦副在相对静止还是在相对运动状态，弹簧压力始终作用在摩擦副表面，使得在摩擦过程中产生的磨屑从表面脱落后就立即参与了摩擦过程，且摩擦材料没有设置排屑槽，磨屑难以及时排出摩擦表面。若将磨屑从摩擦面间排出，必须借助外力，而低速大载荷的试验条件下形成的离心力不足以将磨屑大部分甩出摩擦表面，而主要依靠“新”磨屑的产生将“旧”磨屑挤出摩擦表面。表面的磨屑会达到某一平衡状态，参与摩擦过程的磨屑并没有减少，从而形成了较严重的三体磨粒磨损。粗糙的表面形貌增加了摩擦副之间的啮合程度，摩擦因数提高，稳定系数降低，导致摩擦过程不平稳。摩擦表面中的磨痕主要是由于磨屑，特别是其中的硬质颗粒的犁削效应造成的。而在高速小载荷试验条件下，由于速度较高，压力较小，摩擦过程中产生的磨屑在离心力的作用下绝大部分排出了摩擦表面，因而对摩擦摩擦性能的影响较小，表现为摩擦表面光滑平整、摩擦性能稳定。

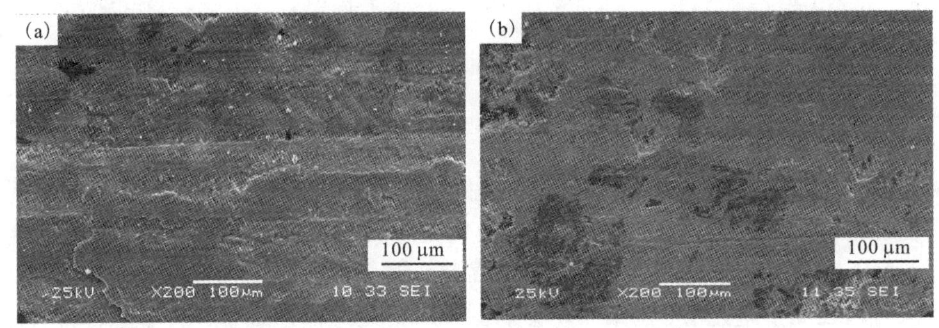

图 4－37　不同磨合条件下摩擦材料表面的 SEM 形貌

(a)低速大载荷；(b)高速小载荷

图 4－38 是在两种方式下磨合后所产生磨屑的 SEM 形貌图。从图中可以看出，低速大载荷方式磨合[图 4－38(a)]后产生的磨屑主要为细小粒状，其中较大颗粒为硬质相。而高速小载荷方式磨合后产生的磨屑主要为片状和粒状。这两种磨屑形貌表明，两种不同的磨合方式下，材料的摩擦磨损机理发生了较大的变化。低速大载荷条件下形成的三体磨粒磨损造成了更多的磨屑，这些磨屑由于没有及时排出摩擦表面，其中的硬质颗粒在摩擦表面产生犁削效应，较大程度地破坏了摩擦表面，使摩擦表面出现较深且宽的沟槽；另外，这些磨屑在较大压力的往复碾磨下，不断细化，形成了如图 4－38(a)中所示的粉状和粒状磨屑。而在高速小载荷条件下，由于压力较小，速度较高，主要分别由黏着、疲劳磨损等磨损形式造成的片状、粒状的磨屑，在离心力的作用下及时排出了摩擦表面，基本没有参与摩擦过程，因此，高速小载荷方式磨合后形成磨屑呈现出如图 4－38(b)所示的片状和粒状形貌。

基于上述原因，综合考虑摩擦副的磨合效率以及其实际使用工况，应当选择高速小载荷方式对空间对接用粉末冶金摩擦副进行磨合。

图 4-38 不同磨合条件下磨屑的 SEM 形貌

(a)低速大载荷；(b)高速小载荷

试验研究还发现，每次试验完成后必须经过足够时间使摩擦副及工装冷却到一定的温度条件下后，再进行下一次试验时所得到的数据才比较符合摩擦副实际的摩擦性能，特别是在高速小载荷条件下的摩擦性能影响更大。表 4-16 是试验冷却时间分别为 10 min、20 min 和 30 min 时，摩擦副在高速小载荷条件下的摩擦性能试验数据。从中可以看出，三种冷却条件下的稳定系数均在 0.90 以上，显示出平稳的摩擦因数。冷却时间为 20 min 和 30 min 时，摩擦副的摩擦因数几乎是一致的。而当冷却时间为 10 min 时，摩擦副的摩擦因数远远大于冷却时间为 20 min 和 30 min 时的数据。图 4-39 为不同冷却时间时，摩擦副在高速小载荷条件下摩擦因数随试验次数的变化曲线。图中表明，冷却时间为 20 min 和 30 min 时，摩擦副的摩擦因数随试验次数在某一值上下波动，其幅度在正常的范围之内。而冷却时间为 10 min 时，随实验次数的增加，摩擦副的摩擦因数几乎是呈直线上升趋势。

表 4-16　冷却时间对摩擦副摩擦性能的影响

10/min		20/min		30/min	
摩擦因数	稳定系数	摩擦因数	稳定系数	摩擦因数	稳定系数
0.46	0.92	0.34	0.96	0.34	0.95

图 4-40 和图 4-41 分别为不同冷却时间时，摩擦材料表面和钢对偶表面的金相形貌图。从图中可以看出，当冷却时间为 10 min 时[图 4-40(a)]，摩擦材料表面呈现出明显的氧化现象，并且钢对偶表面[图 4-41(a)]存在大量的材料转移和严重的氧化现象。而当冷却时间增加到 20 min 和 30 min 时，这些现象得到了极大的改善，对偶表面的材料转移现象基本消除，如图 4-41(b)、图 4-41(c)所示。这主要是由于摩擦副安装在几乎是封闭的工装内，摩擦副表

面产生的热量主要通过工装的热传导方式进行的，因而摩擦副的散热条件比较差。在冷却时间不充分的情况下，摩擦表面温度仍较高，此时若再进行试验必定会在原来温度的基础上进一步提高摩擦表面的温度。表面温度很高时，必定导致摩擦表面发生严重的氧化及材料转移现象。当对偶表面存在一定量的材料转移后，对偶表面的材料成分与摩擦材料表面的材料成分很相近，由于成分相近的材料在摩擦时导致了摩擦副摩擦因数的迅速增大，并且增大程度随试验次数的增加而增大。若这种现象严重到一定程度时，可能导致摩擦副的失效。因此为避免此类不利现象的出现，试验冷却时间必须在 20 min 或以上。但如果冷却时间太长，势必会影响到多片组合式摩擦副摩擦性能的检测效率，故冷却时间一般在 20 min 左右。

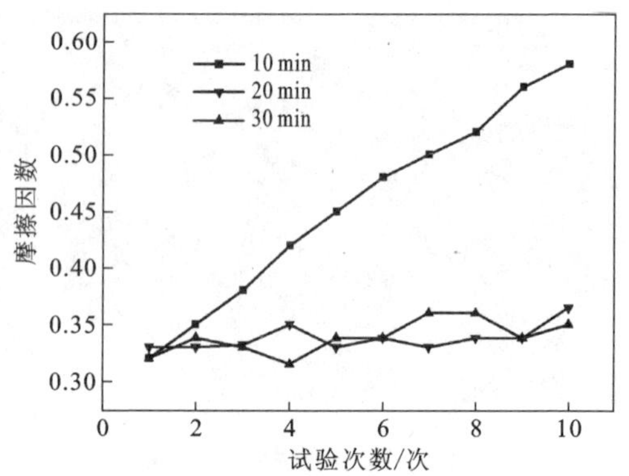

图 4－39　不同冷却时间摩擦副的摩擦因数随实验次数变化曲线

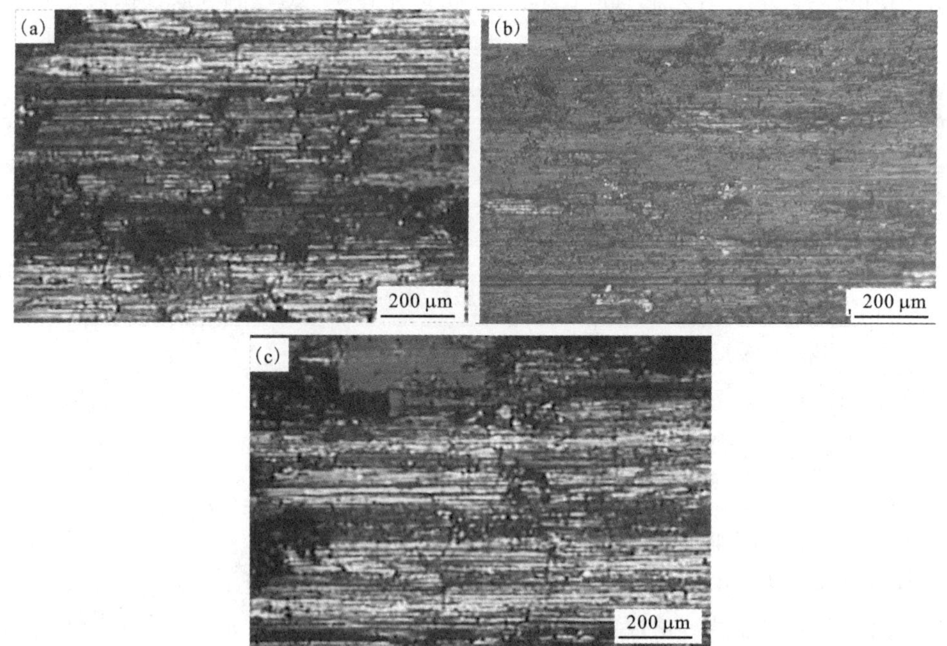

图 4－40　不同冷却时间摩擦材料表面的金相形貌图

(a)10 min；(b)20 min；(c)30 min

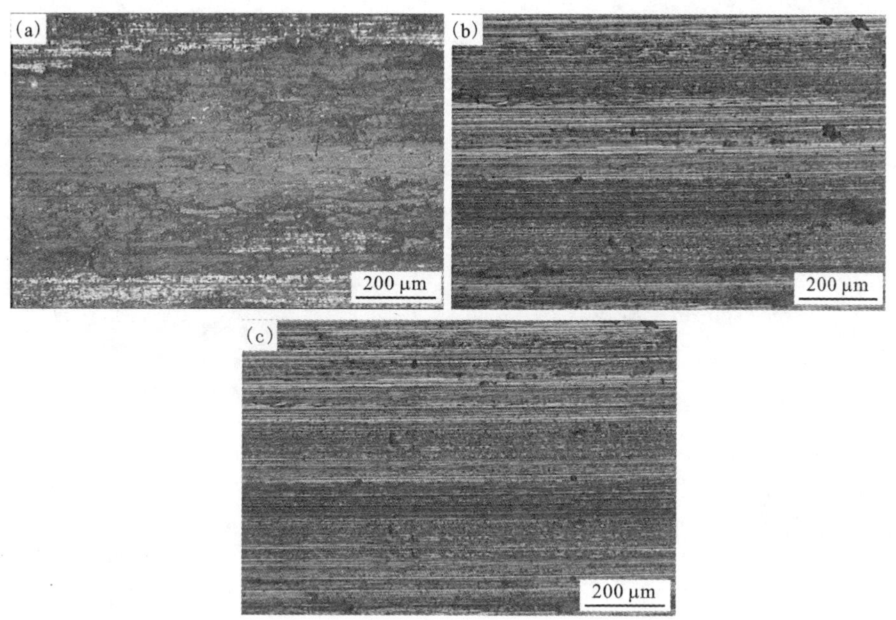

图 4-41　不同冷却时间钢对偶表面的金相形貌图

(a)10 min; (b)20 min; (c)30 min

4.4.2　三种功能条件下的摩擦曲线

正如前文所描述，单套空间对接用摩擦副需同时满足三种不同的功能。摩擦条件不同导致摩擦副的摩擦磨损性能发生变化，从而可能致使摩擦副可以承担三种功能中的某些功能，而达不到另外一些功能下的技术要求。因此，根据实际运行状态，在三种功能下分别对摩擦副的摩擦学特性进行测试，并通过比较分析，获得三种功能下摩擦副摩擦学特性的关联性。图 4-42 所示为在地面大气条件下，单套空间对接用摩擦副于三种功能下的摩擦曲线。

由公式(4-19)可得，在外加载荷不变时，摩擦副所传递的扭矩与摩擦因数成正比，即两者随摩擦时间变化而变化的趋势一致，由此可见，摩擦因数的变化较大地影响着扭矩的传递。而从图可以发现，摩擦副在三种功能下的摩擦因数随时间变化而变化波动较小，尤其在高速小载荷工况下，摩擦曲线呈现平稳状态，具有良好的摩擦稳定性，可以保证航天器平稳对接。

多片式摩擦副所能传递的摩擦扭矩 M：

$$M = \mu nF\frac{D_2 + D_1}{4} \tag{4-19}$$

式中：n——接合面的数目；

F——外加载荷，N；

D_1，D_2——摩擦盘接合面的内径及外径，mm。

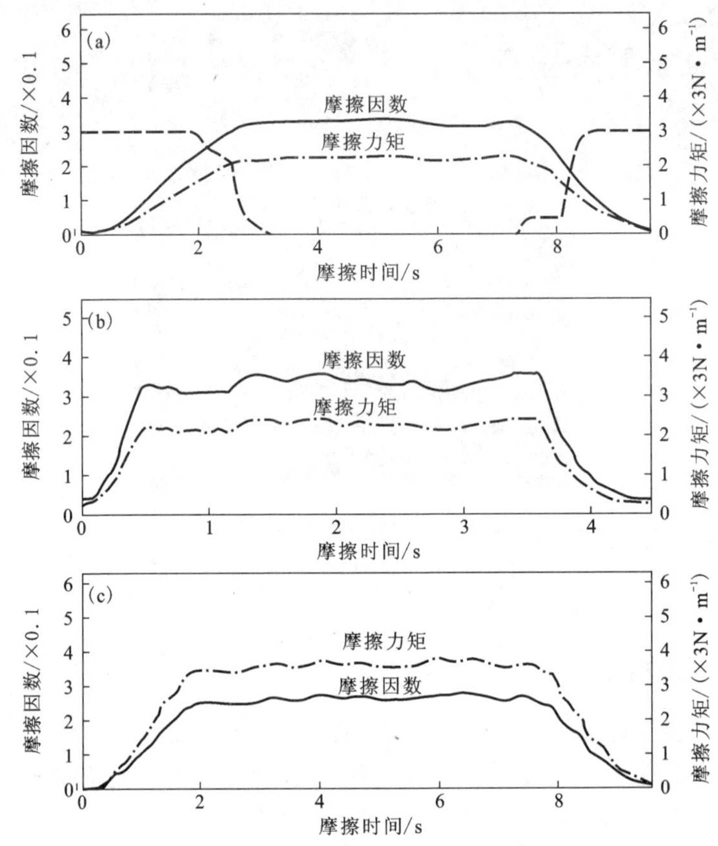

图4-42　空间对接用摩擦副于三种功能下的摩擦曲线

(*a*)高速小载荷；(*b*)低速小载荷；(*c*)低速大载荷

图4-42中的摩擦曲线反映着三种功能下，摩擦副表现出不同的摩擦因数，在运行速度一致时，摩擦副于大载荷下的摩擦因数小于小载荷下的摩擦因数，由式(4-4)可知，当材料一定时，摩擦副的摩擦因数与摩擦表面的实际接触面积成正比，而与外加载荷成反比。外加载荷作用于摩擦表面时，摩擦材料与对偶材料间的接触表面处于弹塑性状态，实际接触面积随着压力的增大而增加，但不成正比例增加，即A_r/P值随着压力增加而减小。因此，当压力增加时，摩擦副的摩擦因数呈现降低趋势。在相同外加载荷下，空间对接用摩擦副在高速条件下的摩擦因数略小于低速条件下的数值，两者随时间变化而波动有一定的差别。此现象可以保证摩擦副在高、低速工况下传递相差较小的摩擦扭矩，确保摩擦副可以同时

满足高速小载荷、低速小载荷条件下的技术要求。虽然摩擦副在低速大载荷下呈现低的摩擦因数，从而降低摩擦扭矩，但由式(4－4)可得，外加载荷也是影响摩擦副所能传递扭矩的关键因素，通过两者的合理搭配可以促使摩擦副完全符合航天器对接时的技术参数。对照表 4－13 空间对接用摩擦副的技术要求，图 4－42 显示着单套摩擦副可以同时承担所要求的三种功能。

4.4.3　环境对空间对接用摩擦副摩擦学性能的影响

空间对接用摩擦副从地面试验、贮存、运输到发射，及其在外层空间运行过程中所经历的环境都十分复杂。因此，不仅保证空间对接用摩擦副在地面大气下可符合技术要求，还需确保其在太空环境中可达到技术指标。根据低轨道太空环境的特点，借助上海宇航系统工程研究所的对接机构部件单机热真空试验系统模拟试验环境，相应的试验参数：真空度 1×10^{-3} Pa；低温：－20℃、－45℃；高温：+75℃，并于该设备中进行摩擦学性能测试。

因此，为验证空间对接用摩擦副在不同环境下传递摩擦扭矩的可靠性，采用一套摩擦副依次在不同环境条件下进行摩擦学性能的测试，测试结果如表 4－17 所示。对比可得，不同环境条件下，摩擦副所传递的摩擦扭矩存在着一定的差别，而对比表 4－13 所展示的技术指标可得，不论摩擦副所处的环境如何变化，摩擦副在三种功能条件下的摩擦扭矩都符合航天器对接要求，且都具有很高的摩擦因数稳定系数(稳定系数 >0.90)，可见在一定条件下，摩擦副的摩擦学性能有较好的环境适应性。

表 4－17　不同环境条件下空间对接用摩擦副的摩擦扭矩

	地面大气		室温＋真空		－20℃＋真空	
	扭矩/($N\cdot m^{-1}$)	稳定系数	扭矩/($N\cdot m^{-1}$)	稳定系数	扭矩/($N\cdot m^{-1}$)	稳定系数
高速小载荷	6.60～6.92	0.979	6.63～7.19	0.940	7.02～7.26	0.980
低速小载荷	6.62～7.01	0.974	6.51～6.92	0.973	6.66～6.97	0.980
低速大载荷	37.57～42.34	0.968	36.32～38.30	0.973	38.63～39.76	0.989
	－45℃＋真空		+75℃＋真空		开罐后地面大气	
	扭矩/($N\cdot m^{-1}$)	稳定系数	扭矩/($N\cdot m^{-1}$)	稳定系数	扭矩/($N\cdot m^{-1}$)	稳定系数
高速小载荷	6.88～7.38	0.958	6.83～7.50	0.934	6.73～6.88	0.989
低速小载荷	6.56～6.91	0.975	7.02～7.43	0.966	6.58～6.72	0.989
低速大载荷	42.82～44.77	0.980	38.77～41.02	0.968	36.85～39.63	0.973

摩擦副不仅在纵向可承担相应的三种功能，在横向也应体现其性能的稳定性，经多次对接后，摩擦副的性能不受影响，即摩擦副在每种功能下经多次接合后，所传递的扭矩不出现较大变化，符合具体要求。为了保证摩擦副的可靠运行，需在不同环境下对空间对接用摩擦副于每种功能下的特性进行单独探讨，考察摩擦副随着摩擦次数的增加，摩擦磨损性能的变化，获得各种条件下摩擦副的摩擦磨损机理。

4.4.3.1 模拟空间环境中摩擦副于高速小载荷下的摩擦扭矩

图 4 -43 为不同模拟空间环境下，摩擦副在高速小载荷条件下的摩擦扭矩与摩擦实验次数的关系曲线图。在接合过程中，由于摩擦表面状态处于不断变化中，导致摩擦副所传递的扭矩产生一定幅度的波动，根据苛刻的技术要求，空间对接用摩擦副所传递的不论最大扭矩还是最小扭矩都不应超过技术范围。图中展示了摩擦副于不同环境介质中在高速小载荷下所传递的最大扭矩(图中 Max.)和最小扭矩(图中 Min.)，还反映了随着摩擦实验次数的增加，摩擦副所传递的摩擦扭矩的变化趋势。由图可得，不论所处介质环境如何变化，摩擦副所传递的最大摩擦扭矩与最小摩擦扭矩都符合技术要求。

但在不同的环境介质中，随着摩擦实验次数的增加，摩擦副在高速小载荷条件下所传递的摩擦扭矩呈现不一致的波动性变化。地面大气环境下，摩擦副所传递的摩擦扭矩并不随摩擦次数增加而较大幅度波动变化。与地面大气环境下相比，真空条件下摩擦副所传递的摩擦扭矩随着实验次数增加而波动变化明显，且环境温度对其影响较为明显。在低温状态下(-45℃)的真空中，随着摩擦实验次数的增加，摩擦扭矩几乎不产生变化，且可以发现其稳定性高于地面大气下的。而室温或环境温度较高(+75℃)时，摩擦扭矩呈较大幅度的波动性变化。上述现象与摩擦副表面的表面状态、摩擦热的产生与散发等有关。在高速运转下，由于摩擦力的作用使得摩擦副接合过程中产生较多的摩擦热。于地面大气下，由于摩擦热的作用，摩擦副材料与大气中的氧等作用生成氧化物，形成的氧化膜覆于摩擦表面，与摩擦表面的其他组元等形成摩擦膜，摩擦膜比较稳定。而真空中，由于空气比较稀薄，随着摩擦实验次数的增加，形成的摩擦膜不牢固，特别在高温条件下，摩擦膜由于受到摩擦热的热效应而容易遭到破坏，且有可能产生强烈的冷焊现象，但低温状态下，摩擦热的影响小，弱化其对摩擦膜的破坏作用。

4.4.3.2 模拟空间环境中摩擦副于低速小载荷下的摩擦扭矩

图 4 -44 为不同模拟空间环境下，摩擦副在低速小载荷条件下的摩擦扭矩与摩擦实验次数的关系曲线图。与图 4 -43 所显示的内容一致，图中既显示了摩擦副于不同环境介质中在低速小载荷下所传递的最大扭矩和最小扭矩，还反映了随着摩擦实验次数的增加，摩擦副所传递扭矩的变化趋势。由图可得，不论所处介质环境如何变化，摩擦副所传递的扭矩都符合技术要求。

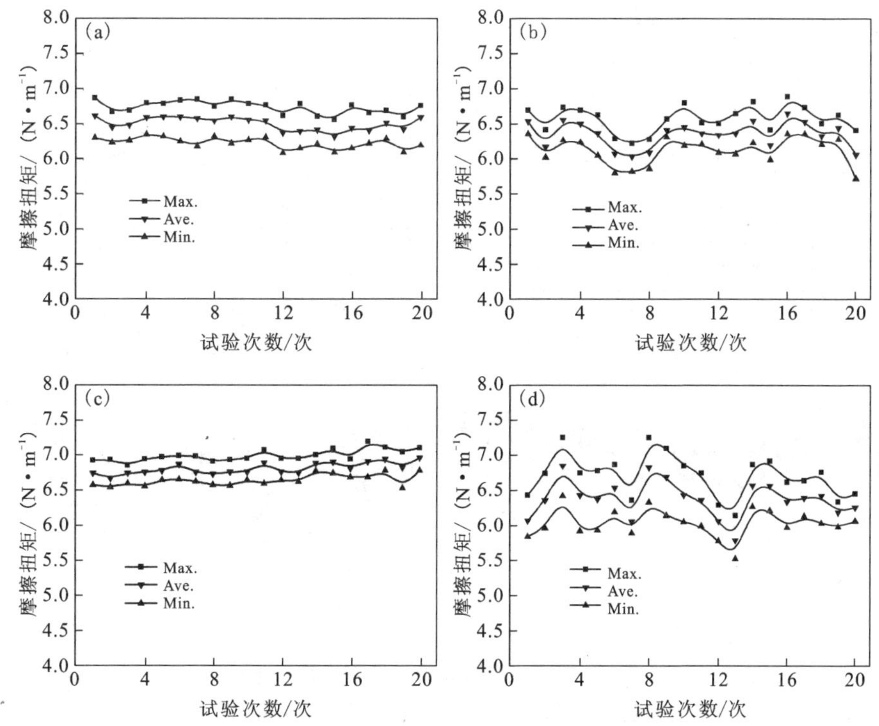

图 4-43　模拟空间环境中摩擦副于高速小载荷下的摩擦扭矩

(a)大气室温；(b)真空室温；(c) -45℃与真空；(d) +75℃与真空

与高速小载荷条件下的结果相比，在地面大气环境中，随着摩擦实验次数的增加，摩擦副在低速小载荷条件下所传递的摩擦扭矩呈现更明显的振荡变化，继而印证了前文所述摩擦副于不同运转条件下具有不同的摩擦稳定系数。图 4-44 体现着不同环境介质中，摩擦副在低速小载荷条件下随着摩擦实验次数的增加，表现出摩擦扭矩的不一致变化趋势。空间对接用摩擦副于低速小载荷条件下运转时，由于运行速度较慢，且运转时间不长，摩擦表面产生的摩擦热较少，继而接触表面局部区域温度较低，无法使材料的微突体或三体磨屑在摩擦热作用产生软化或破坏。因而，摩擦副接合时，硬度较高的微突体或三体磨屑刮擦着摩擦表面，致使摩擦副材料表面粗糙不平，不同次数接合时产生有一定差异的摩擦扭矩。而且可以发现地面大气下与真空条件下，摩擦副表现出相似的变化曲线。而由图可以发现，在真空条件下，不同环境介质温度下，随着摩擦次数的增加，摩擦副所传递的摩擦扭矩的变化趋势不相同。尤其可以看出环境温度较高时，摩擦扭矩的变化趋势较为平缓，此现象的产生可能由于高环境温度与产生的少量的摩擦热共同作用，使摩擦表面更平整，从而随着摩擦次数的增加，摩擦表面状态几乎保持不变。

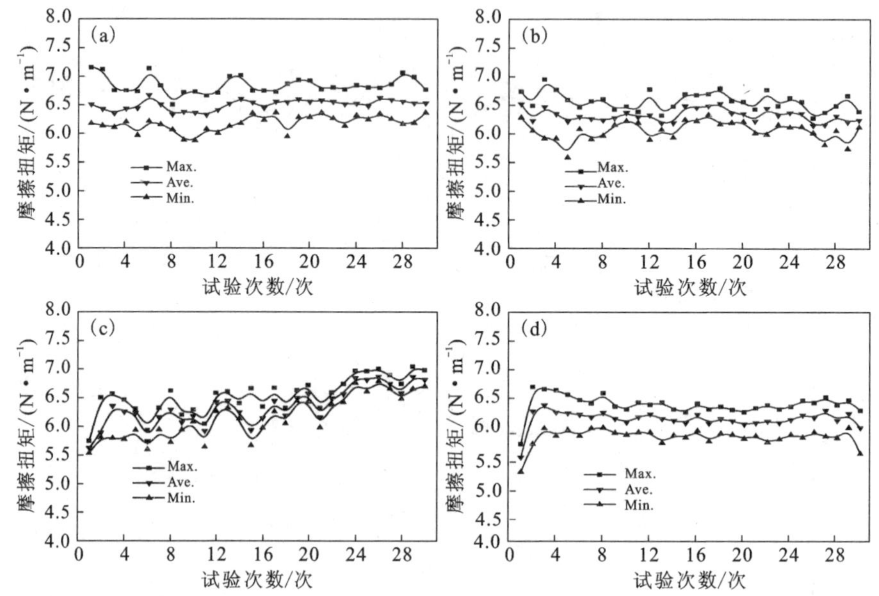

图 4-44 模拟空间环境中摩擦副于低速小载荷下的摩擦扭矩

(a)大气室温；(b)真空室温；(c) -45℃与真空；(d) +75℃与真空

4.4.3.3 模拟空间环境中摩擦副于低速大载荷下的摩擦扭矩

图 4-45 为不同模拟空间环境下，摩擦副在低速大载荷条件下的摩擦扭矩与摩擦实验次数的关系曲线图。图中同样不仅显示了摩擦副于不同环境介质中在低速大载荷下所传递的最大扭矩和最小扭矩，还反映了随着摩擦实验次数的增加，摩擦副所传递扭矩的变化趋势。

由图 4-45 可发现，在地面大气环境下，随着摩擦次数的增加，摩擦扭矩呈增加趋势。起初接合时，摩擦副所传递的摩擦扭矩较小，远小于技术所要求的下限值，而随着摩擦次数增加到一定数值时，最大摩擦扭矩超过技术所要求的上限值。在真空条件下，室温或温度较高时，摩擦次数的增加几乎不影响摩擦扭矩的变化，但低温状态下，摩擦副接合到一定次数时，所传递的最大摩擦扭矩同样超过技术所要求的上限值。低速大载荷条件下，由于运行转速较小，摩擦副材料表面没有加工排屑槽，不同于高速条件下，磨屑不易在离心力的作用下从接触表面间排出。在地面大气下，由于空气中氧气、水蒸气等引起材料产生硬度较高的组元，如在载荷作用下被剥落的氧化物，随着摩擦的进行，表面积累的硬质三体磨屑相越来越多，在大载荷下，这些物质压入材料表面，致使摩擦表面间的机械嵌合作用加剧，从而摩擦扭矩逐渐增加。但真空条件下，摩擦副所传递的摩擦扭矩随着摩擦次数的增加几乎不产生变化，表明摩擦副材料表面状态比较稳定，这主要由于表面的摩擦膜成分不一致，摩擦膜比较稳定。而低温条件下，摩擦扭矩呈增加趋势，这可能由于低温条件下，在高载荷的作用下，可能由摩擦副材料在塑性变形过程中产生冷脆现象所导致。因此，为保证摩擦副符合低速大载荷下的性能指标，需控制一定数量的测试次数。

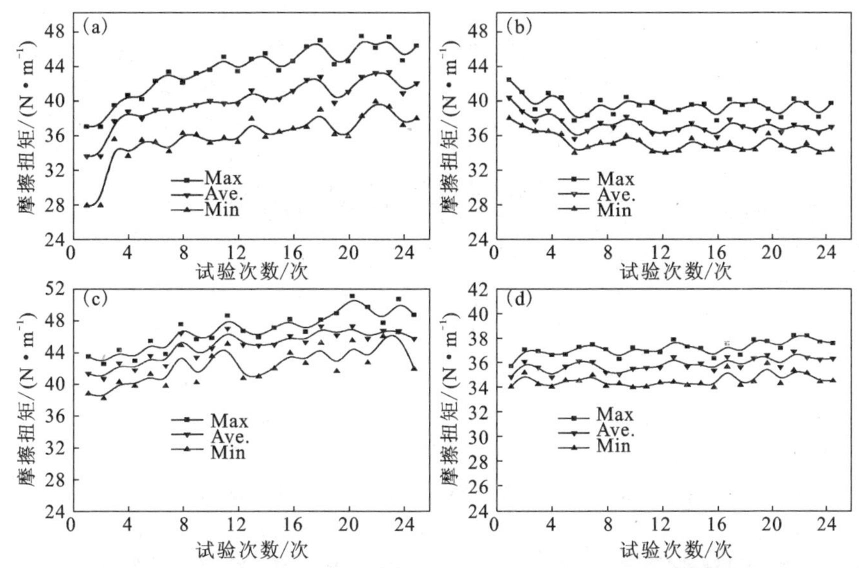

图 4－45　模拟空间环境中摩擦副于低速大载荷下的摩擦扭矩

(a)大气室温；(b)真空室温；(c) －45℃与真空；(d) ＋75℃与真空

4.4.3.4　模拟空间环境对摩擦副摩擦稳定性的影响

由表 4－17 可见，不论在地面大气下，还是在模拟空间环境下，空间对接用摩擦副都具有良好的摩擦因数稳定系数，在横向即三种功能条件下，摩擦副平稳耦合。而图 4－46 反映着摩擦副在纵向即同种功能下多次接合后仍保持着较高摩擦因数稳定系数。稳定系数越大，摩擦副运行越平稳，对接时的振动就越小。由图 4－46可见，不同环境介质下，随着摩擦次数的增加，空间对接用摩擦副在不同功能条件下都具有较高的摩擦稳定系数，即都大于 0.90，可保证航天器的在轨对接时空间对接用摩擦副平稳、可靠地耦合。

4.4.3.5　空间对接用摩擦材料的摩擦表面及亚表面

图 4－47 显示了不同模拟空间环境下，空间对接用摩擦材料于高速、小载荷条件运动后的摩擦表面 SEM 形貌。由图图 4－47 可见，在地面大气下，摩擦材料摩擦后的表面比较平整，存在着少许轻微擦伤，由于黏着与疲劳效应，材料表面

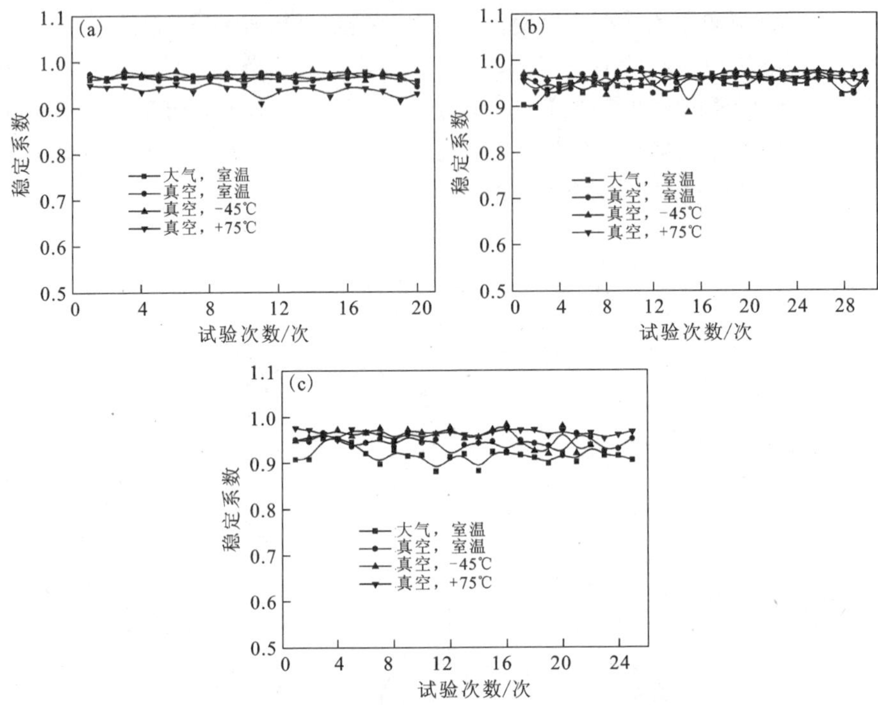

图 4-46　不同模拟空间环境下摩擦副的摩擦稳定性

(a)高速小载荷；(b)低速小载荷；(c)低速大载荷

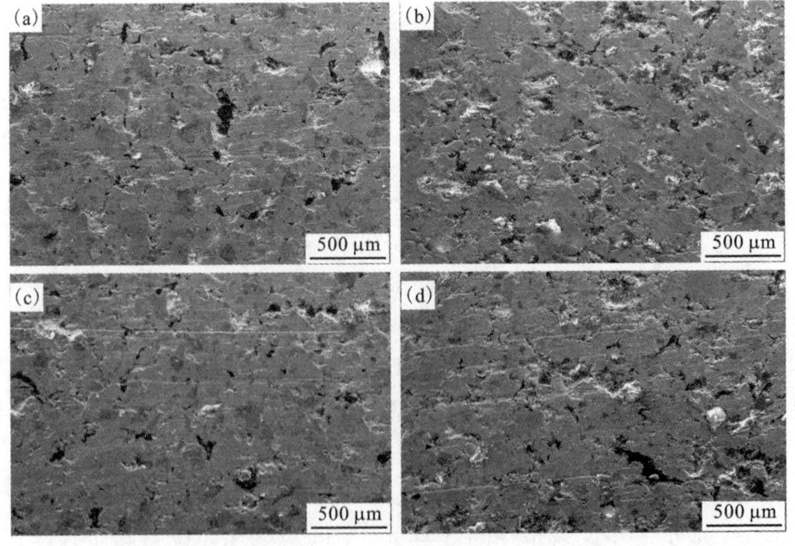

图 4-47　不同模拟空间环境中摩擦材料于高速小载荷下的摩擦表面显微形貌

(a)大气室温；(b)真空室温；(c) -45℃与真空；(d) +75℃与真空

出现剥落凹坑。在真空条件下，不同环境温度下，摩擦材料呈现不一致摩擦表面，低温下，摩擦材料表面较为平整，而在室温或较高温度下，摩擦表面凹凸不平，存在的划痕较其他环境下的更深，且分布较多凹坑。这主要由于高速运行下，摩擦表面间产生较多摩擦热，而真空中摩擦热能很难传递出摩擦副表面，因而在摩擦热及摩擦力的作用下，摩擦表面出现焊合及多次接触出现疲劳剥损。

摩擦表面间的相互作用非常复杂，不仅与表面物理、表面化学等有关，还涉到材料的塑性变形、微裂纹的形成等。材料表层及亚表面层的塑性变形在摩擦过程中起着重要作用。亚表面层是指处于材料摩擦表层与材料基体间的区域，无论有无温度梯度，在法向和切向作用力下表层和亚表面层都会产生塑性变形和高应变。

材料摩擦后表面由表及里依次为摩擦表层、变形层、未变形层。摩擦表层具有很复杂的结构和特性，这些特性与材料的性质、试验条件等密切相关，材料的摩擦磨损性能很大程度上取决于摩擦表层的状态。在摩擦过程中，形成的磨屑和表面脱落的材料等在摩擦力与摩擦热共同作用下经混合压实后形成机械混合层。但不是所有材料表层都能形成机械混合层，如果摩擦材料与对偶材料的亲和性差、摩擦副材料之间摩擦剪切小及材料摩擦层剥落严重等都不会出现机械混合层。由上述分析发现，对摩擦表面的观察分析只能获取材料的一部分摩擦学信息，不能全面地解释材料的摩擦磨损机理。因此，为了更深层次探索空间对接用摩擦副材料的摩擦磨损机制，应探讨摩擦表层和亚表面层的结构及形貌以弥补上述不足之处。

图4-48显示为不同模拟空间环境下，空间对接用摩擦材料于高速小载荷条件运动后的摩擦亚表面形貌，进一步解释了上述现象。由图可见，摩擦材料摩擦后的亚表面不存在机械混合层。在地面大气下，摩擦表层覆盖着一层摩擦层，平面较平整。真空条件下，低温时，材料的摩擦表层也较平整，但覆盖的摩擦层较薄。对比发现，室温及较高温度时，摩擦材料摩擦表层存在着一定的粗糙度，摩擦层被破坏。

图4-49显示为不同模拟空间环境下，空间对接用摩擦材料于低速小载荷条件运行后的摩擦表面SEM形貌。由图可见，在地面大气下，摩擦材料摩擦后的表面粗糙不平，存在着一定的犁沟，由于疲劳效应，材料表面出现剥落凹坑。在真空条件下，不同环境温度下，摩擦材料呈现不一致摩擦表面，环境温度较高时，摩擦材料表面较为平整，而室温或较低温度下，摩擦表面凹凸不平，存在着划痕，且分布较多凹坑。此现象的产生可能由于高环境温度与产生的少量的摩擦热共同作用，使摩擦表面更平整，从而随着摩擦次数的增加，摩擦表面状态几乎保持不变。

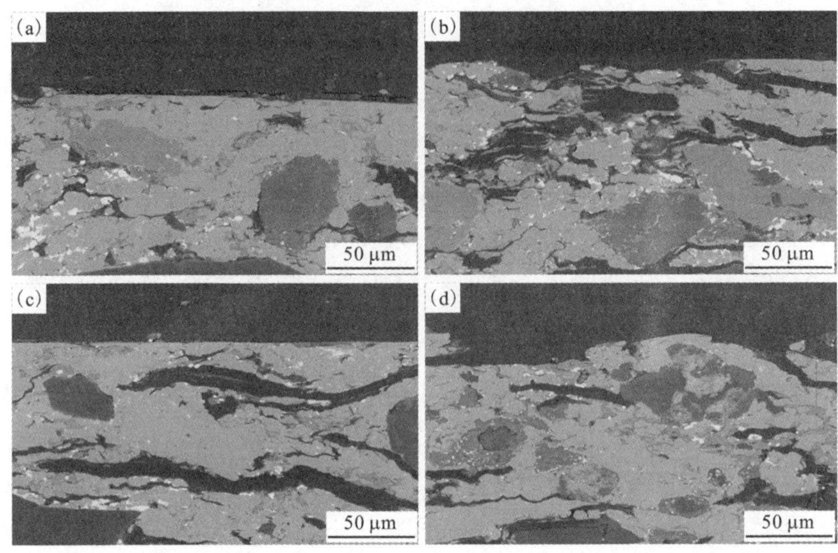

图 4-48 不同模拟空间环境中摩擦材料于高速小载荷下的摩擦亚表面显微形貌

(a)大气室温；(b)真空室温；(c) -45℃与真空；(d) +75℃与真空

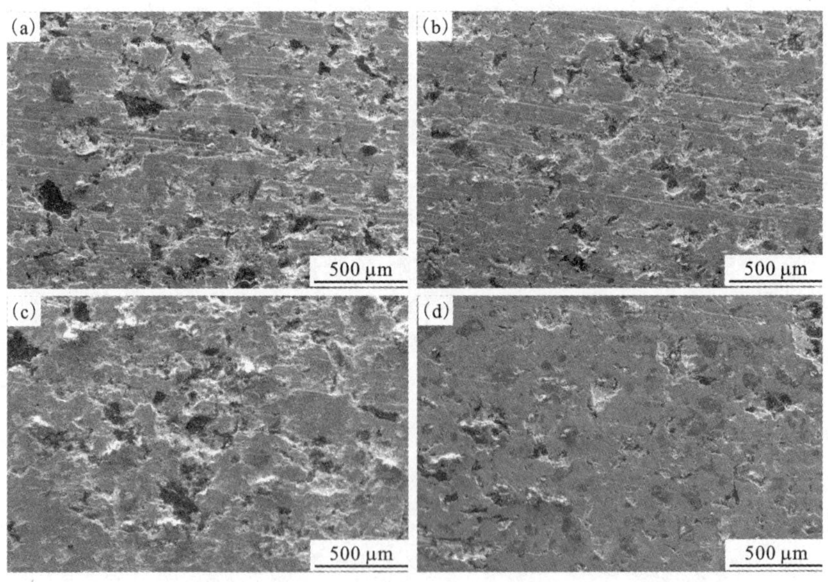

图 4-49 不同模拟空间环境中摩擦材料于低速小载荷下的摩擦表面显微形貌

(a)大气室温；(b)真空室温；(c) -45℃与真空；(d) +75℃与真空

图 4-50 显示为不同模拟空间环境下，空间对接用摩擦材料于低速小载荷条

件运动后的摩擦亚表面形貌，同样进一步解释了上述现象。由图可见，摩擦材料摩擦后的亚表面不存在机械混合层。在地面大气下，摩擦表层极其不平，并出现材料从摩擦层脱落。真空条件下，室温及低温下，与地面大气下情形相似，摩擦材料表层凹凸不平，存在着材料从表层脱落。而环境温度较高时，摩擦材料摩擦表层相对平整。

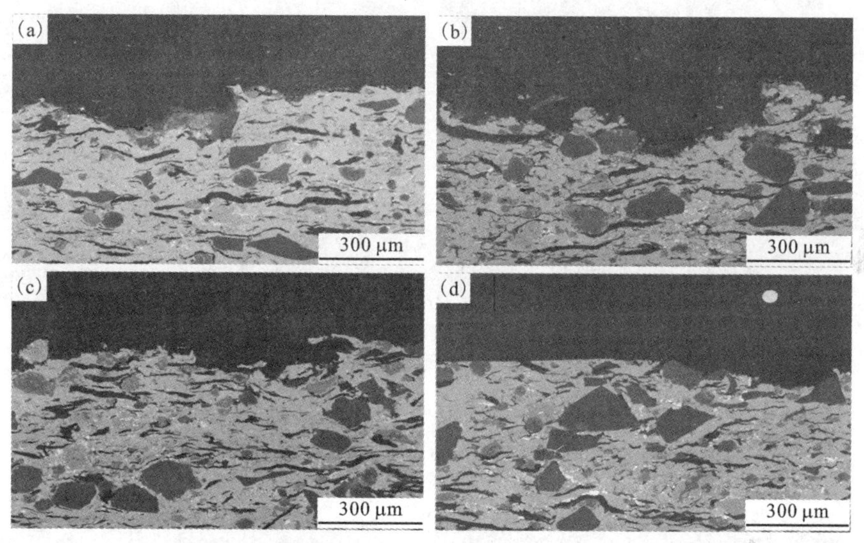

图 4-50　不同模拟空间环境中摩擦材料于低速小载荷下的摩擦亚表面显微形貌

(a)大气室温；(b)真空室温；(c) -45℃与真空；(d) +75℃与真空

图 4-51 显示为不同模拟空间环境下，空间对接用摩擦材料于低速大载荷条件运动后的摩擦表面 SEM 形貌。由图可见，在地面大气下，摩擦材料摩擦后的表面存在着明显的犁沟，但可以发现剥落凹坑较上述条件少。在真空条件下，不同环境温度下，摩擦材料呈现不一致摩擦表面，室温或环境温度较高时，摩擦材料表面存在着较深的划痕，分布着一定的凹坑，但表面相对平整。而环境温度较低时，摩擦材料表面不平整，可能与材料发生冷脆相关。犁沟的产生主要是由于外加载荷的作用，使微突体或磨屑压入材料表面，当摩擦副相对滑动时，由犁削材料所致。

图 4-52 显示为不同模拟空间环境下，空间对接用摩擦材料于低速大载荷条件运动后的摩擦亚表面形貌。由图可见，在地面大气下，摩擦表层涂覆着一层较厚的摩擦膜，此摩擦膜由氧化物、从材料脱落下的成分所组成。真空条件下，室温及环境温度较高时，摩擦材料表层也涂抹着一层摩擦膜，由于真空中空气稀薄，很难形成氧化物，其主要物质为从材料脱落的石墨等相。当环境温度较低时，可以发现材料摩擦表层不平整，有材料脱落，表层未形成一层稳定的摩擦膜。

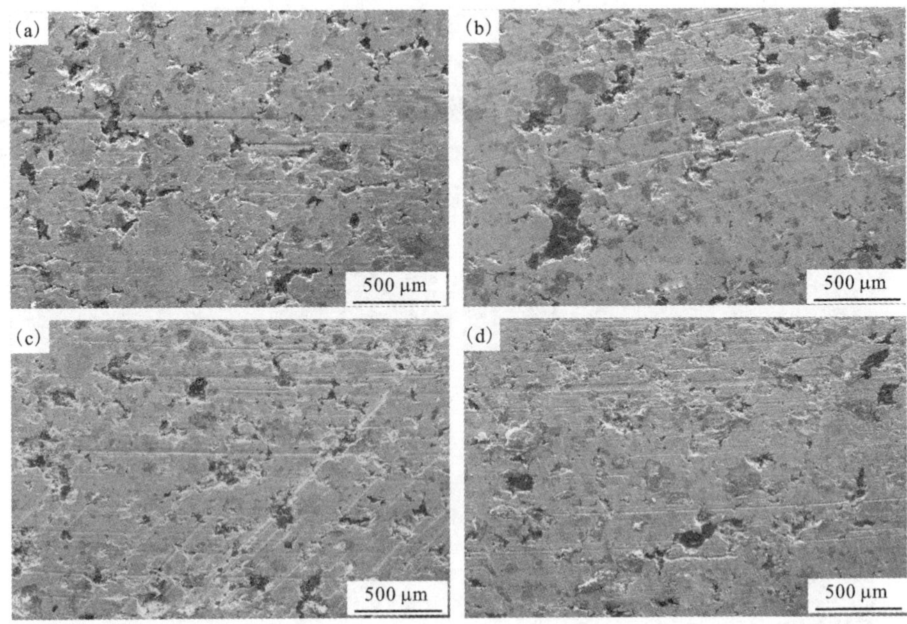

图 4-51　不同模拟空间环境中摩擦材料于低速大载荷下的摩擦表面显微形貌

(a)大气室温；(b)真空室温；(c) -45℃与真空；(d) +75℃与真空

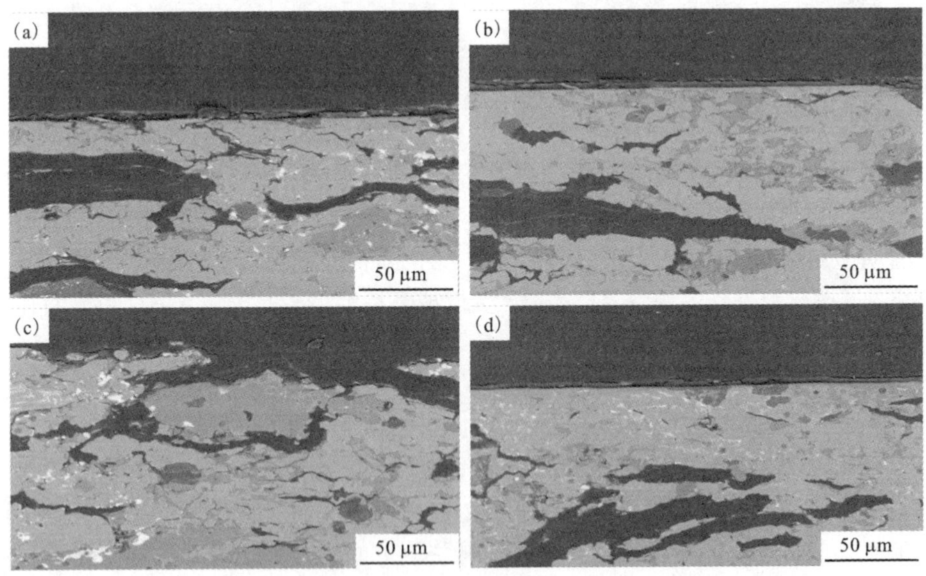

图 4-52　不同模拟空间环境中摩擦材料于低速大载荷下的摩擦亚表面显微形貌

(a)大气室温；(b)真空室温；(c) -45℃与真空；(d) +75℃与真空

4.4.4 空间用粉末冶金摩擦副的应用与展望

2011 年 11 月 3 日，所研制的载人飞船对接机构用摩擦副成功实现了我国航天史上的首次空间交会对接——神舟八号飞船与天宫一号的交会对接。其后，2012 年 6 月 18 日及 2013 年 6 月 13 日，中南大学所研制的摩擦副又分别实现了神舟九号、神舟十号飞船与天宫一号的在轨载人交会对接，打破了国外的技术垄断，填补了我国空间对接机构用摩擦副空白，增强了民族自信心，加强了国防建设。

随着我国航天事业的进一步发展需求，对比载人飞船对接机构用摩擦副，货运飞船对接机构、空间机械臂和转位机构等用空间摩擦副材料的服役条件更为苛刻，对摩擦副的使用寿命及可靠性提出了更高要求。飞船的重量、体积等显著增加，且飞船间的相对速度增加，为此，货运飞船对接机构用摩擦副在对接过程中所需吸收的纵向碰撞能量大幅增加，处于空间环境下的重载状态；空间机械臂制动摩擦副的制动频率高、制动负载质量大，从十几吨到上百吨不等，摩擦副所需吸收与耗散的制动能量大，而且摩擦副的服役时间长，一般要求至少在轨服役十年；同时，一些空间机构中电机、发动机用摩擦副的特殊要求，迫切需全面开展新型高性能空间摩擦副材料的材料设计改进和应用基础研究，着重研究新型空间摩擦副材料重载条件下的摩擦学特性及使用寿命，深入研究空间环境对摩擦副摩擦学特性的影响，获得各条件下摩擦副材料的摩擦磨损机理及失效机理，最终研制出满足不同苛刻条件下的新型空间粉末冶金摩擦副，拓展空间用粉末冶金摩擦副的应用，并形成与粉末冶金摩擦副材料相关的空间摩擦学理论。

4.5 小结

(1)通过对粉末冶金铁基、铁-铜基和铜基摩擦材料的综合对比，空间对接用粉末冶金摩擦材料选用铜基体最优；SiO_2 摩擦组元含量为 6% 时，其摩擦学性能最优；选用石墨和 MoS_2 作为铜基摩擦材料的润滑组元，MoS_2 在烧结过程中基本分解，与其他组元反应形成的新相作用与摩擦材料：形成的铜钼硫化合物、Mo_2C 等硬脆相类似于材料中的摩擦组元；而形成的 Cu_7S_4 等金属硫化物相应成为润滑组元。当石墨与 MoS_2 的配比为 4∶8 时，材料的具有良好的物理力学和摩擦磨损性能，而当二者的配比为 6∶6 时，材料的磨损最小。

(2)空间对接用摩擦材料为一种含高体积百分比非金属组元的铜基粉末冶金材料，铜基体均匀地保持着各种物相。加压烧结过程中，材料中各组元的物理化学反应有利于材料的致密化，尤其所添加的 MoS_2 分解产生活性较高的 Mo、S 元素，这些高活性元素与基体中其它组元反应生成新相，此过程有利于降低材料的孔隙度，提高材料的强度、表观硬度；空间对接用对偶材料(2Cr13 钢)经调质处理后保持着马氏体形态的回火索氏体，并分散着一定的铁素体，促使对偶材料的硬度值分布在 37 ~42 HRC 范围内，与摩擦材料耦合时产生一定摩擦阻力，而又不严重损伤摩擦材料。

(3)材料的摩擦因数随压力的增加而降低；低真空中的摩擦因数小于大气中的，而稳定系数则高于大气中的；大气与低真空中，材料的磨损随压力的变化呈相反的变化趋势。

(4)不同环境介质中，随着摩擦次数的增加，空间对接用摩擦副所传递的摩擦扭矩呈不一致的变化趋势。高速小载荷条件下，真空且环境温度较低、地面大气下，摩擦扭矩的变化幅度较小。低速小载荷条件下，只要在真空且环境温度较高时，摩擦扭矩的变化不大。而低速大力矩条件下，地面大气、真空且环境温度较低时，摩擦扭矩呈增加趋势。

(5)受紫外辐照与原子氧侵蚀后，空间对接用摩擦副材料产生了少量的质量损失，应当采用屏蔽装置对其予以有效防护。

(6)空间对接用摩擦副的磨合是接触表面从工艺性形貌转变为运转性形貌的过程，实现实际接触面积的增大以提高摩擦扭矩和稳定摩擦因数。选用高速小载荷运行状态作为摩擦副的磨合方式，且磨合次数不应超过 60 次。

(7)相同载荷下，摩擦副在高速条件下的摩擦因数略小于低速条件下的摩擦因数，而相同运行速度下，大载荷下的摩擦因数小于小载荷下的摩擦因数。

(8)不论在模拟空间环境下，还是在地面大气下，空间对接用摩擦副在三种功能条件下的摩擦扭矩都符合航天器对接要求，且都具有很高的摩擦因数稳定系数，摩擦副的摩擦磨损性能有较好的环境适应性。

(9)不同运行条件下，空间对接用摩擦副材料的摩擦表面呈现不一致表面形态。摩擦材料的磨损形式主要有疲劳磨损、磨粒磨损、粘着磨损(尤其真空可能出现冷焊)及于地面大气下耦合时的氧化磨损等。

(10)研制的空间对接用粉末冶金摩擦副成功应用于天空一号与神舟系列飞船的对接中。

参考文献

[1] 国务院. 2011 年中国的航天[M]. 北京：人民出版社，2011.

[2] 董正强，张楠楠，徐曼. 发展航天事业建设航天强国[J]. 军民两用技术与产品，2013(7)：13 - 13.

[3] 田娜，潘艳华. 航天器轻量化设计初步研究[C]. 中国宇航学会深空探测技术专业委员会第八届学术学会论文集. 上海，2011：696 - 699.

[4] Eiden M, Seiler R. Space mechanisms and tribology challenges of future space missions[J]. Acta Astronautica, 2004, 55(11): 935 - 943.

[5] Hawthorne H M, Kavanagh J. The tribology of space mechanism friction brake materials[J]. Canadian Aeronautics and Space Journal, 1990, 36(2): 57 - 61.

[6] Di P S, Colombina G, Boumans R, et al. Future potential applications of robotics for the International Space Station[J]. Robotics and Autonomous Systems, 1998, 23(1): 37 - 43.

[7] Grossman E, Gouzman I. Space environment effects on polymers in low earth orbit[J]. Nuclear Instruments and Methods in Physics Research Section B: Beam Interactions with Materials and Atoms, 2003, 208: 48 - 57.

[8] Rusconi A, Magnani P, Grasso T, et al. DEXARM - a dextrous robot arm for space applications [C]. Proceedings of the 8th ESA Workshop on Advanced Space Technologies for Robotics and Automation. Noordwijk Netherlands: ESTEC, 2004: 34 - 40.

[9] 肖科, 王家序, 刘文吉, 等. 新型高性能空间摩擦副设计[J]. 中国机械工程, 2008, 19(22): 2650 - 2653.

[10] 吴剑威, 史士财, 金明河, 等. 空间机器人关节电磁制动器及其实验研究[J]. 高技术通讯, 2010, 20(9): 934 - 938.

[11] 孙敬颋, 史士财, 王达, 等. 大型空间机械臂制动器陶瓷摩擦副的研制[J]. 华南理工大学学报(自然科学版), 2012, 40(7): 83 - 89.

[12] 周宇清, 张兆森, 袁国洲. 模拟空间状态下的粉末冶金摩擦材料性能[J]. 粉末冶金材料科学与工程, 2005, 10(1): 50 - 54.

[13] 周宇清. 粉末冶金材料空间摩擦副的成分及性能研究[D]. 长沙: 中南大学, 2006.

[14] 姚萍屏, 邓军旺, 熊翔, 等. MoS_2 在空间对接摩擦材料烧结过程中的行为变化[J]. 中国有色金属学报, 2007, 17(4): 612 - 616.

[15] 肖叶龙, 姚萍屏, 贡太敏, 等. 石墨与 MoS_2 配比对空间对接用摩擦材料性能的影响[J]. 中国有色金属学报, 2012, 22(9): 2539 - 2545.

[16] 邓军旺, 姚萍屏, 熊翔, 等. 压力对空间对接摩擦材料摩擦磨损性能的影响[J]. 非金属矿, 2006, 29(5): 59 - 62.

[17] 邓军旺. 空间对接铜基粉末冶金摩擦材料制备及其摩擦磨损性能研究[D]. 长沙: 中南大学, 2007.

[18] Yao P P, Xiao Y L, Deng J W. Study on space copper - based powder metallurgy friction material and its tribological properties [C]. Advanced Materials Research 2011, 284: 479 - 487.

[19] Yao P P, Xiao Y L, Zhou H B, et al. Tribological and mechanical properties of materials for friction pairs used to space docking [C]. Advanced Materials Research 2012, 538: 1929 - 1934.

[20] Xiao Y L, Yao P P, Zhou H B, et al. Friction and wear behavior of copper matrix composite for spacecraft rendezvous and docking under different conditions [J]. Wear, 2014, 320: 127 - 134.

[21] 肖叶龙. 模拟空间环境及结构变化对空间对接用摩擦副性能的影响[D]. 长沙: 中南大学, 2012.

[22] 费尔多钦科 И M. 现代摩擦材料[M]. 徐润泽, 等译. 北京: 冶金工业出版社, 1983.

[23] 曲在纲, 黄月初. 粉末冶金摩擦材料[M]. 北京: 冶金工业出版社, 2005.

[24] Cho M H, Ju J, Kim S J, et al. Tribological properties of solid lubricants (graphite, Sb_2S_3, MoS_2) for automotive brake friction materials[J]. Wear, 2006, 260(7): 855 - 860.

[25] 许少凡, 金牛, 王成福. 二硫化钼含量对铜 - 石墨复合材料组织与性能的影响[J]. 矿冶工程, 2003, 23(3): 54 - 56.

[26] Li X, Gao Y, Xing J, et al. Wear reduction mechanism of graphite and MoS2 in epoxy composites[J]. Wear, 2004, 257(3): 279 - 283.

[27] 石淼森. 固体润滑材料[M]. 北京: 化学工业出版社, 2000.

[28] 天津市工业展览馆二硫化钼组. 二硫化钼[M]. 天津: 天津人民出版社, 1972.

[29] 陈洁, 熊翔, 姚萍屏, 等. MoS_2 在铁基摩擦材料烧结过程中的行为研究[J]. 非金属矿, 2003, 26(4): 50 - 52.

[30] Bowden F P, Tabor D. The friction and lubrication of solids [M]. Oxford: Clarendon Press, 1964.

[31] 全永昕, 施高义. 摩擦磨损原理[M]. 杭州: 浙江大学出版社, 1992.

[32] 孙长义, 徐洪清, 姚治平, 等. 硼/铝复合材料的力学性能与界面[J]. 航空材料学报, 1990, 10(增刊): 106 - 112.

第 5 章　高速列车粉末冶金制动摩擦材料

5.1　高速列车发展现状

5.1.1　高速列车发展及特点

高速铁路简称“高铁”，是指通过改造原有线路(直线化、轨距标准化)，使最高营运速度达到不小于 200 km/h，或者专门修建新的“高速新线”，使营运速率达到每小时至少 250 km 的铁路系统。高速铁路除了在列车营运时达到一定速度标准外，车辆、路轨、操作都需要配合提升。

与普通铁路相比，高速铁路采用持久稳定、高平顺性的无缝钢轨、整体式道床以及弓上接触网功能，保证了列车运行的平顺性及低噪音，使得高速铁路具有更高的舒适性和安全性；高速铁路具有更高的运营速度，极大地减少了旅客的旅行时间，一方面是由于高速铁路技术的不断进步，列车运行速度不断提高，另一方面也是因为高速铁路的弯道数量少，直线化程度较高且大量采用高架桥和隧道，缩短了城市间的距离。与其他交通工具相比，高速铁路具有运行时间准确率高、运输能力强、能源消耗低、占地面积小、综合造价低及环境污染少等优点。

高速铁路的发展在国民经济、人民生活、国家安全等方面发挥着至关重要的作用。从 1997—2007 年，中国高铁历经六次提速，高速列车的发展趋势是向高速化和轻量化方向发展，制动系统是高速列车安全保障和应急的关键系统，直接关系着列车的运营安全，是高速列车九大核心技术之一，可以说“没有制动，就没有高速”[1]。高速列车制动摩擦系统材料由制动闸片材料和制动盘材料构成，依靠摩擦制动消耗高速列车的动能，从而达到制动目的。高速条件下，制动摩擦系统的制动盘和闸片瞬间承受巨大的热 - 机耦合作用，工作条件极其恶劣，对制动摩擦系统材料的耐热性和耐磨性等方面提出了更高的要求。研发适合高速条件下安全可靠的制动摩擦系统材料，是保证列车安全运营的必要条件。

5.1.2　国内外高速列车发展历程

5.1.2.1　国外高速列车发展

(1) 日本新干线

1964 年 10 月 1 日，由日本国有铁道研发的世界上第一条以“子弹列车”闻名的高速铁路——东海道新干线正式投入运营，时速达到 210 km，突破了保持多年的铁路运行速度的世界纪录。

日本新干线技术成熟，运行稳定，安全性较高，运行至今，尚未发生人为致死的事故，号称为全球最安全的高速铁路之一，也是世界上行驶过程最平稳的列车之一。这是因为新干线设有多重安全系统，新干线不仅在东京和大阪分别设置了对各条线路上行驶的列车进行监视和远距离控制的中央控制系统，每条线路还安装了称为“ATC”的列车速度自动控制系统。

(2)法国 TGV(Train Grande Vitesse)

TGV 有两项技术是当今唯独法国仅有的：一是底盘自动下降(降低重心)的抓地技术，即遇到紧急情况(碰撞、刹车等)底盘会自动下降，降低重心，抓牢地面不致翻覆。二是车体之间的挤压弹性能量吸收，它的车厢底盘长度是可变的，而且是在共轴方向发生，加速时被拉长，碰撞、刹车时被压缩来吸收碰撞能量而且是在共轴方向，保证列车不发生翻覆。

1983 年 9 月，第一代高速旅客列车 TGV—PSE(巴黎东南线)正式投入运营，时速为 270 km/h，最高时速为 380 km/h，其原型车为 TGV001。投入运营伊始便迅速夺取了航空公司的生意，成为当时少数在短时间内就赢利的铁路之一，并在 10 年之内收回营建成本。

1993 年 6 月，第二代高速列车 TGV—Reseau(路网)正式投入运营，设计时速为 320 km/h。计划运行在整个 TGV 路网上，其重要特征是客舱是压力封装的，这是世界上第一个密封的火车。

1996 年，第三代高速列车 TGV—Duplex(双层高速列车)出厂并投入运营，最高运行速度为 300 km/h。与常规 TGV 比起来，每组 Duplex 列车最高可载 545 人，载客容量提高了 45%，而仅需提高 4% 牵引功率，这款列车成为法国高铁系统的主力车型。

2007 年 12 月，由法国阿尔斯通公司开发的第四代高速列车 AGV 完成了全速测试，并于 2008 年正式推出。营运速度为 350 km/h，全车定员为 450 人。与 TGV 相比，AGV 火车的动力更加强劲，两边动力车头比普通的 TGV 动力增强 68%，中间车厢比普通 TGV 动力增强 40%。AGV 高速列车在重要性和创新方面可以跟空中客车 A380 相比，同时，能耗可以节省 15%，整车重量较 TGV 减轻 17%。

(3)德国西门子

德国高速铁路称为 ICE，是 Inter City Express(高速城际列车)的缩写。ICE 系高速列车是世界上最为成功的高速列车之一，以速度高、功能完备、技术等级高、性能稳定、车辆总体布置结构合理、内装档次高、运行维护性好等优点而闻名于世。

德国 ICE 系高速列车的多项技术被许多国家广为引用和借鉴，推动了世界铁路技术的进步，其主要技术特点为：

①采用经过动力学仿真设计的、技术性能优良的(系列化)转向架。

②采用了利用大断面闭口铝型材制造的铝合金车体。

③采用了非黏着的磁轨制动装置与无磨耗的线性涡流制动装置。

④采用列车技术诊断系统与标准的 TCN 列车网络。

⑤注重功能设备的齐全性。

⑥注重车辆内部装饰设计与档次。

⑦加强了与安全相关的防撞与防火技术的运用。

5.1.2.2　国内高速列车发展

我国高速铁路和高速铁路技术研究和建设经过了近 20 年的发展历程。第一阶段从 1990 年至 2007 年，经历了全国铁路六次大提速和德、日、法高速动车组的引进消化吸收；第二阶段从 2008 年至今，是以自主创新为主的阶段，其标志之一是《中国高速列车自主创新联合行动计划》的启动实施。

中国铁路高速列车 CRH(China Railway High - speed)，是中华人民共和国铁道部高速铁路列车(动车组)的品牌名称。

CRH 系列高速电力动车组均采用动力分散式，运行时速达 200 km/h 以上，最高时速在 400 km/h 以上。中华人民共和国铁道部由 2004 年起先后向加拿大庞巴迪、日本川崎重工业、法国阿尔斯通、德国西门子公司等外国企业购买高速铁路车辆技术，以引进国外先进技术并吸收的方式，由中国北车集团和中国南车集团旗下的车辆制造企业生产，达到一定程度的国产化，并以此为基础进行自主创新研发。铁道部将所有引进国外技术、联合设计生产的 CRH 系列动车组均命名为和谐号。这些高速列车在 2007 年 4 月 18 日实施中国铁路第六次大提速后投入正式运营。

2010 年 12 月 3 日，具有自主知识产权的 CRH380AL 新一代高速列车在京沪线先导段创造了 486.1 km/h 的世界高速铁路最高运营试验速度，列车各项性能指标完全满足设计要求，标志着我国高速列车技术已跻身世界高速列车技术先进行列。我国高速列车已开始走出国门，相继与俄罗斯和印尼等国家签订协议，开始高铁方向的合作，这从 2008 年京津城际客运专线第一条高速铁路建成以来，2014 年底，全国高速铁路运营里程达到 1.6 万公里，居世界第一。2015 年底，高铁运营里程已达到 1.9 万公里，到 2020 年，基本实现相邻城市的间 1 ~ 2 小时交通圈，广袤的中国，将是压缩时空的一日生活圈。

5.2 高速列车制动摩擦材料发展现状

5.2.1 高速列车制动系统

转向架是轨道车辆结构中最为重要的部件之一，其主要作用如下：

①车辆上采用转向架是为增加车辆的载重、长度与容积、提高列车运行速度，以满足铁路运输发展的需要。

②保证在正常运行条件下，车体都能可靠地坐落在转向架上，通过轴承装置使车轮沿钢轨的滚动转化为车体沿线路运行的平动。

③支撑车体，承受并传递从车体至车轮之间或从轮轨至车体之间的各种载荷及作用力，并使轴重均匀分配。

④保证车辆安全运行，能灵活地沿直线线路运行及顺利地通过曲线。

⑤转向架的结构要便于弹簧减振装置的安装，使之具有良好的减振特性，以缓和车辆和线路之间的相互作用，减小振动和冲击，减小动应力，提高车辆运行的平稳性和安全性。

⑥充分利用轮、轨之间的黏着，传递牵引力和制动力，放大制动缸所产生的制动力，使车辆具有良好的制动效果，以保证在规定的距离之内停车。

⑦转向架是车辆的一个独立部件，在转向架于车体之间尽可能减少联接件。

目前，世界各国的高速列车均采用盘形制动，包括轴盘式制动和轮盘式制动，轴盘式制动是制动盘安装在车轴上，轮盘制动是车轮作为制动盘，摩擦材料分布在制动盘两侧，摩擦材料装在制动夹钳中。列车行进过程中，制动盘和车辆的轮盘或轮轴连成一体且随轮轴高速旋转，摩擦材料相对静止，当列车制动时，通过液压油缸将压力传至摩擦材料。

5.2.2 制动摩擦材料特点及结构

为保证列车制动过程平稳，制动摩擦材料应具有如下性能：

①足够高而稳定的摩擦因数。

②环境适应性强。

③较高的耐磨性。

④良好的热物理、力学性能及导热性好。

⑤对制动盘损伤小，不易划伤制动盘表面。

⑥制动过程不易产生噪音，无污染。

⑦经济性好、原料来源充裕，价格便宜，生产工艺简单。

5.2.3　高速列车制动摩擦材料的发展历程与现状

铁路摩擦制动主要分为踏面制动和盘形制动，如图5－1所示，与踏面制动相比，盘形制动可显著减轻车轮踏面的热负荷和机械磨耗，且其具有动能转移能力大、制动效率高、制动平稳、可实现摩擦副元件的可设计性和充分利用轮、轨黏着等优点，已得到广泛应用。因此，高速列车均采用盘形制动形式。

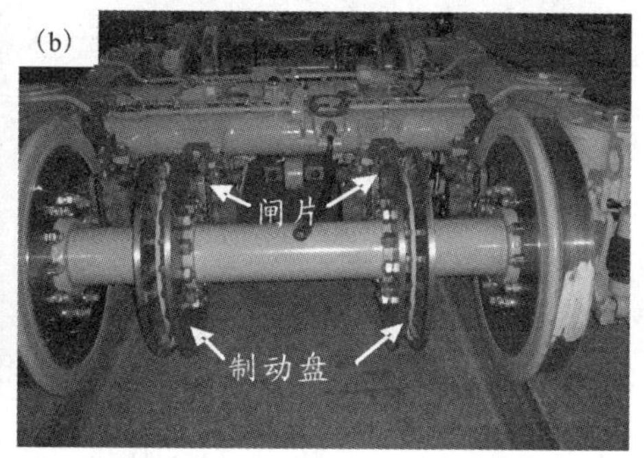

图5－1　踏面制动和盘形制动

(a)踏面制动；(b)盘形制动

高速列车的摩擦制动主要依靠制动系统中的制动盘和闸片的摩擦来实现，而闸片材料的性能优劣对列车制动效果有着显著的影响，用于高速列车的闸片材料应满足下列要求[2]。

①应具有高而稳定的摩擦因数，即使受雨、雪、冰、沙尘暴、雾霾等条件的影响，摩擦因数也应足够大，并且有足够的稳定性。

②耐磨性好，以延长使用寿命，对于粉末冶金闸片，欧洲铁路联盟标准UIC及中铁检验认证中心CRCC允许的磨耗量为0.35 cm^3/MJ。

③高的抗黏结性、耐热性及足够的机械强度，闸片不应出现变形、摩擦材料熔化、金属镶嵌、掉块等情况。

④应与制动盘匹配良好，对制动盘工作面不应产生沟状、波浪状等异常磨耗。

⑤高的环境友好性，制动时应平稳、火花少，无持续啸叫，材料及其磨损产物不应燃烧、冒烟和散发出不好的气味。且材料中不能加入不利于环保的石棉、铅等有害物质。

铁路列车制动摩擦材料先后经历了铸铁、合成材料及粉末冶金材料[3]。高速列车制动闸片目前应用的摩擦材料主要有合成摩擦材料和粉末冶金摩擦材料等(图5－2所示)。

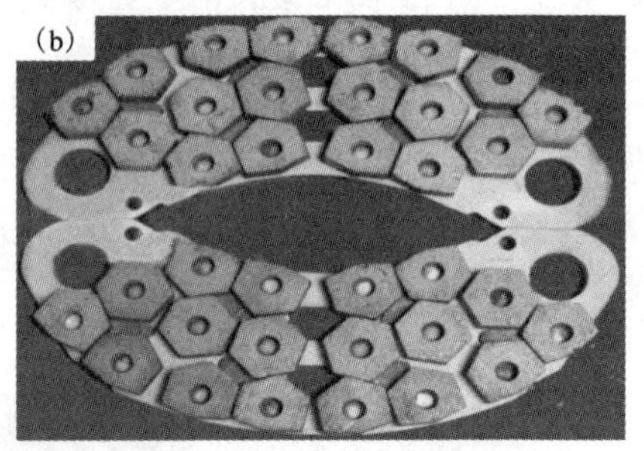

图 5-2　典型高速列车制动闸片

(a)合成闸片；(b)粉末冶金闸片

5.2.3.1　合成闸片

铸铁摩擦材料在铁道车辆上应用历史最长，具有价格低廉，摩擦因数不受气候影响等优点[4]。然而，该材料的瞬时摩擦因数受制动初速度及制动压力的影响较大：当制动初速度超过一定值时，其瞬时摩擦因数下降到 0.1 以下。因此，铸铁摩擦材料仅在低速列车上得到使用。

与铸铁摩擦材料相比，合成树脂摩擦材料具有重量轻、摩擦因数高、耐磨性好等优点，最早在法国、日本的列车制动系统中得到广泛应用[5]。然而，合成树脂摩擦材料最高耐热温度仅为 400℃，难以承受高速制动导致的苛刻高温条件；合成树脂摩擦材料的导热性差，制动热量难以散发，致使制动盘因较大温升而产生严重热裂；此外，由于局部高温，合成树脂摩擦材料中的金属、金属纤维及制动盘磨屑易在闸片表面形成金属镶嵌，导致制动盘严重损伤；在制动高温或潮湿环境下，合成树脂摩擦材料制动性能大幅衰退，摩擦因数将从 0.4 下降到 0.25，制动安全性无法得到保证[6-7]。因此，合成树脂摩擦材料无法满足高速列车高速高温制动要求，仅在 200~250 km/h 等级 CHR1 动车组的拖车、货运大功率机车及客车中获得应用。

5.2.3.2　粉末冶金闸片

粉末冶金摩擦材料是以金属及其合金为基体，添加摩擦组元和润滑组元，采用粉末冶金技术制成的复合材料，是摩擦式离合器与制动器的关键组件[8]。它具有足够的强度，合适而稳定的摩擦因数，良好的耐磨性、耐热性及导热性等优点，其使用温度可高达 800℃以上，且不受雨雪等服役环境的影响，被广泛应用于飞机、船舶、工程机械、农业机械、重型车辆等领域[9]。粉末冶金闸片按基体种类主要分为铁基和铜基两种。

（1）铁基粉末冶金闸片

铁基摩擦材料主要以铁为基体（按重量比占 50% ~80%），添加石墨、SiO_2、Al_2O_3、金属硫化物等构成，也有添加少量的 Cu、Sn。铁基粉末冶金闸片在高温、高负荷下有着优良的摩擦性能，机械强度高，可在 400 ~ 1000℃ 范围内使用。石宗利等[10-11]研制了一种以 Fe – C 系合金和 Ni 基合金为基体的粉末冶金铁基闸片材料，其摩擦因数为 0.31，磨损率为 2.2 μm/面次。向兴碧[12]开发的高速盘式闸片以铁粉代替铜粉为主体，大大节省成本，摩擦因数为 0.32 ~ 0.37。徐瑛等[13]研制了一种可适用于时速在 300 km/h 及其以下的铁路动车或者拖车的粉末冶金铁基高速闸片，闸片具有制动摩擦性能稳定、表面温升低、离散度小、耐磨性好等特征。虽然铁基的热稳定性比铜基的高，但缺点是与对偶（如铸钢或煅钢）具有亲和性，对偶材料磨损加大，容易产生黏着胶合，摩擦因数波动较大，低速时磨损量大，容易出现异常磨损，产生噪声等[14]。

（2）铜基粉末冶金闸片

铜基摩擦材料主要以铜为基体（按重量比占 50% ~80%），添加 Fe、Sn、石墨、铁合金粉末、金属硫化物等构成。由于铜基粉末冶金闸片制动性能稳定，对制动盘的热影响小，且磨合性好，因而国内、外高速列车均采用铜基粉末冶金闸片[15]。如日本开发了主要成分为 Cu 和 Sn，并添加少量摩擦稳定剂的铜基粉末冶金闸片[16-17]；法国开发了主要成分为 Cu、Fe、Mo、Sn、Ni、碳化物和硅酸盐等 TVG 高速列车用粉末冶金闸片[18]；德国 Becorit 公司研制了 BM40 型铜基粉末冶金闸片，Flertex 公司研制了 664HD 型铜基粉末冶金闸片，其性能均达到 ICE3 型制动要求[19-20]。目前，德国 Knoor – Bremse 公司在高速列车闸片材料选型与配比和制备工艺上处于世界顶尖水平，其产品具有高强度、耐热性好、膨胀系数小、耐磨损等优点，并基本垄断了我国高速列车闸片市场。日本川崎粉末冶金闸片（亚通达）、美国独资的北京西屋华夏等所生产的闸片也占据了一部分我国市场份额。

国内多家单位相继开展了高速列车铜基粉末冶金制动闸片材料的研究。三峡学院[21]通过对材料成分的研究，获得了一种可满足时速 300 km/h 性能要求的高速列车铝青铜基制动闸片材料。石家庄铁道学院[22-23]通过调整铜基复合材料烧结体的成分（组成）、热压工艺参数及钎焊工艺参数等，研制了一种在 300 km/h 制动时闸片的摩擦因数为 0.32，磨损率较小的铜基粉末冶金闸片。郑州轻工业学院[24]研制出了一种铜基粉末冶金闸片材料，成分配比为：铜 65 ~68、铁 5 ~8、锡 4 ~7、石墨加铅 8 ~11 和少量石英等，其材料的配方和工艺已申请了国家专利。中国铁道科学研究院[2, 25-26]针对基体合金元素、润滑组元和摩擦组元进行了制动闸片材料的设计与优化实验研究，得到了一种铜基粉末冶金制动闸片，闸片的各项性能指标优良，符合 UIC 标准，能够满足动车组制动系统的技术要求。北京交通大学[27]制备了与铝基复合材料相匹配的铜基粉末冶金闸片材料，研究了材料组元和工艺参数对其力学性能的影响。北京科技大学[28-29]研究了石墨、铁粉类型及铜粉等对高速列车铜基粉末冶金闸片性能的影响，优化设计了材料的成分。大连交通大学[30]开展了铜基粉末冶金闸片的材料组元设计研究，初步研究了各摩擦组元和润滑组元的作用机理，并在 1∶1 制动动力试验台对闸片进行测试，表明所研制的闸片适合于时速 300 km/h 的高速列车。燕山大学[31]以 Cu 作为基体，采用 Ni、Fe 等相增强基体，SiO_2等作为摩擦组元、Ti_3SiC_2部分替代石墨作为润滑剂在 900℃烧结温度下制得的闸片摩擦材料，经高温高速摩擦获得了稳定的摩擦因数，摩擦因数保持在 0.3 左右。中南大学[32-33]作为国内最早从事列车用粉末冶金闸瓦/片的研制单位，先后在铁道部及国家 863 计划等项目的支持下，开展了高速列车制动闸片材料及其制备技术的研究，形成了自主知识产权，获得了满足制动要求的粉末冶金闸片。

除高等院校参与高速列车铜基粉末冶金制动闸片外，国内的摩擦材料生产厂家也积极进行研发。常州市铁马科技实业有限公司[34-35]通过对制动闸片材料的成分和工艺参数的试验研究，研制的材料具有较高的抗压强度、高而稳定的摩擦因数、低的磨损和良好的制动性能，能满足 200 ~ 300 km/h 高速列车的制动要求。北京瑞斯福科技有限公司[36]展现了可以满足时速 300 km/h 及以上的高速列车制动要求的铜基材料配方。贵州新安航空机械有限责任公司[37]研制的铜基粉末冶金高速闸片具有机械强度高、导热性好、耐热性好、抗热衰性能强、使用寿命长，对制动盘的磨耗小、摩擦性能稳定等特点，可有效制动时速 200 ~ 300 km/h 的高速列车。锦州捷通铁路机械制造有限公司[38]开发的闸片使摩擦组元合金化和多元化，从而提高摩擦片的耐磨性和耐热性能，既保证了材料基体强度，又具有较好的热物理性能和稳定的摩擦性能，显著提高制动闸片的使用寿命和制动性能。

根据最新 CRCC 认证对粉末冶金闸片摩擦材料的要求[39-40]，闸片不应使用石棉、铅及其化合物，闸片摩擦材料中 Si 元素含量不应大于 1%、且 Al 和 Si 元素的总含量不应超过 1%；Cr、Zr 与 W 三种元素含量总和不应超过 10%，而综合上述文献可以得出，所研制的大部分闸片摩擦材料与此技术要求存在偏离，因此，要求研究者开发性能优异及满足要求的新型组元，研制新型摩擦材料。在国内针对粉末冶金摩擦材料的大量研究基础上，国内多家企业已相继获得 CRCC 认证，如：常州铁马、天宜上佳、北京浦然等公司。然而，由于所研制粉末冶金摩擦材料在实际应用方面缺乏足够的基础数据支撑，应用性能如可靠性、一致性以及寿命等方面较进口摩擦材料仍有较大差距。

(3)陶瓷强化材料闸片

列车速度的不断提高对高速列车制动闸片的制动性能也提出了越来越严格的要求。由于列车制动的高速摩擦产生高温，这就要求材料具有好的导热性以防止过高的温度梯度造成闸片的破坏。而传统粉末冶金摩擦材料中的摩擦组元如二氧化硅，其低的导热系数和与基体弱的界面结合造成阻断效应，使材料的整体导热系数降低；同时由于摩擦组元硬度很高且塑性很差，会造成闸片对配副材料的严重磨损；为降低磨损，传统粉末冶金摩擦材料要加入很大比例的润滑组元如石墨，这会极大地影响材料的整体力学性能。

为解决现有的高速铁路用制动闸片材料导热性差，摩擦组元硬度高且塑性很差，会造成闸片对配副材料的严重磨损的问题，哈尔滨工业大学[41, 42]提供了高速铁路用 Cr_2AlC、Ti_2AlC 等增强青铜基制动闸片材料及其制备技术，闸片材料由铜粉、Cr_2AlC/Ti_2AlC 粉、铁粉、铝粉、石墨等制成，材料具有摩擦因数稳定，磨损率低、摩擦性能稳定、对制动盘磨损小、导电导热性能好、材料成品率高、易于加工的优点。吉林大学[43]研制了一种 TiC 强化粉末冶金制动闸片材料，克服了闸片材料强度随着非金属颗粒添加而降低等问题。中国科学院金属研究所[44-45]采用三维网络陶瓷增强铜基复合材料作为高速列车制动闸片材料，材料兼备了陶瓷相的高硬度、耐高温性和金属的高导热性，具备很好的耐磨性、摩擦因数的稳定性和摩擦性能的可设计性。浙江天乐新材料科技有限公司[46]公开了一种陶瓷块金属复合材料的闸片，闸片材料具有热稳定性好、摩擦因数高、磨损率低、抗热衰减性好、寿命长等特点，能对 380 km/h 的高速列车实行有效制动。

5.2.3.3　炭 - 炭复合材料及炭陶复合材料闸片

为了满足未来高速列车的制动技术要求，国内、外科研工作者都在努力研制开发高性能新型闸片材料，以满足市场要求。自 20 世纪 80 年代以来，日本对 C/C 复合材料进行了大量试验，并在新干线上进行了装车运行考验。法国已在 TGV 高速列车上安装了牌号为“Sepcagh, SA3D”的炭 - 炭复合材料制动装置[47]。由于其比热大、膨胀系数小，所以它们表现出了优良的综合性能。但在不改变列车系统结构的情况下，材料的磨耗量大、在湿润环境下摩擦因数小，还由于碳纤维价格昂贵，制造周期长(约需 3 个月)，制备工艺复杂。直接使用炭 - 炭复合材料是不现实的。

20 世纪 90 年代中期，以 C - C - SiC 复合材料为代表的复合陶瓷材料开始应用于摩擦领域，成为最新一代高性能制动材料而引起研究者的广泛关注和重视。法国 TGV—NG 高速列车和日本新干线已试用 C - C - SiC 摩擦材料[47]。C - C - SiC 陶瓷制动材料具有密度低(约 2.0 g/cm^3)、耐磨性好、摩擦因数高、制动平稳、抗腐蚀、抗氧化、耐高温、环境适应性强(如湿态下摩擦因数不衰退)和寿命长等优点。但是目前能实现制备异型 C－C－SiC 摩擦材料的先驱体转化法、化学气相浸渗法、反应熔体浸渗法都存在制备工艺复杂、制备过程中会产生一定环境有害物质等缺陷，其制备技术还处于深入研究和完备阶段，目前还不能在高速载交通工具上得到广泛应用。

5.2.3.4 粉末冶金制动闸片制备技术的发展

工艺创新是摩擦材料产业化的必要条件，通过新工艺的实施，保证摩擦材料性能的一致性和可靠性，在改善或保证产品性能条件下探索和寻求经济效益和新制造工艺的有机结合。

为提高传统粉末冶金闸片摩擦材料的强度，吉林大学[43, 48]提供了两种采用机械活化、机械合金化与传统粉末冶金或放电等离子烧结方法(SPS)相结合的制备方法，结果表明，SPS 烧结材料无论在摩擦因数、磨损率还是在第三体的致密化过程均优于传统粉末冶金摩擦材料，但 SPS 烧结方法成本高，在实际生产中批量生产还有待研究。上海工程技术大学[49]采用多道熔覆工艺制备一种由铝合金基体和激光熔覆涂层组成的制动闸片，激光熔覆涂层由铝青铜粉、二硫化钼粉和氧化铝粉组成，制备工艺简单易操作，适合规模化生产，但成本较高。

目前，国内外粉末冶金摩擦材料的生产主要沿用钟罩炉加压烧结法[50]，该方法的基本工序是：钢背板加工→电镀铜层(或铜、锡层)；配方料混合→压制成形→与钢背板加压烧结成一体→加工。国内对于高速列车粉末冶金摩擦材料制造的工艺研究主要是在原有工艺的基础上进行改进和优化，比如：在配料和压制工序间增加粉末球磨工序，以提高粉末流动性，避免成分偏析；将原有钟罩式加压烧结法改进为网带式连续加压烧结，以缩短烧结时间等等。但仍无法满足高可靠、高一致性高速列车制动摩擦材料产业化的要求。

5.3 高速列车粉末冶金制动摩擦材料研究

粉末冶金摩擦材料按基体成分可分为铜基和铁基两大类。铁基的比铜基的有稍高的硬度、强度、摩擦因数，允许承受的工作比压和表面瞬时温度也较高；而铜基的比铁基的有较好的导热性、耐腐蚀性和小的磨损。为了增加粉末冶金摩擦材料的强度，通常将其黏结在钢背上而成为双金属结构。

(1)基体组元

由基体组元和辅助组元两部分组成，基体组元在成分中占的比重最大。在铁基中，基体组元是铁。在铜基中，基体组元是铜。辅助组元与基体组元形成合金，从而改善基体组元的性能，或者是赋予基体组元以某种所需要的性能，常用辅助组合铜、铁、二硫化钼、镍、钛、铬、钼、钨、磷、锡、铝、锌等。

(2)摩擦组元

摩擦组元主要是起调节机械相互作用大小的作用，常用硅、铝、铁、镁、锰、锆、铍、钙、铬、钛、钼、硅铁，硅、铝、铬的氧化物，碳化硅和碳化硼，氮化硅、矿物性的复杂化合物(莫来石、蓝晶石、硅灰石、高铝红柱石、长石、锂辉石、硅酸铝、硅酸锆、皂土、软锰矿、硅线石、尖晶石)等。

(3)润滑组元

常用石墨，钼、铜、锌、钨、钡、铁等的硫化物，铜、镍、铁、钴等的磷化物，氮化硼、滑石及低熔点纯金属(铅、锡、铋、锑等)。粉末冶金摩擦材料中加入的润滑组元，应满足以下的要求：具有较高的润滑能力，相对于金属基体来讲是不活泼的，在烧结温度和实际采用的烧结介质中不分解，或分解产物具有良好的润滑性能。润滑组元的加入，有利于材料的抗卡性能、抗黏结性能。提高了材料的耐磨性。使摩擦副的工作更加平稳，但降低了材料的强度和摩擦因数。

5.3.1　高速列车粉末冶金制动摩擦材料有限元分析

5.3.1.1　总体思路和研究方法

拟通过仿真技术与理论研究相结合的方式，建立接近实际工况的高速列车闸片数字仿真模型，分析制动过程中温度场的分布状况以及导致制动热弹性不稳定的影响因素，重点分析了瞬态温升对闸片应力分布规律的影响，研究不同列车制动速度对闸片温度场和应力场的影响。机车车辆的制动过程本质上是个能量转换的过程，盘形制动装置的作用是将列车运动时的动能转化为热能，从而达到使列车减速或停车的目的，动车巨大的动能通过制动盘与制动闸片之间的摩擦转化为热能，导致了接触界面温度的急剧升高，但温度上升不均匀。瞬态变化的温度场和应力场的相互耦合引起的热弹性不稳定性现象，导致了制动盘裂纹的产生，从而使制动盘失效。温度的升高使闸片受热膨胀产生热应力，因此瞬态温升对闸片应力分布规律造成影响。制动速度不同，制动过程中产生的热能不同，温度场和应力场的分布也不同。所以研究中我们分析了四种工况，即制动初速度为 160 km/h、200 km/h、250 km/h 和 350 km/h。在制动过程中，闸片摩擦表面温度是典型的非稳态温度场问题。为了求出列车闸片既满足接触条件又满足接触表面摩擦热流生成条件的收敛解，建模过程中考虑了制动盘与闸片的实际几何尺寸和热流密度分配的影响，材料的热物理特性参数随温度变化的影响以及对流换热和辐射换热的影响等。本项目以有限元方法计算为主，解析法为辅进行计算分析，利用虚拟现实技术建立制动闸片的三维计算机数字仿真模型。

高速动车组闸片由两片外径为725 mm的铜基粉末冶金(无铅)闸片通过制动夹钳紧压在制动盘侧面，它是固定不转的，夹钳给制动闸片施加制动力，从而使悬挂在机车构架上的单元制动器进行制动。闸片1∶1的三维模型如图5-3、图5-4所示。

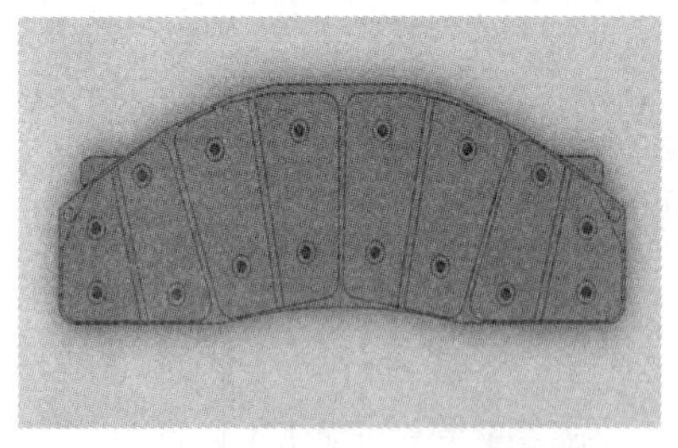

图5-3 闸片模型(摩擦面)

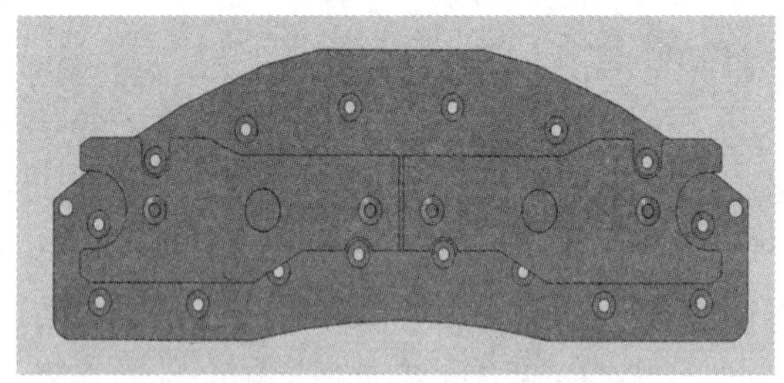

图5-4 闸片模型(背面)

5.3.1.2 传导方程及边界条件的确定

根据传热学理论，对于无内热源的各向同性材料，其热传导方程为：

$$\frac{\partial^2 T}{\partial x^2}+\frac{\partial^2 T}{\partial y^2}+\frac{\partial^2 T}{\partial z^2}=\frac{\rho c}{\lambda}\frac{\partial T}{\partial t} \tag{5-1}$$

式中：T——温度，单位为K；

t——时间，单位为s；

ρ——材料密度，单位为kg/m^3；

c——材料比热容，单位为J/(kg·K)；

λ——材料导热系数，单位为W/(m·K)。

制动前闸片温度等于环境温度，制动开始后，由于闸片在一定压力下紧贴制动盘，摩擦过程中生成大量热，一部分热量通过摩擦面被闸片吸收，随着闸片温度上升，闸片内部及各个界面上产生传导、对流和辐射换热。根据以上过程，确定边界条件如下：

初始时刻$t=0$时，

$$T(x,\ y,\ z)=T_0 \tag{5-2}$$

在闸片所有换热界面上，

$$-\lambda\frac{\partial T}{\partial n_i}=\alpha_i(T-T_0)+\varepsilon_i\sigma(T^4-T_0^4) \tag{5-3}$$

在参与摩擦的界面上，

$$-\lambda\frac{\partial T}{\partial z}=-q+\alpha_z(T-T_0)+\varepsilon_z\sigma(T^4-T_0^4) \tag{5-4}$$

式中：T_0——环境温度，单位为 K；

n_i——各界面的法向单位向量；

z——摩擦界面的法向单位向量；

α_i——各界面的对流换热系数，单位为 $W/(m^2 \cdot K)$；

α_z——摩擦界面的对流换热系数，单位为 $W/(m^2 \cdot K)$；

ε_i——各界面的辐射换热系数，单位为 $W/(m^2 \cdot K)$；

ε_z——摩擦界面的辐射换热系数，单位为 $W/(m^2 \cdot K)$；

σ——斯蒂芬 - 波尔兹曼常数，单位为 $W/(m^2 \cdot K^4)$；

q——闸片吸收的热流密度，单位为 W/m^2。

5.3.1.3　热载荷计算

闸片温度场分析中的热载荷以热流密度的形式加载于制动盘面与闸片摩擦的表面上。热流密度又称热通量，表示通过单位面积的热流量。假定整个机车制动过程为匀减速过程，可得热流密度 q 与时间 t 的关系：

$$q(t) = \eta \cdot \frac{-ma^2t + mv_0a}{n\pi(R^2 - r^2)} \tag{5-5}$$

式中：$q(t)$——t 时刻加载于制动盘和闸片摩擦面的热流密度，单位为 W/m^2；

m——轴重，单位为 kg；

a——制动加速度，单位为 m/s^2；

v_0——制动初速度，单位为 m/s；

R、r——闸片与盘面摩擦的环形区域的外径和内径，单位为 m；

本项目研究假定车体动能转化为热能的效率 η 为 95%。

制动过程中流入闸片和制动盘的热量是不同的，需要考虑摩擦热量在对偶中的二次分配，即热流分配比例。闸片热流密度计算公式如下：

$$q_f(t) = \frac{1}{1 + k_q}q(t) \quad \left[k_q = \frac{q_d(t)}{q_f(t)} = \left(\frac{\lambda_d c_d \rho_d}{\lambda_f c_f \rho_f}\right)\right] \tag{5-6}$$

式中：λ_f、c_f、ρ_f、$q_f(t)$——闸片的导热系数、比热容、密度、热流密度；

λ_d、c_d、ρ_d、$q_d(r)$——制动盘的导热系数、比热容、密度、热流密度；

k_q——制动盘和闸片的热流密度比例系数。

最后根据公式(5 - 6)算出闸片的热流分配比例。制动初速度 160 km/h、200 km/h、250 km/h 和 350 km/h 的热流分配比例分别为 37.5%、37.0%、38.1%、36.6%。

5.3.1.4　换热系数 α 的确定

闸片表面换热系数由闸片表面与环境的对流换热和辐射换热两部分组成。由于闸片表面温度较高，辐射换热不可忽略，因此，闸片表面综合换热为：

$$\alpha = \alpha_c + \alpha_r \tag{5-7}$$

式中：α——综合换热系数，单位为 $W/(m^2 \cdot K)$；

α_c——对流换热系数，单位为 $W/(m^2 \cdot K)$；

α_r——辐射热系数，单位为 $W/(m^2 \cdot K)$。

(1)对流换热系数 α_c

1)受迫对流状态。

根据传热学有关对流换热理论，对于普朗特数 $P_r > 0.6$ 的流体，当流体边界层为稳定层流状态，即雷诺数 $Re_l < Re_{xc}$（Re_{xc} 为临界雷诺数，对于平板，Re_{xc} 取 5×10^5），努谢尔特数可以表述为：

$$Nu = 0.664 \times Re_l\ 1/2Pr1/3$$

$$Re = v \cdot l/u$$

$$\alpha_c = N_u \lambda / l$$

联立以上三式，得对流换热系数 α_c，

$$\alpha_c = (0.664 \times Re_l\ 1/2 \times Pr1/3 \times \lambda)/l \tag{5-8}$$

当雷诺数 $Re_l > Re_{xc}$，边界层不再保持层流，在 $Re_{xc} < Re_l < 10^7$ 的范围内，

$$Nu = 0.037 \times Pr1/3(Re_l\ 0.8 - 23000)$$

$$Re = v \cdot l/u$$

$$\alpha_c = N_u \lambda / l$$

联立以上三式，得对流换热系数 α_c 为

$$\alpha_c = [0.037 \times Pr1/3 \times (Re_l\ 0.8 - 23000) \times \lambda]/l \tag{5-9}$$

式中：Re——雷诺数；

Pr——空气的普朗特数，取 $Pr = 0.7$；

λ——空气的热导率，取 $\lambda = 6.14 \times 10^{-6}$ $W/(m \cdot K)$；

l——闸片的特征长度；

v——所求点的运动速度；

u——空气的运动黏度。

2)自然对流状态。

自然对流换热状态下，

$$Nu = C\ (GrPr)^n \tag{5-10}$$

系数 C、n 由 $(GrPr)$ 的大小确定。本研究中，$GrPr \approx 10^8$，则 $C = 0.135$，$n = 1/3$。由此可得：

$$\alpha_c = [C\ (GrPr)^n \times \lambda]/l \tag{5-11}$$

(2)辐射换热系数 α_r

$$\alpha_r = q_r/(T - T_0) \tag{5-12}$$

式中：q_r——单位面积辐射换热量，单位为 W/m^2；

T——闸片表面温度，单位为K；

T_0——环境温度，单位为K。

对于辐射换热，根据斯蒂芬-波尔兹曼定律，闸片与周围空气的辐射换热服从：

$$q_r = \varepsilon\sigma_0(T^4 - T_0^4) \tag{5-13}$$

式中：ε——闸片表面黑度；

σ_0——斯蒂芬-波尔兹曼系数，$\sigma_0 = 5.67 \times 10^{-8}\,\mathrm{W/(m^2 \cdot K^4)}$。

5.3.1.5　其他相关参数的确定

机车单根轴重为16t，紧急制动夹钳夹紧力为32693 N，160 km/h时，制动盘与闸片之间平均摩擦因数$\mu = 0.35$；200 km/h时，制动盘与闸片之间平均摩擦因数$\mu = 0.32$；250 km/h时，制动盘与闸片之间平均摩擦因数$\mu = 0.30$；350 km/h时，制动盘与闸片之间平均摩擦因数$\mu = 0.25$；制动盘材质为30CrNiMo，闸片材质为铜基粉末冶金摩擦材料(无铅)，轮装内外直径：ϕ465 mm/ϕ720 mm；制动盘摩擦半径：297.6 mm；车轮直径为860 mm。根据闸片计算公式：

$$W_1 = K\mu r \tag{5-14}$$

$$F = 2W_1/R \tag{5-15}$$

以上两式中，W_1为摩擦力矩，μ为合成闸片的摩擦因数，r为闸片平均摩擦半径，F为制动力，R为车轮半径，K为闸片正压力。

联立式(5-13)、式(5-14)得制动力：

$$F = 2K\mu r/R \tag{5-16}$$

根据牛顿第二定律有：

$$F = ma \tag{5-17}$$

联合式(5-16)、式(5-17)得机车的制动加速度，如表5-6所示。

表5-1　不同初速度下的制动距离

初速度/(km·h^{-1})	加速度/(m·s^{-2})	制动距离/m(1 s空行程)
160	-0.99	1040
200	-0.93	1717
250	-0.85	2911
350	-0.71	6751

由公式$v_t^2 - v_0^2 = 2as$可得出机车的制动距离S，表5-1列出了不同初速度工况下的制动距离。

5.3.1.6 闸片温度场计算结果

闸片各采样点的具体位置如图 5 - 5、图 5 - 6 和图 5 - 7 所示。

1) 制动初速度为 160 km/h 工况下，有限元计算模型上各个时刻的温度分布云图如图 5 - 8、图 5 - 9 所示。

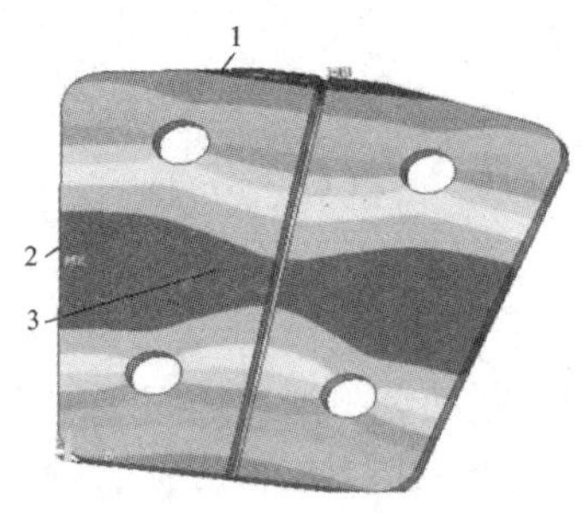

图 5 - 5　闸片正面面采样点

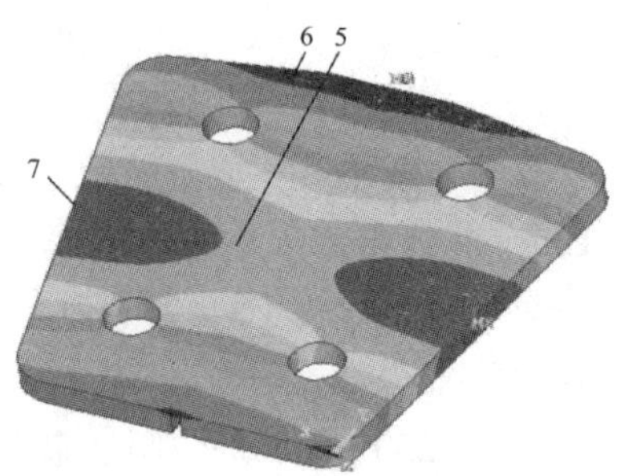

图 5 - 6　闸片背面采样点

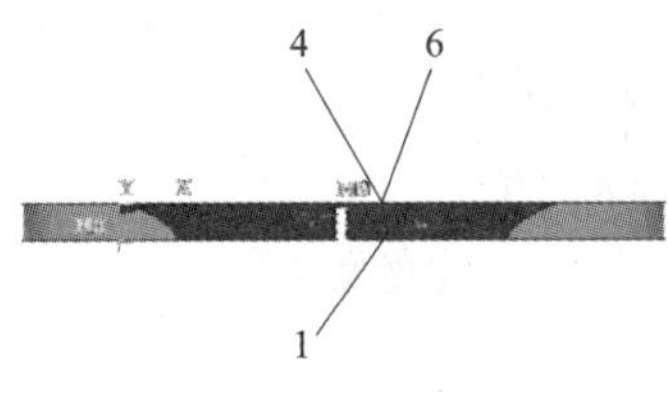

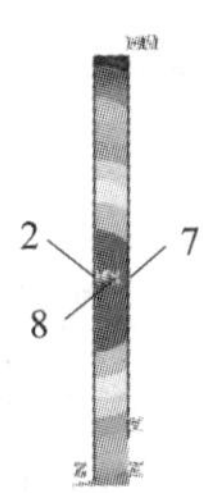

图 5 - 7　闸片边缘和侧面采样点

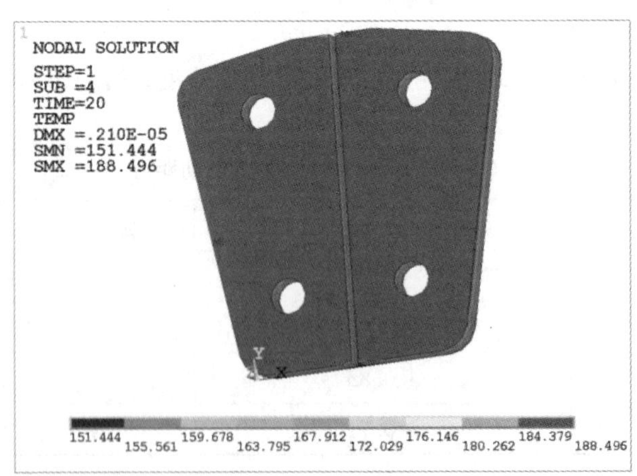

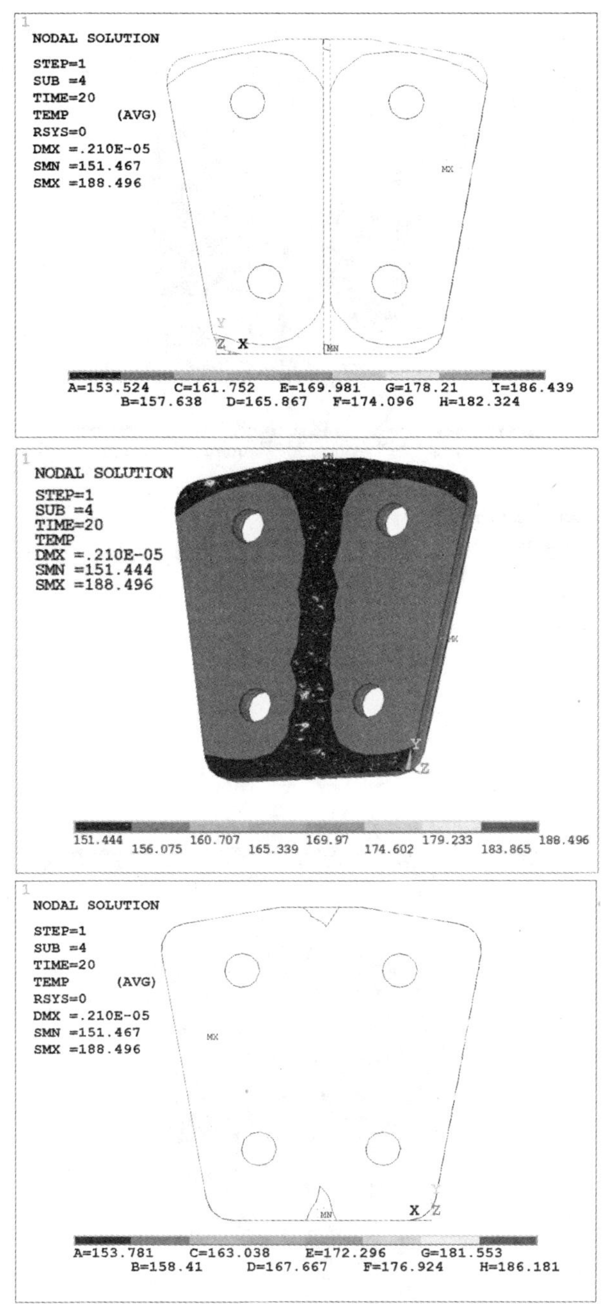

图 5 - 8　升温阶段 $t = 20$ s 时的正面和背面温度分布云图和等值线图

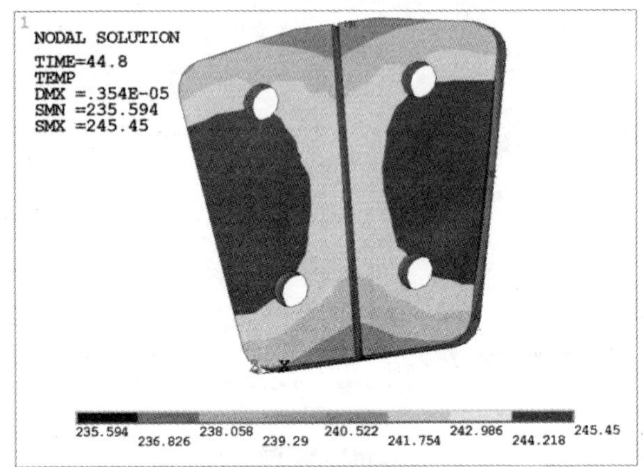
NODAL SOLUTION
TIME=44.8
TEMP
DMX =.354E-05
SMN =235.594
SMX =245.45
235.594 236.826 238.058 239.29 240.522 241.754 242.986 244.218 245.45

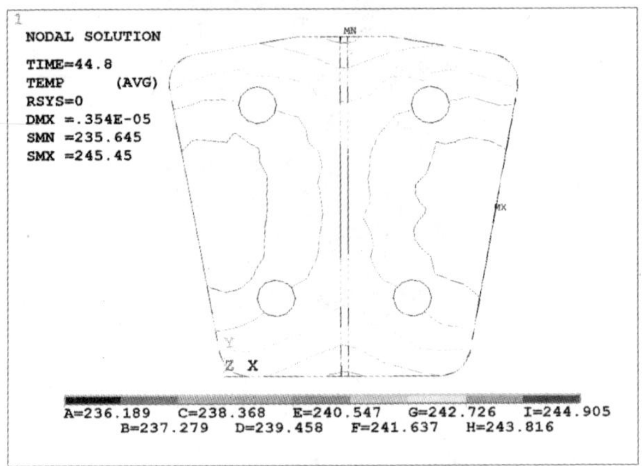
NODAL SOLUTION
TIME=44.8
TEMP (AVG)
RSYS=0
DMX =.354E-05
SMN =235.645
SMX =245.45
A=236.189 C=238.368 E=240.547 G=242.726 I=244.905
B=237.279 D=239.458 F=241.637 H=243.816

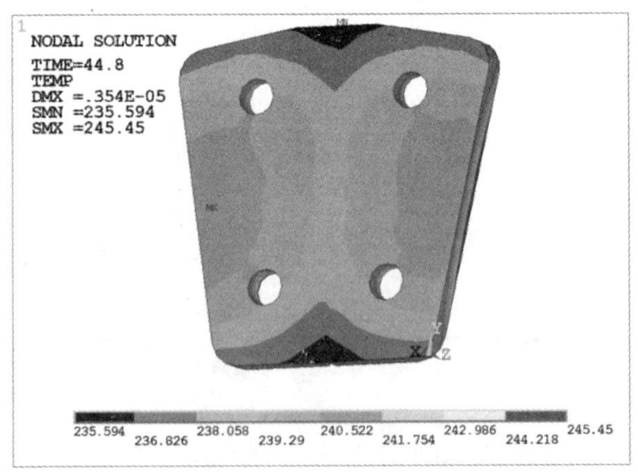
NODAL SOLUTION
TIME=44.8
TEMP
DMX =.354E-05
SMN =235.594
SMX =245.45
235.594 236.826 238.058 239.29 240.522 241.754 242.986 244.218 245.45

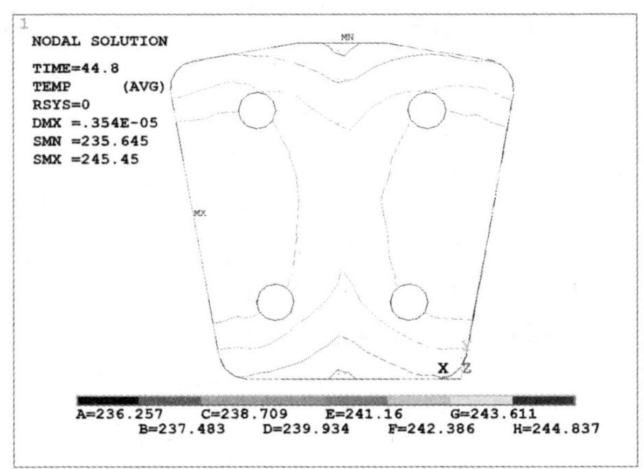

图 5－9　停车时刻 $t=44.8$ s 时的正面和背面温度分布云图和等值线图

各采样点的温度曲线如图 5－10～图 5－13 所示。

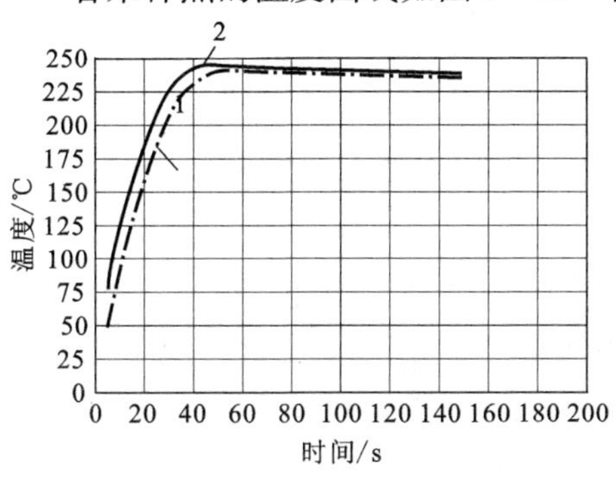

图 5－10　采样点 1 和 2 的温度曲线

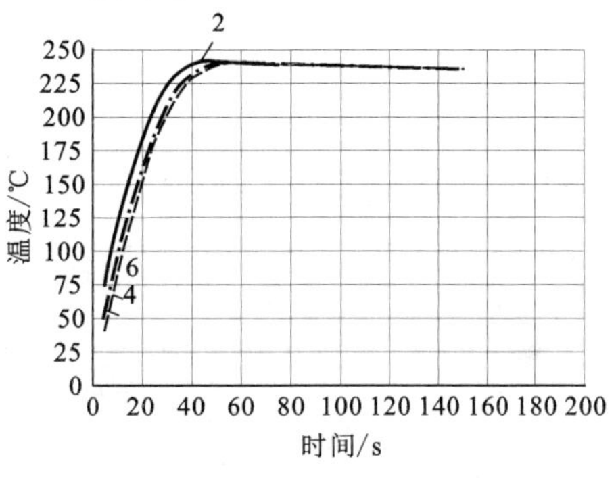

图 5－11　采样点 1，4 和 6 的温度曲线

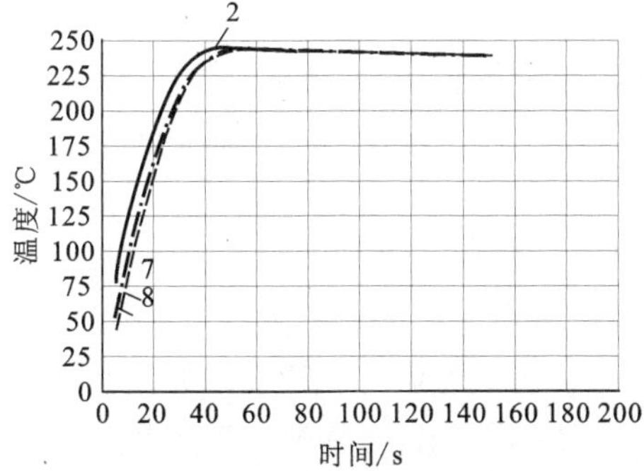

图 5－12　采样点 2，7 和 8 的温度曲线

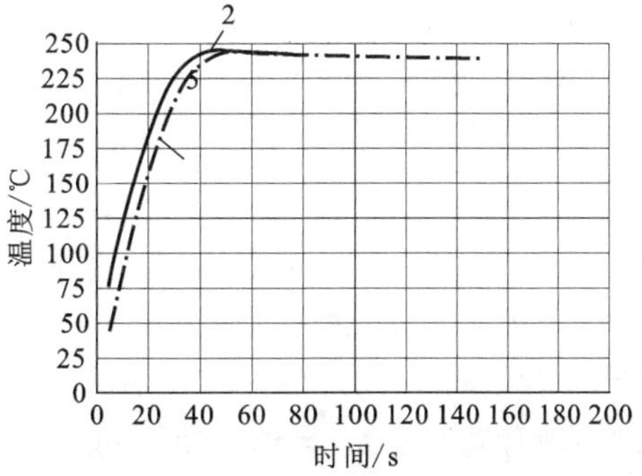

图 5－13　采样点 3 和 5 的温度曲线

图 5－14 是在初速度为 $v=160$ km/h 工况下实施制动所得最高温度曲线，当时间 $t=10$ s 时，闸面最高温度达 127.5℃；当时间 $t=20$ s 时，闸面最高温度达 188.5℃；当时间 $t=40$ s 时，闸面最高温度达 244.5℃，温度达到最大值；停车时刻，即 $t=44.8$ s 时，闸面最高温度降至 245.5℃；当时间 $t=120$ s 时，闸面最高温度为 240.5℃，随后温度继续降低。这种温度变化现象说明从开始实施制动到 $t=44.8$ s 期间，进入闸片的热量大于闸片的散热量，热量在闸片内聚集，使闸片的温度不断升高；而从 $t=44.8$ s 制动结束后闸片已处于自然对流和热辐射状态，散热迟缓，因而温度下降缓慢，直至最后冷却到常温。

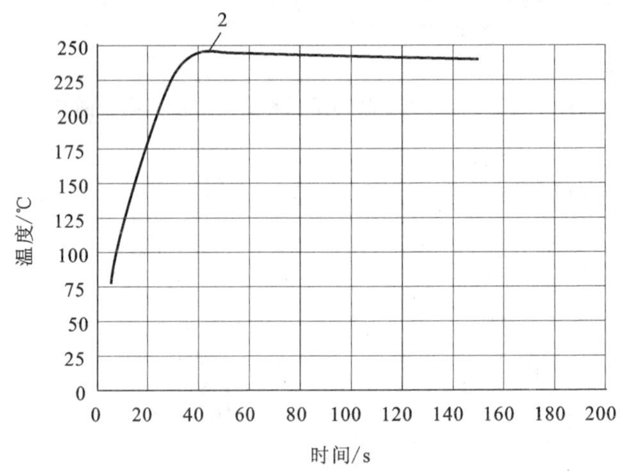

图 5－14　最高温度曲线

2）制动初速度为 200 km/h 的工况下，有限元计算模型上各个时刻的温度分布云图如图 5－15、图 5－16 所示。

各采样点的温度曲线如图 5－17～图 5－20 所示。

图 5－21 是在初速度为 $v=200$ km/h 工况下实施制动所得最高温度曲线，当时间 $t=10$ s 时，闸面最高温度达 137.8℃；当时间 $t=20$ s 时，闸面最高温度达 224℃；当时间 $t=55$ s 时，闸面最高温度达 351.4℃，温度达到最大值；停车时刻，即 $t=59.8$ s 时，闸面最高温度降至 350℃；当时间 $t=120$ s 时，闸面最高温度为 344.7℃，随后温度继续降低。这种温度变化现象说明从开始实施制动到 $t=55$ s 期间，进入闸片的热量大于闸片的散热量，热量在闸片内聚集，使闸片的温度不断升高；而从 $t=55$ s 开始到停车这段时间，进入闸片热量小于闸片的散热量，导致闸片内的热量逐渐散失，表面温度开始下降。由于制动结束后闸片已处于自然对流和热辐射状态，散热迟缓，因而温度下降缓慢，直至最后冷却到常温。

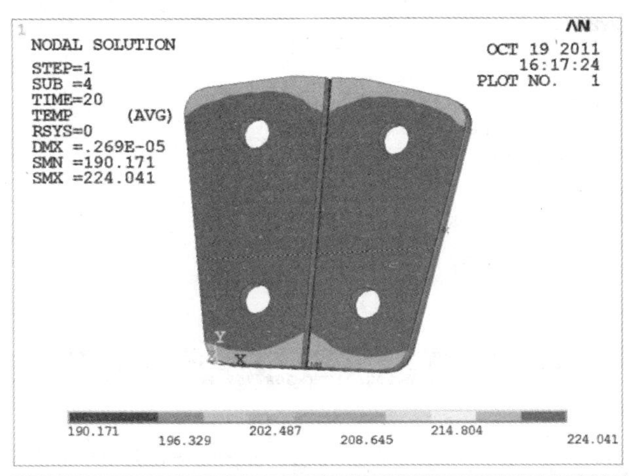
NODAL SOLUTION
STEP=1
SUB =4
TIME=20
TEMP (AVG)
RSYS=0
DMX =.269E-05
SMN =190.171
SMX =224.041
OCT 19 2011
16:17:24
PLOT NO. 1
190.171
196.329
202.487
208.645
214.804
224.041

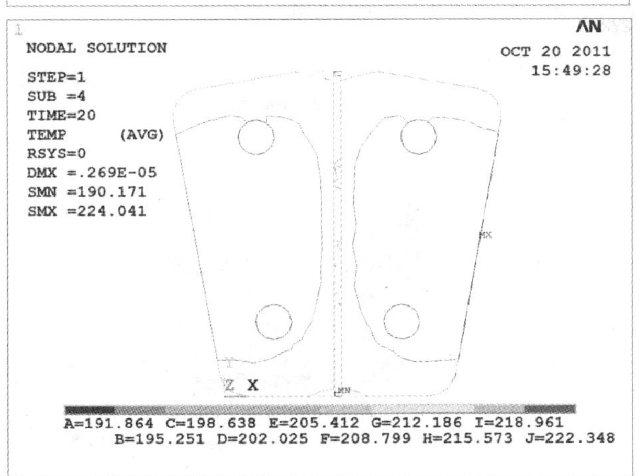
NODAL SOLUTION
STEP=1
SUB =4
TIME=20
TEMP (AVG)
RSYS=0
DMX =.269E-05
SMN =190.171
SMX =224.041
OCT 20 2011
15:49:28
A=191.864 C=198.638 E=205.412 G=212.186 I=218.961
B=195.251 D=202.025 F=208.799 H=215.573 J=222.348

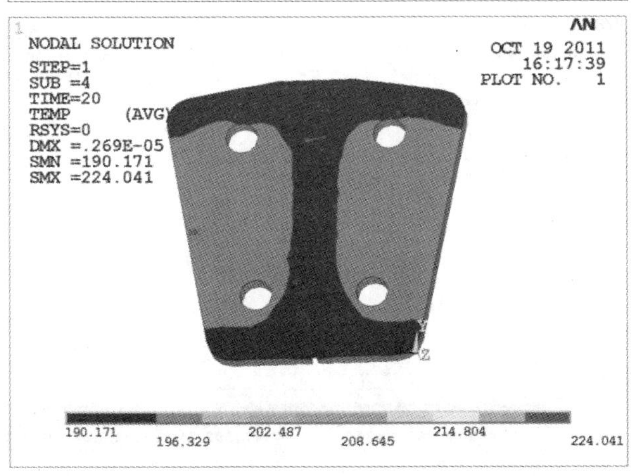
NODAL SOLUTION
STEP=1
SUB =4
TIME=20
TEMP (AVG)
RSYS=0
DMX =.269E-05
SMN =190.171
SMX =224.041
OCT 19 2011
16:17:39
PLOT NO. 1
190.171
196.329
202.487
208.645
214.804
224.041

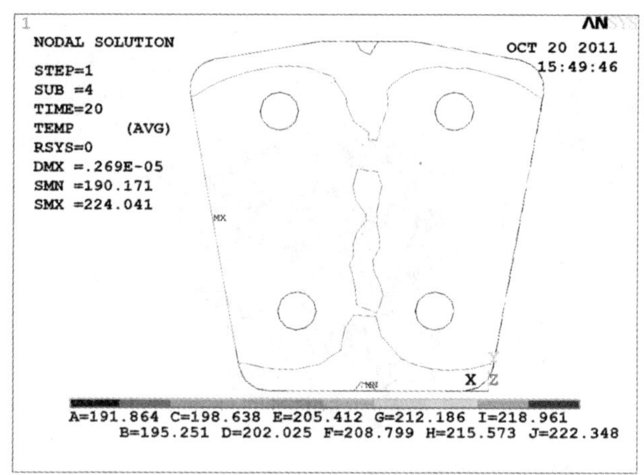

图 5-15 升温阶段 $t=20$ s 时的正面和背面温度分布云图和等值线图

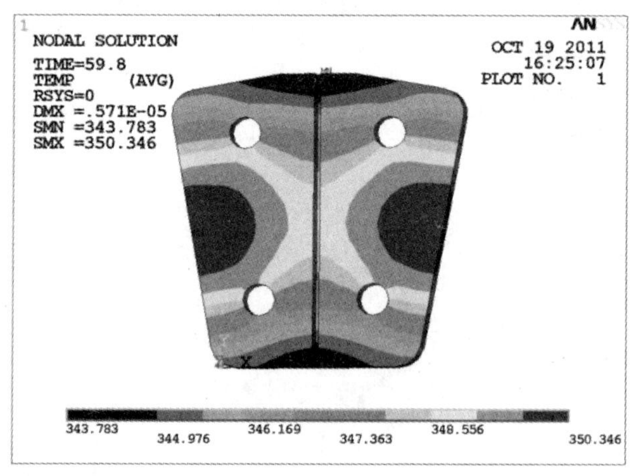

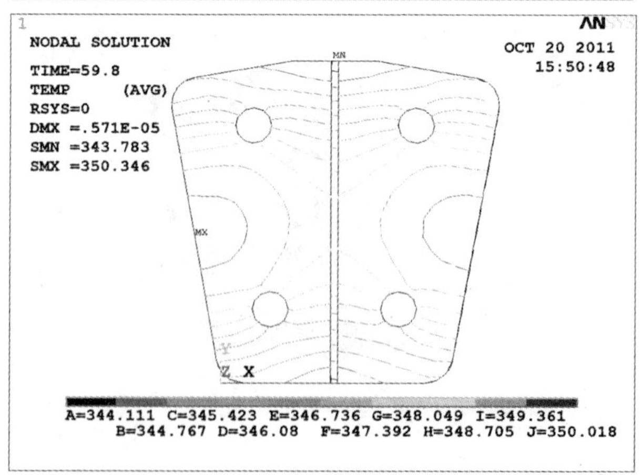

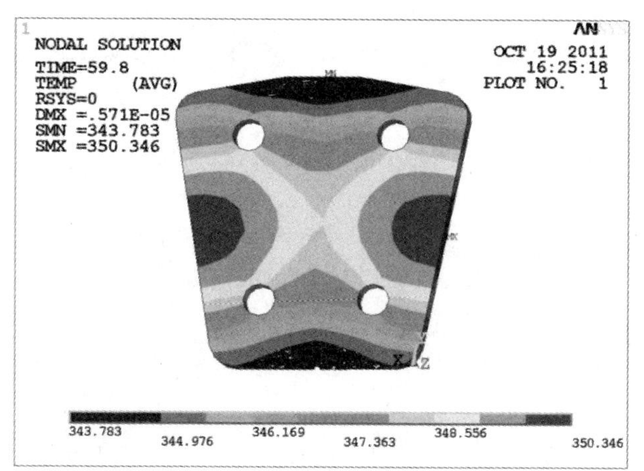

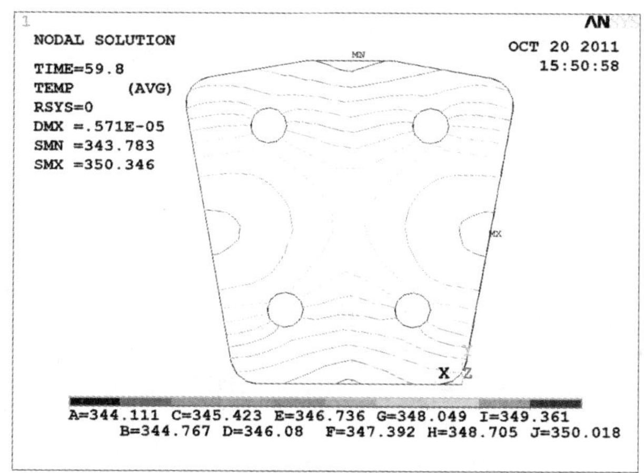

图 5－16　停车时刻 $t=59.8$ s 时的正面和背面温度分布云图和等值线图

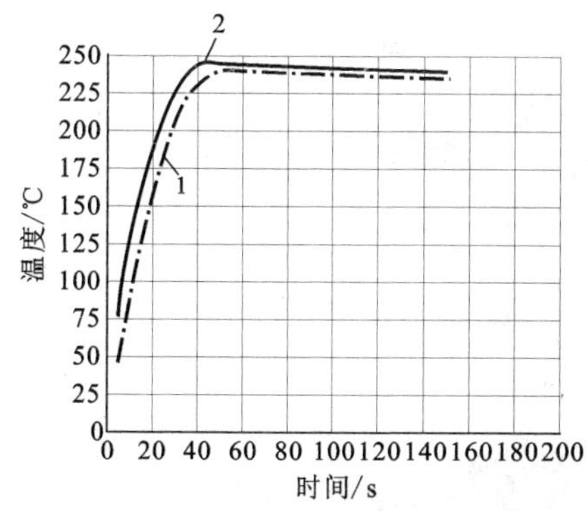

图 5－17　采样点 1 和 2 的温度曲线

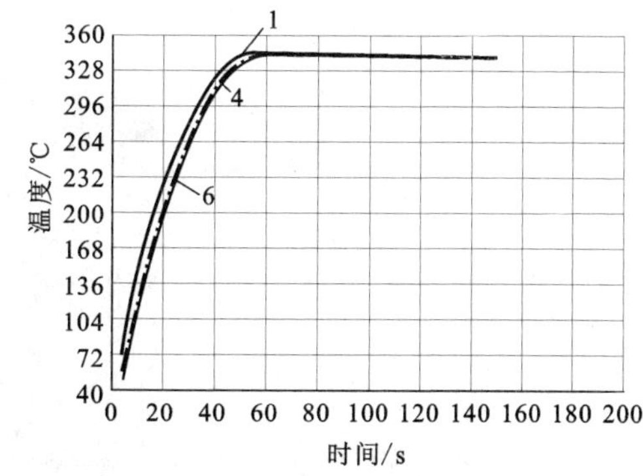

图 5－18　采样点 1，4 和 6 的温度曲线

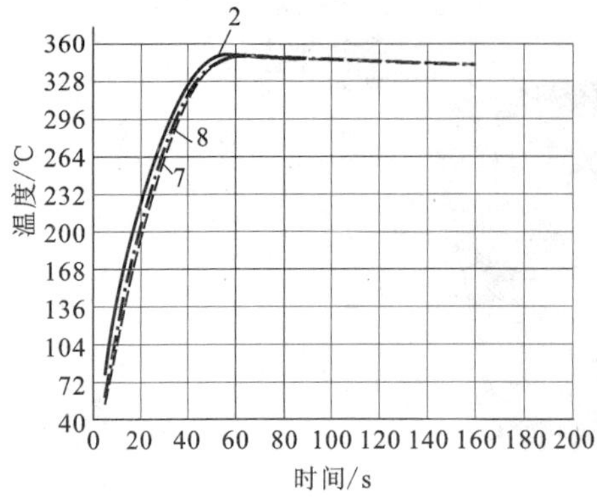

图 5－19　采样点 2，7 和 8 的温度曲线

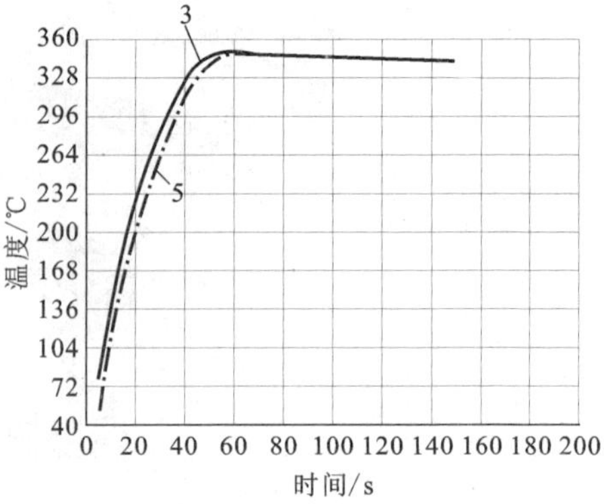

图 5－20　采样点 3 和 5 的温度曲线

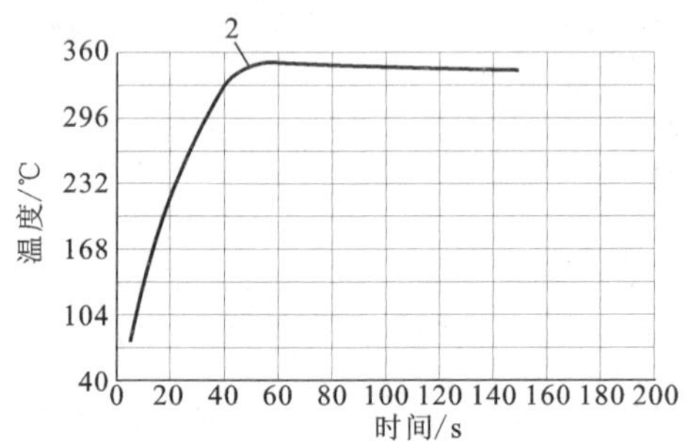

图 5－21　最高温度曲线

3）制动初速度为 250 km/h 工况下，有限元计算模型上各个时刻的温度分布云如图 5－22、图 5－23 所示。

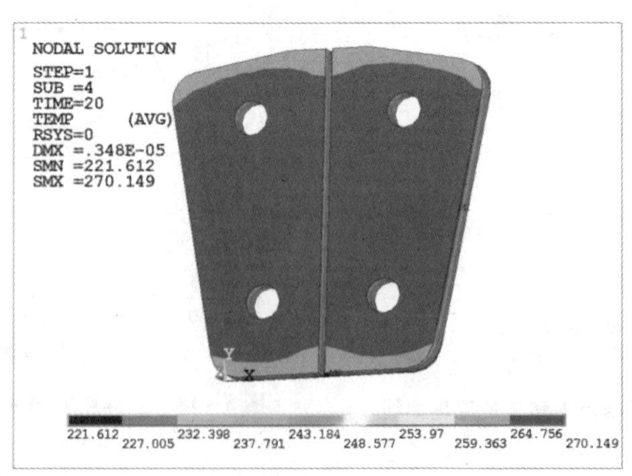

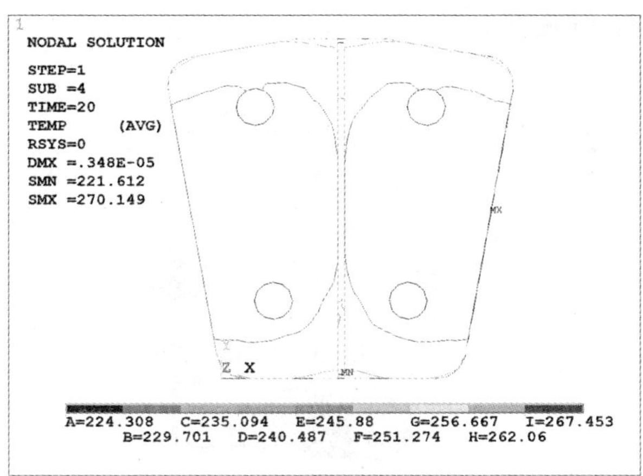

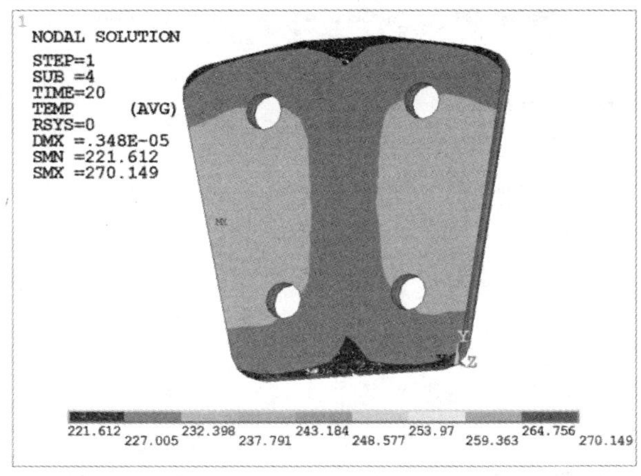

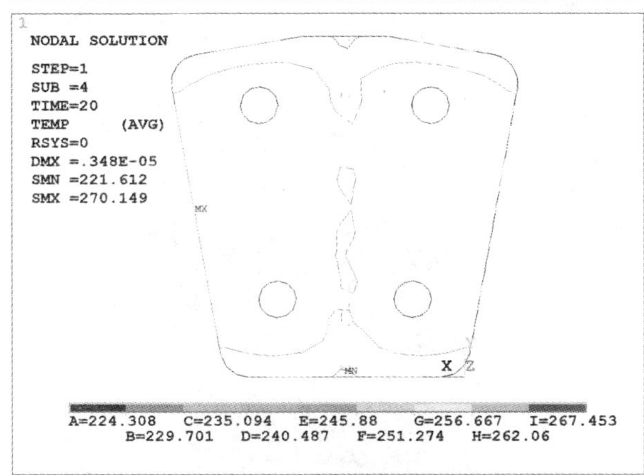

图 5－22　升温阶段 $t = 20$ s 时的正面背面温度分布云图和等值线图

各采样点的温度曲线如图 5 - 24 ~ 图 5 - 27 所示。

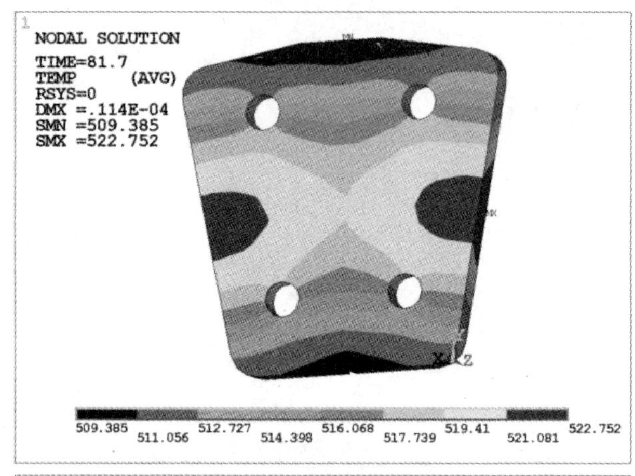

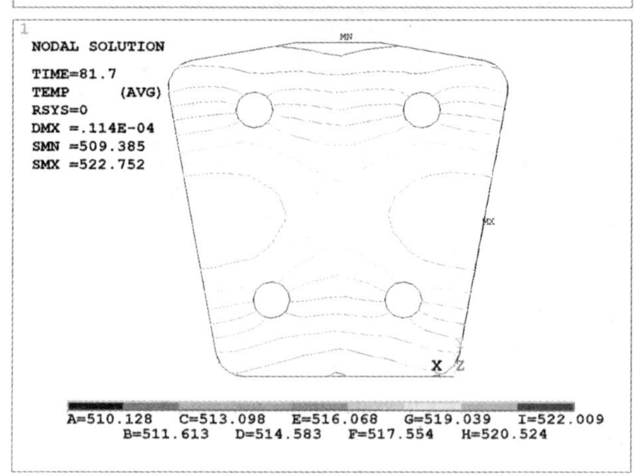

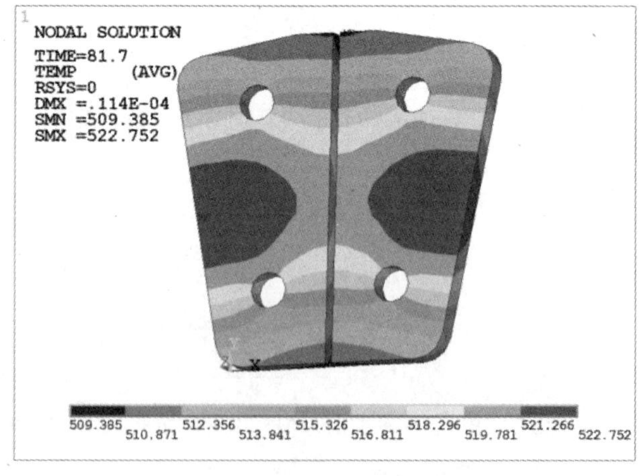

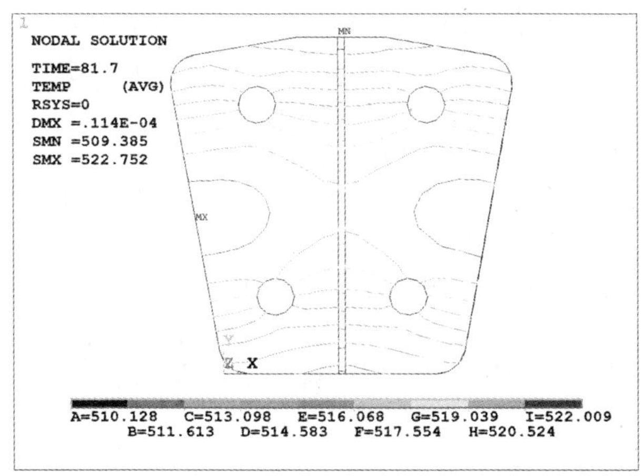

图 5-23　停车时刻 $t=81.7$ s 时的正面和背面温度分布云图和等值线图

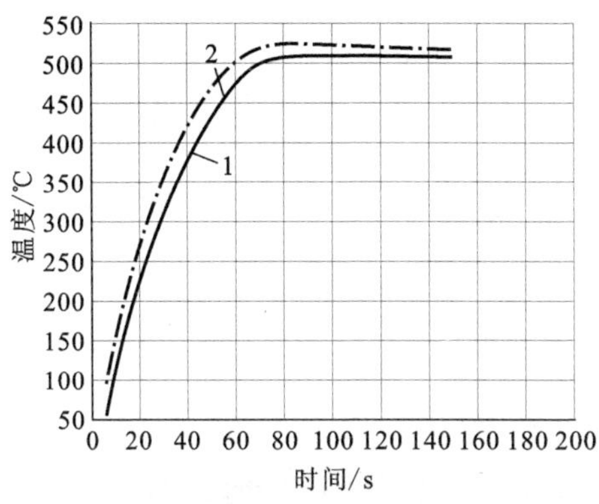

图 5-24　采样点 1 和 2 的温度曲线

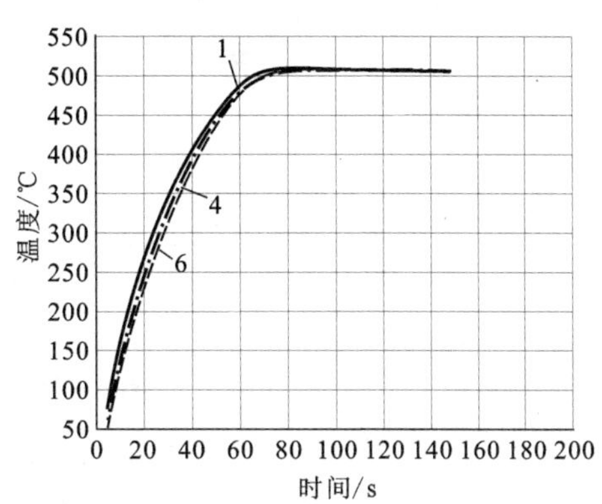

图 5-25　采样点 1，4 和 6 的温度曲线

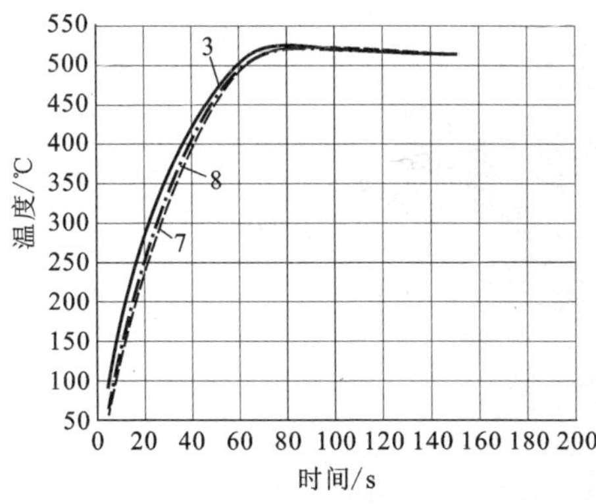

图 5-26　采样点 3，7 和 8 的温度曲线

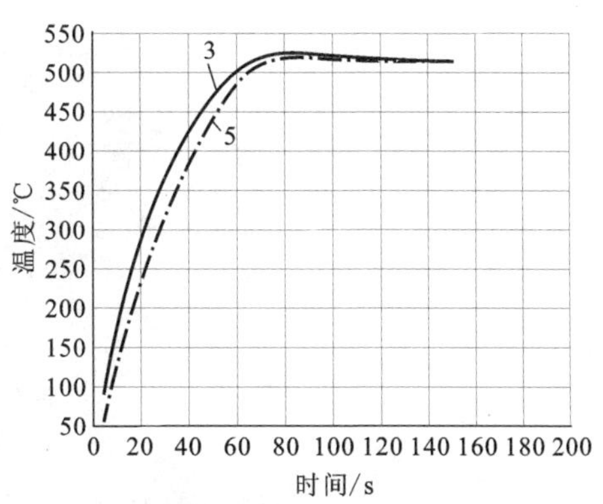

图 5-27　采样点 3 和 5 的温度曲线

图 5 - 28 在初速度为 $v=250$ km/h 工况下实施制动所得最高温度曲线，当时间 $t=10$ s 时，闸面最高温度达 160. 3℃；当时间 $t=20$ s 时，闸面最高温度达 270. 1℃；当时间 $t=75$ s 时，闸面最高温度达 523. 5℃，温度达到最大值；停车时刻，即 $t=81.7$ s 时，闸面最高温度降至 522. 8℃；当时间 $t=120$ s 时，闸面最高温度为 516. 6℃，随后温度继续降低。这种温度变化现象说明从开始实施制动到 $t=75$ s期间，进入闸片的热量大于闸片的散热量，热量在闸片内聚集，使闸片的温度不断升高且达到最大温度；而从 $t=75$ s 到停车这段时间，进入闸片的热量小于闸片的散热量，导致闸片内热量逐渐散失，表面温度开始下降。制动结束后闸片无热量输入且已处于自然对流和热辐射状态，散热迟缓，因而温度继续缓慢下降，直至最后冷却到常温。

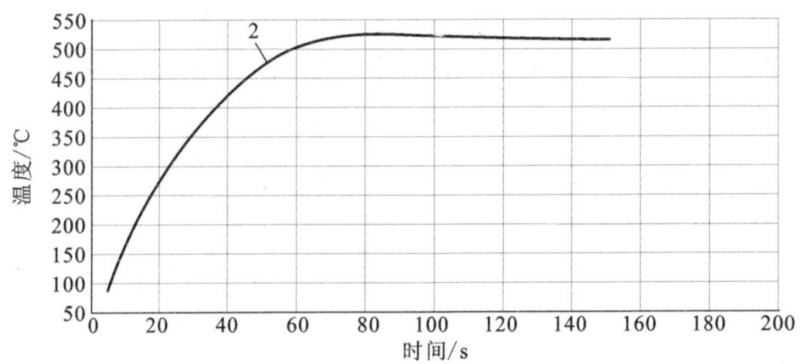

图 5 - 28　最高温度曲线

4) 制动初速度为 350 km/h 工况下，有限元计算模型上各个时刻的温度分布云如图 5 - 29 ~ 图 5 - 30 所示。

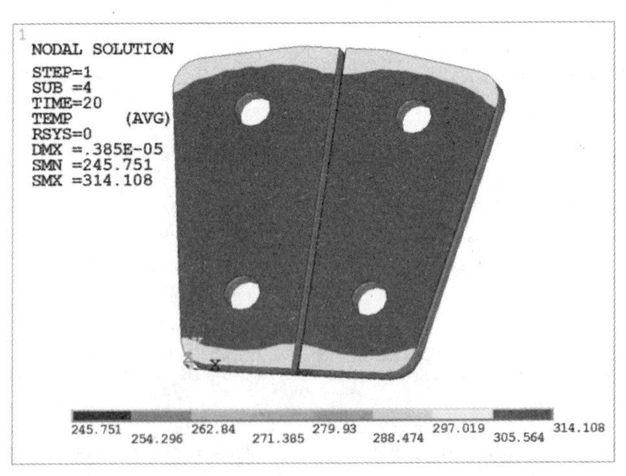

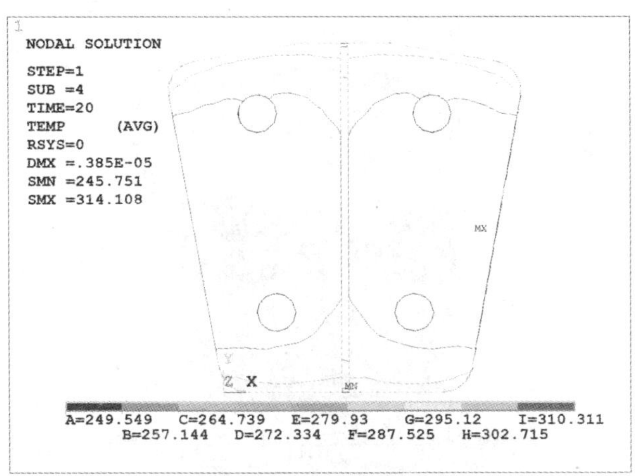

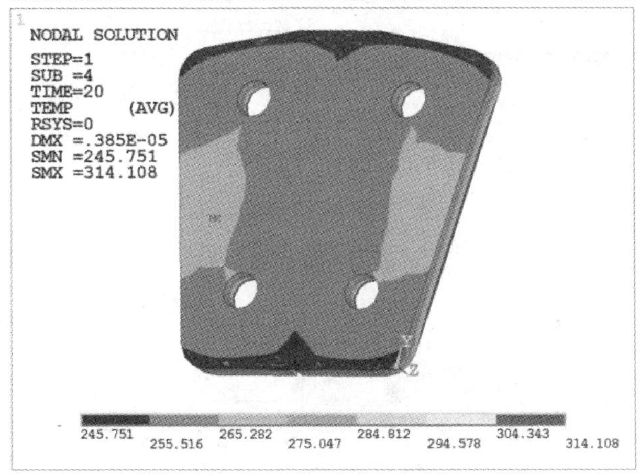

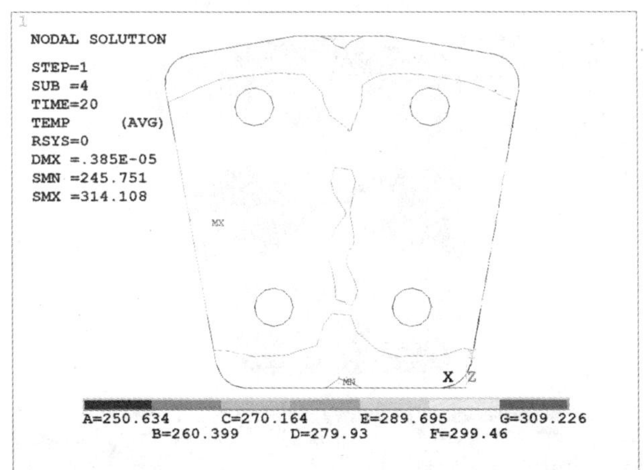

图 5－29　升温阶段 $t=20$ s 时的正面和背面温度分布云图和等值线图

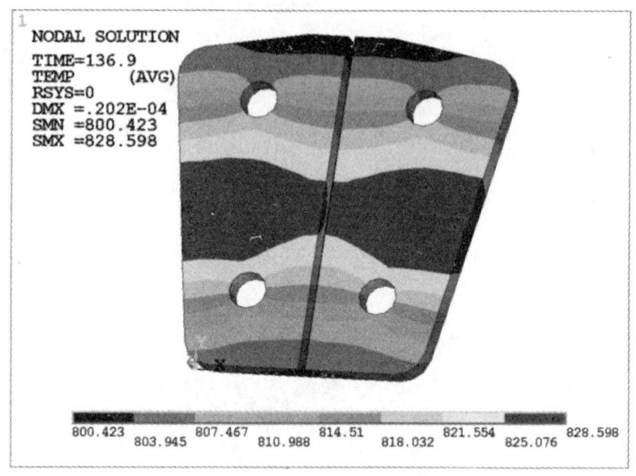
NODAL SOLUTION
TIME=136.9
TEMP (AVG)
RSYS=0
DMX =.202E-04
SMN =800.423
SMX =828.598
800.423
803.945
807.467
810.988
814.51
818.032
821.554
825.076
828.598

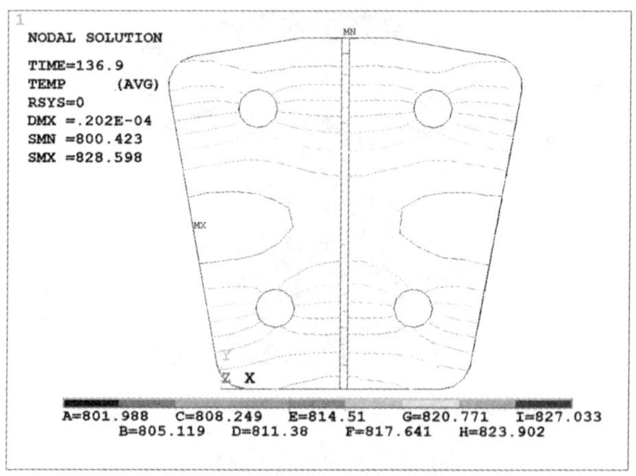
NODAL SOLUTION
TIME=136.9
TEMP (AVG)
RSYS=0
DMX =.202E-04
SMN =800.423
SMX =828.598
A=801.988
B=805.119
C=808.249
D=811.38
E=814.51
F=817.641
G=820.771
H=823.902
I=827.033

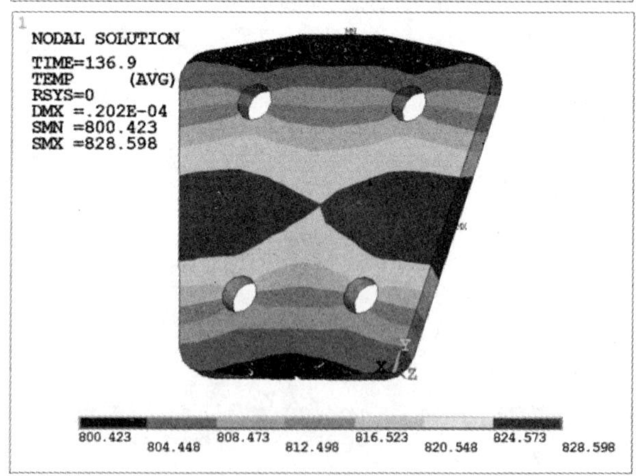
NODAL SOLUTION
TIME=136.9
TEMP (AVG)
RSYS=0
DMX =.202E-04
SMN =800.423
SMX =828.598
800.423
804.448
808.473
812.498
816.523
820.548
824.573
828.598

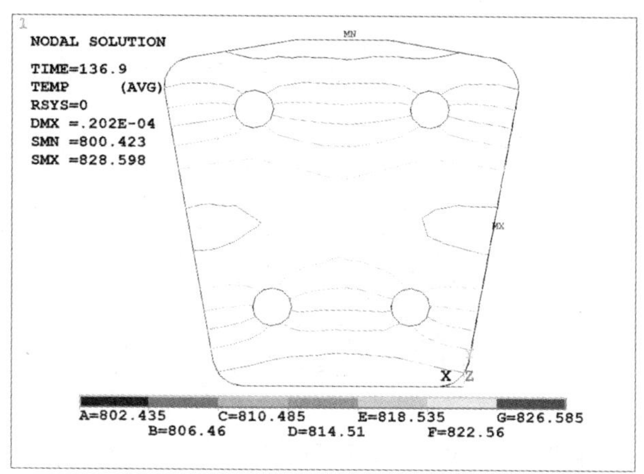

图 5－30　停车时刻 t = 136.9 s 时的正面和背面温度分布云图和等值线图

各采样点的温度曲线如图 5－31～图 5－34 所示。

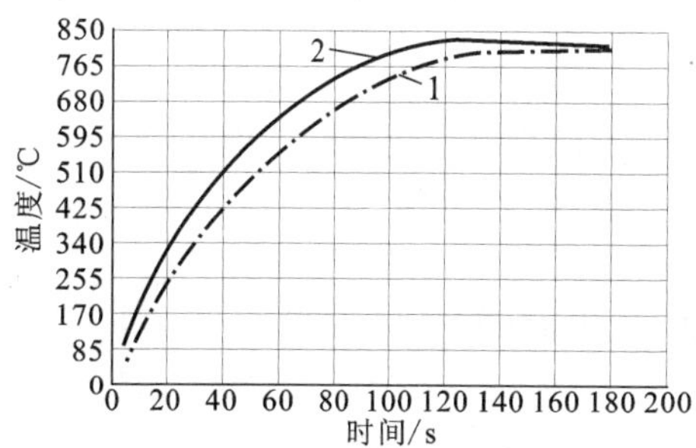

图 5－31　采样点 1 和 2 的温度曲线

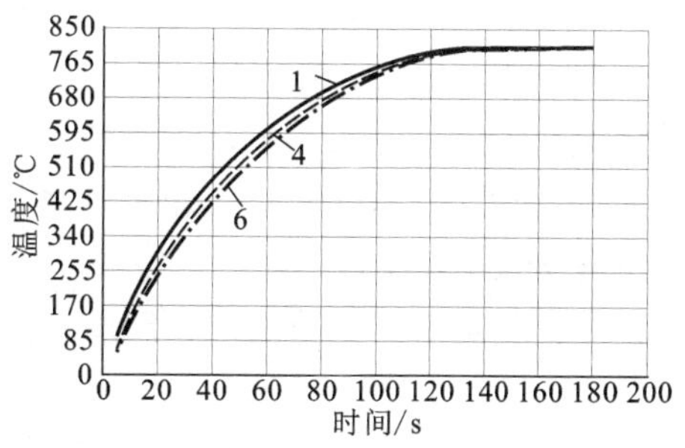

图 5－32　采样点 1，4 和 6 的温度曲线

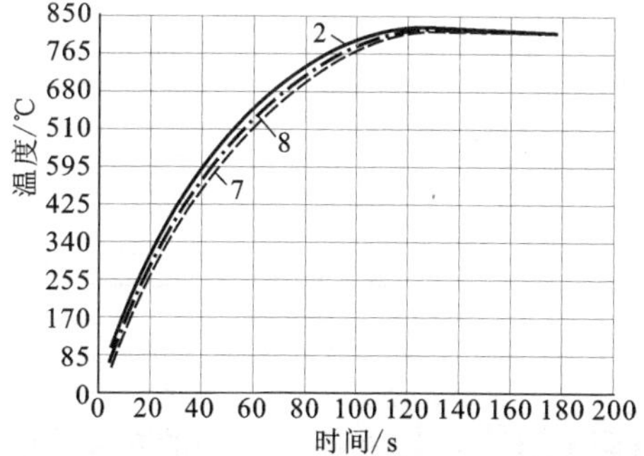

图 5－33　采样点 2，8 和 7 的温度曲线

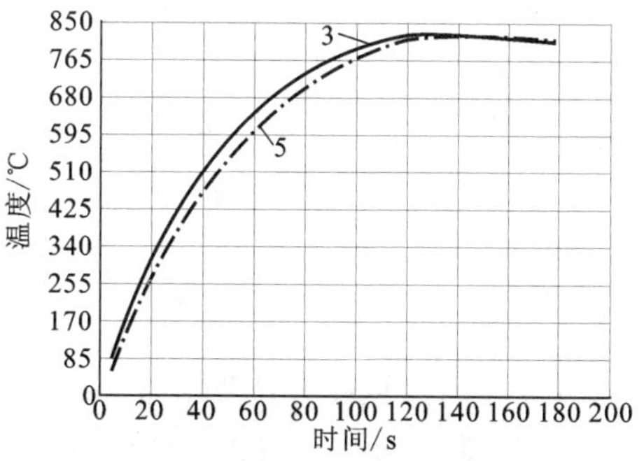

图 5－34　采样点 3 和 5 的温度曲线

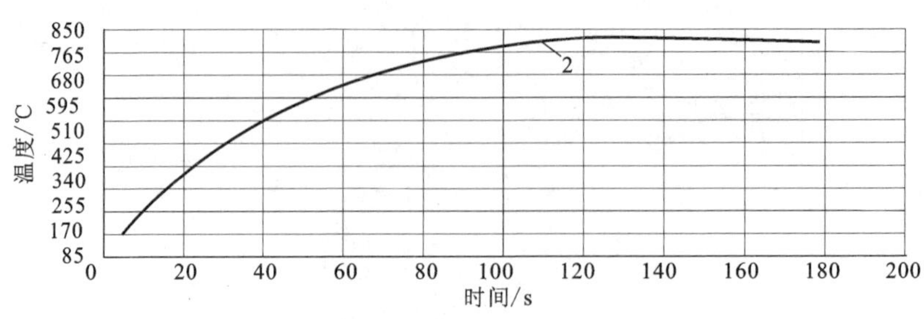

图 5－35　最高温度曲线

图 5－35 在初速度为 $v=350$ km/h 工况下实施制动所得最高温度曲线，当时间 $t=10$ s 时，闸面最高温度达 181.8℃；当时间 $t=20$ s 时，闸面最高温度达 314.1℃；当时间 $t=130$ s 时，闸面最高温度达 830.9℃，温度达到最大值；停车时刻，即 $t=136.9$ s 时，闸面最高温度降至 828.6℃；当时间 $t=160$ s 时，闸面最高温度为 821.0℃；随后温度继续降低。这种温度变化现象说明从开始实施制动到 $t=130$ s 期间，进入闸片的热量大于闸片的散热量，热量在闸片内聚集，使闸片的温度不断升高，且达到最大温度；而从 $t=130$ s 到停车这段时间，进入闸片的热量小于闸片的散热量，导致闸片内热量逐渐散失，表面温度开始下降。制动结束后闸片无热量输入且已处于自然对流和热辐射状态，散热迟缓，因而温度继续下降缓慢，直至最后冷却到常温。

不同初速度工况下的最高温度对比如表 5－2 所示。

表 5－2　不同初速度工况下的最高温度

初速度/($km \cdot h^{-1}$)	加速度/($m \cdot s^{-2}$)	制动距离/m(1 s 空行程)	最高温度/℃	最高温度时刻/s
160	－0.99	1040	245.5	45
200	－0.93	1717	351.4	55
250	－0.85	2911	523.5	75
350	－0.71	6751	830.9	130

5.3.1.7　闸片热应力计算结果

1）制动初速度为 160 km/h 工况下，有限元计算模型上各个时刻的热应力分布云如图 5－36、图 5－37 所示。

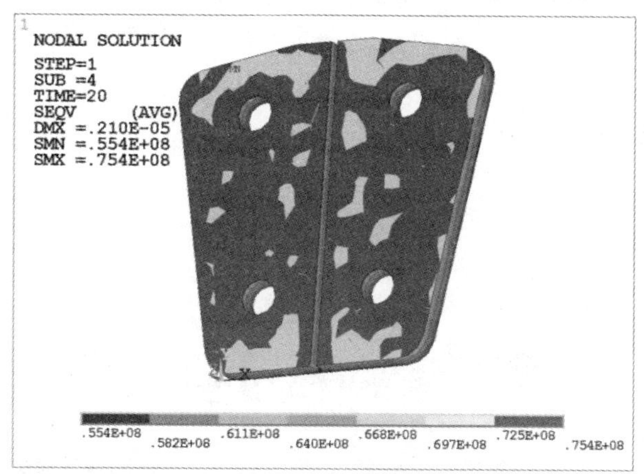
1
NODAL SOLUTION
STEP=1
SUB =4
TIME=20
SEQV (AVG)
DMX =.210E-05
SMN =.554E+08
SMX =.754E+08
MN
Y
Z X
.554E+08
.582E+08
.611E+08
.640E+08
.668E+08
.697E+08
.725E+08
.754E+08

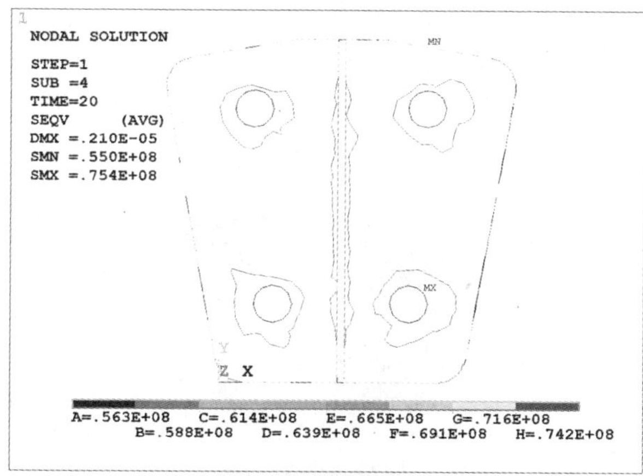
1
NODAL SOLUTION
STEP=1
SUB =4
TIME=20
SEQV (AVG)
DMX =.210E-05
SMN =.550E+08
SMX =.754E+08
MN
MX
Y
Z X
A=.563E+08
B=.588E+08
C=.614E+08
D=.639E+08
E=.665E+08
F=.691E+08
G=.716E+08
H=.742E+08

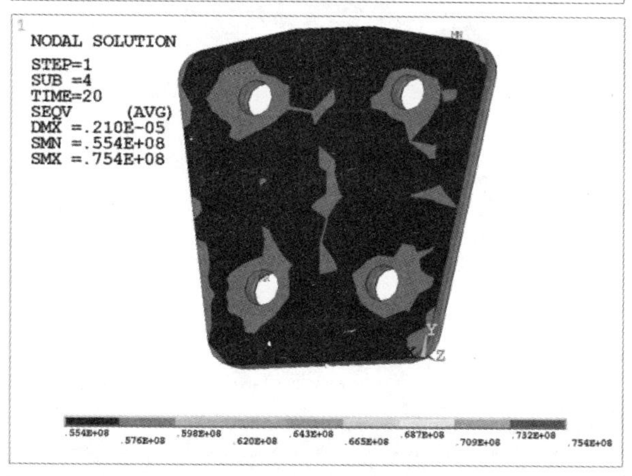
1
NODAL SOLUTION
STEP=1
SUB =4
TIME=20
SEQV (AVG)
DMX =.210E-05
SMN =.554E+08
SMX =.754E+08
MN
Y
X Z
.554E+08
.576E+08
.598E+08
.620E+08
.643E+08
.665E+08
.687E+08
.709E+08
.732E+08
.754E+08

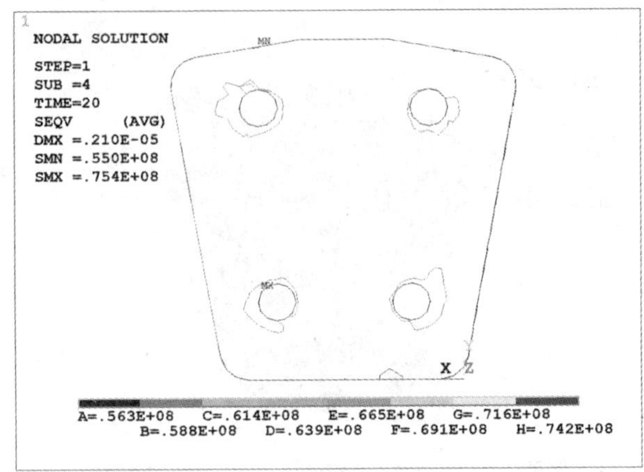

图 5－36 $t=20$ s 时的正面和背面热应力云图和等值线图

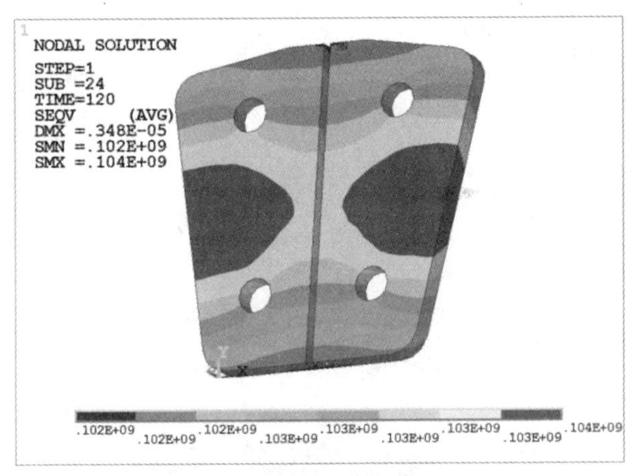

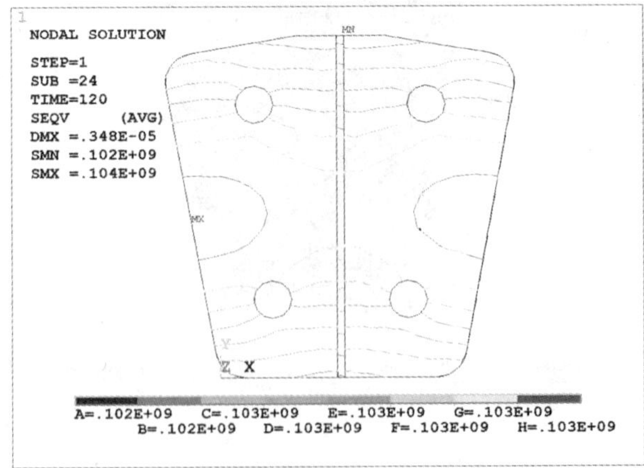

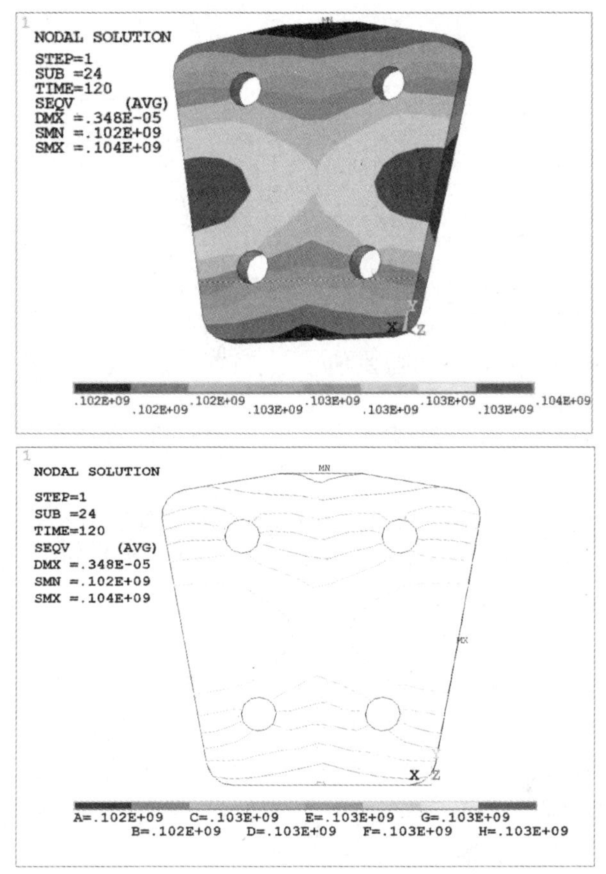

图 5－37　$t=120$ s 时的正面和背面热应力云图和等值线图

各采样点的应力曲线如图 5－38～图 5－41 所示。

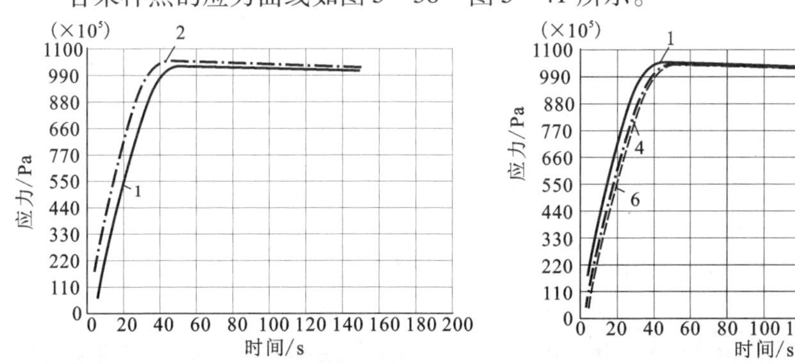

图 5－38　采样点 1 和 2 应力曲线

图 5－39　采样点 1，4 和 6 应力曲线

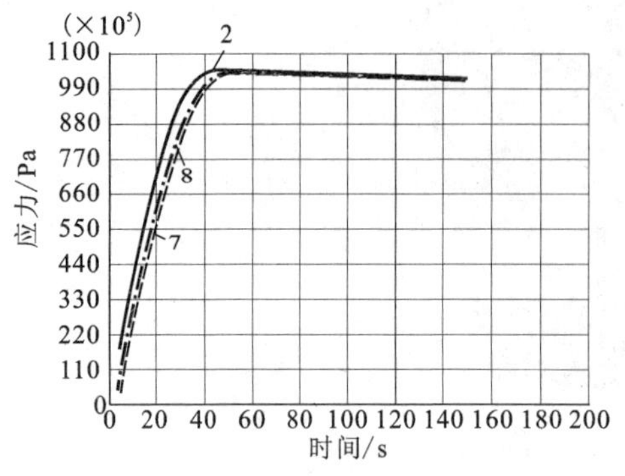

图 5 -40　采样点 2，7 和 8 应力曲线

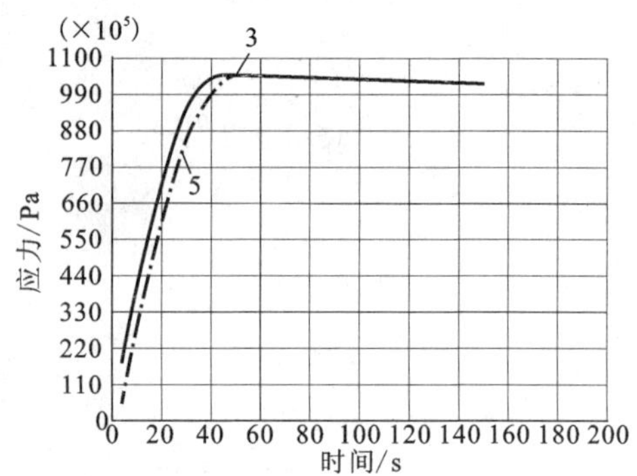

图 5 -41　采样点 3 和 5 应力曲线

图 5 -42 是在制动初速度为 $v=160$ km/h 工况下实施制动所得采样点 2 应力曲线，当时间 $t=10$ s 时，闸面最大应力达 43.3 MPa；当时间 $t=20$ s 时，闸面最大应力达 75.4 MPa；当时间 $t=40$ s 时，最大应力达 105 MPa；当时间 $t=44.8$ s 时，最大应力达 106 MPa；当时间 $t=120$ s 时，最大应力达 104 MPa；随后应力继续降低。这种应力变化现象说明从开始实施制动到 $t=40$ s 期间，进入闸片的热量大于闸片的散热量，热量在闸片内聚集，使闸片的温度不断升高，温度梯度较大，热应力增长很快；而从 $t=40$ s 到停车这段时间，热应力缓慢增大至最大应力值，这是因为高温阶段对闸片应力有一定的影响，使得应力在停车时刻达到最大值；停车之后应力缓慢下降。

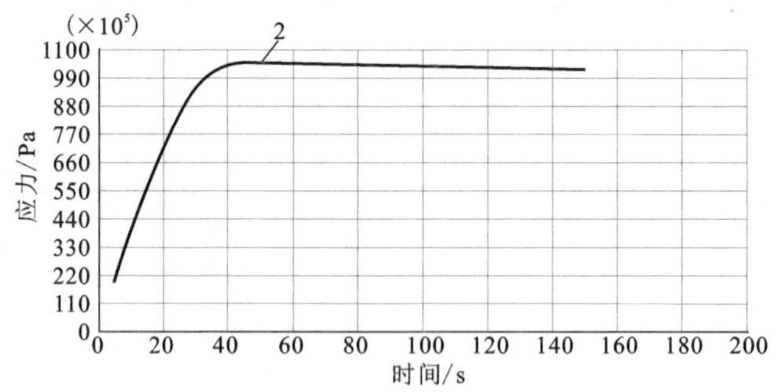

图 5 -42　采样点 2 应力曲线

2) 制动初速度为 200 km/h 工况下，有限元计算模型上各个时刻的热应力分布云如图 5 -43 和图 5 -44 所示。

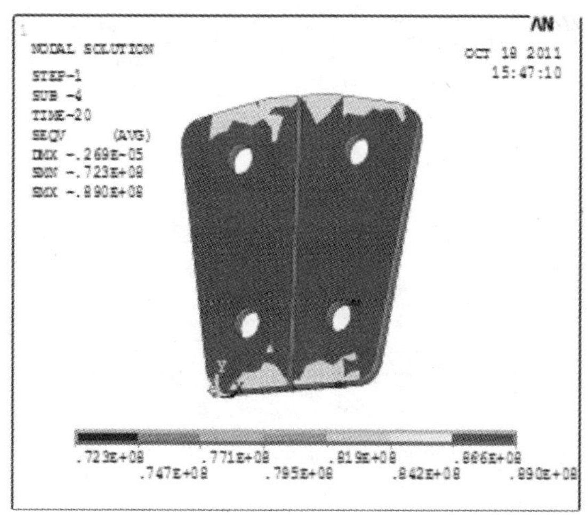
AN
NODAL SOLUTION
STEP=1
SUB =4
TIME=20
SEQV (AVG)
DMX =.269E-05
SMN =.723E+08
SMX =.890E+08
OCT 18 2011
15:47:10
.723E+08 .771E+08 .819E+08 .866E+08
.747E+08 .795E+08 .842E+08 .890E+08

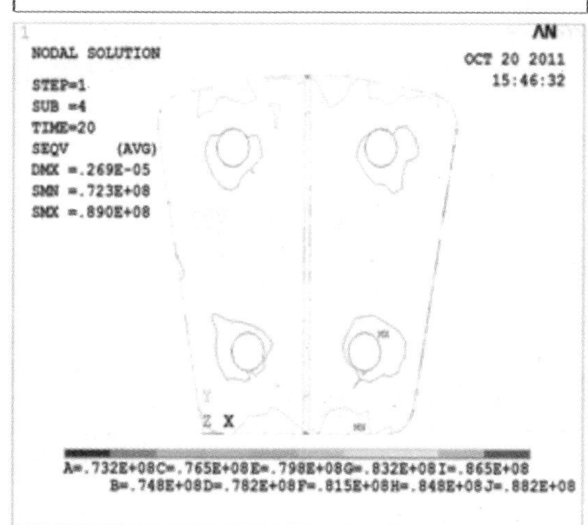
AN
NODAL SOLUTION
STEP=1
SUB =4
TIME=20
SEQV (AVG)
DMX =.269E-05
SMN =.723E+08
SMX =.890E+08
OCT 20 2011
15:46:32
A=.732E+08C=.765E+08E=.798E+08G=.832E+08I=.865E+08
B=.748E+08D=.782E+08F=.815E+08H=.848E+08J=.882E+08

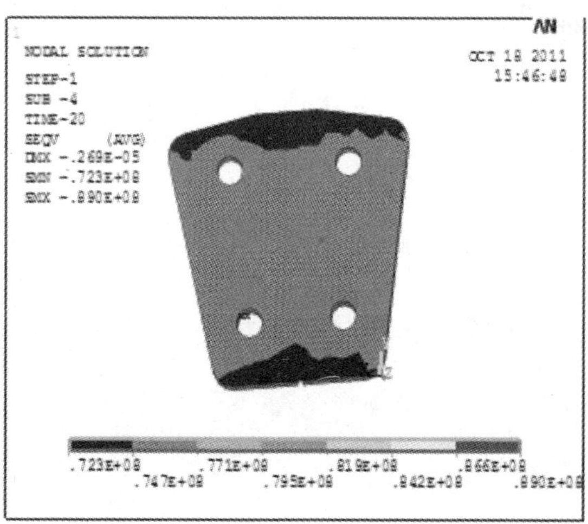
AN
NODAL SOLUTION
STEP=1
SUB =4
TIME=20
SEQV (AVG)
DMX =.269E-05
SMN =.723E+08
SMX =.890E+08
OCT 18 2011
15:46:48
.723E+08 .771E+08 .819E+08 .866E+08
.747E+08 .795E+08 .842E+08 .890E+08

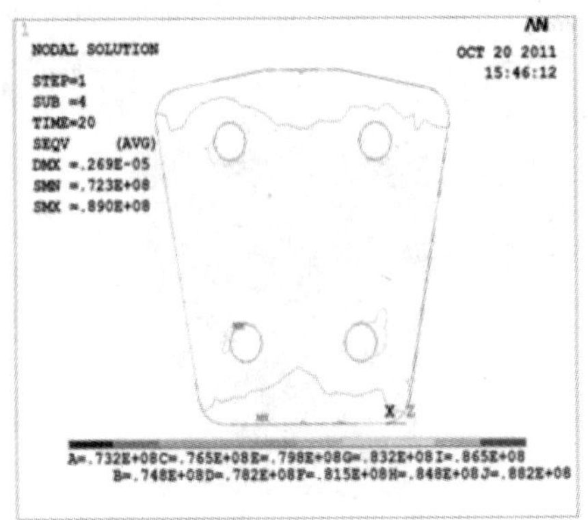

图5-43　$t=20$ s时的正面和背面热应力云图等值线图

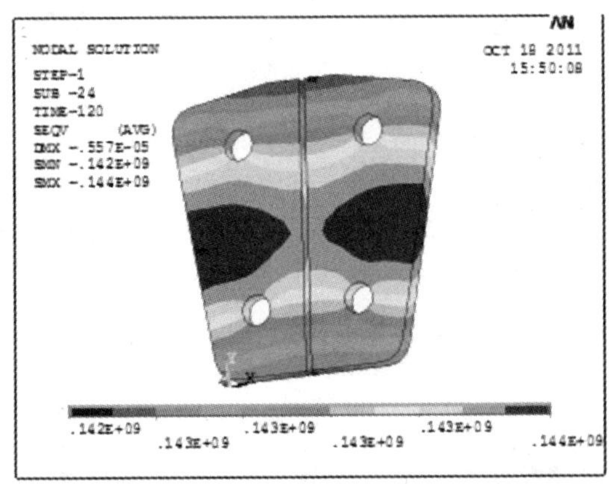

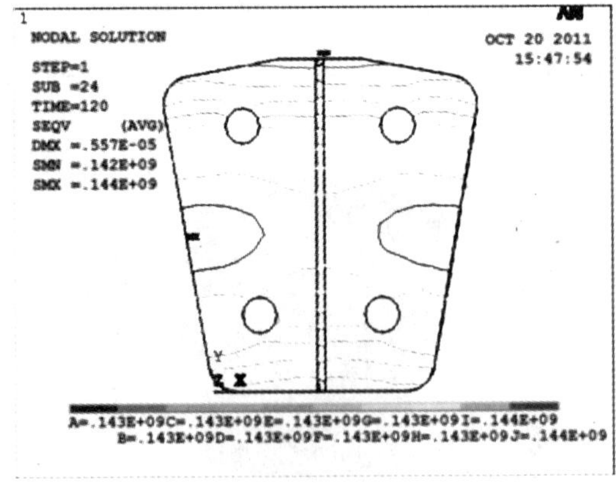

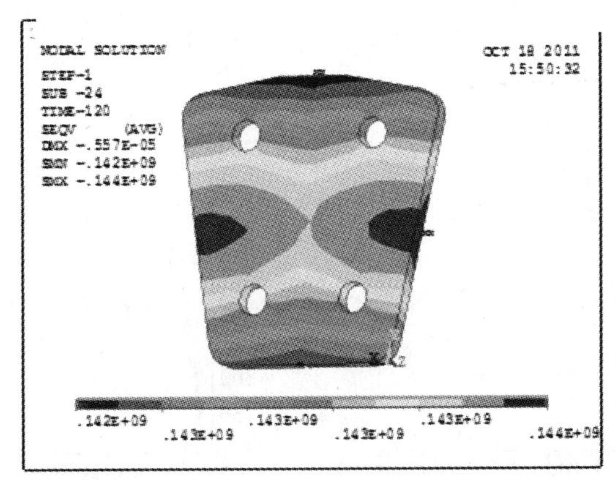

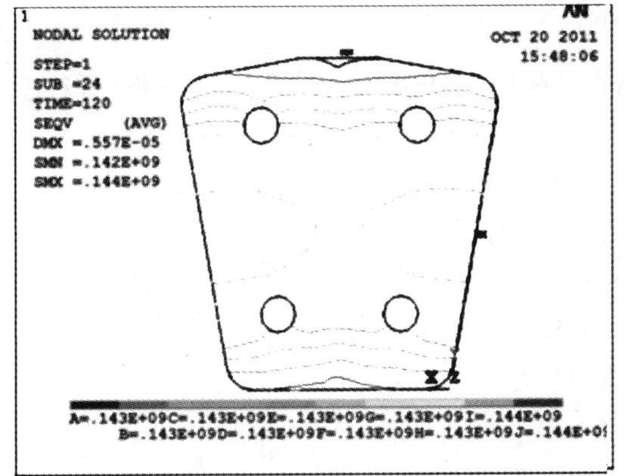

图 5－44　$t=120$ s 时的正面和背面热应力云图和等值线图

各采样点的应力曲线如图 5－45～图 5－48 所示。

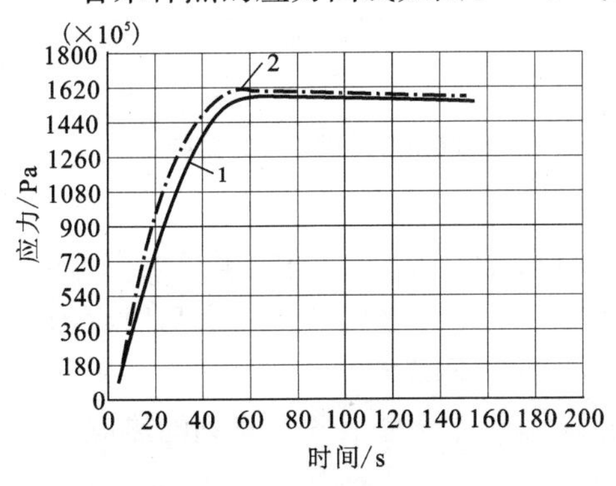

图 5－45　采样点 1 和 2 应力曲线

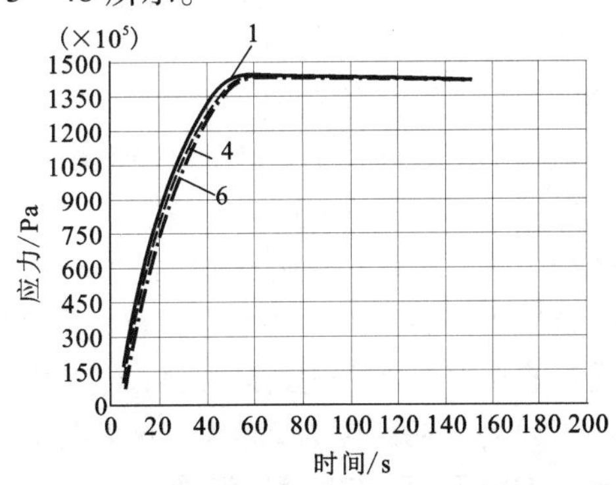

图 5－46　采样点 1，4 和 6 应力曲线

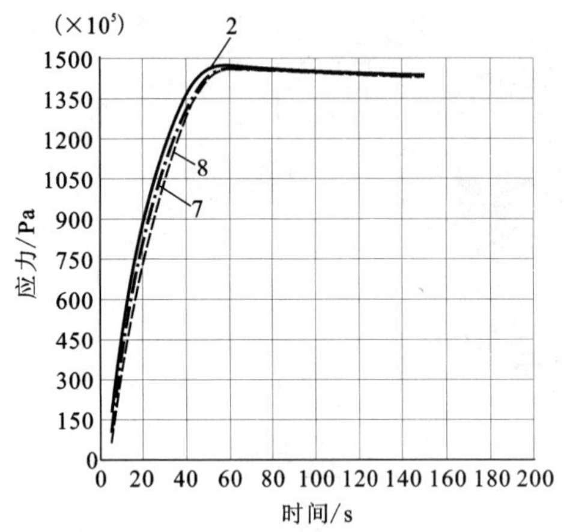

图 5-47　采样点 2，7 和 8 应力曲线

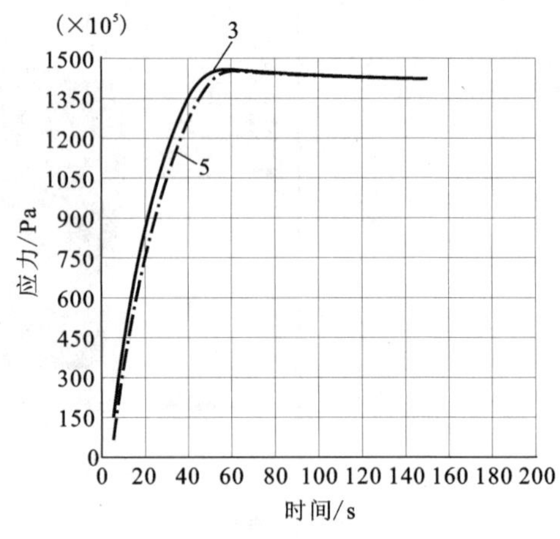

图 5-48　采样点 3 和 5 应力曲线

图 5-49 在制动初速度为 v = 200 km/h 工况下实施制动所得采样点 2 应力曲线，当时间 t = 10 s时，闸面最大应力达 49.5 MPa；当时间 t = 20 s 时，闸面最大应力达 89 MPa；当时间 t = 50 s 时，最大应力达 145 MPa；当时间 t = 59.8 s 时，最大应力达 146 MPa；当时间 t = 120 s时，最大应力达 144 MPa；随后应力继续降低。这种应力变化现象说明从开始实施制动到 t = 50 s 期间，进入闸片的热量大于闸片的散热量，热量在闸片内聚集，使闸片的温度不断升高，温度梯度较大，热应力增长很快；而从 t = 50 s 到停车这段时间，热应力缓慢增大至最大应力值，这是因为高温阶段对闸片应力有一定的影响，使得应力在温度达到最高值后仍然提高直至停车之后达到最大值；停车之后应力缓慢下降。

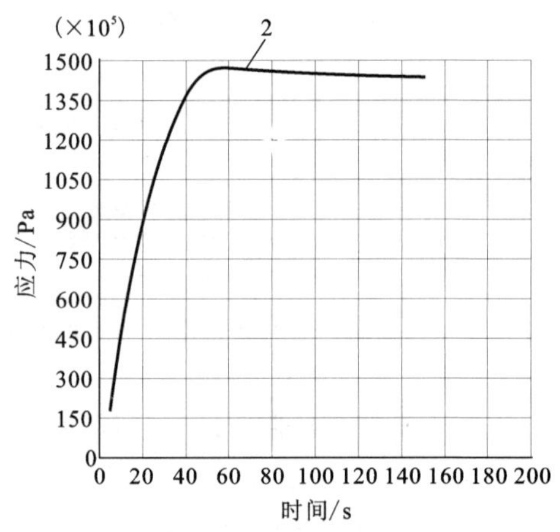

图 5-49　采样点 2 应力曲线

3) 制动初速度为 250 km/h 工况下，有限元计算模型上各个时刻的热应力分布云如图 5-50 和图 5-51 所示。

各采样点的应力曲线如图 5-52 ~ 图 5-55 所示。

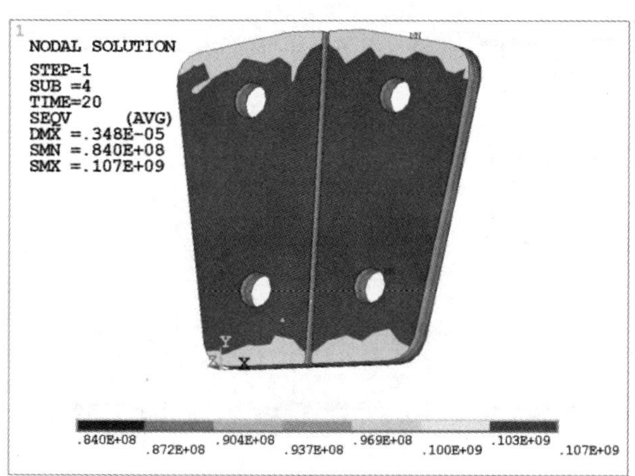
1
NODAL SOLUTION
STEP=1
SUB =4
TIME=20
SEQV (AVG)
DMX =.348E-05
SMN =.840E+08
SMX =.107E+09
MN
Y
Z X
.840E+08
.872E+08
.904E+08
.937E+08
.969E+08
.100E+09
.103E+09
.107E+09

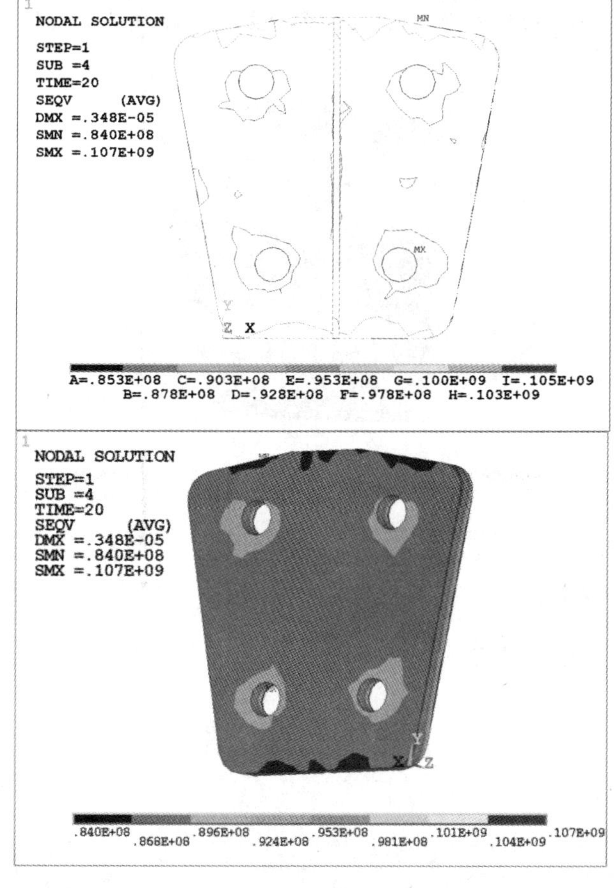
1
NODAL SOLUTION
STEP=1
SUB =4
TIME=20
SEQV (AVG)
DMX =.348E-05
SMN =.840E+08
SMX =.107E+09
MN
MX
Y
Z X
A=.853E+08 C=.903E+08 E=.953E+08 G=.100E+09 I=.105E+09
B=.878E+08 D=.928E+08 F=.978E+08 H=.103E+09
1
NODAL SOLUTION
STEP=1
SUB =4
TIME=20
SEQV (AVG)
DMX =.348E-05
SMN =.840E+08
SMX =.107E+09
Y
X Z
.840E+08
.868E+08
.896E+08
.924E+08
.953E+08
.981E+08
.101E+09
.104E+09
.107E+09

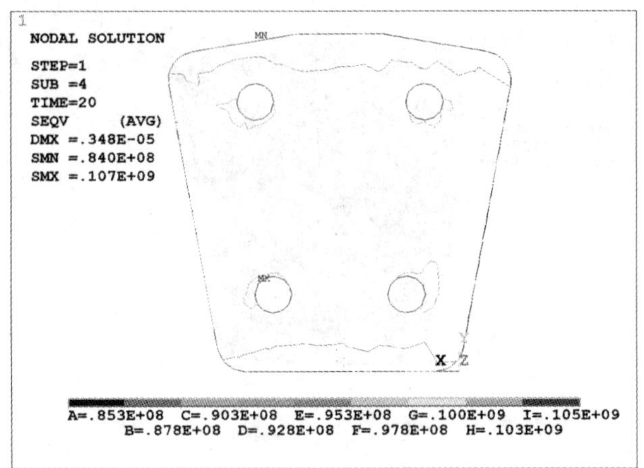

图 5-50 $t=20$ s 时的正面和背面热应力云图等值线图

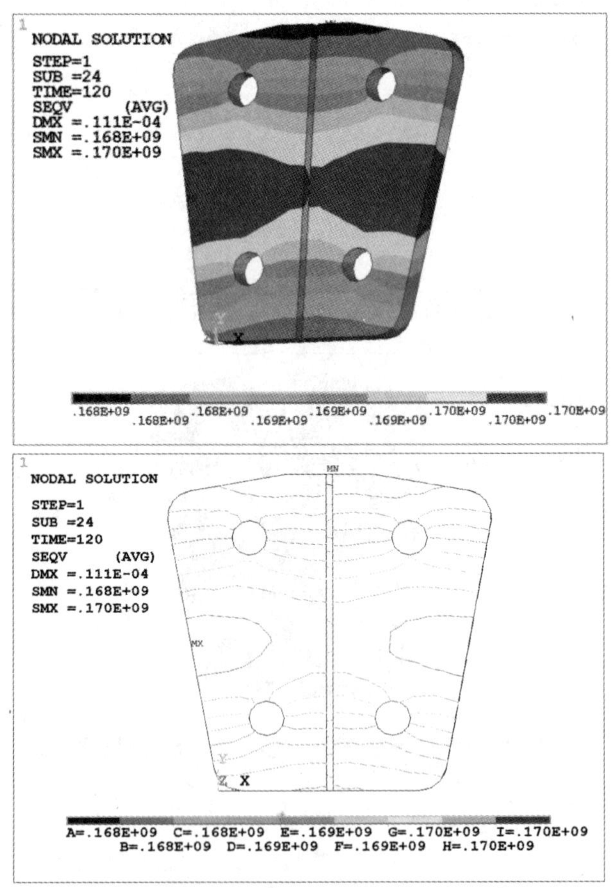

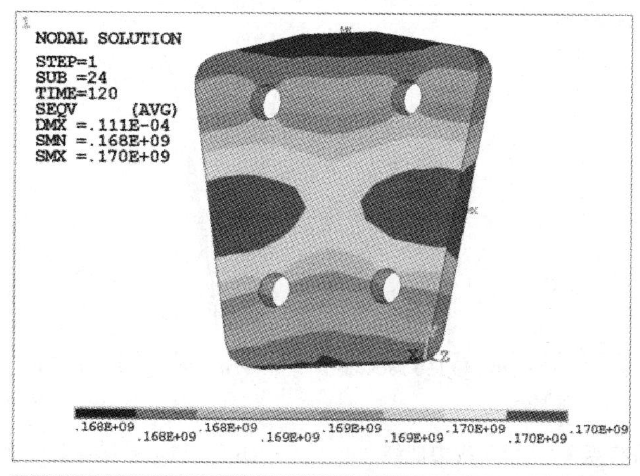

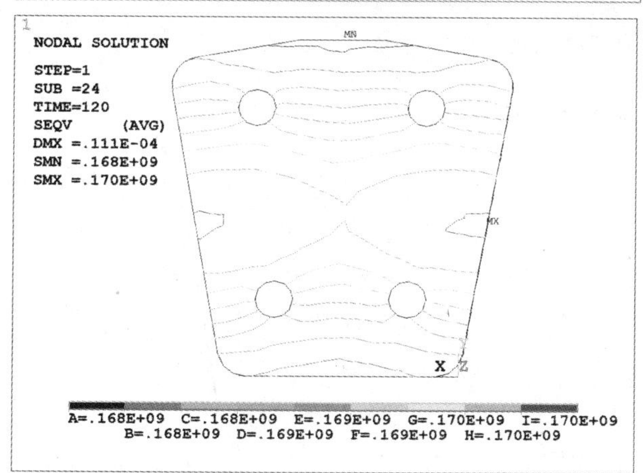

图 5－51　*t*＝120 s 时的正面和背面热应力云图和等值线图

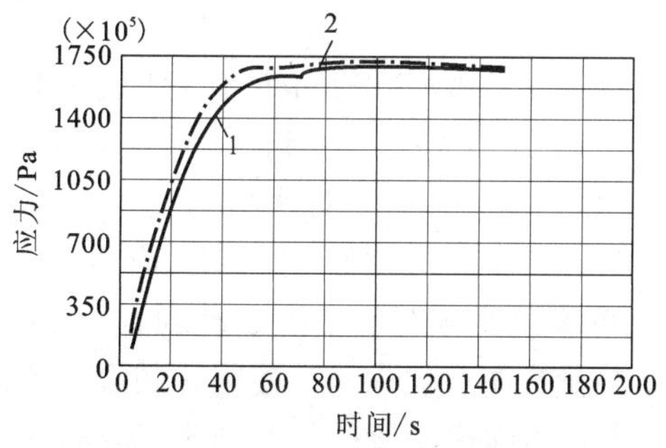

图 5－52　采样点 1 和 2 应力曲线

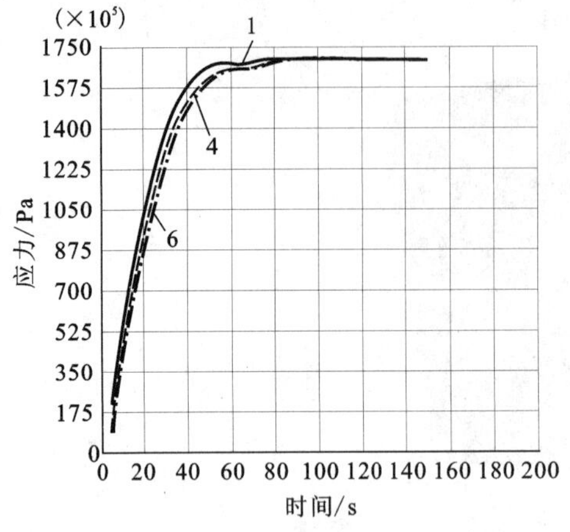

图 5-53　采样点 1，4 和 6 应力曲线

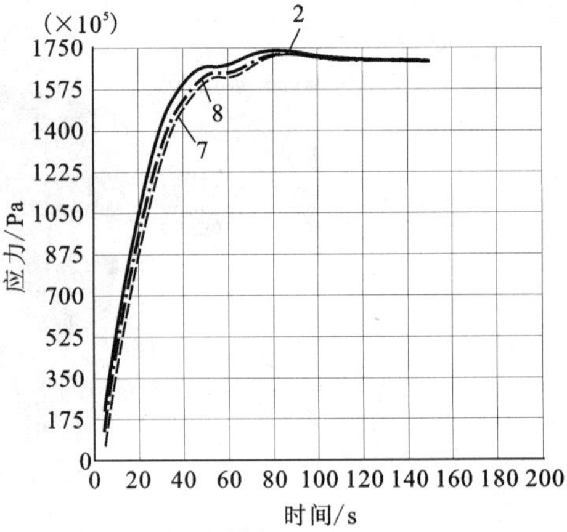

图 5-54　采样点 2，7 和 8 应力曲线

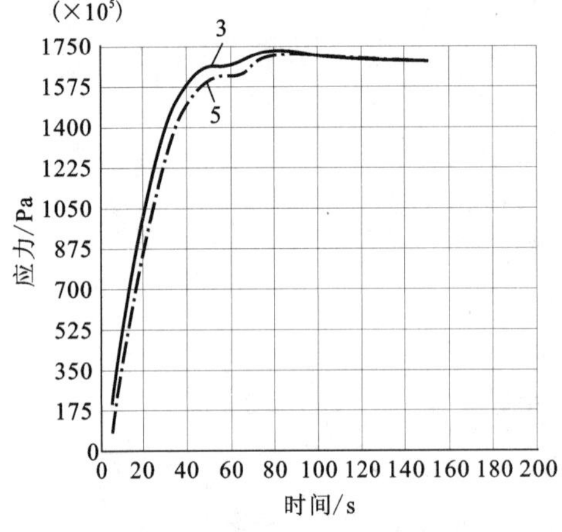

图 5-55　采样点 3 和 5 应力曲线

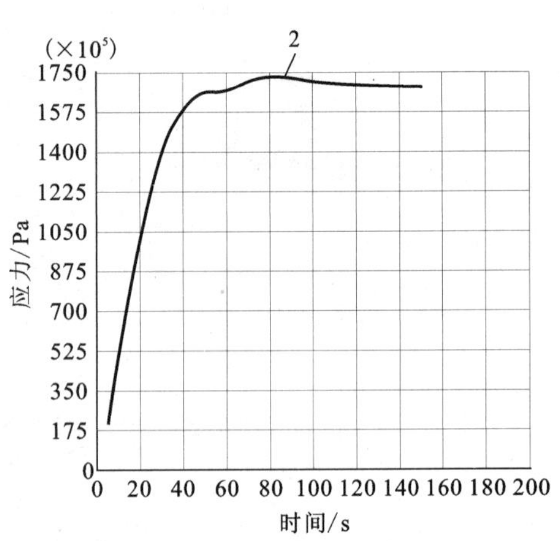

图 5-56　采样点 2 应力曲线

图 5-56 是在制动初速度为 $v=250$ km/h 工况下实施制动所得采样点 2 应力曲线，当时间 $t=10$ s 时，闸面最大应力达 54.4 MPa；当时间 $t=20$ s 时，闸面最大应力达 107 MPa；当时间 $t=75$ s 时，最大应力达 173 MPa；当时间 $t=81.7$ s 时，最大应力达 173 MPa；当时间 $t=120$ s时，最大应力达 170 MPa；随后应力继续降低。这种应力变化现象说明从开始实施制动到 $t=75$ s 期间，进入闸片的热量大于闸片的散热量，热量在闸片内聚集，使闸片的温度不断升高，温度梯度较大，热应力逐渐增大，直到达到最大值；而从 $t=81.7$ s 停车之后应力缓慢下降。

4）制动初速度为 350 km/h 工况下，有限元计算模型上各个时刻的热应力分布云如图 5-57 和图 5-58 所示。

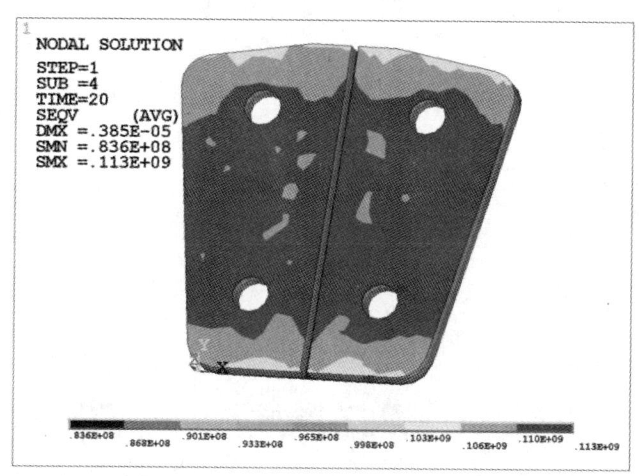
1
NODAL SOLUTION
STEP=1
SUB =4
TIME=20
SEQV (AVG)
DMX =.385E-05
SMN =.836E+08
SMX =.113E+09
.836E+08
.868E+08
.901E+08
.933E+08
.965E+08
.998E+08
.103E+09
.106E+09
.110E+09
.113E+09

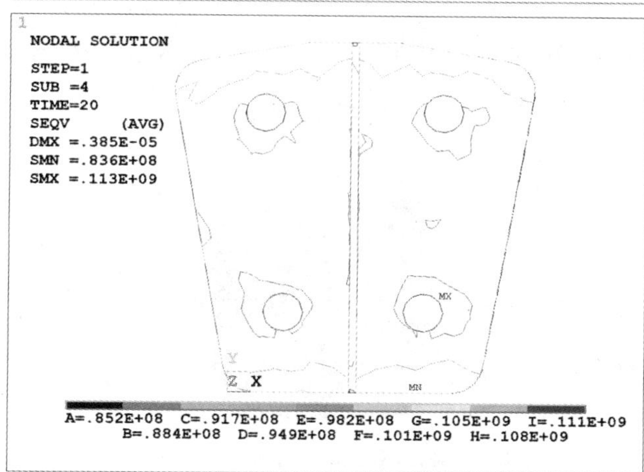
1
NODAL SOLUTION
STEP=1
SUB =4
TIME=20
SEQV (AVG)
DMX =.385E-05
SMN =.836E+08
SMX =.113E+09
MX
MN
A=.852E+08 C=.917E+08 E=.982E+08 G=.105E+09 I=.111E+09
B=.884E+08 D=.949E+08 F=.101E+09 H=.108E+09

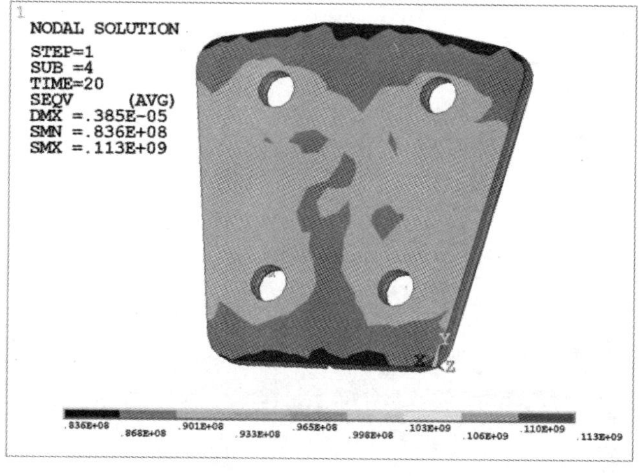
1
NODAL SOLUTION
STEP=1
SUB =4
TIME=20
SEQV (AVG)
DMX =.385E-05
SMN =.836E+08
SMX =.113E+09
.836E+08
.868E+08
.901E+08
.933E+08
.965E+08
.998E+08
.103E+09
.106E+09
.110E+09
.113E+09

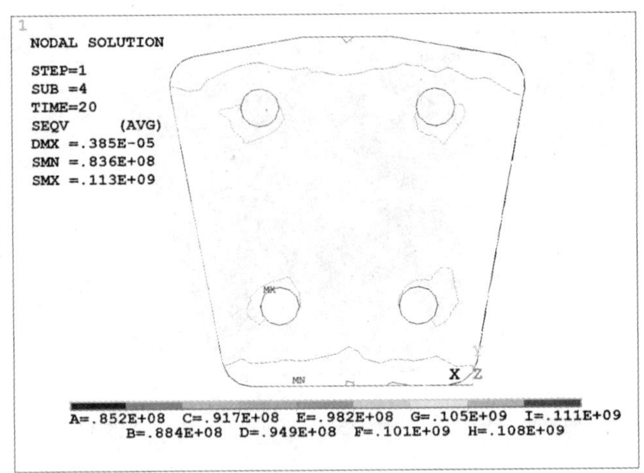

图 5-57 $t=20$ s 时的正面和背面热应力云图和等值线图

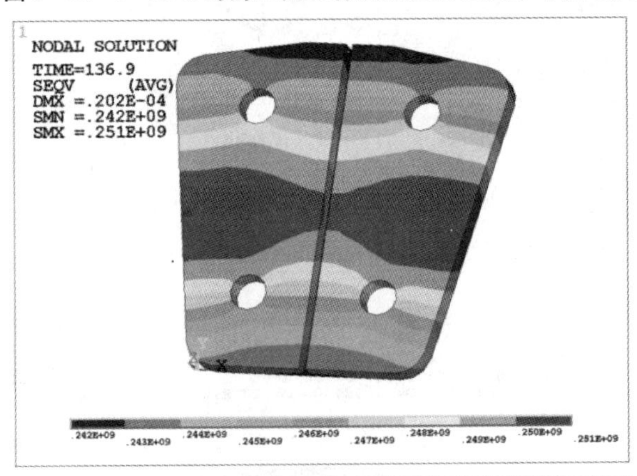

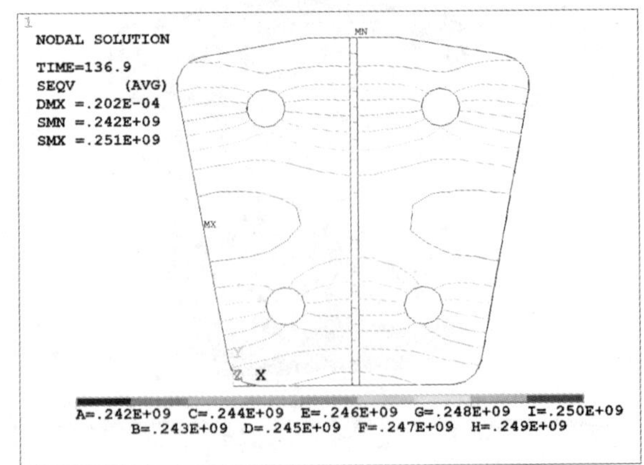

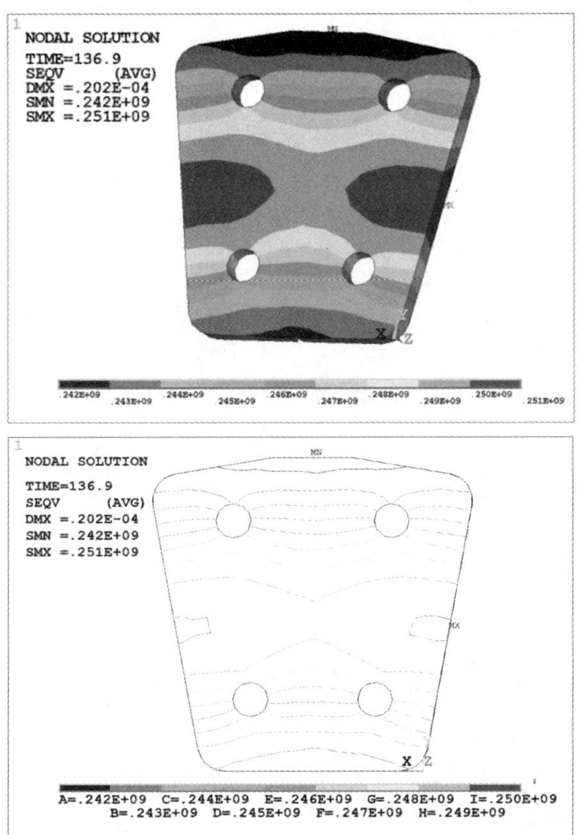

图 5－58　t = 136.9 s 时的正面和背面热应力云图和等值线图

各采样点的应力曲线如图 5－59 ~ 图 5－62 所示。

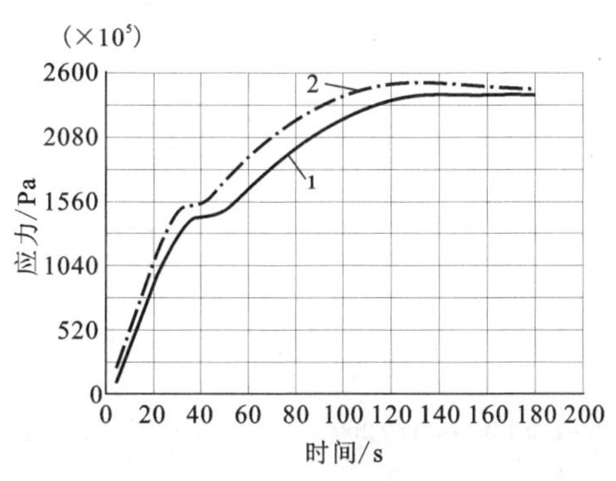

图 5－59　采样点 1 和 2 应力曲线

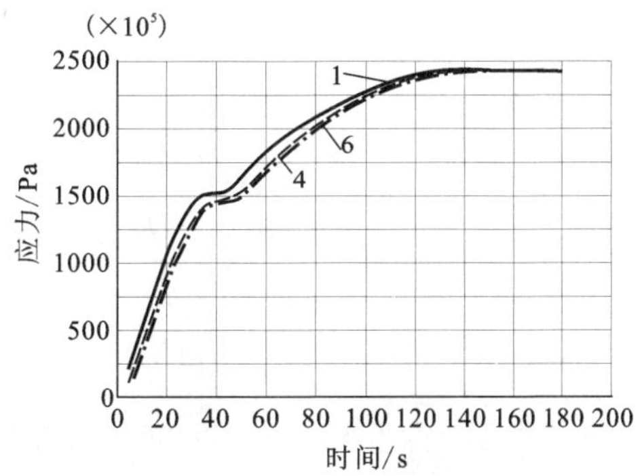

图 5－60　采样点 1，4 和 6 应力曲线

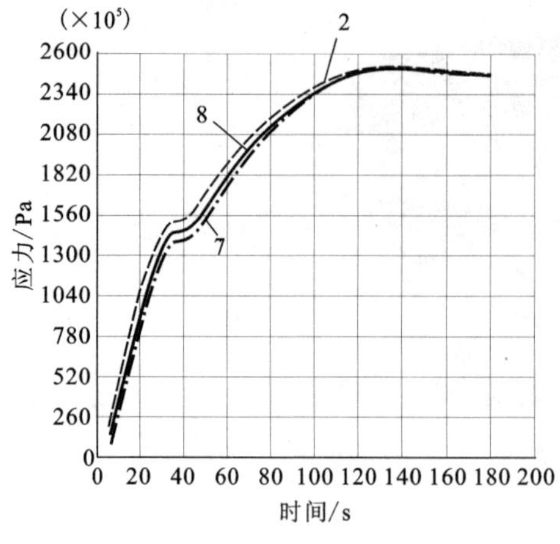

图 5－61　采样点 2，7 和 8 应力曲线

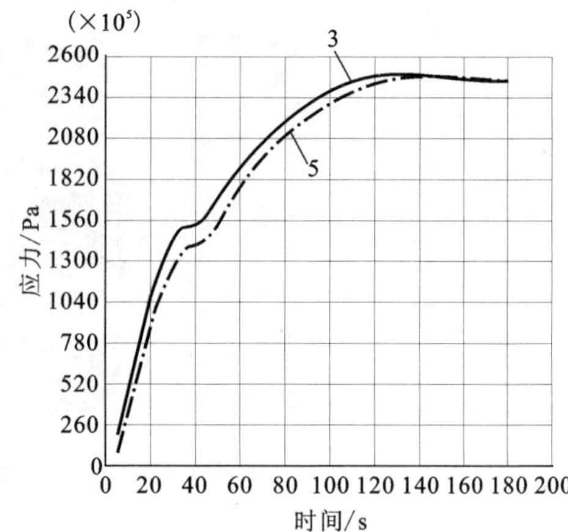

图 5－62　采样点 3 和 5 应力曲线

图 5－63 是在制动初速度为 $v=350$ km/h 工况下实施制动所得采样点 2 应力曲线，当时间 $t=10$ s 时，闸面最大应力达 56.8 MPa；当时间 $t=20$ s 时，闸面最大应力达 113 MPa；当时间 $t=130$ s 时，最大应力达 251 MPa；当时间 $t=136.9$ s 时，最大应力达 251 MPa；当时间 $t=160$ s 时，最大应力达 248 MPa；随后应力继续降低。这种应力变化现象说明从开始实施制动到 $t=130$ s 期间，进入闸片的热量大于闸片的散热量，热量在闸片内聚集，使闸片的温度不断升高，温度梯度较大，热应力增长很快；而从 $t=130$ s 到停车时刻 $t=136.9$ s 这段时间，由于时间较短，温度梯度变化不大，热应力基本上不变；停车之后，由于没有热量输入，温度梯度逐渐减小，应力缓慢下降。

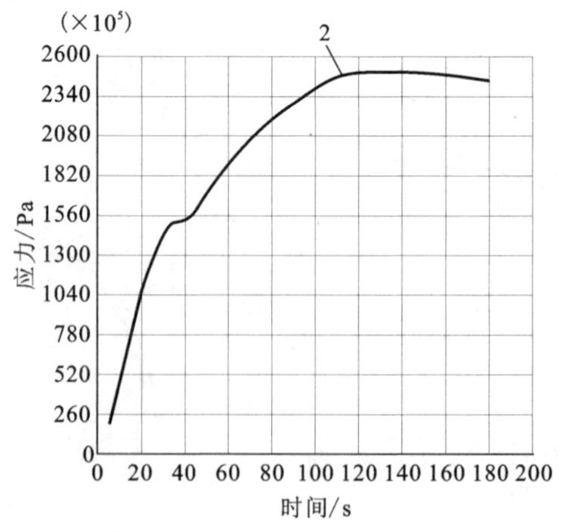

图 5－63　采样点 2 应力曲线

不同初速度工况下的最高应力对比如表 5－3 所示。

表 5－3　不同初速度工况下的最高应力

初速度/(km·h^{-1})	加速度/(m·s^{-2})	制动距离/m(1 s 空行程)	最高应力/MPa	最高应力时刻/s
160	－0.99	1040	106	44.8
200	－0.93	1717	146	60
250	－0.85	2911	173	81.7
350	－0.71	6751	251	136.9

5.3.1.8　仿真计算结果分析

(1)温度场计算结果分析

仿真结果表明：在初速度为 $v=160$ km/h 工况下实施制动，当时间 $t=10$ s 时，闸面最高温度达 127.5℃；当时间 $t=20$ s 时，闸面最高温度达 188.5℃；当时间 $t=40$ s 时，闸面最高温度达 244.5℃，温度达到最大值；停车时刻，即 $t=44.8$ s 时，闸面最高温度降至 245.5℃；当时间 $t=120$ s 时，闸面最高温度为 240.5℃，随后温度继续降低。这种温度变化现象说明从开始实施制动到 $t=44.8$ s 期间，进入闸片的热量大于闸片的散热量，热量在闸片内聚集，使闸片的温度不断升高；而从 $t=44.8$ s 制动结束后闸片已处于自然对流和热辐射状态，散热迟缓，因而温度下降缓慢，直至最后冷却到常温。

在初速度为 $v=200$ km/h 工况下实施制动，当时间 $t=10$ s 时，闸面最高温度达 137.8℃；当时间 $t=20$ s 时，闸面最高温度达 224℃；当时间 $t=55$ s 时，闸面最高温度达 351.4℃，温度达到最大值；停车时刻，即 $t=60$ s 时，闸面最高温度降至 350℃；当时间 $t=120$ s 时，闸面最高温度为 344.7℃；随后温度继续降低。这种温度变化现象说明从开始实施制动到 $t=55$ s 期间，进入闸片的热量大于闸片的散热量，热量在闸片内聚集，使闸片的温度不断升高；而从 $t=55$ s 开始到停车这段时间，进入闸片的热量小于闸片的散热量，导致闸片内热量逐渐散失，表面温度开始下降。由于制动结束后闸片无热量输入且已处于自然对流和热辐射状态，散热迟缓，因而温度下降缓慢，直至最后冷却到常温。

在初速度为 $v=250$ km/h 工况下实施制动，当时间 $t=10$ s 时，闸面最高温度达 160.3℃；当时间 $t=20$ s 时，闸面最高温度达 270.1℃；当时间 $t=75$ s 时，闸面最高温度达 523.5℃，温度达到最大值；停车时刻，即 $t=81.7$ s 时，闸面最高温度降至 522.8℃；当时间 $t=120$ s 时，闸面最高温度为 516.6℃；随后温度继续降低。这种温度变化现象说明从开始实施制动到 $t=75$ s 期间，进入闸片的热量大于闸片的散热量，热量在闸片内聚集，使闸片的温度不断升高且达到最大温度；而从 $t=75$ s 到停车这段时间，进入闸片的热量小于闸片的散热量，导致闸片内热量逐渐散失，表面温度开始下降。制动结束后闸片无热量输入且已处于自然对流和热辐射状态，散热迟缓，因而温度继续缓慢下降，直至最后冷却到常温。

在初速度为 $v=350$ km/h 工况下实施制动，当时间 $t=10$ s 时，闸面最高温度达 181.8℃；当时间 $t=20$ s 时，闸面最高温度达 314.1℃；当时间 $t=130$ s 时，闸面最高温度达 830.9℃，温度达到最大值；停车时刻，即 $t=136.9$ s 时，闸面最高温度降至 828.6℃；当时间 $t=160$ s 时，闸面最高温度为 821.0℃；随后温度继续降低。这种温度变化现象说明从开始实施制动到 $t=130$ s 期间，进入闸片的热量大于闸片的散热量，热量在闸片内聚集，使闸片的温度不断升高，且达到最大温度；而从 $t=130$ s 到停车这段时间，进入闸片的热量小于闸片的散热量，导致闸片内热量逐渐散失，表面温度开始下降。制动结束后闸片无热量输入且已处于自然对流和热辐射状态，散热迟缓，因而温度继续缓慢下降，直至最后冷却到常温。

从采样点温度曲线图可以看出，摩擦面上的采样点 1，采样点 2，采样点 3，温度变化经历了非常明显的快速升高、较快速下降、缓慢下降三个阶段。

(2)热应力计算结果分析

各个工况下的仿真结果表明闸片应力分布云图随闸片的位置变化而变化，外边缘内边缘应力最低，左右边缘应力最高，闸片中心应力较高；应力随厚度分布也不相同，应力随制动速度的增大而升高。从对仿真结果的分析可知，制动过程中的不同阶段，闸片应力分布不相同。在制动初期，闸片表面应力呈面状分布。这是由于应力与温度有关，此时温度分布呈面状分布，应力也呈面状分布。随着制动的继续进行，整个闸片应力继续升高，闸片应力分布开始由面状逐渐转变成带状。当闸片达到最大应力后，闸片的应力分布进一步向带状转变，闸片的应力继续上升，上升梯度减小。制动停止后，闸片中没有了热量流入，只通过热对流和热辐射散热，并且通过热传导使整个闸片的温度分布均匀，应力缓慢下降。所以闸片的带状越来越规则、均匀。由于闸片散热条件较差，最后闸片的应力呈带状分布，但是应力区别较小，使得整个闸片的应力大小基本相同。

仿真结果表明在制动初速度为 $v=160$ km/h 工况下实施制动，当时间 $t=10$ s 时，闸面最大应力达 43.3 MPa；当时间 $t=20$ s 时，闸面最大应力达 75.4 MPa；当时间 $t=40$ s 时，闸面最大应力达 105 MPa；当时间 $t=44.8$ s 时，闸面最大应力达 106 MPa；当时间 $t=120$ s 时，最大应力达 104 MPa；随后应力继续降低。这种应力变化现象说明从开始实施制动到 $t=40$ s 期间，进入闸片的热量大于闸片的散热量，热量在闸片内聚集，使闸片的温度不断升高，温度梯度较大，热应力增长很快；而从 $t=40$ s 到停车这段时间，热应力缓慢增大至最大应力值，这是因为高温阶段对闸片应力有一定的影响，使得应力在停车时刻达到最大值；停车之后应力缓慢下降。

在制动初速度为 $v=200$ km/h 工况下实施制动，当时间 $t=10$ s 时，闸面最大应力达 49.5 MPa；当时间 $t=20$ s 时，闸面最大应力达 89 MPa；当时间 $t=50$ s 时，闸面最大应力达 145 MPa；当时间 $t=60$ s 时，闸面最大应力达 146 MPa；当时间 $t=120$ s时，闸面最大应力达 144 MPa；随后应力继续降低。这种应力变化现象说明从开始实施制动到 $t=50$ s 期间，进入闸片的热量大于闸片的散热量，热量在闸片内聚集，使闸片的温度不断升高，温度梯度较大，热应力增长很快；而从 $t=50$ s到停车这段时间，热应力缓慢增大至最大应力值，这是因为高温阶段对闸片应力有一定的影响，使得应力在温度达到最高值后仍然提高至停车之后达到最大值；停车之后应力缓慢下降。

在制动初速度为 $v=250$ km/h 工况下实施制动，当时间 $t=10$ s 时，闸面最大应力达 54.4 MPa；当时间 $t=20$ s 时，闸面最大应力达 107 MPa；当时间 $t=75$ s 时，闸面最大应力达 173 MPa；当时间 $t=81.7$ s 时，闸面最大应力达 173 MPa；当时间$t=120$ s时，闸面最大应力达 170 MPa；随后应力继续降低。这种应力变化现象说明从开始实施制动到 $t=75$ s 期间，进入闸片的热量大于闸片的散热量，热量在闸片内聚集，使闸片的温度不断升高，温度梯度较大，热应力逐渐增大，直到应力最大值；而从 $t=81.7$ s 停车之后应力缓慢下降。

在制动初速度为 $v=350$ km/h 工况下实施制动，当时间 $t=10$ s 时，闸面最大应力达 56.8 MPa；当时间 $t=20$ s 时，闸面最大应力达 113 MPa；当时间 $t=130$ s 时，闸面最大应力达 251 MPa；当时间 $t=136.9$ s 时，闸面最大应力达 251 MPa；当时间$t=160$ s时，闸面最大应力达 248 MPa；随后应力继续降低。这种应力变化现象说明从开始实施制动到 $t=130$ s 期间，进入闸片的热量大于闸片的散热量，热量在闸片内聚集，使闸片的温度不断升高，温度梯度较大，热应力增长很快；而从 $t=130$ s 到停车时刻 $t=136.9$ s 这段时间，由于时间较短，温度梯度变化不大，热应力基本上不变；停车之后，由于没有热量输入，温度梯度逐渐减小，应力缓慢下降。

从采样点的应力－时间曲线同样可以看出四个工况下实施制动的闸片应力变化情况。所选取的采样点分为三类，第一类是摩擦面上的点，包括采样点 1，采样点 2，采样点 3；第二类是闸片背面上的点，包括采样点 5，采样点 6，采样点 7；第三类是闸片内部的点，包括采样点 4，采样点 8。

5.3.1.9　结论

1）结合高速列车锻钢闸片结构特点，利用 ANSYS 有限元软件建立了闸片循环对称有限元三维模型，在保证计算精度基础上大大减少有限单元节点数目，有效地节约了计算时间。

2）建模过程中考虑了制动盘与闸片的实际几何尺寸对热流密度分配的影响。

3)考虑了制动盘和闸片材料的机械性能随温度变化的非线性特性，使计算结果更加接近真实值。

4)考虑了闸片对流散热和辐射散热的影响，确定了紧急制动时闸片热输入模型和对流散热模型。

5)闸片在制动过程中的温度分布由最初的面状分布逐渐转变成带状分布，并随着制动结束进一步变成均匀的带状分布。

6)制动过程中，闸片摩擦面温度经历了快速上升、较快速下降、缓慢下降三个阶段；闸片背面的温度经历了快速上升和缓慢下降阶段；而闸片内径处的温度则是一直逐渐上升。

7)通过有限元仿真得出了160 km/h、200 km/h、250 km/h 和 350 km/h 四种不同初速度工况下闸片的温度场分布情况。结果表明以初速度 $v=160$ km/h 实施紧急制动工况下，在 $t=44.8$ s 时，闸片温度达到最大值 245.5℃；以初速度 $v=200$ km/h实施紧急制动工况下，在 $t=55$ s 时，闸片温度达到最大值 351.4℃；以初速度 $v=250$ km/h 实施紧急制动工况下，在 $t=75$ s 时，闸片温度达到最大值 523.5℃；以初速度 $v=350$ km/h 实施紧急制动工况下，在 $t=130$ s 时，闸片温度达到最大值 830.9℃。

8)闸片制动过程中的热应力分布由最初的面状分布逐渐变成带状分布，并随着制动结束进一步变成均匀的带状分布。

9)通过有限元仿真得出了160 km/h、200 km/h、250 km/h 和 350 km/h 两种不同初速度工况下闸片的热应力分布情况。结果表明以初速度 $v=160$ km/h 实施紧急制动工况下，在 $t=44.8$ s 左右时，闸片应力达到最大值 106 MPa；以初速度 $v=200$ km/h 实施紧急制动工况下，在 $t=60$ s 左右时，闸片应力达到最大值 146 MPa；以初速度 $v=250$ km/h 实施紧急制动工况下，在 $t=81.7$ s 左右时，闸片应力达到最大值 173 MPa；以初速度 $v=350$ km/h 实施紧急制动工况下，在 $t=136.9$ s左右时，闸片应力达到最大值 251 MPa。

10)最大应力发生的时刻较最高温度发生的时刻滞后，温度最高值和应力最大值并非都发生于同一时刻，温度到最大值后应力仍然上升，然后缓慢下降。

5.3.2 摩擦组元对高速列车粉末冶金制动摩擦材料的影响

5.3.2.1 MgO 对高速列车粉末冶金制动摩擦材料性能的影响

粉末冶金摩擦材料在高能制动条件下的摩擦磨损性能依赖于摩擦组元性能及含量。在基体强化组元、润滑组元含量及种类相同时，添加不同的摩擦组元将对摩擦材料摩擦磨损性能产生较大的影响。

摩擦材料采用传统粉末冶金工艺制造。按表 5－4 所的比例称取各种粉末并添加成形剂，经手工及机器混料 8 h，并于钢模中压制成形，之后于钟罩式加压烧结炉(保护气氛为氢气)中进行加压烧结，烧结的工艺参数如表 5 -5 所示。

表 5 -4　铜基粉末冶金摩擦材料成分配比(体积分数%)

材料编号	体积百分含量/%				
	Cu	Fe	Cr - Fe	石墨	MgO
1	38.5	13.0	4.5	44	0
2	36.5	13.0	4.5	44	2
3	34.5	13.0	4.5	44	4
4	32.5	13.0	4.5	44	6
5	30.5	13.0	4.5	44	8

表 5 -5　铜基粉末冶金摩擦材料加压烧结工艺参数

烧结阶段	阶段 1	阶段 2	阶段 3	阶段 4	阶段 5	冷却
烧结压力/MPa	0.5	0.5	1.4	3.5	3.5	1.8
烧结温度/℃	25 ~ 800	800	800 ~ 950	950 ~ 970	970	—
烧结时间/min	90	60	55	25	180	—
保护气氛	H_2	H_2	H_2	H_2	H_2	H_2

1)MgO 含量对组织形貌的影响

MgO 含量对材料组织形貌的影响如图 5 -64 所示。由图可知：红色的基体相为铜；大块状深黑色相为颗粒石墨；浅蓝色相主要由高碳铬铁与铁颗粒构成。如图 5 -64(b)、图 5 -64(c)、图 5 -64(d)、图 5 -64(e)所示，浅黑色相则为 MgO 颗粒，其形状为带尖角多边形。随着 MgO 体积分数的提升，MgO 颗粒数量升高。

(2)MgO 含量对基体界面的影响

从图 5 -65 可以观察到，MgO 颗粒与基体结合较紧密。其中，图 5 -65(c)为结合界面处的线扫描分析图像，由图可知：在 MgO 与铜基体形成的界面处，Cu 元素与 Mg 元素的含量发生骤变，故得知界面处基体与组元未发生扩散现象，只是简单的机械结合。因此 MgO 仅作为一种陶瓷颗粒，与基体既不发生扩散，也不发生界面反应，仅为机械结合。

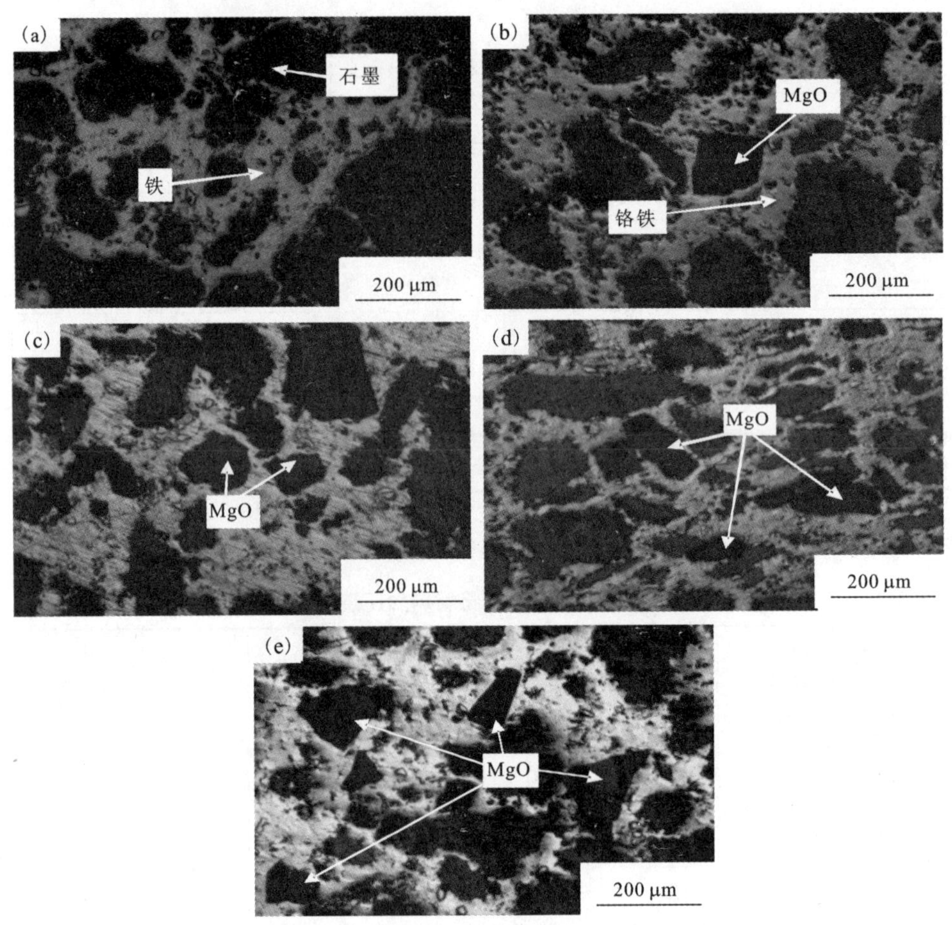

图 5-64　不同 MgO 含量下材料的金相照片

(a)0 vol%；(b)2 vol%；(c)4 vol%；(d)6 vol%；(e)8 vol%

(3)MgO 含量对密度、孔隙度的影响

MgO 含量对材料密度及开孔率的影响如图 5-66 所示。由图可知：随 MgO 含量的增加，材料的密度逐渐下降，而开孔率则随着 MgO 含量提高而整体呈现上升趋势。这是因为 Cu 的理论密度为 8.92 g/cm^3，而 MgO 的理论密度为 3.58 g/cm^3，MgO 的添加会明显降低以 Cu 为主要成分的摩擦材料的密度，其次 MgO 加入基体后与基体的结合方式为机械结合，机械结合界面缺陷主要以孔隙缺陷为主，随着 MgO 含量的提高，摩擦材料基体中机械结合界面数量提升，孔隙度也将逐渐提高，开孔率亦然。

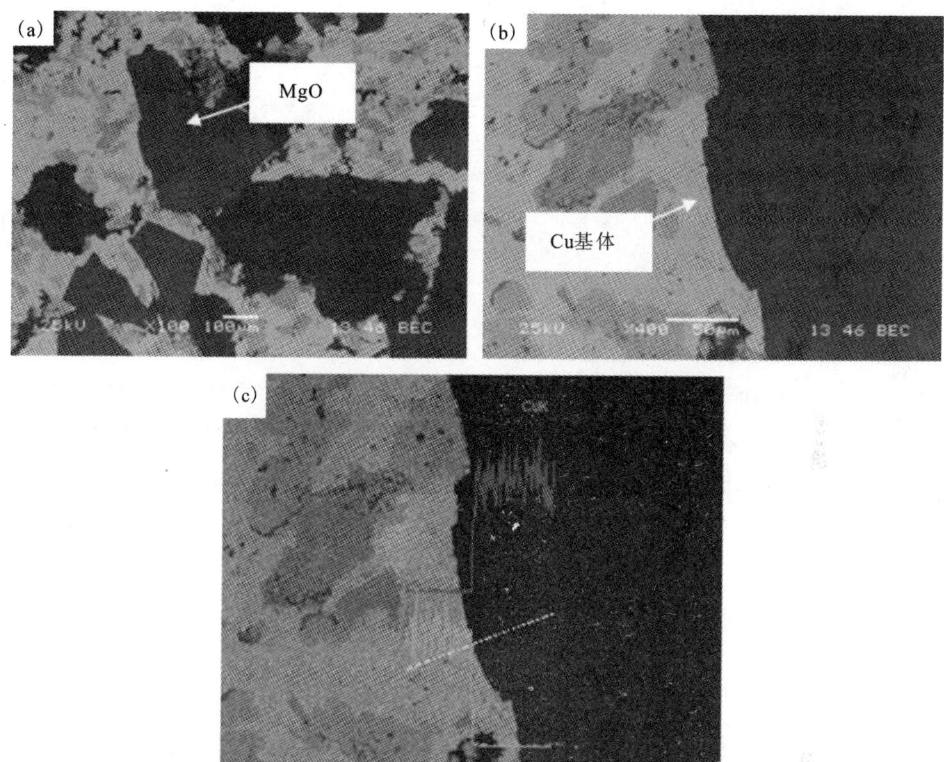

图 5 - 65　MgO 与基体界面结合的 SEM 图

(a)MgO 颗粒与基体界面结合；(b)结合界面放大区域；(c)界面结合处元素线扫描

(4)MgO 含量对硬度的影响

图 5 - 67 为摩擦材料硬度值随 MgO 含量的变化规律。由图可知：随 MgO 含量的增加，材料的硬度总体上呈下降趋势。未加入 MgO 的材料硬度明显高于加入 MgO 材料的硬度。加入 MgO 后，材料硬度剧烈下降，继续添加 MgO，摩擦材料硬度下降趋势减弱，$2^{\#}$试样(2%)与$3^{\#}$试样(4%)的减小趋势相对$4^{\#}$试样(6%)与$5^{\#}$试样(8%)的大。$3^{\#}$试样与$4^{\#}$试样的硬度值相近。

(5)MgO 含量对摩擦因数的影响

利用 MM - 1000 摩擦试验机，获得摩擦材料磨合后的摩擦试验数据，将 10 次试验得到的摩擦因数取平均值统计，得到以样品中 MgO 含量为横坐标，摩擦因数为纵坐标的 MgO 含量—摩擦因数变化曲线，如图 5 - 68 所示。

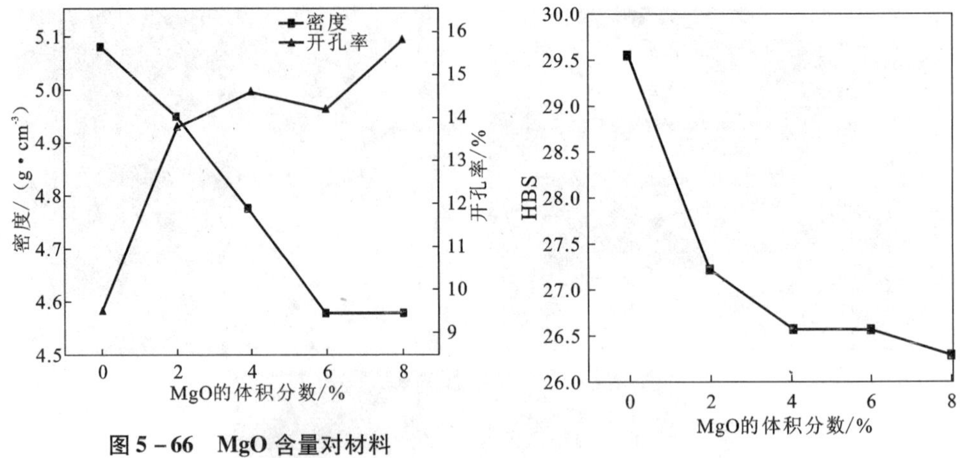

图 5-66　MgO 含量对材料密度、开孔率的影响

图 5-67　MgO 含量对材料硬度的影响

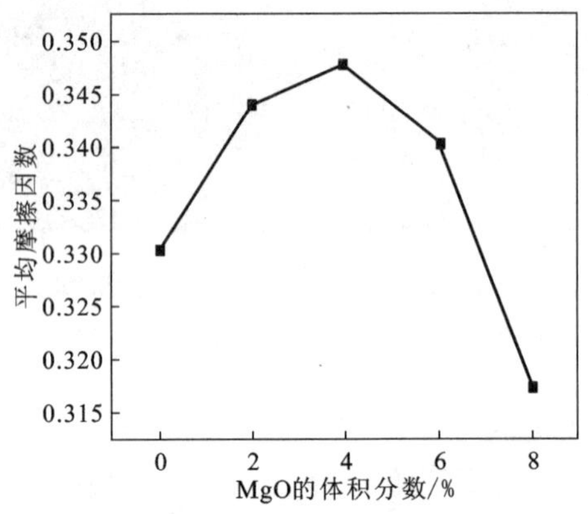

图 5-68　MgO 不同加入量对材料平均摩擦因数变化

由图可知：对于平均摩擦因数而言，不含 MgO 的试样摩擦因数相对较低。随着 MgO 含量的增加，摩擦材料的摩擦因数逐渐增大，当 MgO 含量为 4 vol% 时，摩擦材料的摩擦因数达到最大值，此后，随着 MgO 含量的增加，摩擦材料的摩擦因数迅速下降，当 MgO 含量为 8 vol% 时，摩擦材料的摩擦因数最低。

摩擦材料摩擦因数的变化主要由 MgO 含量变化引起，当加入少量 MgO 时，分布于摩擦材料表面及摩擦界面处的 MgO 颗粒引起犁削，提高材料的摩擦因数；随着 MgO 含量的进一步增加，大量的磨屑逐渐在摩擦材料表面堆积，导致软摩擦膜产生，降低摩擦因数，引起摩擦因数随 MgO 含量增加而降低。

(6) MgO 含量对表面形貌的影响

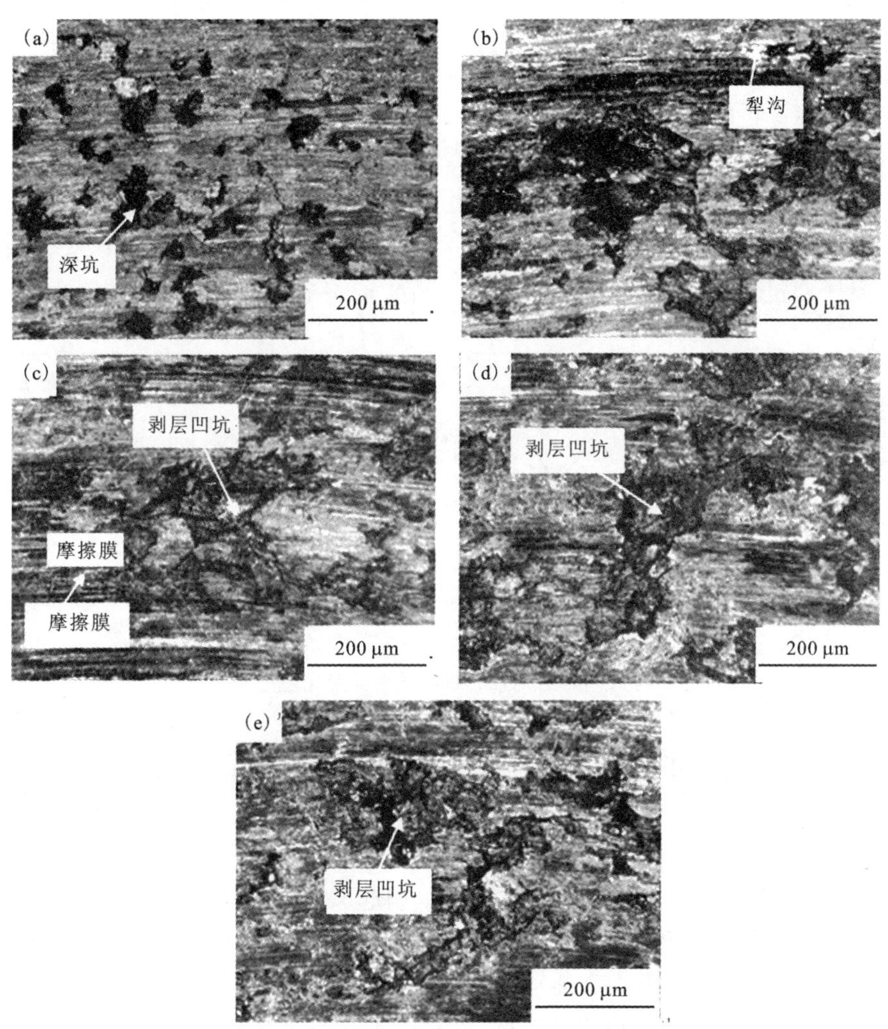

图 5－69　不同 MgO 含量下闸片表面形貌图

(a)0 vol%；(b)2 vol%；(c)4 vol%；(d)6 vol%；(e)8 vol%

图 5－69 为不同 MgO 含量下摩擦材料经过摩擦试验后的表面形貌图。由图可知：对于不加入 MgO 的摩擦材料，表面出现深凹坑，其主要原因是摩擦过程中表面凸起与对偶材料反复摩擦挤压而形成的黏着点遭剪切破坏，故而在原来的闸片表面形成较深的撕裂凹坑；当加入 2% 的 MgO 后，宏观摩擦表面中犁沟数量增加，由于 MgO 颗粒易从基体中脱黏形成硬质第三体颗粒，造成摩擦材料及对偶表

面犁削作用加强，因而出现大量犁沟；当 MgO 含量增加至 4% 后，虽然犁沟数量仍在提升，但摩擦材料部分表面出现深蓝色区域，表面不完整摩擦膜初步形成；当 MgO 含量达到 6% 后，剥层磨损出现，摩擦膜受到一定程度的破坏；而在 MgO 含量达到 8% 后，宏观磨损表面出现大量剥层凹坑，摩擦膜大量脱落，导致摩擦材料表面深蓝色区域面积降低。

(7) MgO 含量对磨损量的影响

图 5－70 为摩擦材料及对偶线磨损量的变化趋势图。其中利用试验后的摩擦材料，在摩擦材料试环及对偶上均匀选取 4 点，测量其摩擦试验前后的厚度差值来计算摩擦材料及对偶的线磨损量。

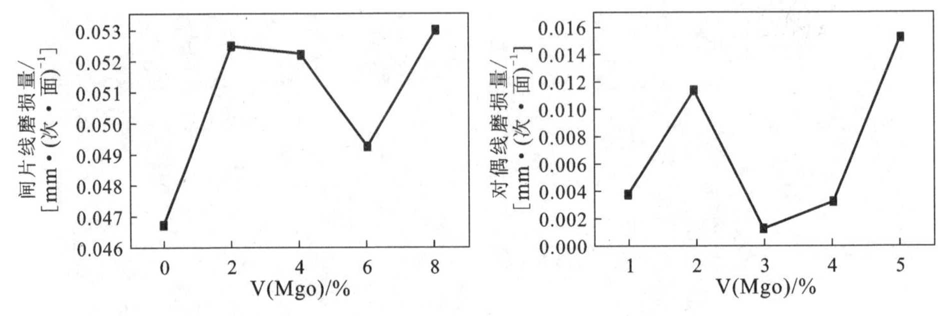

图 5－70　对偶、闸片线磨损变化趋势

对于闸片而言，由图 5－70(a) 可知，未加入 MgO 闸片的线磨损量最小，这是由于摩擦材料与对偶在摩擦过程中发生黏着作用，摩擦材料向对偶发生转移造成。加入少量 MgO(2%)后，由于其与基体产生较弱的机械结合，导致 MgO 颗粒易从摩擦材料基体中脱落形成硬质第三体，引起摩擦材料与对偶的剧烈犁削，造成摩擦材料与对偶线磨损量迅速增加。继续提高 MgO 含量(4%)，摩擦材料表面开始形成部分摩擦膜，其存在能够有效降低对偶的磨损。当 MgO 含量增加至 6% 时，摩擦材料表面形成完整的摩擦膜，摩擦材料表面受到保护，线磨损量快速下降。当 MgO 含量达到 8% 时，形成的大量硬质第三体颗粒将剧烈刮擦摩擦材料表面形成的摩擦膜，最终导致摩擦膜失稳破坏，引起摩擦材料与对偶材料的线磨损量快速上升。

对于对偶而言，由图 5－70(b) 可知，对于未加入 MgO 的 1#试样，其线磨损量较低，磨损机理主要为黏着磨损；对于加入少量的 MgO 后的 2#试样，产生的磨屑增多，磨屑进入第三体后加剧对闸片及对偶的磨损，因此对偶的线磨损量提高；对于 3#试样，由于磨屑变多后形成少量的摩擦膜保护闸片以及对偶，线磨损量显著降低；对于 4#试样，大量磨屑形成的摩擦膜开始慢慢破坏，出现剥层磨损，但是由于仍有一部分摩擦膜在闸片表面，因此闸片的线磨损量仍然是处于继续降低的一个趋势，而对于对偶由于没有摩擦膜的保护，闸片剥落的摩擦膜对对偶产生磨损，因此对偶的线磨损量有一定的提高；而对于 5#试样，大量的摩擦膜遭到破坏，产生剥层磨损，因此磨损量又迅速提高。

(8) MgO 含量对磨屑形貌的影响

为进一步说明不同 MgO 含量试样摩擦磨损机理的变化，需就各试样的磨屑开展细致的分析。如图 5－71 所示，不同 MgO 含量材料所产生的磨屑各不相同，但根据其形貌变化大致可分为球状磨屑、条状磨屑、絮状磨屑、片状磨屑四种。

图 5－71　MgO 含量对磨屑形貌的影响

(a)0%；(b)2%；(c)4%；(d)6%；(e)8%

由图可见：由于不同 MgO 含量试样产生的磨屑体积差异较大，需要使用不同倍数的电镜进行分析,图 5 –71(a)、图 5 –71(b)两图磨屑体积较小，故使用 300 倍的显微照片；图 5 –71(c)、图 5 –71(d)两图磨屑体积适中，使用 100 倍的显微照片；图 5 –71(e)图磨屑体积最大，使用 50 倍的放大倍率即可观察磨屑全貌。不含 MgO 的试样产生的磨屑主要以球状磨屑与小片状磨屑为主；随着 MgO 含量的提高，磨屑中出现条状磨屑与絮状磨屑。随着 MgO 含量的进一步提高，磨屑形貌向片状磨屑转变，当 MgO 含量达到 8% 时，出现大块片状磨屑。

(9) MgO 含量对磨损机理的影响

本次试验材料共分为 5 组，第 1 组试验材料为不加入 MgO 的摩擦材料，之后 2# 至 5# 材料分别加入体积分数为 2%、4%、6%、8% 的 MgO。根据测量出来的摩擦材料特性，如硬度、密度、孔隙度等可知，摩擦材料的硬度随着 MgO 的加入量而降低，密度随之降低，孔隙度则随之提高。结合以上结果以及对材料微观组织形貌的观察与分析，发现 MgO 与 Cu 基体之间的结合为机械结合，且加入 MgO 后材料密度随之下降，硬度降低，其次 MgO 易脱黏，其加入会提高摩擦界面硬质第三体数量。

结合对摩擦材料表面以及磨屑的分析，可得：未加入 MgO 的摩擦材料表面存在深凹坑，其磨屑中分布大量球状磨屑与小片状磨屑，说明不含 MgO 的材料主要发生黏着磨损，伴随少量犁削与剥层。加入体积分数为 2% ~4% 的 MgO 时，摩擦材料的宏观表面出现环形犁沟，条状磨屑与絮状磨屑出现几率提高，说明在此含量下，与基体脱黏而广泛分布于摩擦材料界面中的硬质第三体 MgO 颗粒严重犁削了摩擦材料表面，导致严重犁削磨损发生，此时摩擦材料的摩擦磨损机理以犁削磨损为主，剥层磨损为辅。加入体积分数为 6% ~8% 的 MgO 时，摩擦试样的摩擦表面出现大量剥层凹坑，磨屑中出现剥层磨屑，充分说明此时材料的摩擦磨损以剥层磨损为主。值得一提的是，当 MgO 含量提高至 8% 时，摩擦界面中存在的硬质 MgO 颗粒造成摩擦材料摩擦膜失稳破坏，形成大量的大尺寸剥层磨屑。综上所述，随着 MgO 含量的提高(0 ~4%)，摩擦材料的摩擦磨损机理由黏着磨损向犁削磨损转变；进一步提高 MgO 含量后，摩擦材料的摩擦磨损机理由犁削磨损向剥层磨损转变。

5.3.2.2 ZrO_2 对高铁列车粉末冶金制动摩擦材料性能的影响

试验的原材料包括铜粉、铁粉、铬铁粉、石墨、氧化锆和煤油。铜粉为基体组元；铁粉既为基体强化组元又作为摩擦组元起一定的增磨作用；石墨为主要的润滑组元，用于改善材料的摩擦性能；少量煤油作为成形剂添加入混合粉末中以改善其压制性能。根据材料的成分差异，将试样分为五组，以 A、B、C、D、E 来表示，各组成分的体积百分含量如表 5 –6 所示。

表 5－6　铜基粉末冶金摩擦材料成分配比

组号	体积百分含量/%				
	Cu	Fe	Cr－Fe	石墨	ZrO_2
A	38.5	13	4.5	44	0
B	36.5	13	4.5	44	2
C	34.5	13	4.5	44	4
D	32.5	13	4.5	44	6
E	30.5	13	4.5	44	8

按照表 5－6 的配比称取好各种粉末，经手工混合后盛装在圆形滚筒混料机中混合 8 h。然后使用半自动模压机压制成形，材料模压成形的具体参数如表 5－7所示，将压坯置于钢背上放入钟罩式加压烧结炉中，在氢气气氛的保护下进行加压烧结，材料加压烧结的工艺曲线如图 5－72 所示。

表 5－7　材料模压成形参数

压强/MPa	单位压制压力/(t · cm^{-2})	压坯面积/cm^2
468	2	41

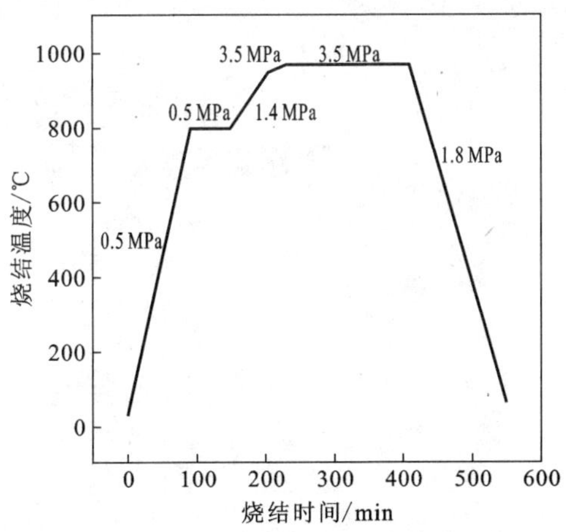

图 5－72　铜基粉末冶金摩擦材料加压烧结工艺曲线

1) ZrO_2含量对组织形貌的影响

图5－73中颜色最浅的相为铜基体，呈现浅灰色；而黑灰色大块状与条状组织为石墨，其粒度较大且体积含量较高，占据较大面积；深灰色且带有少量黑点的相为高碳铬铁，如图5－73(a)所示，其均匀分布于基体中，一般为多棱角的不规则多边形，由于高碳铬铁成分较复杂，与基体的结合特征也较为复杂；深灰色块状相为铁颗粒，其组织结构与高碳铬铁相似，呈现小块状的灰色不规则多边形，均匀地分布在基体中，这主要是由于铁在铜中的固溶度不高而导致其仍保持着自身的轮廓形状。

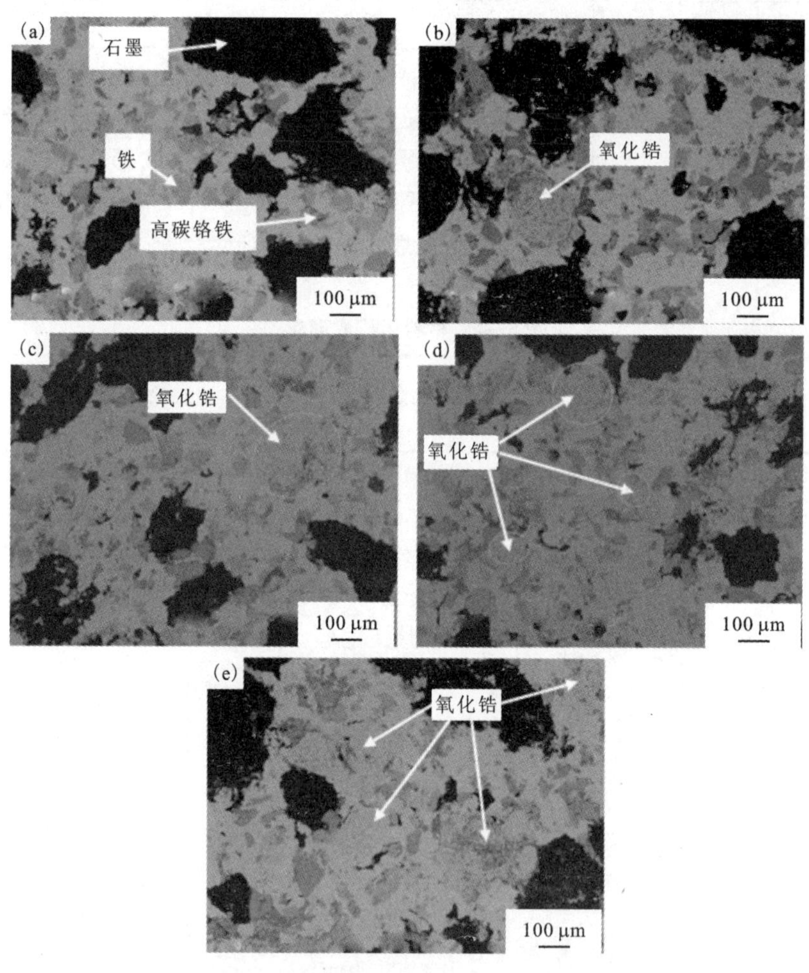

图5－73　不同氧化锆含量的材料表面背散射图像

(a)0%；(b)2%；(c)4%；(d)6%；(e)8%

对组织结构中可能是氧化锆颗粒的区域进行能谱分析，即图 5 - 74(a)中的红色方框区域，得到图 5 - 74(b)的能谱分析结果，由图可知：氧化锆的含量近乎百分之百，说明此区域的组织就是氧化锆颗粒。

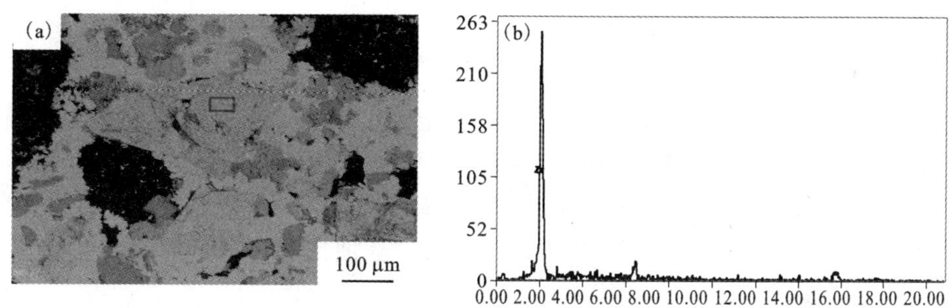

图 5 - 74　试样中氧化锆颗粒的能谱分析

(a)氧化锆的 SEM 图像；(b)方框区域的能谱分析结果

材料的摩擦磨损性能与摩擦组元和基体形成的界面密切相关，一般金属间有良好的润湿性，可以均匀地分布在基体中，裂纹和孔隙等缺陷比较少，而摩擦组元和润滑组元等与基体的结合界面不够牢固，在外力下容易脱落，从而影响材料的性能。

如图 5 - 75(a)为氧化锆和基体的结合界面。如图可知：氧化锆虽与铜基体结合较紧密，但其界面处仍存在少量孔隙。进一步就两者间的结合界面进行线扫描分析，如图 5 - 75(b)所示，结果表明：两者结合界面处成分发生突变，氧化锆组织内几乎没有铜元素存在，界面外的基体中亦不含扩散的锆元素，说明氧化锆和铜基体的结合方式属于简单的机械结合。机械结合界面的强度不高，主要依靠表面粗糙形态相互嵌入的机械铰合作用和基体的收缩应力包裹氧化锆时产生的摩擦结合来实现。

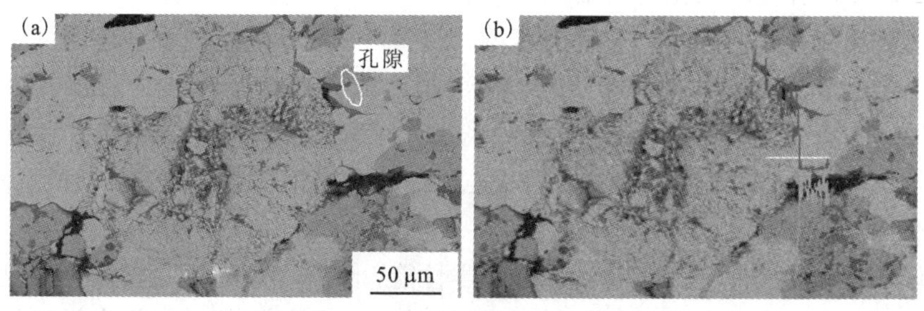

图 5 - 75　氧化锆和基体的结合状态

(a)氧化锆与基体结合界面；(b)结合界面线扫描

结合图5－73和图5－75发现氧化锆和铜基体的结合界面存在孔隙缺陷，部分界面结合处氧化锆颗粒破碎严重，部分界面结合比较平滑，在摩擦过程中，破碎的氧化锆颗粒容易脱落，并在摩擦表面间滚动，且氧化锆颗粒周围的石墨分布紊乱，说明氧化锆的加入影响了压制压力的分布，改变了闸片的压制性能，最终影响闸片的烧结过程和闸片的性能。

(2) ZrO_2含量对密度和孔隙度的影响

密度是材料的基本特征，粉末冶金材料的密度主要取决于各成分的含量和材料的孔隙度，还与烧结温度和压力等有关，所以试验中各组材料均采用相同的烧结工艺条件，以排除其他因素对材料性能的影响。孔隙度是粉末冶金材料的固有特征，它显著地影响粉末冶金材料的物理性能、表面性能和加工性能等。

表5－8　五种氧化锆含量的闸片材料的密度和开孔率的影响

试样组号	氧化锆/Vol%	理论密度/($g \cdot cm^{-3}$)	实测密度/($g \cdot cm^{-3}$)	相对密度/%	开孔率/%
A#	0	5.79	5.06	87.39	13.3
B#	2	5.73	4.92	85.86	13.1
C#	4	5.66	4.68	82.68	15.9
D#	6	5.60	4.61	82.32	15.8
E#	8	5.54	4.43	79.96	18.3

表5－8展示了不同氧化锆含量的闸片材料的密度和开孔率。由表5－8可知：随着氧化锆百分含量的增加，闸片的理论和实测密度都降低，虽然五组试样的烧结工艺条件一致，但相对密度也有明显的下降趋势；B#试样开孔率略低于A#试样，D#试样开孔率略低于C#试样，但总体呈现上升趋势。

一方面氧化锆的密度比基体元素铜的密度低，随着氧化锆百分含量的不断增大，密度逐渐下降；另一方面氧化锆与铜基体的界面结合方式为简单的机械结合，与基体的润湿性较差，结合界面处孔隙缺陷较多，氧化锆含量增加使闸片的压制性变差，从而影响烧结时的致密化过程，造成孔隙度总体上升，密度下降。

(3) ZrO_2含量对硬度的影响

硬度是衡量材料软硬程度的一种力学性能，图5－76为不同氧化锆含量试样的布氏硬度图。其中每组试样测量五个硬度值，并用平均硬度值作为材料的布氏硬度，作出其和氧化锆含量的关系图。

由图可知：未添加氧化锆的闸片的布氏硬度值为26.2，加入氧化锆后，闸片

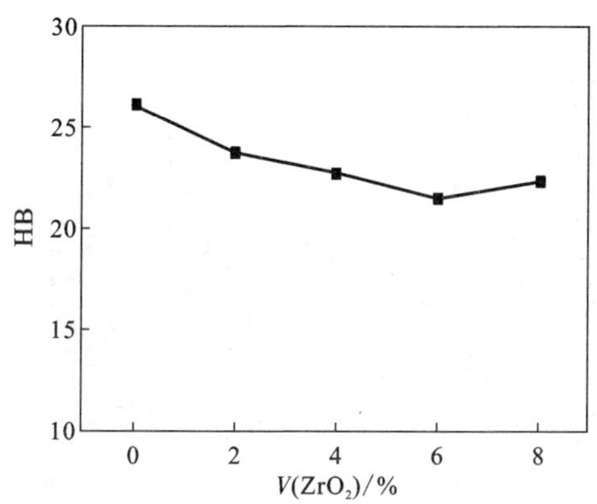

图 5－76　不同氧化锆含量的试样硬度曲线图

的平均硬度值降低，且随着氧化锆含量的增多，硬度曲线呈现下降趋势。与表 5－8相比，随着孔隙度的增加，硬度值呈现降低趋势，这是因为孔隙会削弱颗粒间的黏结强度，导致界面的结合强度不高，裂纹容易沿结合界面扩展，降低闸片的抗塑性变形强度。其次，测量硬度时，压头同时压在基体和孔隙上，孔隙多的闸片抵抗压头的有效面积更少，造成闸片表层抵抗塑性变形的能力减弱，得到的宏观硬度值自然下降。虽然氧化锆对基体有一定的颗粒强化作用，但界面结合性差导致抗塑性变形能力下降，强于氧化锆对基体的颗粒强化作用，因此，随氧化锆含量的增加，硬度值呈现下降趋势。

(4) ZrO_2含量对摩擦表面形貌和磨屑形貌的影响

图 5－11 为五组试样的摩擦表面形貌图。从 A#试样到 C#试样，随着氧化锆含量的增加，凹坑的数量越来越少，犁沟的数量越来越多；从 C#试样到 E#试样，犁沟越来越少，剥层面积变大。

未添加氧化锆的 A#试样表面存在大量面积较小的深凹坑及少量的浅犁沟，磨损严重；B#试样(ZrO_2, 2%)摩擦表面出现较多的犁沟，深凹坑数量明显减少；当氧化锆含量达 4%时，深凹坑数量下降，摩擦表面出现浅片状剥层凹坑，犁沟数量亦上升，摩擦层颜色有微变；继续增加氧化锆含量，D#试样(ZrO_2, 6%)的摩擦表面犁沟变少变浅，出现大面积浅剥层凹坑，而且摩擦层颜色明显变化为青黑色；增加氧化锆的含量至 8%时，闸片表面颜色加深，片状剥层凹坑依然存在。

表面深凹坑的数量与闸片和对偶在高能制动条件下两者之间的黏着倾向有关，闸片的表面经历高速高载的摩擦过程时，产生大量的摩擦热，局部区域温度可超过闪点温度，闸片和对偶的摩擦表面发生黏着、切断交替进行的黏着磨损过程，在高温高应力的作用下，黏着点的强度和黏着面积都提高，造成闸片表面物质脱落形成凹坑。

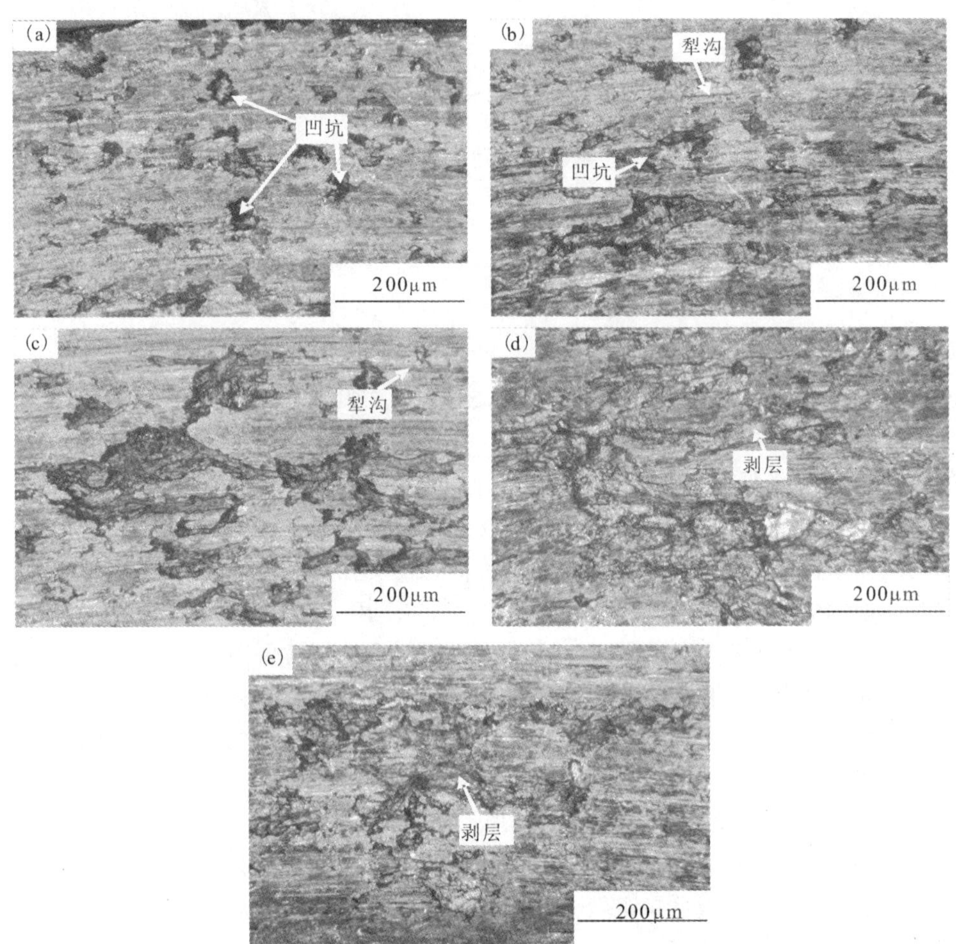

图 5－77　不同氧化锆含量闸片材料的摩擦表面形貌

(a)0%；(b)2%；(c)4%；(d)6%；(e)8%

加入氧化锆后，由于氧化锆和铜基体的界面结合强度不高，氧化锆颗粒容易破碎，在摩擦过程中脱落成为硬质第三体，在闸片和对偶摩擦表面间发生犁削，从而使摩擦表面产生犁沟，第三体能够降低闸片和对偶摩擦表面的直接接触面积，减弱黏着磨损程度，减少了摩擦表面的凹坑。随着氧化锆含量的增加，硬质第三体的数量越来越多，对摩擦表面的犁削作用越来越强烈，闸片表面的犁沟越来越深，凹坑数量越来越少。

随着氧化锆含量的增加，犁削磨损产生的磨屑数量急剧升高，最终导致摩擦层产生。当氧化锆的含量超过 6% 时，摩擦表面颜色发生明显变化，说明摩擦膜于闸片摩擦表面形成。摩擦膜的存在保护了摩擦表面，减弱了硬质第三体和对偶表面微凸体对摩擦表面的犁削作用，使犁沟的数量减少。由于氧化锆和铜基体的结合界面存在许多缺陷，裂纹容易在界面缺陷处萌生、扩展，从而导致闸片剥层磨损严重，所以氧化锆含量较高时，与铜基体的结合界面面积增加，界面缺陷也增多，易发生剥层磨损。

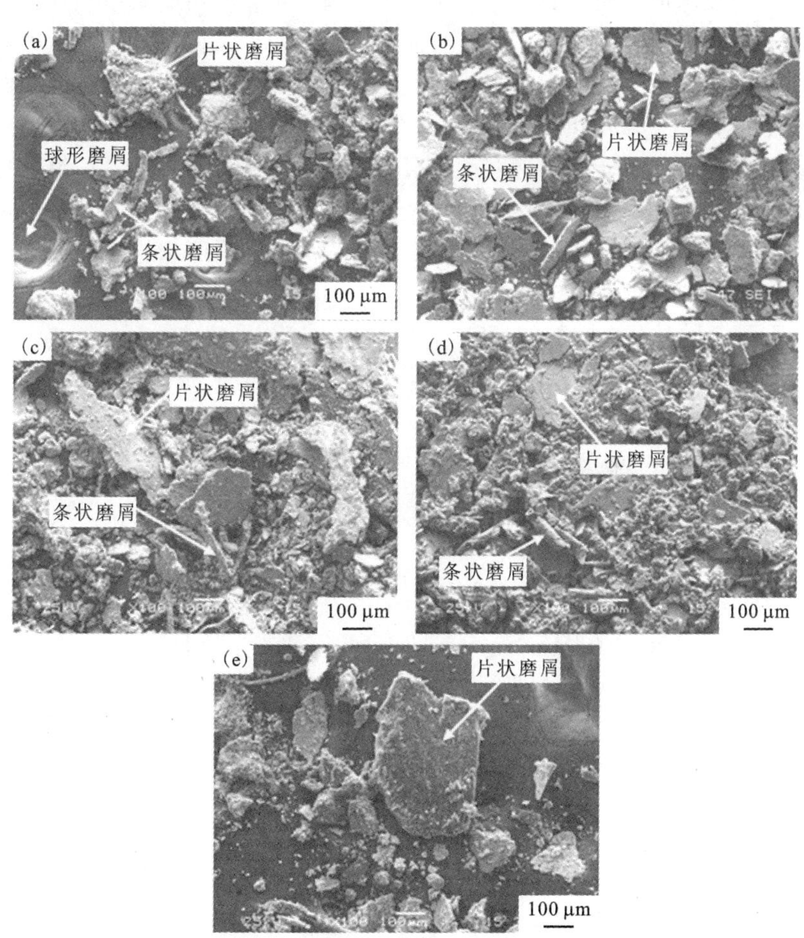

图 5－78　扫描电镜下的不同含量氧化锆闸片材料的磨屑形貌

(a)0%；(b)2%；(c)4%；(d)6%；(e)8%

对摩擦试验过程中采集到的磨屑进行扫描电镜观察，如图 5－78 所示。由图可知：未添加氧化锆的 A#试样产生的磨屑形貌以球形磨屑、条状磨屑和片状磨屑为主。随氧化锆含量上升，在 B#试样的磨屑中，条状的磨屑及片状磨屑数量上升；C#试样产生的条状磨屑增多，而球形磨屑消失。当氧化锆含量超过 4% 时，在闸片产生的磨屑中，剥层片状磨屑数量迅速提升，如图 5 – 78(d) 与图 5 –78(e)所示，D#试样的磨屑以相互堆叠的大片剥层磨屑为主，片状磨屑与片状磨屑之间分布的形状不规则颗粒主要由剥层片状磨屑破碎而成，E#试样则以大片状剥层磨屑为主。

综合图 5 – 76 和图 5 – 78 可知：未添加氧化锆的 A#试样摩擦表面存在深凹坑，磨屑形貌以球形磨屑、条状磨屑及片状磨屑为主，说明此阶段闸片的摩擦磨损机理为黏着磨损、犁削磨损、剥层磨损共存；加入少量的氧化锆后，摩擦表面出现犁沟数量提高，磨屑中条状磨屑数量上升，球形磨屑数量减少，说明此阶段黏着磨损程度减弱，犁削磨损程度增强；提高氧化锆含量至 4% 后发现磨屑中片状磨屑和条状磨屑数量上升，说明此阶段磨损机理以犁削磨损为主；继续提高氧化锆的含量(6% ~8%)，摩擦表面片状剥层凹坑面积增大，磨屑中片状磨屑数量提高，而条状磨屑数量减少，球状磨屑则基本消失，说明磨损机理慢慢向稳定的剥层磨损过渡。

(5) ZrO_2含量对摩擦因数的影响

各组试样均采用一致的摩擦条件，每组试样测试十次曲线，取十次摩擦试验的平均摩擦因数作出其与氧化锆含量的关系图，如图 5 – 79 所示。

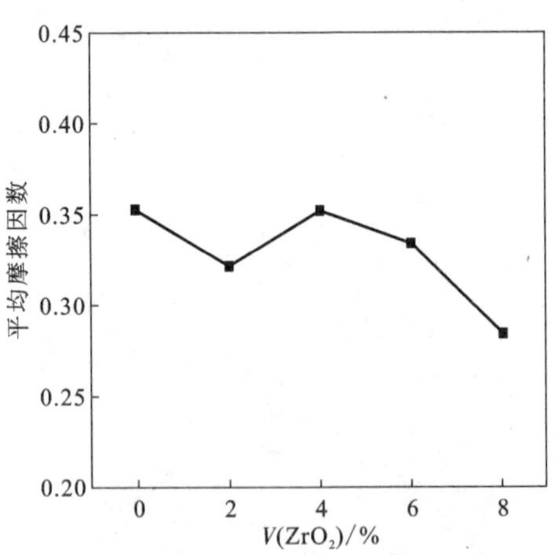

图 5 – 79 不同氧化锆含量闸片的摩擦因数

由图可知：随着氧化锆含量的增加，平均摩擦因数呈现先下降后上升再下降的趋势。没有添加氧化锆的 A#试样(ZrO_2, 0%)平均摩擦因数最高，为 0.3522；B#试样(ZrO_2, 2%)平均摩擦因数低于 A#试样、C#试样和 D#试样；C#试样(ZrO_2,

4%)的平均摩擦因数与A#试样相近且高于其他组试样；从C#试样到E#试样，平均摩擦因数随着氧化锆含量的增加而降低。综上可知，当氧化锆含量为4%时，摩擦因数比较高而且稳定，说明此条件下，氧化锆可以明显改善闸片的摩擦性能。

结合摩擦磨损试验后闸片的表面形貌和磨屑形貌分析可得，未添加氧化锆的A#试样在摩擦过程中，闸片和对偶表面某些接触点发生黏着，在相对滑动时黏着点被切断，接着又产生新的黏着点，黏着点不断发生黏着、切断的交替过程，材料发生剪切破坏时必然产生阻力，产生很大的摩擦力，所以平均摩擦因数最高。而添加了少量氧化锆后的B#试样平均摩擦因数反而下降，这种现象可以用公式(5－17)来解释：

$$\mu_{综} = \mu_{犁削} + \mu_{黏着} \qquad (5-18)$$

$\mu_{黏着}$减小量大于$\mu_{犁削}$的增加量，从而导致$\mu_{综}$下降，这是因为氧化锆属于硬质相，脱落的氧化锆作为硬质第三体对摩擦表面产生犁削作用，摩擦因数中由犁削分量贡献的部分提高，但是由于氧化锆的含量较少，摩擦因数犁削分量提升幅度较小。界面存在的第三体硬质颗粒降低了闸片表面与对偶的接触几率，使摩擦因数的黏着分量大大降低，从而导致总的摩擦因数下降。

进一步提高氧化锆含量至4%，平均摩擦因数重新上升，C#试样的平均摩擦因数与A#试样的平均摩擦因数十分接近，这是因为氧化锆含量的增多使闸片对对偶的犁削程度增大，摩擦因数的犁削分量的提升能够补偿其黏着分量的下降，即$\mu_{犁削}$的增加量大于$\mu_{黏着}$减小量[公式(5－18)]，故其平均摩擦因数变大。

随着氧化锆含量的继续增加，从C#试样到E#试样(4%～6%)，平均摩擦因数持续下降，如图5－77所示，闸片的表面颜色从A#试样到E#试样由铜色慢慢变成了青黑色，这是因为摩擦表面形成了摩擦膜，摩擦膜的形成使摩擦因数急剧降低，可以用修正黏着理论来解释这种现象。从黏着理论的观点出发，摩擦因数的表达形式如公式(5－19)所示：

$$\mu = \frac{\tau_{bs}}{\sigma_{sh}} \qquad (5-19)$$

式中：τ_{bs}——软金属表面的剪切强度极限；

σ_{sh}——基体硬金属的抗压屈服极限。

当闸片表面形成摩擦膜时，摩擦因数下降。这是因为摩擦膜的剪切强度极限远远低于基体，故而闸片摩擦因数迅速下降。

(6)ZrO_2含量对磨损量的影响

对摩擦磨损试验前后闸片和对偶的几何尺寸进行测量，统计分析出随着氧化锆含量的递增，对偶和闸片的线磨损量规律，如图5－80所示。

由图5－80可以看出，随氧化锆含量的增加，闸片的平均线磨损量呈现下降

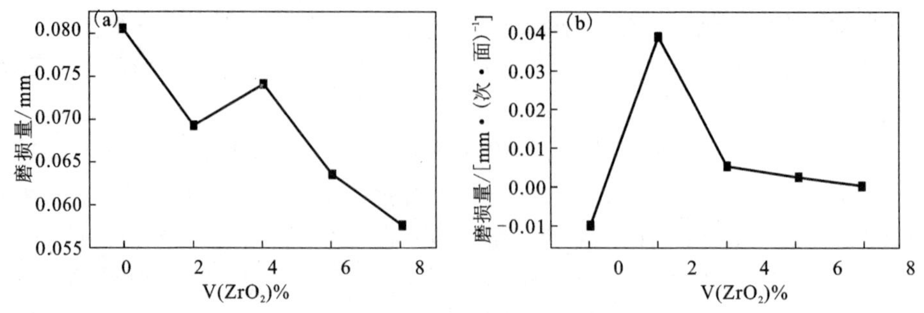

图 5-80　试样和对偶的线磨损量

(a)闸片线磨损量；(b)对偶线磨损量

后小幅度上升再下降的趋势，对偶的平均线磨损量呈现先增加后降低最后趋于平缓的趋势。

未添加氧化锆的 A#试样的平均线磨损量最高；加入氧化锆后，闸片平均线磨损量整体降低，但是氧化锆含量由 2% 增加到 4% 时，闸片平均线磨损量反而升高；由 C#试样到 E#试样，闸片的平均线磨损量持续下降直到 0.05825 mm。

未添加氧化锆的 A#试样的对偶平均线磨损量为 -0.01 mm，摩擦磨损试验后，对偶的质量反而增加；闸片中添加氧化锆后，对偶的磨损量总体提高；随着氧化锆含量的增多，B#试样（ZrO_2，2%）对偶的磨损量最高，高达 0.0385 mm；C#试样（ZrO_2，4%）到 E#试样（ZrO_2，8%）对偶的平均线磨损量由 0.0055 mm 持续下降至 0.001 mm，下降趋势平缓。

未添加氧化锆时，由于闸片和对偶的磨损中存在黏着磨损，闸片表面的成分向对偶转移，所以闸片的平均线磨损最严重，对偶的尺寸反而有少量增加，平均线磨损量呈现负值。添加少量的（2%）氧化锆后，氧化锆脱落成为硬质第三体对摩擦表面产生犁削作用，使对偶的平均线磨损量有较大的上升幅度，另一方面犁削作用减弱了闸片的黏着磨损倾向，闸片平均线磨损量下降。当氧化锆含量提高至 4% 时，犁削磨损作用突出，黏着磨损近乎消失，此时闸片表面部分区域逐渐形成少量摩擦膜，其虽不能有效保护闸片表面免受第三体磨屑的犁削，但却能够有效降低对偶的磨损，因此对偶的平均线磨损量降低，闸片平均线磨损量小幅度提高。继续增加氧化锆的含量，闸片表层形成稳定的摩擦膜，闸片和对偶的平均线磨损量都持续降低。

5.4　小结

（1）通过有限元分析，高铁制动闸片在制动过程中的温度分布由最初的面状分布逐渐转变成带状分布，并随着制动结束进一步变成均匀的带状分布。制动过程中，闸片摩擦面温度经历了快速上升、较快速下降、缓慢下降三个阶段；闸片背面的温度经历了快速上升和缓慢下降阶段；而闸片内径处的温度则是一直逐渐上升；通过有限元仿真得出了 160 km/h、200 km/h、250 km/h 和 350 km/h 四种不同初速度工况下闸片的温度场分布情况。结果表明：以初速度 160 km/h 实施紧急制动工况下，在 $t=44.8$ s 时，闸片温度达到最大值 245.5℃；以初速度 200 km/h 实施紧急制动工况下，在 $t=55$ s 时，闸片温度达到最大值 351.4℃；以初速度 250 km/h 实施紧急制动工况下，在 $t=75$ s 时，闸片温度达到最大值 523.5℃；以初速度 350 km/h 实施紧急制动工况下，在 $t=130$ s 时，闸片温度达到最大值 830.9℃。

(2)闸片制动过程中的热应力分布有最初的面状分布逐渐变成带状分布，并随着制动结束进一步变成均匀的带状分布；通过有限元仿真得出了 160km/h、200 km/h、250 km/h 和 350 km/h 四种不同初速度工况下闸片的热应力分布情况。结果表明以初速度 160 km/h 实施紧急制动工况下，在 $t=44.8$ s 左右时，闸片应力达到最大值 106 MPa；以初速度 200 km/h 实施紧急制动工况下，在 $t=60$ s 左右时，闸片应力达到最大值 146 MPa；以初速度 250 km/h 实施紧急制动工况下，在 $t=81.7$ s 左右时，闸片应力达到最大值 173 MPa；以初速度 350 km/h 实施紧急制动工况下，在 $t=136.9$ s 左右时，闸片应力达到最大值 251 MPa；最大应力发生的时刻较最高温度发生的时刻滞后，温度最高值和应力最大值并非都发生于同一时刻，温度到最大值后应力仍然上升，然后缓慢下降。

(3)MgO 在铜基粉末冶金摩擦材料中的形貌为浅黑色带尖角块状颗粒，且 MgO 与铜基体之间的结合为机械结合；随着 MgO 的加入量提高密度呈下降趋势，而开孔率呈上升趋势，且由于 MgO 与基体结合界面的强度较低，降低材料的抗塑性变形能力，导致硬度随之降低；加入 MgO 会明显提高摩擦材料的摩擦因数以及线磨损量，加入含量为 0～4vol% 能有效提高材料的摩擦因数，继续添加将导致摩擦材料表面形成摩擦膜，降低材料的摩擦因数；未加入 MgO 的摩擦材料磨损机理为犁削、剥层、粘着三种磨损机理并存，随着 MgO 的加入量提高，磨损机制向以犁削磨损为主、伴随少量剥层磨损转变，最终演变为以剥层磨损为主的磨损机制。

(4)氧化锆颗粒的形状为不规则的多边形，其与基体结合界面为简单的机械结合；随着氧化锆含量的增多，闸片材料的密度和硬度均降低，闸片的摩擦因数呈现先下降后上升再下降的趋势，闸片的磨损量也呈现同样的趋势；磨损机制由以粘着磨损、犁削磨损及剥层磨损共存，向犁削磨损转变，最终演变为剥层磨损。

附　录

附表1　目数与粒度对照表

目数	粒度/μm	目数	粒度/μm
2.5	8000	70	200
3	6700	80	180
3.5	5600	100	150
4	4750	115	125
5	4000	120	125
6	3350	150	106
7	2800	160	90
8	2360	170	90
9	2000	180	80
10	1700	200	75
12	1400	230	62
14	1180	250	56
18	991	270	53
20	850	300	45
24	710	320	45
28	600	325	45
30	560	340	40
32	500	360	40
35	425	400	38
40	355	500	38
42	355	600	25
48	300	700	20
50	280	800	15
60	250	1200	5
65	212		

参考文献

[1] 杨中平. 探秘动车组(五)——高速列车的制动技术[J]. 铁道知识, 2014(5): 30-35.

[2] 李继山, 胡万华, 焦标强. 动车组粉末冶金闸片研制[J]. 中国铁道科学, 2009, 30(3): 141-144.

[3] 张小云. 铁道制动材料的研究现状及发展方向[J]. 甘肃科技, 2010, 26(21): 103-106.

[4] 张永振, 陈跃, 龙锐, 等. 蠕墨铸铁铁道车辆闸瓦摩擦磨损性能研究[J]. 摩擦学学报, 1995, 15(3): 236-242.

[5] Taro T. Progress of the material technology in the railway: History and development of the brake material [J]. Metals Science & Technology, 2000, 70(20): 119-127.

[6] 裴顶峰, 张国文, 党佳, 等. 我国高摩擦因数合成闸瓦的性能研究[J]. 工程塑料应用, 2011, 39(8): 48-51.

[7] 姚杰. 新型铁路货车用高摩合成闸片的研制[D]. 长沙: 湖南大学, 2009.

[8] 曲在纲, 黄月初. 粉末冶金摩擦材料[M]. 北京: 冶金工业出版社, 2005.

[9] 于川江, 姚萍屏. 现代制动用刹车材料的应用研究和展望[J]. 润滑与密封, 2010(2): 103-106.

[10] 杜心康, 石宗利. 高速列车铁基烧结闸片材料的摩擦磨损性能研究[J]. 摩擦学学报, 2001, 21(4): 256-259.

[11] 石宗利, 李重庵, 杜心康, 等. 高速列车粉末冶金制动闸片材料研究[J]. 机械工程学报, 2002, 38(6): 119-122.

[12] 向兴碧. 一种高速盘式闸片陶型摩擦体以及制备方法[P]. 中国专利: CN 101382173A, 2009-03-11.

[13] 徐瑛, 黄树华, 冯友琴, 等. 粉末冶金铁基高速闸片[P]. 中国专利: CN 101162032A, 2008-04-16.

[14] 周宇清, 张兆森, 袁国洲. 模拟空间状态下的粉末冶金摩擦材料性能[J]. 粉末冶金材料科学与工程, 2005, 10(1): 50-54.

[15] 王广达, 方玉诚, 罗锡裕. 粉末冶金摩擦材料在高速列车制动中的应用[J]. 粉末冶金工业, 2007(4): 38-42.

[16] (日)Taro T. 制动盘金属材料的高速摩擦及磨耗特性[J]. 国外铁道车辆工艺, 1996(4): 9-20.

[17] Fumio I. Sintered friction material for high-speed rail [P]. European Patent: EP 2692876A1, 2014-05-02.

[18] (法)Jacques Raison. 制动材料[J]. 国外机车车辆工艺, 1992(4): 32-35.

[19] (德)Wiebelhaus W. 铁道车辆制动技术的新发展[J]. 国外铁道车辆, 1996(2): 8-14.

[20] (德)Wirth X. 低噪声金属陶瓷闸片[J]. 国外机车车辆工艺, 2009(2): 34-39.

[21] 李万全. 高速列车铝青铜基制动闸片的研制[J]. 材料热处理技术, 2008, 37(16): 34-40.

[22] 赵田臣, 孟凡爱, 裴龙刚, 等. 高速列车金属陶瓷复合材料制动闸片的制备与性能[J]. 机械工程材料, 2004, 28(7): 27-28.

[23] 赵田臣, 孟凡爱, 裴龙刚. 高速列车金属陶瓷复合材料制动闸片研制[J]. 石家庄铁道学院学报, 2004, 17(1): 64-66.

[24] 高红霞, 刘建秀, 朱茹敏. 铜基粉末冶金闸瓦材料的摩擦磨损性能研究[J]. 材料科学与工程, 2005, 23(6): 871-874.

[25] 李继山, 李和平, 焦标强, 等. 用于高速列车制动系统的闸片[P]. 中国专利: CN 102261409A, 2011-11-30.

[26] 李万新, 焦标强, 李继山, 等. 高速动车组粉末冶金闸片研制及试验研究[J]. 铁道机车车辆, 2011(5): 100-104.

[27] 栾大凯, 韩建民, 李荣华, 等. 高速列车铜基粉末冶金闸片材料力学性能研究[J]. 中国有色金属学报, 2005, 15(2): 39-43.

[28] 王晔, 燕青芝, 张肖路, 等. 铁粉类型对铜基粉末冶金摩擦材料性能的影响[J]. 北京科技大学学报, 2014, 36(4): 467-472.

[29] 王晔, 燕青芝, 张肖路, 等. 石墨对铜基粉末冶金闸片材料性能的影响[J]. 粉末冶金技术, 2012, 30(6): 432-439.

[30] 高飞, 宋宝韫, 符蓉, 等. 时速 300 km 高速列车铜基粒子强化闸片的研究[J]. 中国铁道科学, 2007, 28(3): 62-67.

[31] 张兴旺. Ti_3SiC_2替代石墨对铜基摩擦材料性能的影响[D]. 秦皇岛: 燕山大学, 2013.

[32] 姚萍屏, 陈圣柳. 高速机车用粉末冶金制动闸瓦[J]. 铁道机车车辆, 2004, 28(增刊): 78-80.

[33] 姚萍屏, 熊翔, 汪琳, 等. 一种高速动车组用粉末冶金制动闸片材料及其制备工艺[P]. 中国专利: CN 200810031315A, 2008-10-08.

[34] 王磊, 李岫, 郭晓晖, 等. 高速列车粉末冶金制动闸片摩擦、磨损性能研究[J]. 机车车辆工艺, 2008(5): 27-28.

[35] 刘颖. 高速列车粉末冶金制动闸片的研制[J]. 机车车辆工艺, 2008(5): 5-6.

[36] 邹怀森, 周建华, 张旭峰, 等. 一种列车闸片用粉末冶金材料的制备方法[P]. 中国专利申请号: CN 20101066291. 9A, 2011-12-30.

[37] 徐英, 黄树华, 席泽荣, 等. 铜基粉末冶金高速闸片[P]. 中国专利申请号: CN 200810068969. 7A, 2009-07-29.

[38] 周素霞, 苗昕旺, 伊泽健, 等. 高速列车粉末冶金闸片摩擦片及其制备工艺[P]. 中国专利: CN 102605209A, 2012-07-25.

[39] TJ/CL 307-2014, 动车组闸片暂行技术条件[S].

[40] 中铁检验认证中心, CRCC 产品认证实施规则特定要求-动车组闸片[S].

[41] 赫晓东, 柏跃磊, 王帅, 等. 高速铁路用 Cr2AlC 增强青铜基制动闸片材料及其制备方法[P]. 中国专利: CN 103273057A, 2013-09-04.

[42] 赫晓东, 柏跃磊, 王帅, 等. 高速铁路用 Ti_2AlC 增强铜基制动闸片材料及其制备方法[P]. 中国专利: CN 103273060A, 2013-09-04.

[43] 曹占义, 庄健, 刘勇兵. 金属基粉末冶金制动闸片材料及制备方法[P]. 中国专利: CN 101602105A, 2009 - 12 - 16.

[44] 张劲松, 曹小明, 胡宛平. 双连续相复合材料在高速列车制动盘及闸片中的应用[J]. 机车电传动, 2003(增刊): 39 - 42.

[45] 张劲松, 曹小明, 胡宛平, 等. 一种泡沫碳化硅陶瓷增强铜基复合材料摩擦片及制备方法[P]. 中国专利: CN 2000077A, 2007 - 07 - 18.

[46] 房明, 喻亮, 葛锦明, 等. 一种高速列车的陶瓷/金属复合材料闸片及其制备方法[P]. 中国专利: CN 103075445A, 2013 - 05 - 01.

[47] 高鸣, 陈跃, 张永振. 高速铁路刹车片的研究现状与展望[J]. 材料热处理技术, 2010, 39(24): 113 - 115.

[48] 魏力民. 机械合金化和粉末冶金方法制备铜基复合摩擦材料[D]. 长春: 吉林大学, 2010.

[49] 杨琪, 陈进添, 何光志, 等. 一种用于制备高速列车制动闸片材料及其制备方法[P]. 中国专利: CN 102537157A, 2012 - 07 - 04.

[50] 海坤, 胡学晟, 果世驹. 采用喷撒工艺制备铁基粉末冶金摩擦材料[J]. 机械工程材料, 2007, 31(1): 36 - 37.

图书在版编目(CIP)数据

高性能粉末冶金制动摩擦材料/姚萍屏著.
—长沙:中南大学出版社,2015.11
ISBN 978-7-5487-2022-5

Ⅰ.高...　Ⅱ.姚...　Ⅲ.粉末冶金-摩擦材料
Ⅳ.TF125.9

中国版本图书馆 CIP 数据核字(2015)第 267386 号

高性能粉末冶金制动摩擦材料

姚萍屏　著

□**责任编辑**　胡业民
□**责任印制**　易建国
□**出版发行**　中南大学出版社
社址:长沙市麓山南路　邮编:410083
发行科电话:0731-88876770　传真:0731-88710482
□**印　　装**　长沙市宏发印刷有限公司

□**开　　本**　787×1092　1/16　□**印张** 22.5　□**字数** 448 千字　□**插页**
□**版　　次**　2015 年 11 月第 1 版　□2015 年 11 月第 1 次印刷
□**书　　号**　ISBN 978-7-5487-2022-5
□**定　　价**　110.00 元

图书出现印装问题,请与经销商调换

图书在版编目（CIP）数据